北京四合院志 下

主编 段柄仁

北京出版集团公司
北京出版社

第九章 前门街道

DI-JIU ZHANG QIANMEN JIEDAO

前门街道位于天安门广场东南部，东起祈年大街与崇文门外街道相接，南至两广大街与天坛街道接壤，西起前门大街与西城区大栅栏街道为邻，北至前门东大街与东华门街道毗连。面积1.09平方千米，有大街6条、胡同街巷67条。辖区位于前门历史文化风貌保护区，以平房居住为主，胡同多曲折狭窄，走向不规则。有著名阳平、汀州、临汾等会馆118所，曾有寺庙25座，其中22座均始建于明清两代。全国重点文物保护单位有正阳门箭楼，市级文物保护单位有阳平会馆戏楼、汀州会馆、新革路20号四合院等。

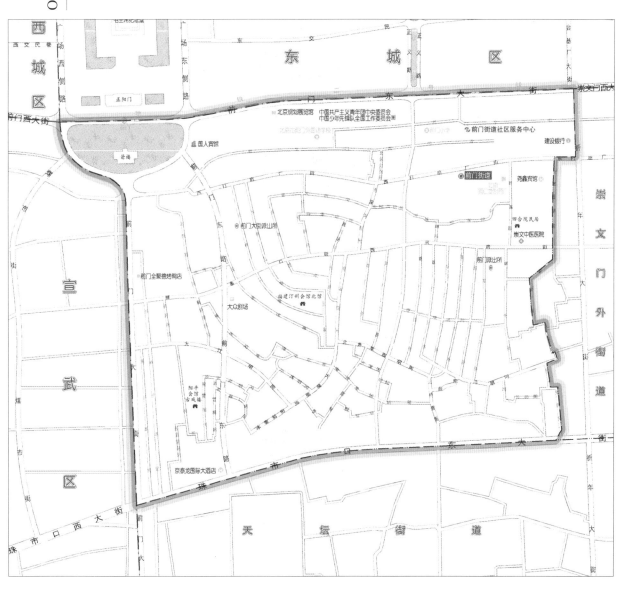

第一节

文保院落

DI-YI JIE WEN-BAO YUANLUO

新革路20号

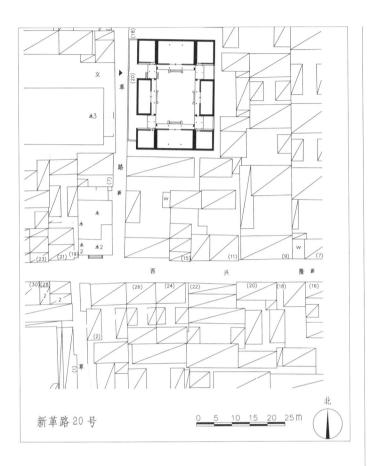

新革路20号

外景

北房

南房

东房

位于东城区前门街道。该院坐北朝南，一进院落。民国时期建筑。

大门开于院落西侧，西向，为随墙门。院内正房（北房）三间，披水排山脊，合瓦屋面，前后廊，前出垂踏三级。前檐明间隔扇风门，次间槛墙、支摘窗，棂心为类似井字玻璃屉，花卡子雕刻福寿字、福云和元宝图案。正房两侧耳房各一间，东、西厢房各三间，南房三间，均为披水排山脊，合瓦屋面，前出廊，前出垂踏四级。两侧耳房各一间，披水排山脊，合瓦屋面。

该院原为同仁堂乐家旁支后代的私人宅院，是北京的一座典型小四合院住宅。1984年公布为北京市文物保护单位。

现为居民院。

奋章胡同53号

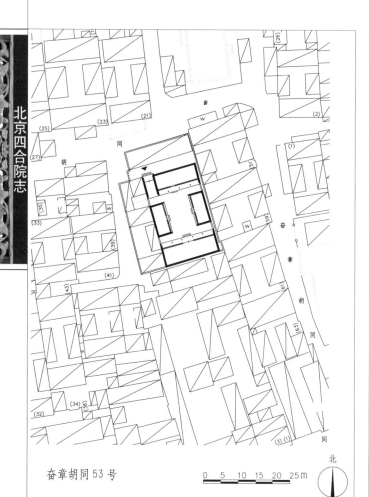

奋章胡同53号

0　5　10　15　20　25m

北

北房

东厢房

西厢房

　　位于东城区前门街道。该院坐南朝北，一进院落。清代建筑。

　　原大门位于院落西北隅，北向，清水脊，合瓦屋面，脊饰花盘子，现已封堵，另辟随墙门于西侧。原大门东侧有北房四间，鞍子脊，合瓦屋面，前出廊。正房（南房）五间，鞍子脊，合瓦屋面，前出廊。东、西厢房各三间，鞍子脊，合瓦屋面。院内房屋前檐装修均为现代门窗。

　　1989年公布为东城区文物保护单位。

　　现为居民院。

616

第二节　一般院落

DI-ER JIE　YIBAN YUANLUO

西打磨厂街32号

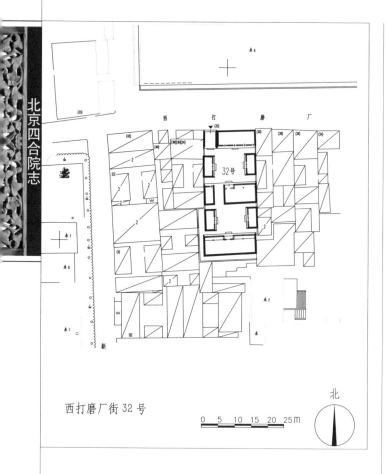

西打磨厂街 32 号

0 5 10 15 20 25m

北

大门

　　位于东城区前门街道。该院坐南朝北，二进院落。民国时期建筑。

　　大门位于西北隅，北向，蛮子大门一间，清水脊，合瓦屋面，脊饰花盘子，红漆板门两扇，余塞板，圆形门墩一对。

　　一进院北房四间，清水脊，合瓦屋面，前檐明间隔扇风门，次间槛墙、支摘窗，步步锦棂心。东、西厢房各二间，过垄脊，合瓦屋面，山墙部分新换红机砖，前檐装修为现代门窗。南房（正房）五间，

清水脊，合瓦屋面，脊饰花盘子，前出廊，前檐明间吞廊、隔扇风门，次、梢间槛墙、支摘窗，步步锦棂心，西梢间为过道。

　　二进院南房五间，过垄脊，合瓦屋面，明间吞廊、隔扇风门，次、梢间槛墙、支摘窗，步步锦棂心。东、西厢房各二间，过垄脊，合瓦屋面，前檐装修为现代门窗。

　　现为居民院。

门墩

一进院南房

西打磨厂街45号

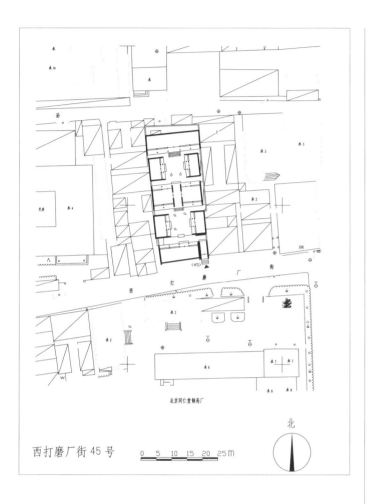

西打磨厂街45号

0 5 10 15 20 25M

北

位于东城区前门街道。该院坐北朝南，三进院落。清代晚期建筑。

大门位于东南隅，金柱大门一间，清水脊，合瓦屋面，脊饰花盘子，木构架绘苏式彩画，走马板，六角形门簪四枚，红漆板门

大门

两扇，门板门联书："家吉征祥瑞，居安享太平"。廊心墙为海棠池心，前檐柱间雀替，方形门墩一对，前出如意踏跺四级，门内邱门硬心做法，后檐柱间十字海棠间正十字方格楞心倒挂楣子。门内座山影壁一座，素面软影壁心。屏门一座。大门西侧倒座房四间，清水脊，合瓦屋面，脊饰花盘子，前出廊，前檐明间隔扇风门，次、梢间槛墙、支摘窗，如意十字菱形楞心。二门为小门楼形式，铃铛排山脊，筒瓦屋面，两边带垂脊，门两侧

倒挂楣子

座山影壁

二进院正房

二进院东厢房

看面墙，海棠池软墙心。

　　二进院正房五间，清水脊，合瓦屋面，脊饰花盘子，前后廊，明间为过厅通道，隔扇风门，前出垂带踏跺三级，次、梢间槛墙、支摘窗，如意十字菱形榥心。东、西厢房各三间，清水脊，合瓦屋面，脊饰花盘子，前出廊，前檐明间隔扇风门，次间槛墙、支摘窗，如意十字菱形榥心。

二进院西厢房

三进院正房、东厢房

　　三进院北房五间，后改机瓦屋面，前出廊，前檐装修为现代门窗，明间出垂带踏跺六级。东、西厢房各三间，过垄脊，合瓦屋面，前出廊，前檐明间隔扇风门，次间槛墙、支摘窗保存，均为如意十字菱形榥心。

　　现为居民院。

三进院西厢房

横披窗

西打磨厂街90号

西打磨厂街90号

0 5 10 15 20 25m

北

位于东城区前门街道。该院坐南朝北，三进院落。清代晚期建筑。

大门

大门位于西北隅，北向，金柱大门一间，清水脊，合瓦屋面，脊饰花盘子，门外廊心墙软心做法，蛮子大门装修，走马板，圆形门簪四枚，红漆板门两扇，余塞板，门内邱门软心做法，大门后檐柱间亚字纹棂心倒挂楣子。门东侧北房三间、西侧一间，鞍子脊，合瓦屋面，前檐装修为现代门窗，老檐出后檐墙。

门簪

一进院南房（正房）三间，清水脊，合瓦屋面，前后廊，前檐装修为现代门窗。

二进院南房三间，过垄脊，筒瓦屋面，前后廊，前檐装修为现代门窗。东、西厢房各三间，西厢房翻建，东厢房鞍子脊，合瓦屋面，前檐装修为现代门窗。

三进院南房五间（由四间改为五间），后改机瓦屋面，前出廊，院子东侧从第一进院至第三进院一排16间东房，鞍子脊，合瓦屋面，前檐装修为现代门窗。

此院原为福建粤东会馆旧址，院内原来保存有光绪二十三年《重修粤东旧馆碑记》一通碑。碑长约1.65米，宽0.71米，厚0.22米，现埋入地下。

现为居民院。

西打磨厂街105号

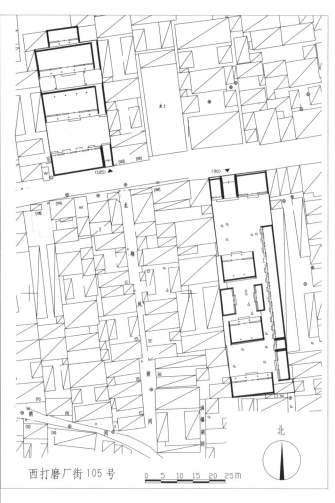

西打磨厂街105号

0 5 10 15 20 25m

北

大门

另一通碑为清光绪九年（1883）立的《京师正阳门外打磨厂临汾乡祠公会碑记》。

二进院正房五间，后改机瓦屋面，前出廊，前廊柱枋子上匾托保存，匾额无存，明间隔扇风门、棂心后改，次间、梢间前檐装修为现代门窗，东半间为过道。东、西廊子各一间，机瓦顶，木挂檐板。

三进院正房三间，后改机瓦屋面，前出廊，檐下木挂檐板，前檐装修为现代门窗。

此院原为山西临汾会馆旧址，根据院内碑记可知会馆始建于明代，清代重修，主要是山西商人集会的场所。

位于东城区前门街道。该院坐北朝南，三进院落。清代建筑。

大门位于东南隅，南向，金柱大门一间，后经现代改造。后檐柱间饰斜十字方格棂心倒挂楣子，屏门一座，匾额书楷书"紫气东来"。大门上后加一层变成二层。大门东侧北房四间，同样后加一层，变成二层，山墙部分后更换，前檐部分保留有斜十字方格棂心横披窗，其余装修为现代门窗。

一进院正房五间，后改机瓦屋面，前后廊，前檐装修为现代门窗。正房东半间为过道，过道墙壁上镶嵌有两通碑，一通为清乾隆三十二年（1767）立的《重修临汾东馆记》，

石碑

石碑

西打磨厂街211号

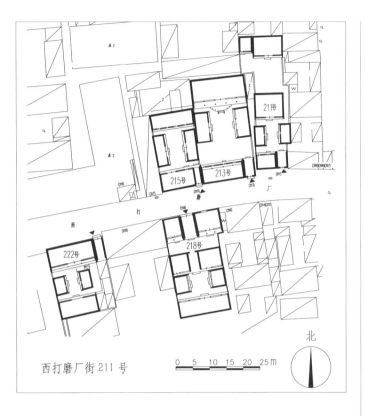

西打磨厂街211号

大门

位于东城区前门街道。该院坐北朝南，二进院落。民国时期建筑。

大门位于院落东南隅，西洋门一座，门头方壁柱不出头，素面门额，半圆形券门洞，拱心石，半圆形走马板，板门两扇。大门西侧倒座房二间，形制为近代建筑形式，平顶，方壁柱不出头，临街面开券窗和门，院内前檐部分保留有槛墙、槛窗。

一进院北房三间，清水脊，合瓦屋面，前檐装修为现代门窗，花砖地面。东、西厢房各二间，平顶，门连窗，槛墙、槛窗正十字方格棂心。

二进院北房三间，清水脊，合瓦屋面，前檐装修为现代门窗。西耳房一间，清水脊，合瓦屋面，前檐装修为现代门窗。

现为居民院。

大门及倒座房

西打磨厂街213号（大德通总号旧址）

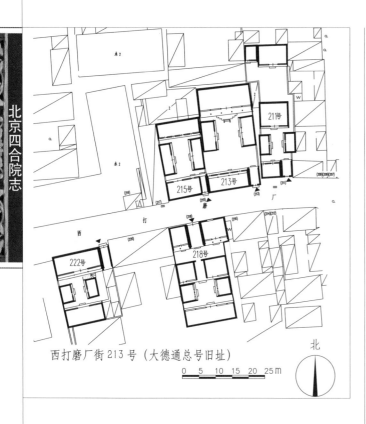

西打磨厂街 213 号（大德通总号旧址）

0 5 10 15 20 25 M

北

位于东城区前门街道。该院坐北朝南，一进院落。民国时期建筑。

大门位于东南隅，西洋式大门一座，柱出头，柱上砖雕花卉，栏板砖雕花卉（毁坏），门楣砖雕花卉，方壁柱，拱券门洞，券顶拱心石处做砖雕，板门两扇。倒座房四间（为铺面房朝街面），清水脊，合瓦屋面，北面

大门及倒座房

大门

出廊，南面现在堵砌，原来应为拱券门洞，拱心石。院内正房为一座二层小楼，五间，鞍子脊，合瓦屋面，前出筒瓦卷棚廊厦，梅花方柱，柱间米字纹倒挂楣子、花牙子，戗檐处做砖雕装饰。二层木栏杆，明间五抹隔扇门四扇，次、梢间槛墙、支摘窗，步步锦棂心部分保存。一层廊柱为梅花方柱，廊间米字纹倒挂楣子、花牙子，明间门连窗，次、梢间槛墙、支摘窗，棂心后改。东、西厢房各三间，清水脊，合瓦屋面，前出廊，明间隔扇风门，次间槛墙、支摘窗，棂心后改。

该院曾为山西晋商乔家票号大德通总号所在地。大德通票号由祁县乔家堡乔氏创办，

倒座房

东厢房

西厢房

其前身是大德兴茶庄，约咸丰时已兼营汇兑，同治初年专营汇兑，约光绪十年（1884）四月正式改名为大德通票号，总号设在山西祁县城内小东街。辛亥革命后，大德通票号业务每况愈下，后来民国政府改革币制，冻结白银，汇兑业都被官办银行夺走，商办票号已难以吸收存款，大德通遂于20世纪30年代改组为银号，后又改为钱庄。民国二十六年（1937）七七事变后，总号迁至北平，一直维持经营到1949年。

此院属于典型的商、住两用建筑。大门上方有长方形匾额，从右至左书写着"大德通银号"。进门有一座靠山影壁，影壁西侧开一道门，进门是倒座房，用作银号的营业厅。中华人民共和国成立前，院落门前有警卫站岗。中华人民共和国成立后，由某部队首长居住。后将营业厅改为车库，院中搭有葡萄架，建有天井。

正房和东、西厢房保存较好，倒座房现向南开门改作餐馆。现为单位用房。

砖雕局部

二层小楼

西打磨厂街215号

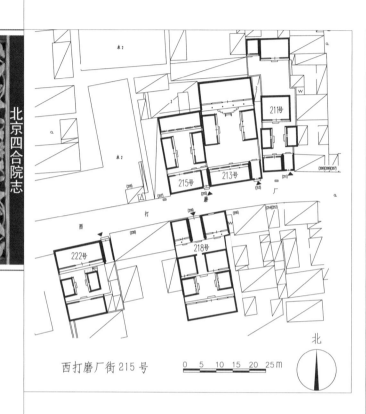

西打磨厂街215号

大门

位于东城区前门街道。该院坐北朝南，一进院落。民国时期建筑。

大门位于东南隅，窄大门半间，鞍子脊，合瓦屋面，走马板，红漆板门，门内步步锦棂心倒挂楣子。大门西侧倒座房四间，鞍子脊，合瓦屋面，前檐装修为现代门窗，老檐出后檐墙。

院内正房四间半，清水脊，合瓦屋面，前檐明间隔扇风门，次间槛墙、支摘窗，步步锦棂心。东、西厢房各三间，鞍子脊，合瓦屋面，前檐装修为现代门窗。

此院过去曾为一家开绸缎庄的乔氏所有。现为居民院。

大门及倒座房

院落全景

西打磨厂街218号

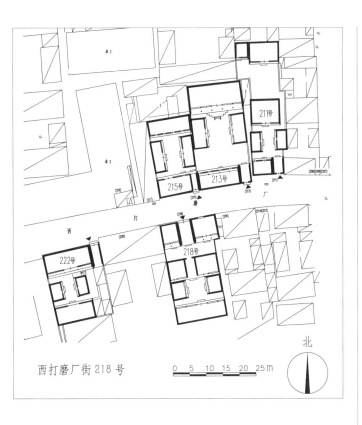

西打磨厂街218号

0 5 10 15 20 25m

北

位于东城区前门街道。该院坐南朝北，二进院落。民国时期建筑。

大门开在临街北房中间，西洋门形式，走马板，棂心为玻璃屉间菱形，门板为五抹隔扇门两扇，门外撇山影壁墙做法，海棠池影壁心，西洋式方壁柱，柱头砖雕卉，垫花。大门东侧临街北房三间，西侧二间，均为清水脊，合瓦屋面，脊饰花盘子，临街北立面

大门

二进院北房

开平券窗，院内前出廊，檐下玻璃屉间菱形挂檐板，东侧明间隔扇风门，次间槛墙、支摘窗，玻璃屉间菱形棂心横披窗，西侧门连窗，槛墙、支摘窗，玻璃屉间菱形棂心横披窗。

二进院北房五间，明间为门道，近代建筑形式，山面女儿墙，方壁柱出头，檐下如意形木挂檐板，前出廊，廊柱间玻璃屉间菱形棂心倒挂楣子，前檐其余装修为现代门窗。东、西厢房各二间，与北房相连，近代建筑形式，檐下如意形木挂檐板，前檐装修为现代门窗。南房五间，近代建筑形式，山面女儿墙，方壁柱出头，檐下如意形木挂檐板，明间隔扇风门，次、梢间槛墙、支摘窗。

现为居民院。

二进院北房背面

西打磨厂街222号

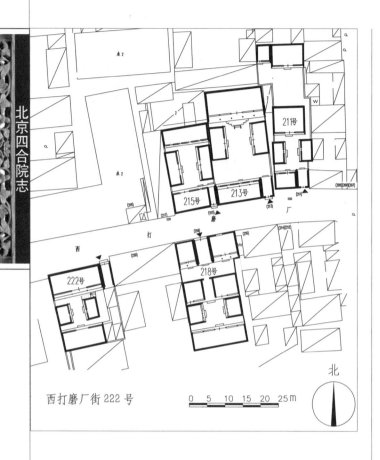

西打磨厂街 222 号

0 5 10 15 20 25m

北

位于东城区前门街道。该院坐北朝南，一进院落。民国时期建筑。

大门

楼房木挂檐板

　　门开在临街楼房东梢间上，过垄脊，合瓦屋面，素面门额，半圆券门，走马板，红漆板门两扇，两侧带余塞板，方形门墩一对，上部雕刻石狮子，下部雕刻牡丹花，后檐柱间冰裂纹棂心倒挂楣子、花牙子。门西侧为二层楼，南向，三间，过垄脊，合瓦屋面，前出廊，一层带木挂檐板，木挂檐板上雕刻万字纹，廊间盘长如意纹倒挂楣子、花牙子，明间隔扇风门，龟背锦棂心，次间槛墙、支摘窗部分保存，龟背锦棂心，龟背锦棂心亮子、横披窗。二层带护栏平座，前檐装修仅保存有盘长纹横披窗。南房三间，过垄脊，合瓦屋面，明间隔扇风门，龟背锦棂心，龟背锦棂心亮子窗，次间槛墙、支摘窗，龟背锦棂心。东、西厢房各二间，过垄脊，合瓦屋面，门连窗，槛墙、支摘窗，部分保存龟背锦棂心。院子墙角处有泰山石敢当矗立。

　　现为居民院。

楼房彩画痕迹

西打磨厂街225号

西打磨厂街 225 号

0 5 10 15 20 25m

北

出如意踏跺九级，后檐柱间饰套方胜棋心倒挂楣子。大门西侧倒座房二间，清水脊，合瓦屋面，脊饰花盘子，前檐装修为现代门窗，老檐出后檐墙。

大门

一进院正房三间，清水脊，合瓦屋面，脊饰花盘子，前檐装修为现代门窗。西厢房二间，过垄脊，合瓦屋面，前檐装修为现代门窗。

二进院二门为如意门形式，清水脊，合瓦屋面，门楣花瓦装饰，板门两扇。大门西侧倒座房二间，清水脊，合瓦屋面，脊饰花盘子，前檐装修为现代门窗。正房三间，清水脊，合瓦屋面，脊饰花盘子，前出廊，前檐装修为现代门窗。东、西厢房各二间，过垄脊，合瓦屋面，前檐装修为门连窗和支摘窗，步步锦棋心。

现为居民院。

位于东城区前门街道。该院坐北朝南，二进院落。民国时期建筑。

大门位于院落东南隅，窄大门半间（与倒座房为一个整体，只是砌出墙腿子），清水脊，合瓦屋面，脊饰花盘子，板门两扇，前

门内倒挂楣子

二进院正房

长巷头条13号

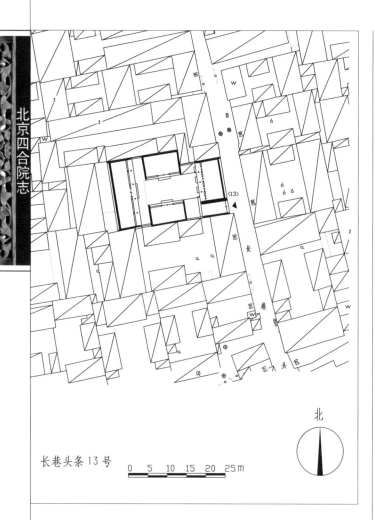

长巷头条13号   0 5 10 15 20 25m   北

大门

位于东城区前门街道。该院坐西朝东，一进院落。民国时期建筑。

大门位于院落东南隅，如意大门一间，东向，后改机瓦屋面，戗檐砖雕毁坏，素面门楣栏板，板门两扇，圆形门墩一对。大门北侧倒座房四间，后改机瓦屋面，前出廊，前檐装修为现代门窗，老檐出后檐墙。西房五间，后改机瓦屋面，前出廊，前檐装修为现代门窗，老檐出后檐墙。南房三间，后改机瓦屋面，前檐装修为现代门窗。北房三间，鞍子脊，合瓦屋面，前檐装修为现代门窗。

此院原为湖北会馆旧址。现为居民院。

门墩

长巷头条62号、长巷二条43号

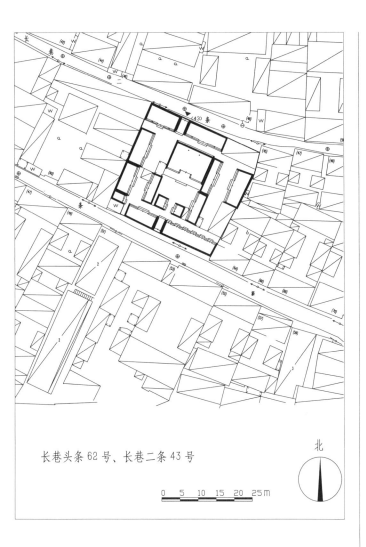

长巷头条 62 号、长巷二条 43 号

北

0 5 10 15 20 25m

位于东城区前门街道。该院坐北朝南，二进院落带东、西跨院。清乾隆年间建筑。

62 号院大门后改，大门东侧南房六间，

62号院外景

西侧三间，后改机瓦屋面，前檐装修部分保存有隔扇风门、支摘窗，均为步步锦棂心。正房三间，清水脊，合瓦屋面，前出抱厦、后带廊，

43号院大门

随梁架挑尖为双象耳棂心，抱厦梁头为荷叶墩装饰，明间吞廊，装修为隔扇风门，正十字方格棂心，亮子为亚字棂心，次间前檐装修为现代门窗。东房三间，后改机瓦屋面，前檐装修为现代门窗。院内平顶房两座，均为一间，山面开一扇形拱券窗，前檐装修为现代门窗。

西跨院：西房三间，后改机瓦屋面，前檐装修为现代门窗。耳房一间。东房三间，鞍子脊，合瓦屋面，前檐装修为现代门窗。后院（长巷二条43号）后改大门一间，北向，大门东、西两侧北房各五间，后改机瓦屋面，前檐装修为现代门窗。

东跨院：东、西房各三间，后改机瓦屋面，前檐装修为现代门窗。

此院原为福建汀州会馆南馆旧址。现为居民院。

銮庆胡同30号

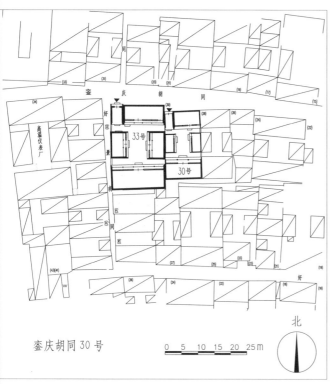

銮庆胡同 30 号

0 5 10 15 20 25m

北

大门

位于东城区前门街道。该院坐南朝北，一进院落。民国时期建筑。

大门位于院落西北隅，北向，窄大门半间，鞍子脊，合瓦屋面，板门两扇。大门东侧北房三间，鞍子脊，合瓦屋面，前檐装修为现代门窗，封后檐墙。东、西厢房各二间，过垄脊，合瓦屋面，前檐门连窗，槛墙、支

摘窗装修，步步锦棂心。南房（正房）三间，过垄脊，合瓦屋面，前出廊，廊心墙砖雕，明间前檐装修为现代门窗，次间槛墙、支摘窗，棂心后改。

现为居民院。

北房

东厢房

好景胡同33号

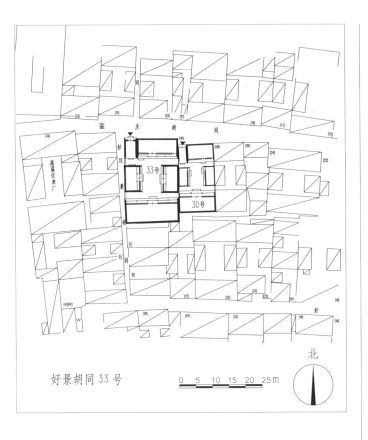

好景胡同33号

北房背面

原大门内迎面为座山影壁一座，清水脊，筒瓦屋面，脊饰花盘子、瓦当、滴水饰花卉，椽子饰万字纹，影壁心四角岔花。院内北房四间（一间耳房），过垄脊，合瓦屋面，前出廊，前檐装修为现代门窗。东、西厢房各三间，过垄脊，合瓦屋面，前出廊，前檐装修为现代门窗。南房（好景胡同31号）五间，清水脊，合瓦屋面，前出廊，前檐装修为现代门窗，老檐出后檐墙。

现为单位用房。

位于东城区前门街道。该院坐南朝北，一进院落。民国时期建筑。

原大门位于院落西北隅，如意大门形式，北向，已堵砌，过垄脊，合瓦屋面，大门与北房为一座整体建筑。现于胡同内后辟院门。

原大门及倒座房

北翔凤胡同13号

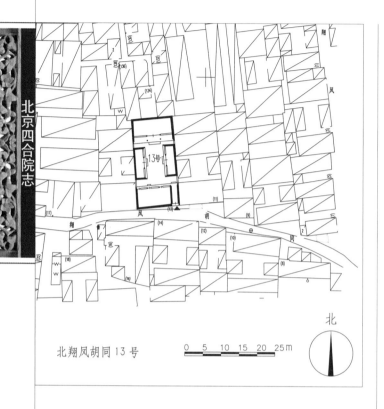

北翔凤胡同 13 号

0 5 10 15 20 25m

北

大门

位于东城区前门街道。该院坐北朝南，一进院落。民国时期建筑。

大门位于院落东南隅，窄大门半间，后改机瓦屋面，板门两扇，方形门墩一对，门墩上雕刻菊花和蝙蝠头图案。大门西侧倒座房三间半，后改机瓦屋面，前檐装修为现代门窗，老檐出后檐墙。院内正房三间，过垄脊，合瓦屋面，前出廊，前檐明间隔扇风门，次

间装修推出至檐部，为支摘窗，棂心后改。东、西厢房各三间，过垄脊，干槎瓦屋面，前檐明间夹门窗，次间支摘窗，步步锦棂心。

现为居民院。

倒座房彩画

二进院东厢房

634

新革路1号

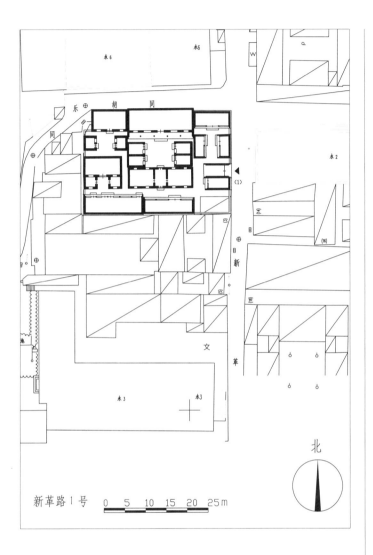

新革路1号　0　5　10　15　20　25m

北

中路南房

楼房正面

位于东城区前门街道。该院坐北朝南，分为中、东、西三路。民国时期建筑。

东路：大门位于院落东侧偏南，金柱大门一间，东向，清水脊，合瓦屋面，梅花形门簪四枚，门簪两侧有匾托式石雕，雕刻福寿绵长图案。红漆板门两扇。大门南侧门房一间，平顶。院内北房三间，后改机瓦屋面，前檐装修为现代门窗，封后檐墙。东、西厢房各二间，均为原址翻建。

中路：院落北侧为一座近代形式二层楼房建筑，五间，后改机瓦屋面，前出廊，二层前檐砖壁柱，半圆形拱券门窗，廊柱为木质梅花形方柱，木质栏杆，一层砖半圆拱券门窗，封后檐墙。南房五间，后改机瓦屋面，墙身通体淌白，砖拱券门窗。明间为过道。东、西厢房各二间，均为原址翻建。

西路：一进院北房三间，鞍子脊，合瓦屋面，墙体通体淌白，砖砌梳背形拱券门窗。二进院北房三间，后改机瓦屋面，通体淌白，砖砌梳背形拱券门窗。东、西厢房各一间，平顶，墙体通体淌白，砖砌梳背形拱券门窗。另外，此院落南侧并联南舍两座，东侧四间，西侧五间，均为原址翻建。

此院原为湖北黄安会馆旧址，始建于明代，具体年代无考。

现为居民院。

西兴隆街109号

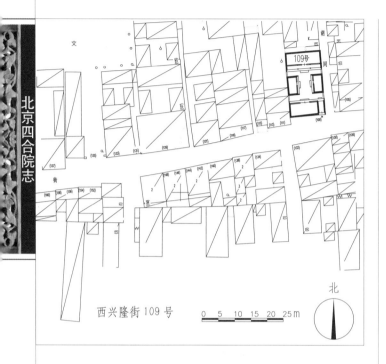

西兴隆街109号

0 5 10 15 20 25m

北

正房

位于东城区前门街道。该院坐北朝南，一进院落。民国时期建筑。

此院为中西合璧式建筑。大门位于院落

东南隅，西洋门形式，板门两扇，方形门墩一对。大门西侧倒座房三间，过垄脊，合瓦屋面，前檐装修为现代门窗，封后檐墙。正房三间，过垄脊，合瓦屋面，明间夹门窗，次间槛墙、槛窗，老檐出后檐墙。东、西厢房各二间，过垄脊，合瓦屋面，前檐门连窗、槛墙、槛窗，封后檐墙。

现为居民院。

大门

西厢房

西兴隆街197号

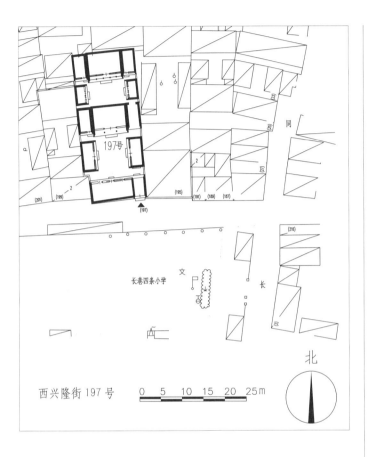

西兴隆街197号 0 5 10 15 20 25m

北

二进院东厢房

位于东城区前门街道。该院坐北朝南，二进院落。清代末期到民国初期建筑。

大门位于院落东南隅，窄大门一间，清水脊，合瓦屋面，脊饰花盘子，大门与倒座房脊之间饰花草砖，红漆板门两扇，方形门墩一对，门后檐柱间饰步步锦棂心倒挂楣子。

门内迎门为座山影壁一座，清水脊，脊饰花盘子，筒瓦屋面，素面软影壁心。

大门西侧倒座房四间（包括一间耳房），清水脊，合瓦屋面，脊饰花盘子，前檐装修为现代门窗。一进院正房五间（三正两耳形式），清水脊，合瓦屋面，前出廊，装修推至檐部，明间隔扇风门，步步锦棂心，次间及耳房前檐装修为现代门窗。东、西厢房各三间，鞍子脊，合瓦屋面，前檐装修为现代门窗，封后檐墙。二门一座（为一进院的东耳房），如意门形式，清水脊，合瓦屋面，门楣万不断纹饰砖雕残损，栏板砖雕全部毁坏，戗檐砖雕花卉残坏，红漆板门两扇，方形门墩一对，后檐柱间饰步步锦棂心倒挂楣子。

二进院正房五间（三正两耳形式），房屋下带半地下室，清水脊，合瓦屋面，脊饰花盘子，前出廊，次间槛墙、支摘窗，步步锦棂心。东、西厢房各一间半，鞍子脊，合瓦屋面，前檐装修为现代门窗。

据传，此院过去曾为评剧名旦小白玉霜居住。现为居民院。

现大门

奋章胡同11号

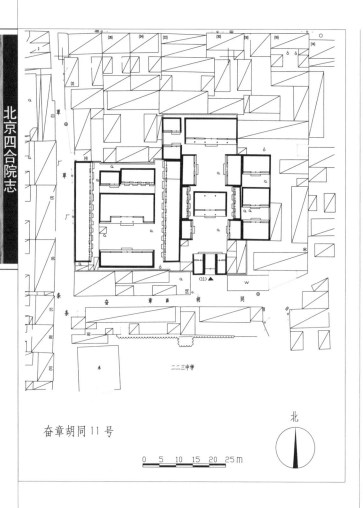

奋章胡同11号

0 5 10 15 20 25m

北

大门

位于东城区前门街道。该院坐北朝南，并联三组院落，中路前躯突出，整个院落形成"品"字形。清代建筑。

大门位于中路南侧正中，金柱大门一间，进深六檩，后改机瓦屋面，蛮子大门装修，走马板无存，门扇无存，存余塞板，原来悬挂有匾额"湖南会馆"。

中路：一进院正房三间，清水脊，合瓦屋面，前出廊，前檐装修为现代门窗。正房两侧原有顺山庑房各四间，东庑房已经拆除，西庑房后改机瓦顶屋面，前檐装修为现代门窗。东、西厢房各三间，均为原址翻建。大门两侧倒座房各一间，后改机瓦屋面，前出廊，前檐次间槛墙、支摘窗，步步锦棂心，老檐出后檐墙。二进院正房五间，后改机瓦屋

山面墙

面，前出廊，前檐装修为现代门窗。东、西厢房各三间，前檐装修为现代门窗。西小跨院：南、北房各二间，均为后改机瓦屋面，前檐装修为现代门窗。

东路：一进院南房三间，后改机瓦屋面，通体淌白，前檐装修为现代门窗。北房三间，后改机瓦屋面，通体淌白，前檐装修为现代门窗。二进院北房三间，后改机瓦屋面，通体淌白，前檐装修为现代门窗。

西路：一进院南房五间，翻建。北房五间，清水脊，合瓦屋面，明间、次间吞廊，前檐装修均为后改，老檐出后檐墙。二进院北房原址翻建。西路院落东、西两侧有贯通一、二进院通长的厢房各十一间，后改机瓦屋面，前檐装修为现代门窗。

此院原为湖南会馆旧址，始建于明代，清代重修。现为居民院。

奋章胡同39号

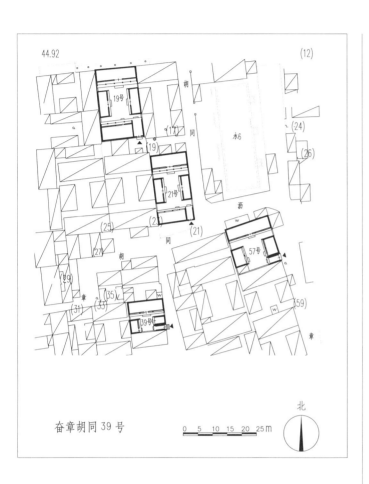

奋章胡同 39 号

0 5 10 15 20 25m

北

北房

垄脊，合瓦屋面，前檐明间夹门窗，次间槛墙、支摘窗，步步锦棂心。东、西厢房各一间半（东厢房南侧半间为大门），过垄脊，合瓦屋面，门连窗，槛墙、支摘窗，步步锦棂心。

现为居民院。

位于东城区前门街道。该院坐北朝南，一进院落。民国时期建筑。

大门位于院落东南隅，小蛮子门半间，东向，过垄脊，合瓦屋面，板门两扇，门钹一对，素面方形门墩一对，如意踏跺三级，门后檐柱间饰菱形棂心倒挂楣子。北房三间，过

大门

十字方格棂心窗

草厂横胡同6号

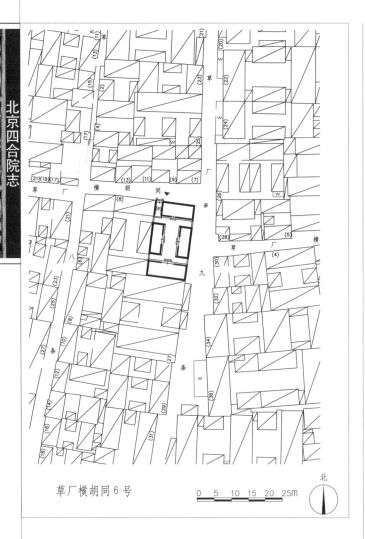

草厂横胡同6号

0 5 10 15 20 25m   北

大门内倒挂楣子

大门位于院落西北隅，开窄大门半间，北向，机瓦屋面。门扇上方为走马板，红漆板门两扇，板门上有带门环门钹一对，大门前出如意踏跺三级。后檐柱间带步步锦棂心倒挂楣子。大门东侧有北房两间半，西侧半间原为合瓦屋面，现大部分后改为机瓦屋面，前檐装修为现代门窗，老檐出后檐墙。院内南房（正房）三间，后改机瓦屋面，前檐装修为现代门窗。东、西厢房各三间，机瓦屋面，前檐装修为现代门窗。

现为居民院。

位于东城区前门街道。该院坐南朝北，一进院落。民国时期建筑。

东厢房

大门及北房

草厂横胡同33号

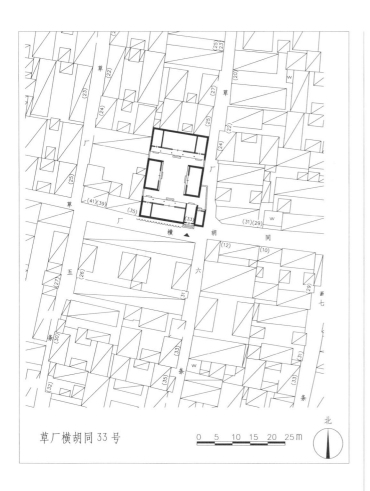

草厂横胡同33号

0 5 10 15 20 25m

北

位于东城区前门街道。该院坐北朝南，一进院落。清代末期建筑。

大门位于院落东南隅，如意大门一间，清水脊，合瓦屋面，门头作栏板形式，栏板砖雕图案共三幅，自东向西分别为凤穿牡丹、

砖雕

座山影壁

喜上眉梢、居家欢乐，冰盘檐上雕刻菊花锦图案，门楣上雕刻万字纹图案，博缝头砖雕万事如意图案。大门有梅花形门簪两枚，黑漆板门两扇，上有门联曰："忠厚留有余地步，和平养无限天机"，板门下部有如意形门包叶，圆形门墩一对。门前原出如意踏跺五级，现已改。大门东侧门房一间，过垄脊，合瓦屋面，前檐装修为现代门窗，后檐为封护檐墙。大门西侧倒座房四间，前出廊，清水脊，合瓦屋面，前檐装修为现代门窗，前出如意踏跺两级。老檐出后檐墙。大门内有座山影壁一座，清水脊，筒瓦屋面，博缝头雕刻万事如意图案，影壁心采用方砖硬心做法。院内正房（北房）五间，前出廊，清水脊，合瓦屋面，前檐装修为现代门窗，明间前出垂带踏跺三级。东、西厢房各三间，鞍子脊，合瓦屋面，前檐装修为现代门窗。

现为居民院。

草厂三条12号

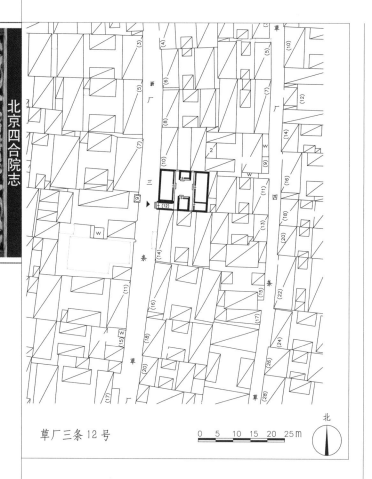

草厂三条12号   0 5 10 15 20 25m 北

正房

倒挂楣子、花牙子，花牙子雕刻梅花图案。大门北侧有西房三间，鞍子脊，合瓦屋面，前檐装修保存有部分步步锦棂心支摘窗。院内东房（正房）四间，鞍子脊，合瓦屋面，前檐装修保存有部分步步锦棂心支摘窗。南、北厢房各一间，均为平顶，檐下带木挂檐板，前檐装修为现代门窗。

现为居民院。

位于东城区前门街道。该院坐东朝西，一进院落。民国时期建筑。

大门位于院落西南隅，小蛮子门一间，西向，鞍子脊，合瓦屋面。红漆板门两扇，上有门环一对。大门后檐柱间带步步锦棂心

大门

南厢房

草厂四条1号

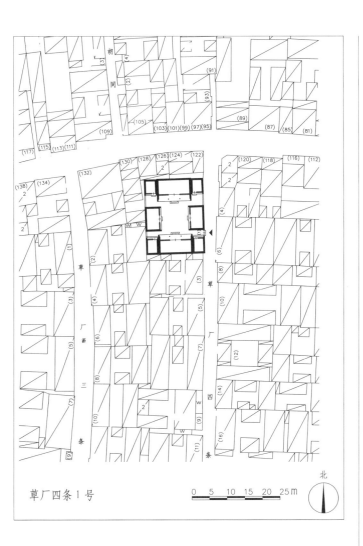

草厂四条1号

南房

南房内落地罩

前檐装修隔扇风门、支摘窗仅保留外框。南房三间，过垄脊，合瓦屋面，前檐装修为隔扇风门、支摘窗仅保留外框。前出如意踏跺两级。室内石膏吊顶，保存有落地罩，方胜纹棂心。南房东、西两侧耳房各一间。

现为居民院。

东厢房

位于东城区前门街道。该院坐北朝南，一进院落。清代末期建筑。

大门位于院落东南隅，东向，随墙门形式，六角形门簪两枚，红漆板门两扇，板门上门钹一对，方形门墩一对，上雕海棠线图案。院内北房（正房）三间，前出廊，清水脊，合瓦屋面，饯檐砖雕图案均为喜上眉梢。前檐装修为现代门窗，保留有部分工字卧蚕步步锦棂心横披窗和步步锦棂心支摘窗。明间前出如意踏跺三级。正房两侧耳房各一间。东、西厢房各三间，鞍子脊，合瓦屋面，东厢房前檐装修为现代门窗，保留有部分灯笼框棂心横披窗和步步锦棂心支摘窗。西厢房

草厂四条40号

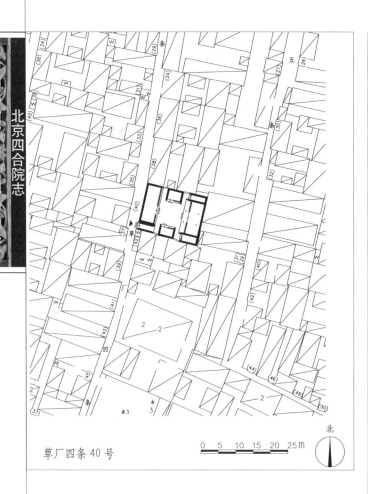

草厂四条40号

0 5 10 15 20 25m

北

西房前檐装修

西房帘架局部

踏四级，现已改建。大门内邱门子为海棠池做法，大门后檐柱间带灯笼框棂心倒挂楣子。大门北侧有西房四间，鞍子脊，合瓦屋面，前檐装修保存较好，支摘窗上部支窗分内外两层，外层纱屉做十字方格棂心，内层为步步锦棂心。于南侧第二间开门，为隔扇风门带帘架，隔扇及帘架横披窗均为步步锦棂心，风门亮子及余塞均为灯笼框棂心，帘架上部荷叶栓斗及下部荷叶墩保存较好，门前有如意踏跺两级。东房（正房）三间，前后廊，清水脊，合瓦屋面，前檐装修为现代门窗，保存部分盘长纹棂心横披窗和支窗外层十字方格棂心纱屉。现存南次间槛墙为海棠池做法，廊心墙象眼镂菱形图案，穿插当为砖雕花卉。东房南北各带耳房半间。南、北厢房各二间，均为平顶，檐下如意头形木挂檐板。南厢房前檐装修为现代门窗。北厢房前檐装修门连窗及支摘窗基本保留，均为步步锦棂心。

现为居民院。

位于东城区前门街道。该院坐东朝西，一进院落。民国时期建筑。

大门位于院落西南隅，窄大门半间，鞍子脊，合瓦屋面，红漆板门两扇，板门上有门钹一对，圆形门墩一对。门前原为如意踏

正房

北厢房

草厂八条8号

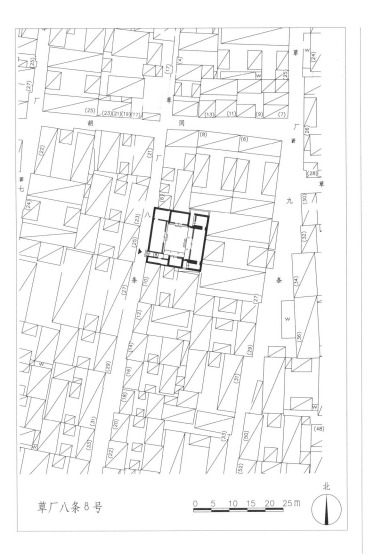

草厂八条8号

影壁

廊柱间有步步锦棂心倒挂楣子。院内正房(东房)三间，前出廊，鞍子脊，合瓦屋面、前檐装修为现代门窗。正房南北两侧各有耳房一间。西房四间，鞍子脊，合瓦屋面，前檐装修为现代门窗，老檐出后檐墙。南、北厢房各三间，平顶，前檐有素面木挂檐板，前檐装修为现代门窗。

现为居民院。

位于东城区前门街道。该院坐东朝西，一进院落。民国时期建筑。

大门位于院落西南隅，窄大门半间，西向，红色板门两扇，门上梅花形门簪两枚，门前如意踏跺四级，门内后檐间步步锦棂心倒挂楣子。门内迎门有座山影壁一座，硬心做法。西房与南房间有平顶廊相连，

平顶廊倒挂楣子

北侧平顶厢房

草厂八条26号

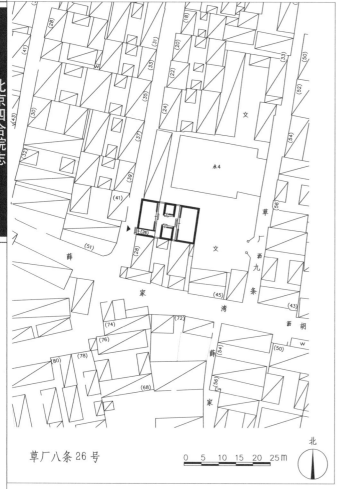

草厂八条26号

北

0 5 10 15 20 25m

大门

位于东城区前门街道。该院坐东朝西，一进院落。民国时期建筑。

大门位于院落西南隅，开于西房南侧，窄大门半间，西向，红色板门两扇，方形门墩一对，后檐柱间步步锦棂心倒挂楣子。大门北侧西房三间，机瓦屋面，前檐装修为现代门窗，老檐出后檐墙。上房（东房）三间，鞍子脊，合瓦屋面，保存有部分步步锦棂心支摘窗。南、北厢房各一间，鞍子脊，合瓦屋面，前檐装修为现代门窗。

现为居民院。

大门后檐柱倒挂楣子

东房局部

草厂八条29号

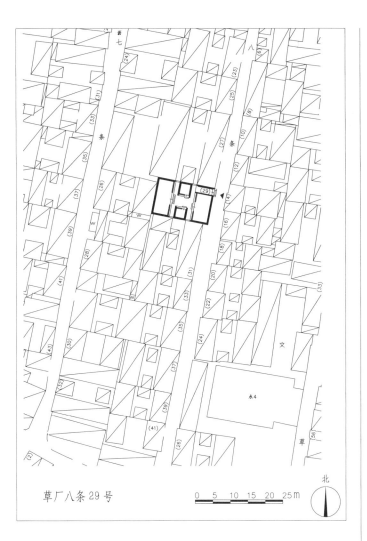

草厂八条29号

0 5 10 15 20 25m

北

东房背立面

西房明间

鞍子脊，合瓦屋面，保存有步步锦棂心支摘窗，南房前檐装修为现代门窗。

现为居民院。

位于东城区前门街道，该院坐西朝东，一进院落。民国时期建筑。

临街东房北部开窄大门半间，东向，红色板门两扇，方形门墩一对。东房三间，鞍子脊，合瓦屋面，步步锦棂心装修。上房（西房）三间，机瓦屋面，明间为隔扇风门，次间为支摘窗，均为步步锦棂心。南、北厢房各一间，

大门门墩

西房明间局部

草厂八条33号

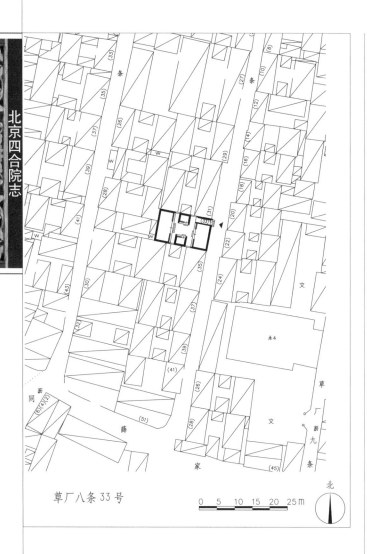

草厂八条33号

0 5 10 15 20 25m

北

大门

色板门两扇，门板上有门钹一对，方形门墩一对，后檐有步步锦棂心倒挂楣子。东房三间，机瓦屋面，前檐装修为现代门窗，老檐出后檐墙。上房（西房）三间，过垄脊，合瓦屋面，前檐装修为现代门窗。南、北厢房各一间，过垄脊，合瓦屋面，前檐装修为现代门窗。

现为居民院。

位于东城区前门街道。该院坐西朝东，一进院落。民国时期建筑。

临街东房北部开窄大门半间，东向，红

大门后檐步步锦棂心倒挂楣子

东房背立面

草厂八条37号

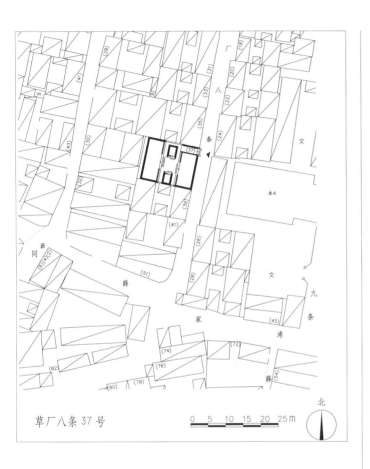

草厂八条 37 号   0 5 10 15 20 25 m   北

位于东城区前门街道。该宅院坐西朝东，一进院落。民国时期建筑。

临街东房北部开窄大门半间，东向，红色板门两扇。迎门有座山影壁一座，现已损毁。东房三间，清水脊，合瓦屋面，脊饰花盘子，前檐装修为现代门窗，老檐出后檐墙。

北房

上房（西房）三间，清水脊，合瓦屋面，脊饰花盘子，前檐装修为现代门窗。南、北厢房各一间，过垄脊，合瓦屋面，博缝头处有砖雕，前檐装修为现代门窗。

现为居民院。

座山影壁

西房

草厂九条9号

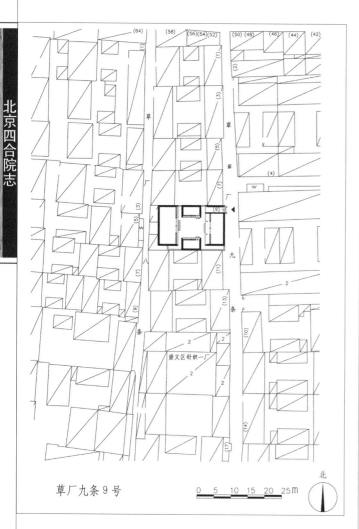

草厂九条9号

0 5 10 15 20 25m

北

北房

上房三间，鞍子脊，合瓦屋面，前檐装修为现代门窗。东房三间，前出廊，过垄脊，合瓦屋面，前檐装修为现代门窗。南、北厢房各二间，过垄脊，合瓦屋面，前檐装修为现代门窗。南房现已翻建。

现为居民院。

大门

位于东城区前门街道。该院坐西朝东，一进院落。民国时期建筑。

临街东房北部开窄大门半间，黑色板门两扇，门板上门钹一对。门上走马板写有"福"字。

东房

草厂九条22号、24号

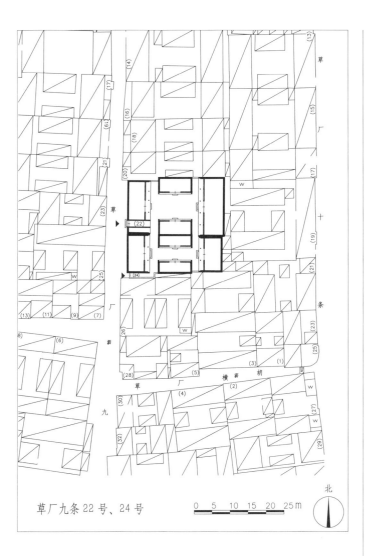

草厂九条22号、24号

北房

半间，大门南侧西房半间，北侧四间，过垄脊，合瓦屋面，前后廊，前檐装修为现代门窗。

上房（东房）五间，前出廊，过垄脊，合瓦屋面，前檐装修为现代门窗。

南、北厢房各三间，过垄脊，合瓦屋面，南厢房与24号院北厢房为两卷勾连搭形式，前檐装修为现代门窗。

现为居民院。

22号院大门

位于东城区前门街道。该院坐东朝西，南北两路一进院落。民国时期建筑。

南路（24号）：院落西南隅开门，大门为随墙便门，西向，小门墩一对。院内上房（东房）三间，前出廊，过垄脊，合瓦屋面，明间为四抹隔扇风门，灯笼锦棂心。西房三间，前出廊，过垄脊，合瓦屋面，保存有部分卧蚕步步锦棂心支摘窗及横披窗。北厢房三间，两卷勾连搭与22号院南厢房相连，过垄脊，合瓦屋面，前檐装修为现代门窗。南厢房三间，过垄脊，合瓦屋面，前檐装修为现代门窗。

北路（22号）：临街西房南侧开窄大门

南房

草厂九条38号

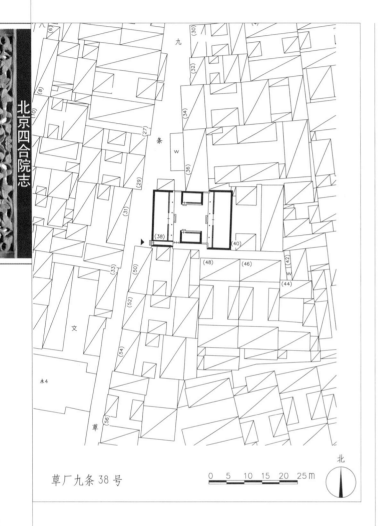

草厂九条38号

0 5 10 15 20 25m

北

大门

东房

位于东城区前门街道。该院坐东朝西，一进院落。民国时期建筑。

大门位于院落西南隅，随墙门形式，西向，板门两扇，门板上门钹一对，门包叶一副。西房五间，前出廊，鞍子脊，合瓦屋面，次间保存有卧蚕步步锦棂心支摘窗，其余装修为现代门窗。院内上房（东房）五间，前出廊，鞍子脊，合瓦屋面，前檐装修为现代门窗。南、北厢房各二间，鞍子脊，合瓦屋面，前檐装修为现代门窗。

现为居民院。

草厂九条52号

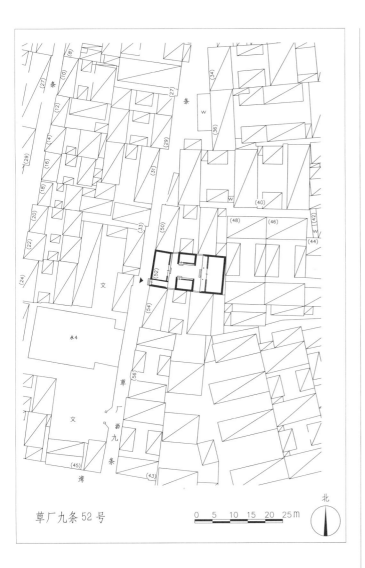

草厂九条 52 号

东房

西房背立面

北房

位于东城区前门街道。该院坐东朝西，一进院落。院落随街势有一定偏角。民国时期建筑。

大门位于院落西南隅，开在西房南侧，西向，窄大门半间，鞍子脊，合瓦屋面，红色板门两扇。西房三间，鞍子脊，合瓦屋面，老檐出后檐墙，戗檐处雕刻有花卉。院内上房三间，前出廊，鞍子脊，合瓦屋面。南、北厢房各二间，鞍子脊，合瓦屋面。院内装修均为新做工字步步锦棂心。

现为居民院。

草厂九条56号

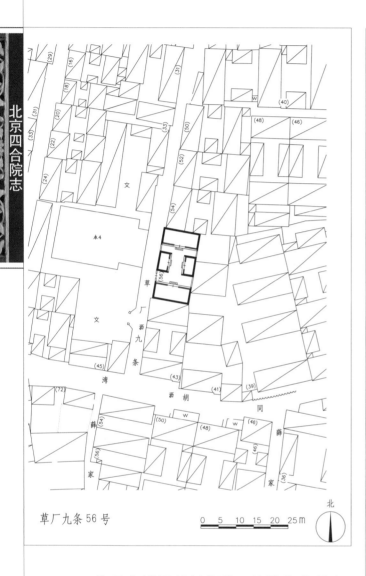

草厂九条56号

0 5 10 15 20 25m 北

东房

西房

南房

位于东城区前门街道。该院坐北朝南，一进院落。民国时期建筑。

院落西墙南侧开随墙门，西向。院内正房（北房）三间，鞍子脊，合瓦屋面，明间为夹门窗，其余装修为现代门窗。南房三间，鞍子脊，合瓦屋面，前檐装修为现代门窗。东、西厢房各三间，鞍子脊，合瓦屋面，前檐装修为现代门窗，抽屉檐封后檐墙。

现为居民院。

珠市口东大街157号

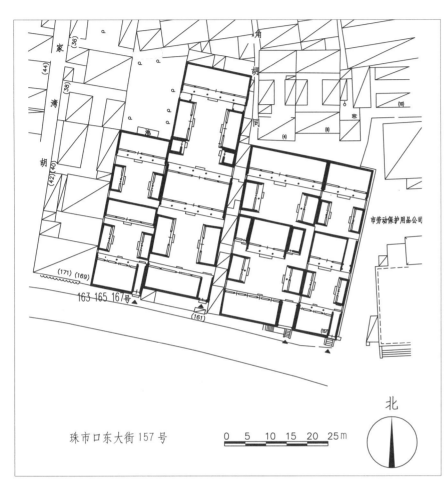

珠市口东大街 157 号

0 5 10 15 20 25m

北

大门

位于东城区前门街道。该院坐北朝南，二进院落。民国时期建筑。

窄大门半间，清水脊，合瓦屋面，红漆板门，门钹一对，踏跺七级，迎门为一座座山影壁。

一进院正房三间，清水脊，合瓦屋面，脊饰花盘子，前出廊，木构架绘箍头包袱彩画，明间门连窗，出垂带踏跺三级，次间槛墙、支摘窗。东、西厢房后改建。倒座房两间半，清水脊，合瓦屋面，前出廊，木构架绘箍头包袱彩画，前檐装修为现代门窗。

二进院现另在西八角胡同1号院开门，正房三间，清水脊，合瓦屋面，前出廊，前檐明间装修为现代门窗，次间槛墙、支摘窗，

二进院正房

步步锦棂心装修。东、西厢房各二间，鞍子脊，合瓦屋面，前檐装修为现代门窗。

现为居民院。

珠市口东大街159号

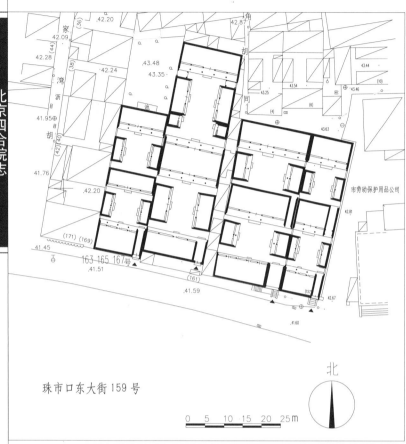

珠市口东大街159号

0 5 10 15 20 25m

北

大门

二进院北房

位于东城区前门街道。该院坐北朝南，二进院落。院落随街势有一定偏角。清代末期建筑。

原大门位于院落东南隅，现已封堵，清水脊，合瓦屋面，脊饰花盘子，现在原大门上开窄大门半间，红漆板门，垂带踏跺八级。

一进院倒座房五间（一间耳房），清水脊，合瓦屋面，前檐装修为现代门窗，老檐出后檐墙。正房五间半，其中东半间为过道，清水脊，合瓦屋面，前出廊，前檐装修为现代门窗，老檐出后檐墙。东、西厢房各二间，鞍子脊，合瓦屋面，前出廊，门连窗、槛墙、支摘窗，步步锦棂心。

二进院正房五间半，清水脊，合瓦屋面，前出廊，明间隔扇风门，次、梢间槛墙、支摘窗。

东、西厢房各二间，鞍子脊，合瓦屋面，前出廊，前檐装修为现代门窗。

现为居民院。

珠市口东大街161号

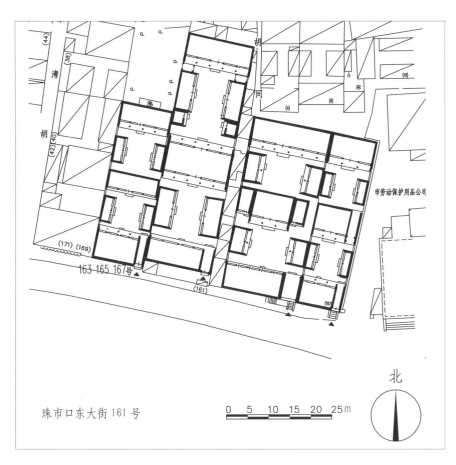

珠市口东大街161号

0 5 10 15 20 25m

北

内门

　　位于东城区前门街道。该院坐北朝南，二进院落。院落随街势有一定偏角。清代末期建筑。

　　临街小门楼一座，清水脊，筒瓦屋面（蝎子尾已失），脊饰花盘子，双扇红漆板门，装

饰梅花形门簪两枚，圆形门墩一对，前出左右踏跺各四级，门楼两侧接院墙，墙头采用套沙锅套花瓦装饰。大门后紧接着为内门一座，如意门形式，清水脊，合瓦屋面，脊饰花盘子，门头栏板砖雕花卉，门楣砖雕万不断纹饰，戗檐做砖雕花卉装饰，板门两扇，梅花形门簪两枚。门内迎门座山影壁一座，清水脊，筒瓦屋面，脊饰花盘子，

大门外景

座山影壁

一进院正房

二进院正房

瓦当花卉图案，椽子雕刻万字纹，山面砖雕，影壁心四角砖雕。大门西侧倒座房四间，清水脊，合瓦屋面，脊饰花盘子，前檐装修为现代门窗。一进院正房五间，为过厅形式，清水脊，合瓦屋面，脊饰花盘子，前后出廊，前檐明间隔扇风门，次、梢间槛墙、支摘窗，戗檐处做砖雕装饰，后廊为西洋柱廊做法，柱头为爱奥尼和科林斯做法相结合。东、西厢房各三间，鞍子脊，合瓦屋面，前檐装修为现代门窗。二进院正房五间，清水脊，合瓦屋面，前出平廊，西洋式廊柱形式，柱头为爱奥尼和科林斯做法相结合，廊间拱心石，廊楣处满饰石雕缠枝花卉，室内花砖地面。东、西厢房各三间，平屋顶，通体丝缝做法，砖石结构，拱券门窗，券顶拱心石。厢房南侧厢耳房各一间，砖石结构，拱券门，拱心石。正房与厢房间有廊连接，门头做砖雕装饰。

二进院西厢房

　　该院原为清宫内御厨的宅子，后来成为火柴厂老板的住宅。此院为中西合璧式建筑，前后院为两种不同的建筑风格。前院为中式建筑风格，古朴素雅。后院中西合璧，外观富丽堂皇。

　　现为居民院。

柱头砖雕

厢耳房及厢房

珠市口东大街163号、165号、167号

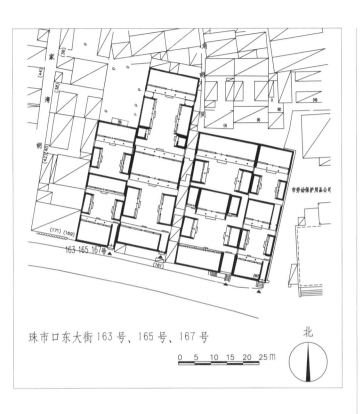

珠市口东大街 163 号、165 号、167 号

北

0 5 10 15 20 25m

二进院西厢房

水脊，合瓦屋面，脊饰花盘子，红漆板门，如意踏跺五级，门墩一对。

一进院倒座房三间半，清水脊，合瓦屋面，脊饰花盘子，前出平廊，前檐明间隔扇风门，次间槛墙、支摘窗，步步锦棂心，老檐出后檐墙。正房四间，鞍子脊，合瓦屋面，前檐装修为现代门窗。东、西厢房各二间，鞍子脊，合瓦屋面，前檐装修为现代门窗。

二进院正房四间，机瓦屋面，前出廊，前檐装修为现代门窗。东、西厢房各二间，鞍子脊，合瓦屋面，前檐装修为现代门窗。

现为居民院。

位于东城区前门街道。该院坐北朝南，二进院落。清代末期建筑。

窄大门半间，与倒座房为一个整体，清

大门

一进院过道

薛家湾胡同19号

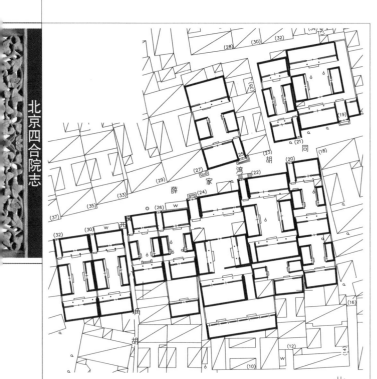

薛家湾胡同19号

0 5 10 15 20 25m

北

大门花砖地面

二门

砖雕已毁，板门两扇，圆形门墩一对，前出如意踏跺四级，门内邸门做法，后檐柱间盘长如意纹棂心倒挂楣子。屏门一座，大门东侧倒座房一间，西侧三间，清水脊，合瓦屋面，脊饰花盘子，前出廊，东侧一间前檐门连窗，西侧三间前檐明间夹门窗，次间槛墙、支摘窗，棂心后改，均为封后檐墙。二门一座，随墙门形式。二进院正房五间，清水脊，合瓦屋面，脊饰花盘子，前出廊，前檐装修为现代门窗。东、西厢房各三间，鞍子脊，合瓦屋面，前檐装修为现代门窗。

现为居民院。

位于东城区前门街道。该院坐北朝南，二进院落。院落随街势有一定偏角。民国时期建筑。

大门位于院落东南隅，如意大门一间，清水脊，合瓦屋面，脊饰花盘子，门楣栏板

大门及倒座房

二进院正房

薛家湾胡同22号—32号

薛家湾胡同 22 号—32 号

0 5 10 15 20 25m

北

位于东城区前门街道。大组院落均随街势有一定偏角。

22 号：该院坐南朝北，二进院落。民国时期建筑。

大门位于院落西北隅，如意大门一间，鞍子脊，合瓦屋面，门楣花瓦做法，门前如

22号院大门及北房

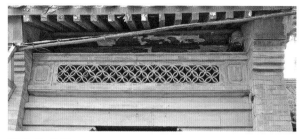

22号院花瓦

意踏跺向两侧各出五级，圆形门墩一对，上面雕刻石狮残毁，门内灯笼锦棂心倒挂楣子。一进院北房四间，鞍子脊，合瓦屋面，前出廊，前檐装修为现代门窗，老檐出后檐墙。东、西厢房各三间，鞍子脊，合瓦屋面，前檐装修为现代门窗。南房五间，清水脊，合瓦屋面，脊饰花盘子，前出廊，西半间为门道，前檐装修为现代门窗，内部保存有隔扇风门，灯笼锦棂心，步步锦棂心横披窗，老檐出后檐墙。二进院南房三间，鞍子脊，合瓦屋面，前檐装修为现代门窗。东、西厢房各一间，机瓦屋面，前檐装修为现代门窗。

24 号：该院坐南朝北，三进院落。民国时期建筑。

大门位于院落西北隅，如意大门一间，清水脊，合瓦屋面，脊饰花盘子，戗檐做砖雕装饰，门楣栏板砖雕花卉，圆形门簪两枚，

22号院一进院南房及厢房外景

24号院大门

24号院北房

落地罩，灯笼锦间十字海棠棂心，灯笼锦棂心横披窗。厢房北侧厢耳房各一间，平顶，檐下素面木挂檐板，前檐装修为现代门窗。三进院后罩房七间，鞍子脊，合瓦屋面，前檐装修部分保存有槛墙、支摘窗，步步锦棂心。

26号：该院坐南朝北，二进院落。民国时期建筑。

大门位于院落西北隅，窄大门半间，与北房为一整体，鞍子脊，合瓦屋面，板门两扇。一进院大门东侧北房两间半，鞍子脊，合瓦屋面，前檐装修为现代门窗，老檐出后檐墙。东、西厢房各二间，鞍子脊，合瓦屋面，前檐南一间门连窗、北一间槛墙、支摘窗，步步锦棂心部分保存。南房三间，清水脊，合瓦屋面，前出廊，前檐明间夹门窗，次间槛墙、支摘窗，棂心后改。南房西半间为过道通往后院。二进院后罩房三间，鞍子脊，合瓦屋面，前檐明间夹门窗，次间槛墙、支摘窗，棂心后改。

雕刻缠枝花卉图案，红漆板门，门前如意踏跺五级，圆形门墩一对，看面和鼓面均高浮砖雕花卉。门内迎门有座山影壁一座，清水脊，筒瓦屋面，素面影壁心。大门东侧北房四间，清水脊，合瓦屋面，脊饰花盘子，前出廊，前檐明间夹门窗，次间槛墙、支摘窗，棂心后改，梢间门连窗，老檐出后檐墙。原有二门，现拆除。二进院南房五间，三正两耳形式，耳房与南房成一整体，仅脊上加以区分，均为清水脊，合瓦屋面，脊饰花盘子，前出廊，前檐装修为现代门窗，老檐出后檐墙。东耳房为通往后院的过道。东、西厢房各三间，鞍子脊，合瓦屋面，前出廊，前檐装修明间隔扇风门、横披窗，次间有槛墙、支摘窗，均为步步锦棂心。东厢房还保存有

24号院大门戗檐砖雕

26号院大门

26号院大门及北房

30号院大门及北房

28号：该院坐南朝北，一进院落。民国时期建筑。

大门位于院落西北隅，窄大门半间，鞍子脊，合瓦屋面，与北房为一体。大门东侧北房两间半，鞍子脊，合瓦屋面，前出廊，前檐装修保存有步步锦棂心横披窗，老檐出后檐墙。西厢房二间，鞍子脊，合瓦屋面，前檐装修为现代门窗。东厢房原址翻建。南房三间，清水脊，合瓦屋面，戗檐砖雕牡丹花卉，前出廊，明间隔扇风门，灯笼锦棂心，如意裙板，次间槛墙、支摘窗，灯笼锦棂心，前出垂带踏跺。

30号：该院坐南朝北，一进院落。民国时期建筑。

大门位于院落西北隅，窄大门半间（大门和倒座房为一个整体，只是做出墙腿子），过垄脊，合瓦屋面，黑漆板门两扇，圆形门墩一对。大门东侧北房三间，过垄脊，合瓦屋面，前出廊，前檐明间夹门窗，次间槛墙、支摘窗，棂心后改，老檐出后檐墙。东、西厢房各三间，过垄脊，合瓦屋面，前檐明间装修为现代门窗，次间部分保存有支摘窗。南房三间半，清水脊，合瓦屋面，前檐明间夹门窗，次间槛墙、支摘窗，棂心后改。

28号院侧面墙

30号院落东侧外景

30号院南房

32号院大门及北房

32号：该院坐南朝北，一进院落。民国时期建筑。

大门位于院落西北隅，窄大门半间（大门和倒座房为一个整体，只是做出墙腿子），过垄脊，合瓦屋面，黑漆板门两扇。大门东侧北房三间，过垄脊，合瓦屋面，前出廊，

前檐明间隔扇风门，近代西洋式门扇，次间槛墙、支摘窗，棂心后改，老檐出后檐墙。东、西厢房各三间，过垄脊，合瓦屋面，前檐装修为现代门窗。南房三间半，清水脊，合瓦屋面，明间隔扇风门，次间槛墙、支摘窗，棂心后改。

薛家湾胡同22号—32号，在民国时期曾为一位名为周春严的医生的住宅。现均为居民院。

32号院大门

32号院南房

薛家湾胡同35号

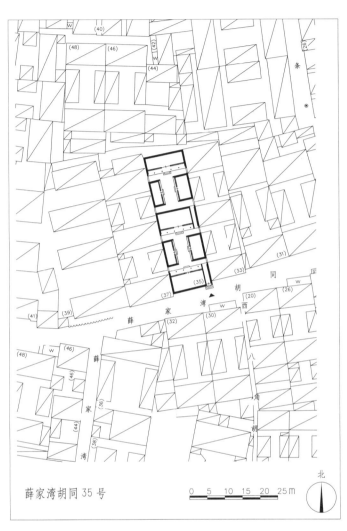

薛家湾胡同35号

0 5 10 15 20 25m

北

房 各 三 间，鞍子脊，合瓦屋面，西厢房北侧一间保存有卧蚕步步锦棂心夹门窗，其余装修为现代门窗。正房东侧半间为过道通往二进院。二进院正房五间，前出廊，鞍子脊，合瓦屋面，

大门

前檐装修为现代门窗。东、西厢房各三间，鞍子脊，合瓦屋面，前檐装修为现代门窗。

现为居民院。

位于东城区前门街道。该院坐北朝南，二进院落。院落随街势有一定偏角。民国时期建筑。

大门位于院落东南隅，窄大门半间，与倒座房为一体，仅砌墙腿子以示区别，黑漆板门两扇，方形门墩一对，前出如意踏跺四级。大门东侧倒座房四间半，鞍子脊，合瓦屋面，前檐装修为现代门窗，老檐出后檐墙。一进院正房五间，前出廊，清水脊，合瓦屋面，脊饰花盘子，前檐装修为现代门窗，老檐出后檐墙。保存有部分卧蚕步步锦棂心支摘窗和横披窗，其余装修为现代门窗。东、西厢

过道

一进院正房及厢房

第二篇

东城区四合院

665

北芦草园胡同52号

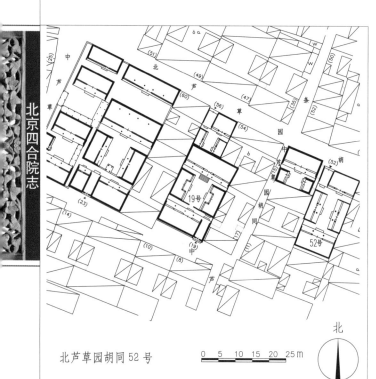

北芦草园胡同 52 号

大门

位于东城区前门街道。该院坐南朝北，一进院落。院落随街势有一定偏角。民国时期建筑。

大门位于院落西北隅，窄大门半间（大门与临街北房为一个整体，只是大门砌出墙腿子，脊上做出区别），北向，清水脊，合瓦屋面，脊饰花盘子，梅花形门簪两枚，板门两扇，如意形门包叶，方形门墩一对，门墩

大门及北房

上雕刻梅花图案，门前出如意踏跺三级，后檐柱间大菱形块棂心倒挂楣子、花牙子。门内迎门厢房山墙上做出影壁心形式。北房三间，过垄脊，合瓦屋面，前檐明间夹门窗，次间支摘窗，龟背锦棂心，封后檐墙。东、西厢房各三间，前出廊，过垄脊，合瓦屋面，前檐明间夹门窗、步步锦棂心，次间支摘窗，步步锦棂心。南房三间，清水脊，合瓦屋面，前出廊，前檐明间隔扇风门，次间支摘窗，棂心后改。

现为居民院。

屏门

中芦草园胡同19号

中芦草园胡同19号

0 5 10 15 20 25m

北

大门及倒座房

影壁

门楣砖雕

位于东城区前门街道。该院坐北朝南（院落随街巷走势稍偏向东南），二进院落。民国时期建筑。

大门位于院落东南隅，如意门一间，鞍子脊，合瓦屋面，栏板砖雕毁，门楣砖雕万字纹，梅花形门簪两枚，板门两扇，门钹一对，圆形门墩一对，门墩高浮雕转心莲图案，门内邱门硬心做法，左侧开扇形什锦窗一扇，冰裂纹棂心，后檐柱间步步锦棂心倒挂楣子。门内迎门座山影壁一座，清水脊，筒瓦屋面，素面影壁心。屏门一座。

大门西侧倒座房四间，鞍子脊，合瓦屋面，前出廊，木构架绘制箍头彩画，前檐明间隔扇风门，次、梢间槛墙、支摘窗，步步锦棂心，老檐出后檐墙，室内天花吊顶，灯笼锦棂心。

圆形门墩

二门一座，月亮门形式。二进院内正房五间，清水脊，合瓦屋面，脊饰花盘子，前出廊，木构架绘制箍头彩画，前檐明间隔扇风门、玻璃屉棂心，前出如意踏跺五级，次、梢间槛墙、支摘窗，棂心后改。东、西厢房各三间，过垄脊，合瓦屋面，明间吞廊，前檐明间隔扇风门，次间槛墙、支摘窗，步步锦棂心。

此院清代晚期时曾为一位太监的房子。现为居民院。

二进院正房

667

中芦草园胡同23号

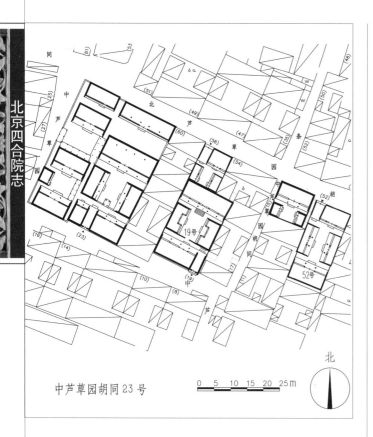

中芦草园胡同23号

0 5 10 15 20 25m

北

门联

位于东城区前门街道。该院坐北朝南，两路三进院落。院落随街势有一定偏角。民国时期建筑。

东路：大门位于院落西南隅，如意大门一间，清水脊，合瓦屋面，脊饰花盘子，门

楣砖雕万字纹，栏板砖雕毁，戗檐砖雕毁，博缝头砖雕万事如意图案，梅花形门簪两枚，板门两扇，门板门联雕刻繁体字"国恩家庆，人寿年丰"，如意形门包叶，圆形门墩一对，门墩高浮雕"五世同居"，门内邱门硬心做法，象眼处做砖雕立方体装饰，后檐柱间灯笼锦棂心倒挂楣子、花牙子。门内迎门座山影壁一座，素面硬影壁心做法。大门西侧倒座房一间、东侧三间，鞍子脊，合瓦屋面，前出廊，木构架绘制箍头彩画，前檐装修为现代门窗，老檐出后檐。二门已拆。二进院正房五间，清水脊，合瓦屋面，脊饰花盘子，前

东路大门及倒座房

门墩

大门外景

后廊，廊心墙硬心做法，木构架绘制箍头彩画，前檐装修为现代门窗，老檐出后檐。东、西厢房各三间，鞍子脊，合瓦屋面，前出廊，木构架绘制箍头彩画，前檐明间门连窗，次间槛墙、支摘窗，棂心后改。三进院后罩房五间，进深二间，鞍子脊，合瓦屋面，木构架绘制箍头彩画，前檐装修为现代门窗，室内灯笼锦棂心木隔扇。

西路：大门位于院落东南隅，窄大门半

大门象眼砖雕

东路二进院正房

间，后改水泥机瓦屋面，现已封堵。大门西侧倒座房两间半，后改水泥机瓦屋面，前出廊，木构架绘制箍头彩画，室内保存灯笼锦棂心木隔扇，前檐装修为现代门窗，老檐出后檐墙。一进院正房三间，鞍子脊，合瓦屋面，前出廊，前檐装修为现代门窗，木构架绘制箍头彩画，室内保存有灯笼锦棂心木隔

西路正房及西厢房

扇，后檐接筒瓦屋面廊子。西厢房一间，鞍子脊，合瓦屋面，前檐装修为现代门窗。二进院正房三间，鞍子脊，合瓦屋面，前出廊，木构架绘制箍头彩画，前檐装修为现代门窗。院内东、西、南三面游廊。三进院正房三间，鞍子脊，合瓦屋面，明间前檐装修为现代门窗，次间槛墙、支摘窗，棂心后改。该院子东西两路院落之间为十五间廊子相接连通，筒瓦屋面，梅花形方柱，木构架绘制箍头彩画。

此院过去为梅兰芳祖居，民国时期出售给北京老字号药店长春堂药店东家孙氏。

现为居民院。

南芦草园胡同7号

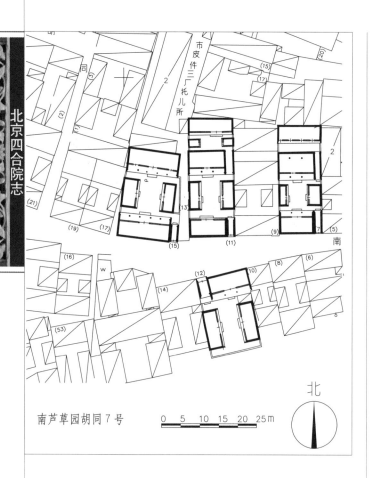

南芦草园胡同7号

0 5 10 15 20 25m

北

门墩

后檐柱间步步锦棂心倒挂楣子。大门西侧倒座房三间，清水脊，合瓦屋面，脊饰花盘子，前出廊，前檐装修为现代门窗，老檐出后檐墙。一进院正房三间半，东半间为过道，清水脊，合瓦屋面，脊饰花盘子，前后廊，前檐明间门连窗，步步锦棂心横披窗，前出如意踏跺三级，次间槛墙、支摘窗，步步锦棂心部分保存，后檐明间券门，门楣处石雕卷草纹图案。东、西厢房各二间，鞍子脊，合瓦屋面，前檐门连窗，槛墙、支摘窗，步步锦棂心。二进院后罩房四间，原址翻建。

现为居民院。

位于东城区前门街道。该院坐北朝南，二进院落。院落随街势有一定偏角。民国时期建筑。

大门位于院落东南隅，窄大门一间，清水脊，合瓦屋面，板门两扇，方形门墩一对，

大门及倒座房

正房山面

南芦草园胡同11号

南芦草园胡同11号

0　5　10　15　20　25m

北

大门

　　位于东城区前门街道。该院坐北朝南，二进院落。院落随街势有一定偏角。民国时期建筑。

　　大门位于院落东南隅，窄大门半间，清水脊，合瓦屋面，脊饰花盘子，板门两扇，方形门墩一对，门墩雕刻毁坏，后檐柱间步步锦榐心倒挂楣子、花牙子。大门西侧倒座房三间，过垄脊，合瓦屋面，前檐明间为现代门窗，次间槛墙、支摘窗，榐心后改，老檐出后檐墙。一进院正房三间半（东半间为过道），鞍子脊，合瓦屋面，前出廊，前檐明间隔扇风门，次间槛墙、支摘窗，榐心后改。东、西厢房各二间，鞍子脊，合瓦屋面，前檐门连窗，槛墙、支摘窗，榐心后改。二进

院正房四间，清水脊，合瓦屋面，前檐装修为现代门窗。东、西厢房各一间，平顶，墙身通体淌白，前檐装修为现代门窗。

　　现为居民院。

二进院正房

南芦草园胡同12号

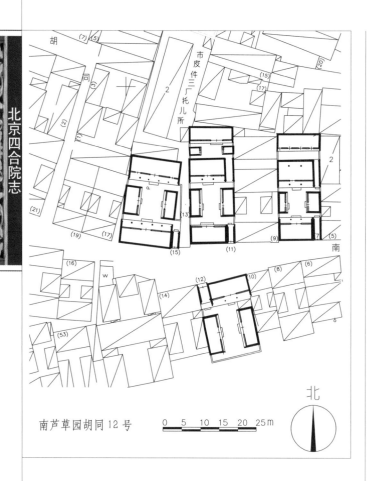

南芦草园胡同12号

0 5 10 15 20 25m

北

天花彩画

板门两扇，门联繁体字书"忠厚培元氣，詩書發異香"，门外廊心墙，前檐柱间带花牙子，圆形门墩一对，门内仙鹤纹饰天花吊顶，象眼处雕刻龟背锦纹饰，穿插当雕刻盘长、如意、轱辘钱纹饰，邱门软心做法，后檐柱间饰倒挂楣子、花牙子。门内迎门座山影壁一座，清水脊，筒瓦屋面，脊饰花盘子，素面影壁心。大门东侧北房三间，过垄脊，合瓦屋面，前出廊，前檐装修为现代门窗，老檐出后檐墙。东、西厢房各三间，过垄脊，合瓦屋面，前檐装修为现代门窗，封后檐墙。

现为居民院。

位于东城区前门街道。该院坐北朝南，一进院落。院落随街势有一定偏角。民国时期建筑。

大门位于院落西北隅，窄大门半间，门扇开在金柱位置，清水脊，合瓦屋面，脊饰花盘子，走马板有苏式彩画痕迹，梅花形门簪两枚，门簪雕刻"福禄"两字，

大门

座山影壁

南芦草园胡同17号、19号

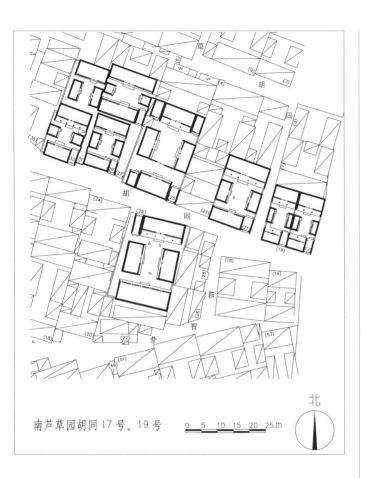

南芦草园胡同17号、19号 0 5 10 15 20 25m 北

位于东城区前门街道。该院坐北朝南，两路院落。院落随街势有一定偏角。民国时期建筑。

东院（17号）：大门位于院落东南隅，窄大门一间（大门与倒座房为一个整体，只是大门处砌出墙腿子），鞍子脊，合瓦屋面，

黑漆板门两扇，门联繁体字书"聿脩厥德，长发其祥"，门上门钹一对，门包叶一副。大门西侧倒座房二间，鞍子脊，合瓦屋面，前出廊，前檐装修为现代门窗，老檐出后檐墙。正房三间，鞍子脊，合瓦屋面，前出廊，前檐装修为现代门窗。东、西厢房各二间，平顶，前檐檐下装饰木挂檐板，前檐夹门窗，槛墙、槛窗装修。

西院（19号）：大门位于院落东南隅，窄大门半间（大门与倒座房为一个整体，只是大门处砌出墙腿子），

19号院大门

鞍子脊，合瓦屋面，黑漆板门两扇，门包叶一副。大门西侧倒座房二间，鞍子脊，合瓦屋面，前出廊，前檐装修为现代门窗，老檐出后檐墙。院内正房三间，鞍子脊，合瓦屋面，前出廊，前檐装修为现代门窗。东、西厢房各二间，平顶，前檐装修门连窗，槛墙、支摘窗，棂心后改。

现为居民院。

17号院大门及倒座房

19号院正房及厢房西侧面

南芦草园胡同22号

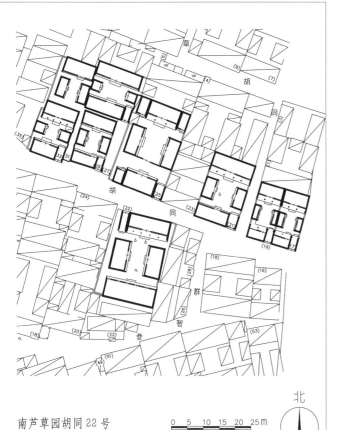

南芦草园胡同 22 号　　0 5 10 15 20 25m　北

屏门

花牙子。大门东侧北房四间半，后改水泥机瓦屋面，前出廊，前檐装修为现代门窗。东、西厢房各三间，鞍子脊，合瓦屋面，前出廊，前檐保存步步锦棂心横披窗，其余前檐装修为现代门窗。南房五间，清水脊，合瓦屋面，前檐装修为现代门窗。

现为居民院。

位于东城区前门街道。该院坐北朝南，一进院落。院落随街势有一定偏角。民国时期建筑。

大门位于院落西北隅，窄大门半间，后改机瓦屋面，黑漆板门两扇，方形门墩一对，后檐柱间步步锦棂心倒挂楣子、

大门

南房

南芦草园胡同25号

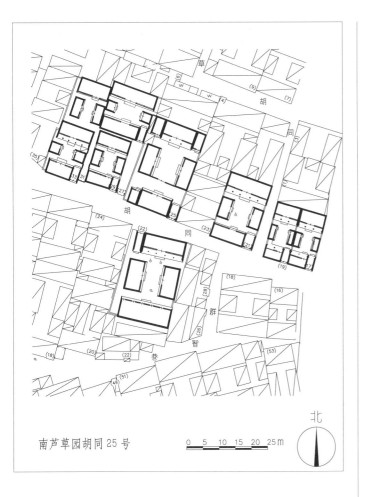

南芦草园胡同25号

0　5　10　15　20　25m

北

过垄脊，合瓦屋面，现已封堵。后开小门楼一座，清水脊，筒瓦屋面，平券门。原大门西侧倒座房三间，清水脊，合瓦屋面，前檐装修为现代门窗。西

现大门

耳房一间，过垄脊，合瓦屋面，前檐门连窗装修，棂心后改。二门已拆。二进院正房三间，清水脊，合瓦屋面，前出廊，前檐装修为现代门窗。正房两侧耳房各一间，过垄脊，合瓦屋面，前檐门连窗装修。东、西厢房各三间，过垄脊，合瓦屋面（东厢房改为机瓦屋面），前檐装修为现代门窗。三进院正房五间，清水脊，合瓦屋面，前檐装修为现代门窗。东、西厢房各一间，平顶，前檐装修为现代门窗。

现为居民院。

位于东城区前门街道。该院坐北朝南，二进院落。院落随街势有一定偏角。民国时期建筑。

原大门位于院落东南隅，如意大门形式，

原大门

二进院正房

南芦草园胡同27号

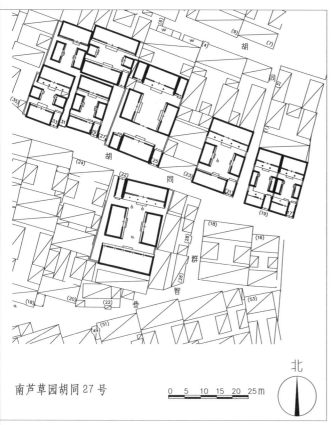

南芦草园胡同 27 号

0 5 10 15 20 25 m

北

座山影壁心

西侧倒座房四间，过垄脊，合瓦屋面，前檐明间隔扇风门，次、梢间槛墙、支摘窗，棂心后改。正房五间，过垄脊，合瓦屋面，前檐明间隔扇风门，次、梢间槛墙、支摘窗，步步锦棂心部分保存。东、西厢房各一间，过垄脊，合瓦屋面，前檐门连窗，棂心后改，封后檐墙。

现为居民院。

位于东城区前门街道。该院坐北朝南，一进院落。院落随街势有一定偏角。民国时期建筑。

大门位于院落东南隅，窄大门一间，清水脊，合瓦屋面，脊饰花盘子，板门两扇，门钹一对，门内灯笼锦棂心倒挂楣子。大门

大门

南芦草园胡同29号

南芦草园胡同 29 号

北

0 5 10 15 20 25m

位于东城区前门街道。该院坐北朝南，一进院落。院落随街势有一定偏角。民国时期建筑。

大门位于院落东南隅，小蛮子门一间（大门与倒座房为一个整体，大门处墙体上砌出墙腿子），鞍子脊，合瓦屋面，走马板，黑

大门及倒座房

大门

漆板门两扇，门钹一对，素面方形门墩一对。大门西侧倒座房四间，鞍子脊，合瓦屋面，封后檐墙。正房五间，鞍子脊，合瓦屋面，明间隔扇风门，次、梢间槛墙、支摘窗，棂心后改。东、西厢房各三间，鞍子脊，合瓦屋面，明间夹门窗，次间槛墙、支摘窗，棂心后改。

现为居民院。

南芦草园胡同33号、31号

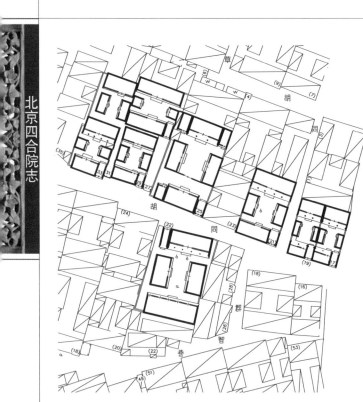

南芦草园胡同 33 号、31 号

33号院大门

31号院大门

位于东城区前门街道。该院坐北朝南，一进院落。院落随街势有一定偏角。民国时期建筑。

大门位于院落东南隅，窄大门一间（大门与倒座房为一个整体，大门处墙体上砌出墙腿子），过垄脊，合瓦屋面，走马板，黑漆板门两扇，素面门墩一对。门内步步锦棂心倒挂楣子、花牙子。倒座房三间，过垄脊，合瓦屋面，老檐出后檐墙。正房五间，过垄脊，合瓦屋面，前出廊，前檐明间隔扇风门，次、梢间槛墙、支摘窗，棂心后改。东、西厢房各一间，箍头脊，合瓦屋面，前檐门连窗，棂心后改。南芦草园胡同 31 号是 33 号的后院，西洋式门楼，开于 33 号大门东侧。门楣花瓦装饰，板门两扇。正房四间，后改机瓦屋面，前檐装修为现代门窗。东、西厢房各三间，均为原址翻建。

现为居民院。

北

0 5 10 15 20 25m

群智巷29号

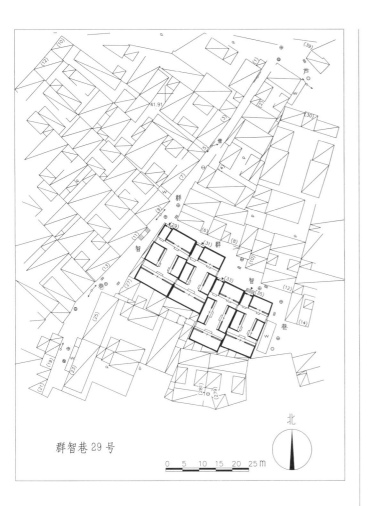

群智巷29号

0 5 10 15 20 25 m

北

位于东城区前门街道。该院坐南朝北，一进院落。院落随街势有一定偏角。民国时期建筑。

原大门位于院落西北隅，北向，窄大门

院落外景

半间（与北房为一个整体，只是大门处砌出墙腿子），过垄脊，合瓦屋面，现已封堵。在西侧院墙后开随墙门。原大门东侧北房两间半，过垄脊，合瓦屋面，前檐装修为现代门窗。东、西厢房各二间，过垄脊，合瓦屋面，前檐装修为现代门窗。南房三间，过垄脊，合瓦屋面，前檐装修为现代门窗。

现为居民院。

厢房及南房

原大门

群智巷31号

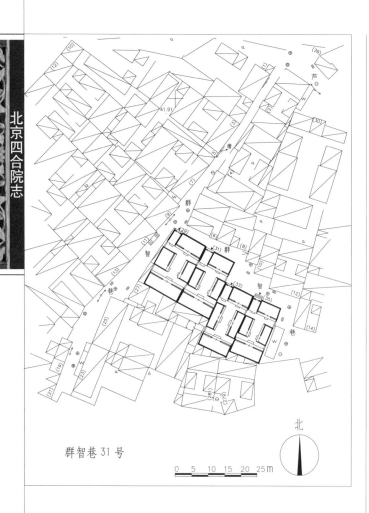

群智巷31号

0 5 10 15 20 25m

北

北房

　　位于东城区前门街道。该院坐南朝北，一进院落。院落随街势有一定偏角。民国时期建筑。

大门

　　大门位于院落西北隅，北向，窄大门半间（与北房为一个整体，只是做出墙腿子），过垄脊，合瓦屋面，走马板，板门两扇，素面方形门墩一对，门内后檐柱间步步锦棂心倒挂楣子、花牙子。大门东侧北房两间半，过垄脊，合瓦屋面，前檐装修为现代门窗，封后檐墙。东、西厢房各二间，过垄脊，合瓦屋面，前檐装修为门连窗，支摘窗，棂心后改。南房三间，过垄脊，合瓦屋面，明间前檐装修为现代门窗，次间为支摘窗，棂心后改。

　　现为居民院。

西厢房

群智巷33号

群智巷 33 号

0 5 10 15 20 25m

北

大门

位于东城区前门街道。该院坐南朝北，一进院落。院落随街势有一定偏角。民国时期建筑。

大门位于院落西北隅，北向，窄大门半间（大门和倒座房为一个整体，只是做出墙腿子），过垄脊，合瓦屋面，黑漆板门两扇，方形门墩一对，门墩雕刻菊花图案，门前出如意踏跺三级，后檐柱间步步锦棂心倒挂楣子、花牙子。门内迎门座山影壁一座，素面软影壁心。大门东侧北房两间半，过垄脊，合瓦屋面，前檐明间隔扇风门，次间槛墙、支摘窗，步步锦棂心，封后檐墙。东、西厢房各三间，过垄脊，合瓦屋面，前檐装修为现代门窗。南房三间，过垄脊，合瓦屋面，前檐装修为现代门窗。

现为居民院。

大门及北房内景

群智巷35号

群智巷35号

大门

位于东城区前门街道。该院坐南朝北，一进院落。院落随街势有一定偏角。民国时期建筑。

大门位于院落西北隅，北向，窄大门半间（大门和倒座房为一个整体，只是做出墙腿子），过垄脊，合瓦屋面，板门两扇，方形门墩一对，上部雕刻趴狮，箱体雕刻菊花图案，后檐柱间步步锦棂心倒挂楣子、花牙子。大门东侧北房两间半，过垄脊，合瓦屋面，前檐明间夹门窗，次间槛墙、支摘窗，棂心后改，封后檐墙。东、西厢房各二间，过垄脊，合瓦屋面，前檐门连窗，槛墙、支摘窗，棂心后改。南房三间，过垄脊，合瓦屋面，前檐装修为现代门窗。

现为居民院。

方形门墩

南房

得丰东巷21号

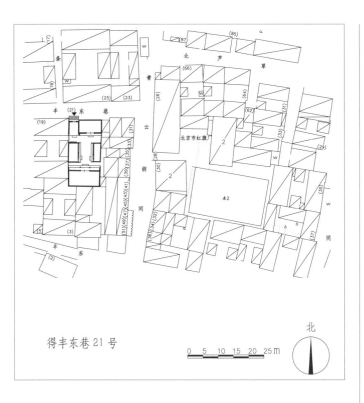

得丰东巷21号

0 5 10 15 20 25M

北

位于东城区前门街道。该院坐南朝北，一进院落。民国时期建筑。

大门位于院落西北隅，北向，窄大门一间（与倒座房为一个整体，只是做出大门墙腿子），清水脊，合瓦屋面，脊饰花盘子，板门两扇，方形门墩一对，上部雕刻趴狮，箱体雕刻牡丹图案，门前出如意踏跺四级，后檐柱间盘长纹棋心倒挂楣子。门内迎门座山影壁一座，清水脊毁，筒瓦屋面，素面软影

大门

壁心。大门东侧北房三间，清水脊，合瓦屋面，脊饰花盘子，前檐装修为现代门窗，老檐出后檐墙。东、西厢房各二间，过垄脊，合瓦屋面，前檐装修为现代门窗。南二层楼，三间，过垄脊，合瓦屋面，前出廊，一层冰盘檐连珠纹饰，檐下木挂檐板，一、二层前檐装修为现代门窗。

现为居民院。

门内倒挂楣子

座山影壁

大席胡同20号

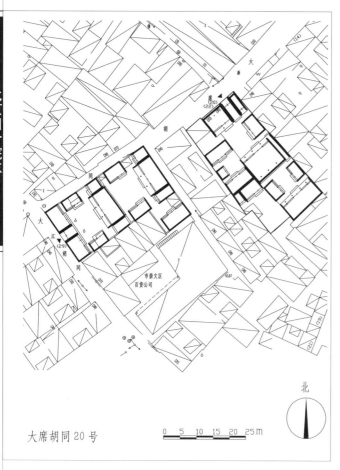

大席胡同 20 号

0　5　10　15　20　25m

北

石碑

后改机瓦屋面，红漆板门，大门东侧接北房半间，西侧二间，后改机瓦屋面，前后廊，前檐装修为现代门窗，老檐出后檐墙。一进院正房五间（四破五式），清水脊，合瓦屋面，前后廊，前檐装修为现代门窗，老檐出后檐墙，正房东侧半间为过道。东厢房二间，平顶，前檐装修为现代门窗。二进院正房五间（由四间改为五间），鞍子脊，合瓦屋面，前出廊，前檐装修为现代门窗，封后檐墙。东、西厢房各二间，后改机瓦屋面，前檐装修为现代门窗。

西跨院：北房三间，后改机瓦屋面，前檐装修为现代门窗。南房三间，后改机瓦屋面，前檐装修为现代门窗。西厢房一间，平顶，檐下木挂檐板，前檐装修为现代门窗。

此院原为石埭会馆旧址。会馆创建于明代天启四年（1624），清代至民国年间均有重修。正房东侧半间过道墙壁上镶嵌记述会馆历史及修建人情况的石碑两通。民国年间的一通碑文还清晰可见题名为"北平石埭会馆房产并义地碑记"，另一块碑为清光绪九年（1883）"重修会馆并有义园碑记"碑。

位于东城区前门街道。该院坐南朝北（随街巷走势偏向西北），二进院落。民国时期建筑。

大门位于院落北部偏东，金柱大门一间，

大门外景

大席胡同21号

大席胡同21号

0　5　10　15　20　25m

北

位于东城区前门街道。该院坐北朝南，一进院落。院落随街巷走势稍偏向西北。民国时期建筑。

大门位于院落东南隅，窄大门半间（与倒座房为一个整体，大门处砌出墙腿子），过垄脊，合瓦屋面，走马板，黑漆板门两扇，

大门外景

大门

素面方形门墩一对，门前如意踏跺五级，后檐柱间步步锦棂心倒挂楣子。迎门山墙上做出影壁心。大门西侧倒座房三间，过垄脊，合瓦屋面，前出廊，前檐装修为现代门窗，封后檐墙。院内正房三间，清水脊，合瓦屋面，前出廊，前檐明间门连窗，次间槛墙、支摘窗，步步锦棂心。东、西厢房各三间，过垄脊，合瓦屋面，前檐装修为现代门窗。

现为居民院。

大席胡同24号

大席胡同24号

0 5 10 15 20 25m

北

大门

位于东城区前门街道。该院坐南朝北，一进院落。院落随街势有一定偏角。民国时期建筑。

大门位于院落西北隅，北向，窄大门半间，过垄脊，合瓦屋面，板门两扇，方形门墩一对，门墩雕刻菊花图案，门前如意踏跺五级。迎门座山影壁一座。大门东侧北房两间半，过垄脊，合瓦屋面，前出廊，前檐装修为现代门窗，老檐出后檐墙。

方形门墩

院内南房三间，过垄脊，合瓦屋面，前出廊，前檐装修为现代门窗。东、西厢房各三间，过垄脊，合瓦屋面，明间门连窗，次间槛墙、支摘窗，步步锦棂心。

现为居民院。

大门及北房

686

小江胡同2号、4号、6号、8号

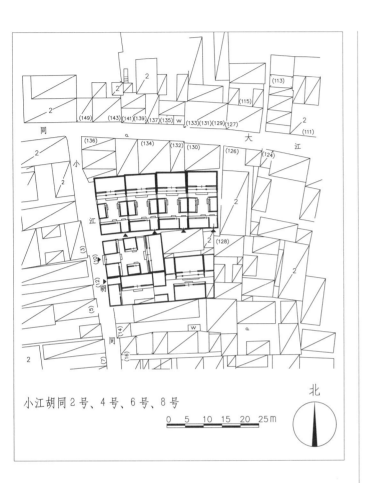

小江胡同2号、4号、6号、8号

0 5 10 15 20 25m

北

廊间步步锦棂心倒挂楣子、花牙子，还保留有步步锦棂心横披窗。6号院二层前檐木质栏杆，步步锦棂心倒挂楣子、花牙子，门连窗，槛墙、支摘窗、横披窗装修，步步锦棂心。一层檐下流苏形木挂檐板，门连窗、步步锦棂心支摘窗，横披窗。8号院二层前檐木质栏杆，步步锦棂心横披窗、门连窗、槛墙、支摘窗、斜十字方格棂心。一层前檐装修为现代门窗。

此四组院落属于典型的家族建筑群，为一位开绸缎庄的时姓家族所建，为父子四人，每人一个院子。

现为居民院。

大门

位于东城区前门街道。该建筑群坐北朝南，并联四组院落。民国时期建筑。

四组院子大门均位于院落东南隅，均为西洋式大门，冰盘檐，素面门额，砖壁柱两侧护墙石一对。院落北侧均为二层小楼，共十二间，每个院子三间，均为鞍子脊，合瓦屋面，前出廊，梅花形方柱，两山墙均为马头墙。每院均为东、西厢房各二间，鞍子脊，合瓦屋面（有的改为机瓦屋面），相邻两院是两卷勾连搭形式，前檐装修为现代门窗。其中2号院二层有木质栏杆，檐下有步步锦棂心倒挂楣子、花牙子。一层廊柱间步步锦棂心倒挂楣子、花牙子。4号院二层前檐木质栏杆，门连窗、槛墙、支摘窗、横披窗装修，均为步步锦棂心。一层檐下流苏形木挂檐板，

8号院正房山墙面

第二篇

东城区四合院

687

小江胡同12号

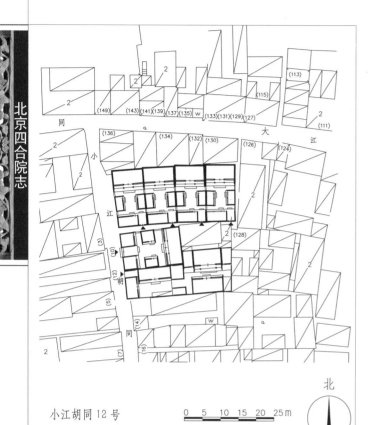

二门装饰

心倒挂楣子、花牙子。门内迎门座山影壁一座。大门南侧西房三间，为原址翻建，北房三间，鞍子脊，合瓦屋面，前檐明间门连窗，次间槛墙、支摘窗。东房三间，鞍子脊，合瓦屋面，中间一间为连接东院的过道门。

东院：北房三间，清水脊，合瓦屋面，前出廊，前檐装修为现代门窗，木构架绘箍头彩画。东、西耳房各一间，鞍子脊，合瓦屋面，前檐装修为现代门窗。南房三间，鞍子脊，合瓦屋面，木构架绘箍头彩画，前檐装修为现代门窗。

现为居民院。

小江胡同12号

0　5　10　15　20　25m

北

位于东城区前门街道。该院坐北朝南，二进院落。民国时期建筑。

西院：大门位于院落西北隅，窄大门半间，西向，清水脊，合瓦屋面，梅花形门簪两枚，红漆板门两扇，方形门墩一对，后檐柱间步步锦槛

大门

二门

小江胡同30号

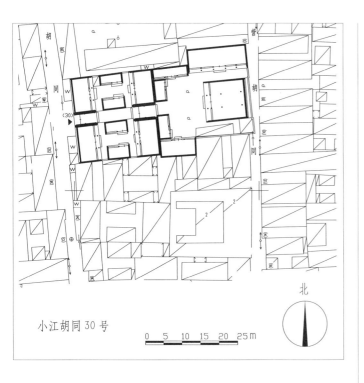

小江胡同30号

0 5 10 15 20 25m

北

位于东城区前门街道。该院坐东朝西，二进院落。清代晚期建筑。

大门位于院落西侧正中，金柱大门一间，后改机瓦屋面，梅花形门簪四枚，板门两扇。大门南、北两侧倒座房各三间，后改机瓦屋面，前出廊，前檐装修为现代门窗，老檐出后檐墙。大门两侧各有小型跨院一座，南北对称布局，院内东房各三间，清水脊，合瓦屋面，前出廊，前檐明间夹门窗，次间槛墙、支摘窗，棂心后改。南、北厢房均各二间，

大门

二进院东房

平顶，前檐装修为现代门窗。二道门一座，蛮子大门形式，清水脊，合瓦屋面，与南北小跨院的东正房为一个整体，梅花形门簪四枚。二进院内正殿三间，两卷勾连搭形式，前卷为六檩抱厦、前出廊，过垄脊，筒瓦屋面，后卷进深七檩、后带廊，硬山调大脊，前檐明间保存有匾托，灯笼锦横披窗，其余前檐装修为现代门窗，原大殿内供奉神像，现在神像无存。南、北厢房各三间，南厢房为后改机瓦屋面，前檐装修为现代门窗，北厢房明间夹门窗，次间槛墙、支摘窗，步步锦棂心。西房二道门两侧各二间，平顶，檐下木挂檐板，门连窗、槛墙、支摘窗，步步锦棂心部分保存。正殿北侧北房五间，鞍子脊，合瓦屋面，前出廊，明间隔扇风门，次、梢间槛墙、支摘窗，棂心后改。

该院原为晋冀会馆旧址，始建于清雍正十三年（1735），是山西和河北的布行会馆，院内原有碑及石刻七方，现均埋入土中或铺地，目前保存有雍正十三年（1735）"创建晋冀会馆碑记"、光绪八年（1882）的"重修晋冀会馆碑记"、民国十年（1921）的"两馆并一馆记"等。此院前为小江胡同，后为前营胡同，南接旌德会馆及阳平会馆。

现为居民院。

大江胡同29号

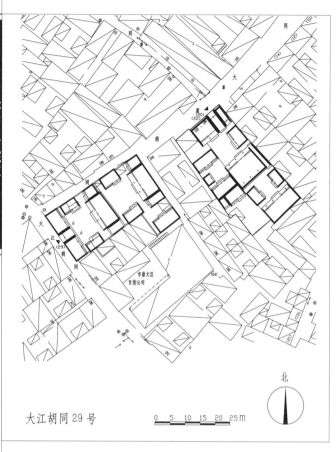

大江胡同29号　　0　5　10　15　20　25m　　北

倒挂楣子

门簪四枚，红漆板门两扇，廊心墙，前檐柱间带雀替，圆形门墩一对，后檐柱间步步锦棂心倒挂楣子。大门东西两侧倒座房各二间，后改机瓦屋面，前檐装修为现代门窗，封后檐墙。一进院正房三间，清水脊，合瓦屋面，前出廊，前檐装修为现代门窗，老檐出后檐墙。正房两侧东、西耳房各一间，鞍子脊，合瓦屋面，前檐门连窗，槛墙、支摘窗装修，棂心后改，老檐出后檐墙。东、西厢房各二间，鞍子脊，合瓦屋面，前檐装修为现代门窗。二进院正房三间，清水脊，合瓦屋面，前出廊，前檐装修为现代门窗。正房两侧东、西耳房各一间，鞍子脊，合瓦屋面，前檐装修为现代门窗。东、西厢房各二间，后改机瓦屋面，前檐装修为现代门窗。二进院东侧有跨院一座，院内东房三间。

此院清代及民国时期曾为庐陵会馆旧址。现为居民院。

大门

位于东城区前门街道。该院坐北朝南（随街巷走势偏向东南），二进院落。民国时期建筑。

大门位于院落南侧正中，金柱大门一间，后改机瓦屋面，梅花形

二进院正房

大江胡同32号

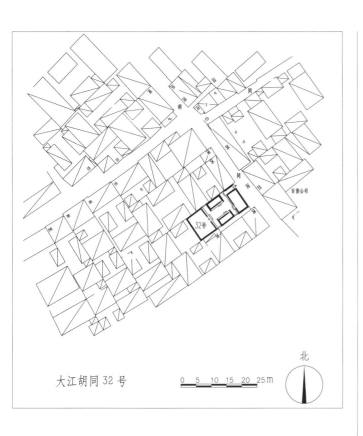

大江胡同 32 号　　　0　5　10　15　20　25M　北

大门

位于东城区前门街道。该院坐南朝北，一进院落。院落随街势有较大偏角。民国时期建筑。

大门位于院落西北隅，北向，窄大门半间，清水脊，合瓦屋面，走马板用砖砌筑为门楣栏板形式，砖雕梅、兰、竹、菊花中四君子（目前已经损毁），板门两扇，方形门墩一对，门墩雕刻菊花图案，门内邱门做法。门内迎门座山影壁一座，清水脊，筒瓦屋面，

槛墙，墙帽为花瓦做法。大门东侧北房两间半，过垄脊，合瓦屋面，前檐装修为现代门窗。东、西厢房各二间，过垄脊，合瓦屋面，前檐门连窗、槛墙、支摘窗，步步锦棂心。南房（正房）三间，过垄脊，合瓦屋面，前檐装修为现代门窗。

现为居民院。

门楣栏板砖雕

座山影壁

大江胡同85号

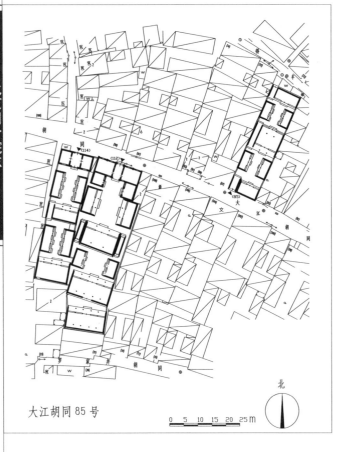

大江胡同85号

0 5 10 15 20 25 M

北

大门

院落外景

692

位于东城区前门街道。该院坐北朝南，二进院落。院落随街势有一定偏角。民国时期建筑。

大门位于院落西南隅，蛮子大门一间，清水脊，合瓦屋面，脊饰花盘子，梅花形门簪四枚，红漆板门两扇，圆形门墩一对。大门东侧倒座房三间，后改机瓦屋面，前檐装修为现代门窗，老檐出后檐墙。一进院正房三间半（西半间为过道，前后檐柱间饰步步锦棂心倒挂楣子），清水脊，合瓦屋面，脊饰花盘子，两卷勾连搭形式，前出廊，后接四檩卷棚抱厦，前檐装修为现代门窗。东、西厢房各三间，斜平顶，后改机瓦屋面，前檐装修为现代门窗。二进院正房三间半，西半间为后门，后改机瓦屋面，前檐装修为现代门窗。东、西厢房各二间，平顶，前檐装修为现代门窗。

此院原为吉州会馆旧址。现为居民院。

大江胡同112号

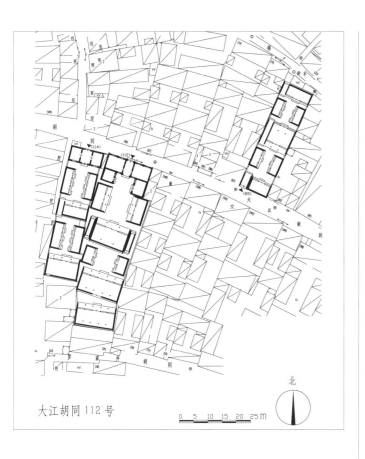

大江胡同112号

0 5 10 15 20 25m

北

位于东城区前门街道。该院坐南朝北，三进院落。院落随街势有一定偏角。民国时期建筑。

临街北房五间，后改机瓦屋面，明间砖拱券门洞，上带拱心石，次间平券窗，砖壁柱，前檐装修为现代门窗。一进院南房三间，清水脊，合瓦屋面，前后廊，前后檐装修均为现代门窗。南房两侧耳房各一间，清水脊，合瓦屋面，前后廊，前檐装修为现代门窗。东、西厢房各三间，清水脊，合瓦屋面，前出廊，前檐装修为现代门窗。二进院正房五间，后改机瓦屋面，前后廊，前檐装修为现代门窗，老檐出后檐墙。东、西厢房各二间，清水脊，合瓦屋面（东厢房后改机瓦屋面），前檐装修为现代门窗。三进院后罩房五间，后改机瓦屋面，前檐装修为现代门窗。

大门

此院曾为云间会馆（松江会馆）旧址。2009年重修，现为台湾会馆的一部分。

正房

大江胡同114号

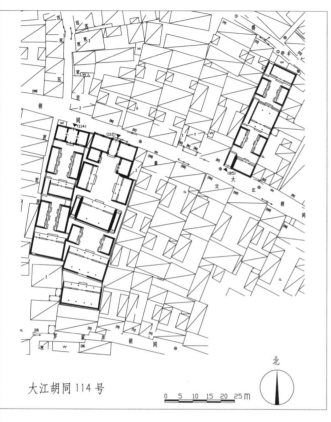

大江胡同114号

0 5 10 15 20 25m

北

大门

大门两侧各有北房一间，后改机瓦屋面，前檐装修为现代门窗。

二进院南房三间半，原址翻建。东、西厢房各三间，后改机瓦屋面，前檐装修为现代门窗，封后檐墙。

此院原为台湾会馆旧址，始建于光绪二十二年（1896），1986年产权交由北京市台胞联谊会管理，现为商业用房。

位于东城区前门街道。该院坐南朝北，二进院落。院落随街势有一定偏角。民国时期建筑。

大门后改建，开在临街北房中间，后改机瓦顶。

一进院南房三间半，西半间为过道，清水脊，合瓦屋面（上层的一层瓦被揭掉），戗檐砖雕，前出廊，前檐装修为现代门窗，封后檐墙。东、西厢房各三间，后改机瓦屋面，前檐装修为现代门窗，封后檐墙。

一进院厢房戗檐砖雕

一进院正房

西城区地域范围包括原西城区和原宣武区。西城区四合院类型包括大型府邸院落、会馆与平民院落，据调查统计，现存形制较完整、保存较完好的400余座。其中被列为全国重点文物保护单位的四合院4处，市级文物保护单位的四合院19处，区级文物保护单位的四合院8处。西四北头条至八条是胡同和四合院保护区，该处至今仍保留元大都建城时的街巷布局，四合院大都具有明清时期风格。

西城区最早的四合院出现于元代，经考古发现于后英房胡同，位于西直门与积水潭之间、原明清北城墙墙基之下，是一座东、中、西三组院落组成的元代居住遗址，被认为是元代北京四合院的典型样本。

随着社会发展和城市规模扩大，元代"八亩宅"格局的大型院落到了明代，有的继续为贵族沿用和改造，有的则演变为规模较小的院落。但是，明代的四合院保存下来已很鲜见，在清代进行了修缮改造，如达智桥胡同的杨椒山祠。

清代，八旗兵丁进驻城内外，由皇帝亲率的正黄旗驻扎皇城的西北部。皇室和八旗贵族将汉民低规制院落改扩建为高等级的多进并联院落。现今保存较好的有前公用胡同崇厚宅、小石桥胡同盛宣怀宅、富国街祖大寿故居、宝产胡同魁公府等。

随着清代实行满汉分城而居的政策，原先居住在西城的汉民被迫全部迁往南城。一些历史上的文化名人曾在此居住和生活，如"四库全书"的总纂纪晓岚住在珠市口西大街、《日下旧闻》作者朱彝尊住在海柏胡同。近代诸多京剧大师也曾住在这一带，如红线胡同杨宝森寓所、山西街荀慧生故居、培英胡同王瑶卿故居等。同时，前门到宣武门一带也云集了不少地方会馆，保存至今的有后孙公园胡同安徽会馆、珠朝街中山会馆、南半截胡同绍兴会馆、米市胡同南海会馆、南横西街粤东新馆等。这些形成了独特的宣南文化。

新中国成立后，一些四合院得幸保存下来。西城区建筑形制完整、改动较小的院落有小石桥胡同董必武曾居住的竹园宾馆、前海西街郭沫若故居、西四北三条程砚秋故居、护国寺街梅兰芳故居。

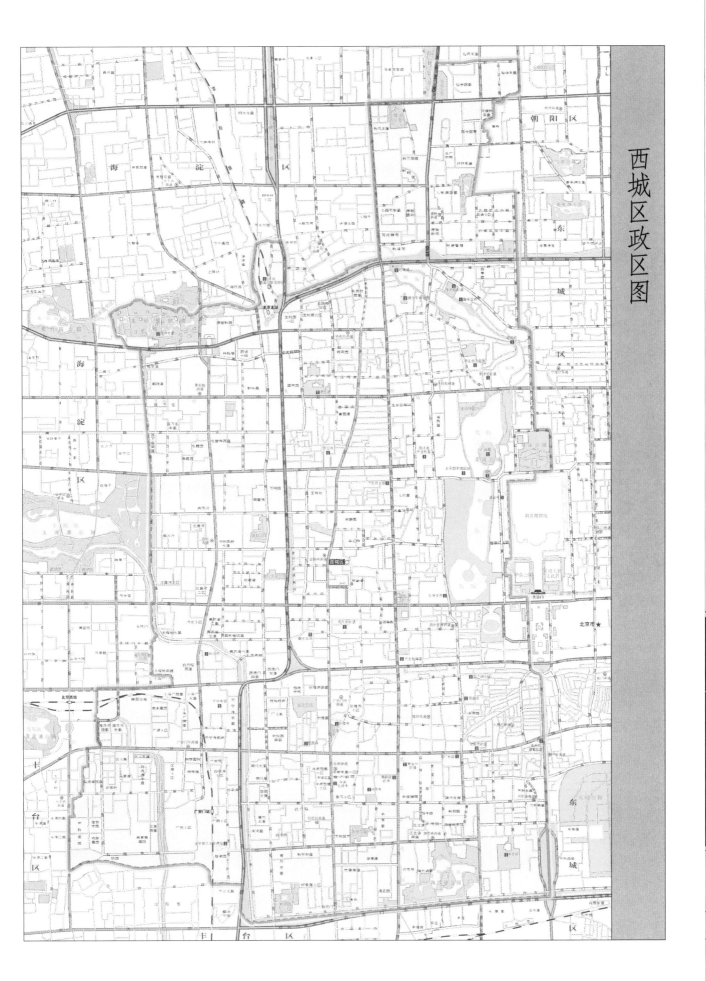

西城区政区图

西城区四合院文物保护单位一览表

名称	地址	保护级别	年代	公布时间
北京鲁迅旧居	新街口街道阜成门内宫门口二条 19 号	全国重点文物保护单位	民国	2006
前公用胡同 15 号四合院	新街口街道前公用胡同 15 号	市级文物保护单位	清	1984
西四北三条 11 号四合院	新街口街道西四北三条 11 号	市级文物保护单位	民国	1984
西四北三条 19 号四合院	新街口街道西四北三条 19 号	市级文物保护单位	民国	1984
程砚秋故居	新街口街道西四北三条 39 号	市级文物保护单位	民国	1984
西四北六条 23 号四合院	新街口街道西四北六条 23 号	市级文物保护单位	民国	1984
魁公府	新街口街道宝产胡同 23 号、25 号、27 号、29 号，四根柏胡同 18 号，赵登禹路 58 号、60 号	区级文物保护单位	清	1989
翠花街 5 号四合院	新街口街道赵登禹路翠花街 5 号	区级文物保护单位	民国	1989
富国街 3 号四合院	新街口街道富国街 3 号	市级文物保护单位	清	1995
阜成门内大街 93 号四合院	新街口街道阜成门内大街 93 号	市级文物保护单位	民国	2003
李大钊故居	金融街街道文华胡同 24 号	全国重点文物保护单位	民国	2013
齐白石故居	金融街街道跨车胡同 13 号	市级文物保护单位	民国	1984
郭沫若故居	什刹海街道前海西街 18 号	全国重点文物保护单位	清	1988
地安门西大街 153 号四合院	什刹海街道地安门西大街 153 号	市级文物保护单位	清	2003
梅兰芳故居	什刹海街道护国寺街 9 号	全国重点文物保护单位	民国	2013
小石桥胡同 24 号宅院	什刹海街道小石桥胡同 24 号、甲 24 号	区级文物保护单位	清	1989
张自忠故居	西长安街道府右街丙 27 号	市级文物保护单位	民国	2011
西交民巷 87 号、北新华街 112 号四合院	西长安街街道西交民巷 87 号、北新华街 112 号	市级文物保护单位	民国	1984
纪晓岚故居	大栅栏街道珠市口西大街 241 号	市级文物保护单位	清	2003
东南园四合院	大栅栏街道东南园胡同 49 号	区级文物保护单位	清	1990
朱彝尊故居（顺德会馆）	椿树街道海柏胡同 16 号	市级文物保护单位	清	1984
荀慧生故居	椿树街道山西街甲 13 号	区级文物保护单位	民国	1986
南海会馆（康有为故居）	陶然亭街道米市胡同 43 号	市级文物保护单位	清	1984
中山会馆	陶然亭街道珠朝街 5 号	市级文物保护单位	清	1984
达智桥胡同 12 号、校场三条 2 号（杨椒山祠）	广安门内街道杨椒山祠	市级文物保护单位	明、清	1984
沈家本故居	广安门内街道金井胡同 1 号	区级文物保护单位	清	1990
浏阳会馆（谭嗣同故居）	牛街街道北半截胡同 41 号，南半截胡同 6 号、8 号	市级文物保护单位	清	2011
绍兴会馆	牛街街道南半截胡同 7 号	市级文物保护单位	清	2011
湖南会馆	牛街街道烂缦胡同 101 号、103 号	市级文物保护单位	清	1984*
粤东新馆	牛街街道南横西街 13 号	区级文物保护单位	清	1986*
林白水故居	棉花头条 1 号	区级文物保护单位		异地重建*

注：标注*院落本书未收录

第一章 新街口街道

　　新街口街道位于西城区北部，东起新街口南、北大街，西四北大街，与什刹海街道为邻；西至西直门南、北大街，阜成门北大街，与展览路街道相接；南起阜成门内大街，与金融街街道接壤；北至德胜门西大街，与海淀区隔街相望。辖区面积3.7平方公里，西四北头条至八条是北京市历史文化保护区。全国重点文物保护单位有宋庆龄故居、宫门口二条19号鲁迅旧居等；市级文物保护单位有前公用胡同15号、西四北三条11号、西四北六条23号、富国街3号祖大寿故居等；区级文物保护单位有宝产胡同23号、翠花街5号等。

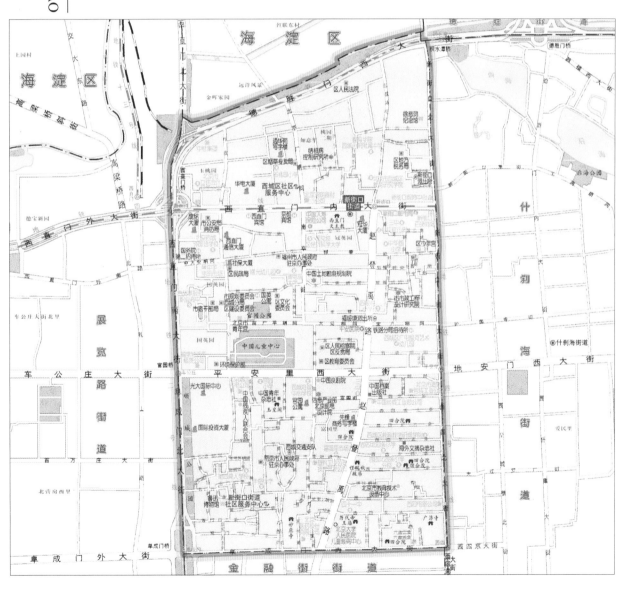

第三篇　西城区四合院

第一节

文保院落

DI-YI JIE　WEN-BAO YUANLUO

宫门口二条19号（北京鲁迅旧居）

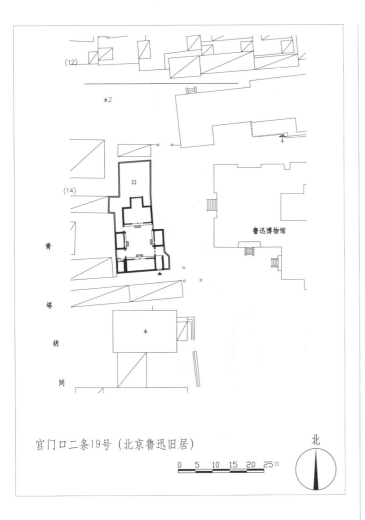

宫门口二条19号（北京鲁迅旧居）

0 5 10 15 20 25m

北

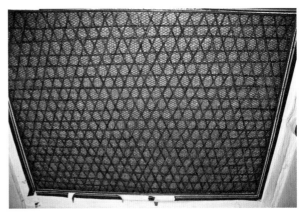

大门吊顶

面，前檐明间隔扇风门，前出如意踏跺两级，次间槛墙、支摘窗，步步锦棂心。东、西厢房各二间，平顶，檐下素面木挂檐板，南次间门连窗，前出如意踏跺两级，北次间槛墙、支摘窗，步步锦棂心。西厢房西北侧有一座屏门，通二进院。

二进院为花园形式，有一口枯井及花椒树、榆叶梅等灌木。在一进院正房后檐明间接出一座砖砌简易平顶小房。

该院为鲁迅民国十三年（1924）至民国十五年（1926）在北京的住所。

院内的三间正房中，东次间是鲁迅母亲

位于西城区新街口街道。该院坐北朝南，二进院落。民国时期建筑。

大门位于院落东南隅，大门与倒座房为一个整体，过垄脊，合瓦屋面，门洞为砖拱券门，门内后檐柱间饰菱形棂心倒挂楣子，大门吊顶为竹纹。大门西侧倒座房三间，过垄脊，合瓦屋面，前檐明间隔扇风门，次间槛墙、支摘窗，步步锦棂心，封后檐墙。倒座房西侧耳房一间，平顶，前檐门连窗，封后檐墙。进门后左侧为砖砌屏门一座。一进院正房三间，过垄脊，合瓦屋

大门及倒座房

倒座房

正房后出抱厦（"老虎尾巴"）

的卧室，西次间是鲁迅原配夫人朱安的卧室，明间的堂屋为餐厅及洗漱、活动处；堂屋西墙处的木架上摆放着一只鲁迅和朱安用来交换换洗衣服的柳条箱。在明间后檐接出的平顶房（八平方米），是鲁迅自己设计的卧室兼工作室，后来被称为"老虎尾巴"，鲁迅自称其为"绿林书屋"。三间倒座房是书房兼会客

正房

室，屋内靠南墙有一排编了号码的书箱，西次间靠窗处有张床铺供客人临时住宿。正房西侧有条夹道，通向后园，鲁迅在《秋夜》一文中提及的两棵枣树，原树已不存，现树系1956年补种的。进入"老虎尾巴"，可以看到保留下来的当年的陈设。北面有个很大的玻璃窗，北窗下是由两条长凳搭着两块木板组成的床，床板上铺着很薄的褥子，绣有花束、花边和卧游、安睡字样的枕套是许广

平送给鲁迅的定情物品；床下有只竹篮，当鲁迅遇有不测情况时，可用它装些生活必需品拎起便可离开。靠东墙有张破旧的三屉桌，桌上摆着笔墨等文具，以及一座闹钟、一只茶杯、一个烟缸、一个笔筒，还有一盏以备停电时使用的高脚玻璃罩煤油灯。书桌上方的墙上挂有两幅图片，一幅是鲁迅留学日本时其老师藤野先生的照片；另一幅是画家司徒乔题为《五个警察一个O》（注：标题中O指代孕妇）的速写，画面上画着五个警察正在打一个衣衫褴褛、手牵幼儿的孕妇。桌前放着一把旧藤椅。书桌北侧有只白皮箱，书桌南侧是个书架。西墙处摆有一张茶几和两把椅子，西墙上挂了幅水粉风景画和孙福熙作《山野缀石》封面，还有一幅乔大壮书写的《离骚》中的一句"望崦嵫而勿迫，恐鹈鴂之先鸣"作为对联。整个室内的摆设甚是

"老虎尾巴"室内布置

东厢房

简陋。这正如鲁迅自己所说："生活太安逸了，工作就被生活所累了。"由于鲁迅犀利的笔锋，憎恶他的军阀及文人咒骂他是"土匪""学匪"。因此，鲁迅就把戏称的"老虎尾巴"索性叫作"绿林书屋"。这座"绿林书屋"，展示了鲁迅著述的多才和高产。鲁迅在这里创作了《示众》《孤独者》《伤逝》《弟兄》《离婚》《高老夫子》等，翻译了日本文艺评论家厨川白村著文艺论集《苦闷的象征》和《出了象牙之塔》，翻译了荷兰作家望·蔼覃写的《小约翰》等。在杂文方面，鲁迅于民国十三年（1924）写了《论雷峰塔的倒掉》《说胡须》等十多篇文章，民国十四年（1925）写了《忽然想到》《论"费厄泼赖"应该缓行》《论睁了眼看》等 70 多篇文章，民国十五年（1926）写了《记念刘和珍君》等。他还写了《校正嵇康集序》，编了杂文集《华盖集》并作《题

步步锦棂心门窗

记》，写了散文《狗、猫、鼠》，编成《小说旧闻钞》等。

　　1979 年，北京鲁迅旧居公布为北京市文物保护单位。2006 年公布为全国重点文物保护单位。

西厢房

前公用胡同15号

前公用胡同15号

0 5 10 15 20 25m

北

位于西城区新街口街道。该院坐北朝南，分为中、东、西三路。东、西两路三进院落，中路二进院落加一座门前庭院。清代后期

中路大门

建筑。

中路：最前方为类似三间一启门的王府大门形式，铃铛排山脊，筒瓦屋面，明间大门门扇开在中柱位置，圆形门墩一对，前檐柱和后檐柱装饰雀替。门前两侧上马石一对，雕刻花卉和海兽图案。大门前有一座庭院，无建筑物，类似停车场。大门内第一进院为

中路二进院正房

花园，中间有现代添建的叠石花坛。其北侧有花厅五间，过垄脊，合瓦屋面，前檐部分明间隔扇门装修，前接六檩卷棚抱厦，次、梢间为槛墙、支摘窗，窗前各有假山石一方。明间开隔扇门，十字海棠棂心，老檐出后檐墙。花厅东侧月亮门通第二进院。二进院正房三间，披水排山脊，合瓦屋面，前后出廊，前檐明间为隔扇风门，前出垂带踏跺四级，次间槛墙、支摘窗，步步锦棂心。正房两侧

中路二进院东厢房

耳房各二间。东、西厢房各三间，披水排山脊，合瓦屋面，前檐明间为隔扇风门，前出如意踏跺三级，次间槛墙、支摘窗，步步锦棂心。其中西厢房与西路的东厢房形成两卷勾连搭形式。院内建筑以游廊相连接。

东路：广亮大门一间，开辟于后公用胡同，东向，现已封堵。一进院内南房（倒座房）三间，披水排山脊，合瓦屋面，大门北侧有厢房四间。院落北侧有一殿一卷式垂花门一座，垂莲柱形垂柱头，垂柱头间装饰雀替，

东路垂花门

方形门墩。垂花门两侧南面为看面墙，北侧为抄手游廊，四檩卷棚顶，筒瓦屋面，绿色梅花方柱，柱间饰步步锦棂心倒挂楣子、花牙子。二进院内正房三间，披水排山脊，合瓦屋面，前后出廊，明间为隔扇门，前出垂带踏跺四级，次间槛墙、支摘窗。两侧耳房各二间。东、西厢房各三间，披水排山脊，合瓦屋面，前出廊，装修同正房，明间前出如意踏跺三级。院内房屋以游廊相接。三进

东路垂花门西侧月亮门

东路二进院东厢房坐凳楣子

院为后罩房五间，过垄脊，合瓦屋面。西侧接耳房二间，过垄脊，合瓦屋面。此路的建筑彩画均为箍头包袱彩画。

西路：一进院南房三间，披水排山脊，合瓦屋面，明间隔扇门，次间槛墙、支摘窗。两侧耳房各二间。院落北侧为一殿一卷式垂花门一座，垂莲柱形垂柱头，垂柱头间装饰雀替，方形门墩。垂花门两侧连接看面墙，看面墙上开什锦窗，墙北侧为抄手游廊，四檩卷棚顶，筒瓦屋面，绿色梅花方柱。二进

西路垂花门及看面墙

院内正房三间，披水排山脊，合瓦屋面，前后出廊，前檐明间隔扇门，前出垂带踏跺五级，次间槛墙、支摘窗。正房两侧耳房各二间。东、西厢房各三间，披水排山脊，合瓦屋面，前出廊，前檐装修同正房，明间前出如意踏跺三级。厢房南侧带厢耳房各一间。院内门窗装修均为步步锦棂心。三进院后罩房五间，披水排山脊，合瓦屋面。此路的建筑彩画均

西路二进院正房

为箍头包袱彩画。

　　该院曾为清末大臣崇厚的宅第。崇厚（1826—1893），字地山，完颜氏，内务府镶黄旗人。河道总督麟庆之次子。清道光二十九年（1849）举人，历官长芦盐运使、兵部侍郎、户部侍郎、吏部侍郎、三口通商大臣、直隶总督、奉天将军、左都御史。曾参加与英、法重修租界条约，与葡萄牙、丹麦等国议定通商条约等外交活动，是第一位出访法国的专使。曾参与洋务运动，创办了最早的近代军工业——天津机器制造局。清

西路二进院西厢房

西路后罩房

廊门筒子

光绪五年（1879），出使俄国期间擅自与俄订立《交收伊犁条约》，即《里瓦几亚条约》，造成大片国土丧失，被捕入狱，定罪斩监候。后来输银30万两充军获释。清光绪十九年（1893）病卒。民国时期张作霖部将富双英购得此宅，并进行了改造。新中国成立后该院收归国有，在时任北京市副市长吴晗的批示下，1956年此处改为西城区少年宫。2003年曾进行过大规模修缮。

　　该院1984年公布为北京市文物保护单位。

　　现为单位用房。

西路耳房

西四北三条11号

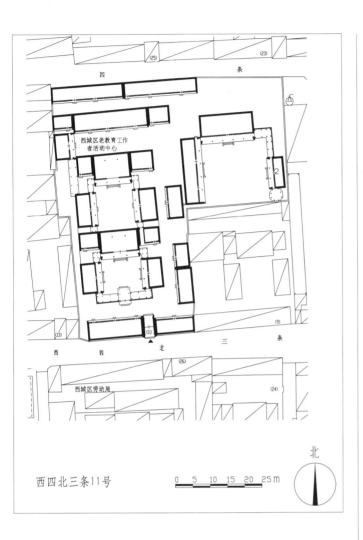

西四北三条11号　0 5 10 15 20 25m

位于西城区新街口街道。该院坐北朝南，五进院落，东侧带一座跨院。民国时期建筑。

广亮大门一间，位于院落东南隅，清水

大门及倒座房

西路垂花门及看面墙

脊，合瓦屋面，脊饰花草砖，戗檐处砖雕喜上眉梢图案，博缝头砖雕万事如意图案，梅花形门簪四枚，红漆板门两扇，圆形门墩一对。大门西侧倒座房五间，东侧三间，过垄脊，合瓦屋面，前檐装修为现代门窗，老檐出后檐墙。一进院北侧一殿一卷式垂花门一座，垂花门两侧为抄手游廊，四檩卷棚顶，筒瓦屋面，绿色梅花方柱，步步锦棂心倒挂楣子、花牙子。

二进院正房三间，过垄脊，合瓦屋面，前后出廊，前檐为现代门窗装修，老檐出后檐墙。正房两侧耳房各二间，过垄脊，合瓦

西路二进院正房

西路二进院西厢房

屋面。院内东、西厢房各三间,过垄脊,合瓦屋面,前出廊,前檐装修为现代门窗。院内建筑以廊子相连。

三进院与二进院格局及形制相同,其中东厢房和东耳房改为现代机瓦屋面。

四进院正房七间,屋面为现代机瓦屋面,前檐装修为现代门窗。正房两侧耳房各二间,过垄脊,合瓦屋面。西厢房三间,过垄脊,合瓦屋面。

五进院后罩房14间,过垄脊,合瓦屋面,前檐装修为现代门窗。

东跨院为一进院,为该宅院花园部分。院

五进院后罩房

内北房五间,披水排山脊,合瓦屋面,前出廊,前檐为现代门窗装修。西厢房五间,过垄脊,合瓦屋面,前出廊,前檐装修为现代门窗。院东侧为二层配楼,三间,披水排山脊,合瓦屋面,一层檐下带木挂檐板。楼南侧有一座八角形攒尖顶小亭,立于假山之上。楼北侧连接假山叠石,下有山洞,假山石上建爬山游廊通往

东路正房及西厢房

东侧二层配楼。

该院曾为马福祥的住宅。马福祥(1876—1932),字云亭,回族,甘肃省临夏县人。光绪二十二年(1896)考中武举人。光绪二十三年(1897)随清末著名将领、甘肃提督董福祥进京,驻防蓟州。于民国元年(1912)在袁世凯政府中任宁夏镇总兵,后任宁夏护军使等职。民国九年(1920)七月任绥远都统。民国十七年(1928)春,在国民党二中全会上被选为中央执行候补委员和国民政府委员。民国二十一年(1932)病逝,葬于北平阜成门外。新中国成立后,该院曾为西城区教育局使用。

该院1984年公布为北京市文物保护单位。现为单位用房。

东路东侧二层配楼及爬山游廊

西四北三条19号

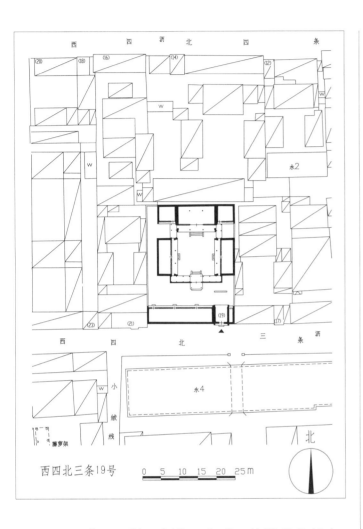

西四北三条19号   0 5 10 15 20 25m

门头砖雕局部

花形门簪两枚，象眼砖雕花卉、博古图案，板门两扇，方形门墩一对，后檐柱间饰盘长如意倒挂楣子。大门西侧倒座房六间。清水脊，合瓦屋面，前檐装修为现代门窗，封后檐墙。一进院北侧正中一殿一卷式垂花门一座，梁架绘苏式彩画，花板和花罩镂刻缠枝花卉图案。垂花门两侧连接游廊，后改机瓦屋面。

二进院正房三间，前后出廊，披水排山脊，合瓦屋面，前檐明间隔扇风门，前出垂带踏跺四级，次间槛墙、支摘窗，正房两侧耳房各一间。院内东、西厢房各三间，前出廊，披水排山脊，合瓦屋面，前檐明间隔扇风门，前出如意踏跺三级，次间槛墙、支摘窗。

该院1984年公布为北京市文物保护单位。现为居民院。

位于西城区新街口街道。该院坐北朝南，二进院落。民国时期建筑。

如意门一间，位于院落东南隅，清水脊，合瓦屋面，脊饰花草砖，门楣栏板砖雕牡丹图案，戗檐、博缝头砖雕花卉图案，梅

大门及倒座房

花板、花罩及垂莲柱头

西四北三条39号（程砚秋故居）

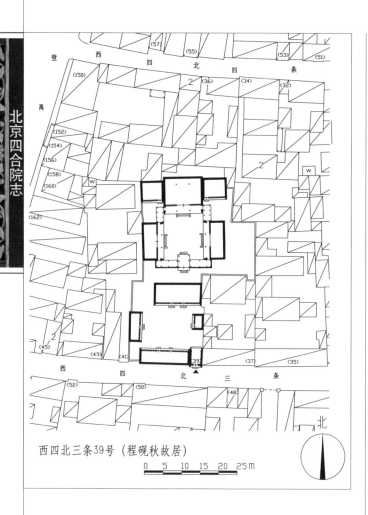

西四北三条39号（程砚秋故居）

0 5 10 15 20 25m

北

位于西城区新街口街道，老门牌为报子胡同18号。该院坐北朝南，二进院落。民国时期建筑。

大门及倒座房

门钹

如意门一间，位于院落东南隅，清水脊，合瓦屋面，栏板砖雕海棠池、门楣挂落板部分万不断图案，戗檐砖雕梅花图案（残损），红漆板门两扇，门钹一对，方形门墩一对。大门西侧倒座房四间，过垄脊，合瓦屋面，前檐装修为现代门窗，封后檐墙。一进院北房四间，过垄脊，合瓦屋面，西厢房三间，过垄脊，合瓦屋面，东厢房一间半，过垄脊，合瓦屋面。

二进院南侧正中为一殿一卷式垂花门一座，前卷前檐为垂莲柱头，花罩雕刻缠枝花卉图案，垂花门两侧连接抄手游廊。二进院正房三间，前后廊，清水脊，合瓦屋面，脊饰花草砖，前檐明间隔扇风门，次间槛墙、大玻璃窗装修。正房东西两侧耳房各二间，过垄脊，合瓦屋面。东、西厢房各三间，前出廊，过垄脊，合瓦屋面，前檐明间隔扇风门，次间槛墙、大玻璃窗。

民国二十六年（1937），程砚秋购买报子胡同（即西四北三条）房产后，一直居住至1958年去世，在此度过了21个春秋。

素面栏板

程砚秋（1904—1958），满族，北京人，京剧"四大名旦"之一。原名承麟，艺名程菊浓，后改程艳秋，字玉霜，最后改为程砚秋，字御霜。创立京剧"程派"艺术，代表作品有《荒山泪》《锁麟囊》《生死恨》等，新中国成立后任中国戏曲研究院副院长。

院内的"御霜簃"书斋里，挂着一块"雅歌投壶弹棋说剑之轩"横匾，还有绿色的沙发和书橱。在这个书斋里，程砚秋接待过周恩来、著名民主人士李济深（中央人民政府副主席）、陈叔通（全国人大常委会副委员长）、马寅初（中央人民政府财经委副主任）、马叙伦（教育部部长）等，还有周扬、田汉、夏衍等文艺界领导。

在这个书斋里，程砚秋还编演过《女儿心》《锁麟囊》《英台抗婚》等剧目，整理过《窦娥冤》剧本，拍摄过《荒山泪》的舞台艺术片，灌制过《武家坡》唱片，辅导过出国演出剧目《百花赠剑》，并著书立说。

程砚秋还常常在书斋读书和作画。陈叔通在《程砚秋文集》序中说："曾见其书斋内有自习课程表，窃叹其读书有恒。最近又见其平日阅读过的书籍，都记出一些心得，始知砚秋先生对中国古典诗文、词典，曾下过一番功夫。""砚秋先生又有绘画天才，曾从武进汤定之先生学画，虽不多作，但下笔即独具风格。"

程砚秋坚持每日天不亮就起床，在院中打拳、练剑，训练基本功；早八点至午饭时在饭厅吊嗓；还经常在饭厅内，与鼓、琴、二胡等乐器师创制唱腔或说戏、排戏等。

现故居内陈设基本保持原样，有程砚秋生前用过的戏装、剧本、图书、练功镜、学习及绘画用品、生活用品和国内外友人送的各种纪念品等。院中有程砚秋亲手所植柿子树一株。

该院1984年公布为北京市文物保护单位。

饯檐砖雕

护墙石

西四北六条23号

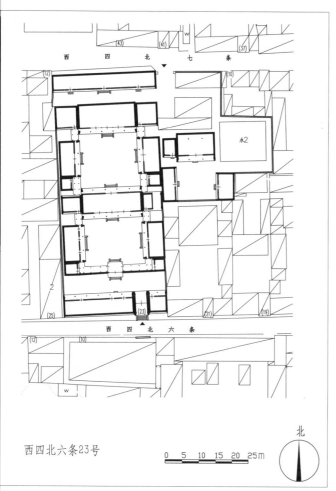

西四北六条23号

0 5 10 15 20 25m

北

大门

位于西城区新街口街道，该院坐北朝南，四进院落，带跨院。民国时期建筑。

大门位于院落东南隅，广亮大门一间，清水脊，合瓦屋面，脊饰花盘子，前檐柱间装饰雀替，后檐柱间有步步锦棂心倒挂楣子及花牙子，红漆板门两扇，门板上有门钹一对，梅花形门簪四枚，圆形门墩一对。大门象眼及廊心墙处装饰有万不断砖雕，大门前原为垂带踏跺，后改为如意踏跺。大门前两侧有上马石一对。门外有一字影壁一座，硬山筒瓦顶。大门东侧倒座房二间，西侧六间，前出廊，均为清水脊，合瓦屋面，脊饰花盘子，前檐保存有部分支摘窗装修，槛墙装饰

有万字纹砖雕。一进院北侧有一殿一卷式垂花门一座，方形垂柱头，花板透雕蕃草，前后各出垂带踏跺三级。垂花门两侧连接看面墙，墙上开各式什锦窗，看面墙内侧为游廊。第二进院正房五间，为过厅形式，前后廊，清水脊，合瓦屋面，脊饰花盘子，明间前后

大门象眼砖雕

上马石

大门廊心墙

垂花门

二进院正房南立面

檐及次间前檐隔扇门，裙板雕《西游记》等古典小说人物形象等图案，梢间为槛墙玻璃窗，屋内保存有原始隔扇装修。正房两侧接耳房各二间，其东耳房一间为过道，可通第三进院，廊心墙装饰有万字纹砖雕。东、西厢房各三间，前出廊，前檐装修为现代门窗。厢房南接厢耳房各一间，均为过垄脊，合瓦屋面，槛墙装饰有万字纹砖雕。院内四周环以抄手游廊。第三进院正房五间，前后廊，清水脊，合瓦屋面，脊饰花盘子，前檐明间、

次间隔扇门，裙板上雕刻有松鼠葡萄花篮等图案，梢间为槛墙玻璃窗，后檐为老檐出后檐墙，明间有窗，次间开六角什锦窗。正房两侧接耳房各二间。东、西厢房各三间，前出廊，清水脊，合瓦屋面，前檐明间隔扇风门。厢房南侧接厢耳房一间，过垄脊，合瓦屋面。院内四周环以抄手游廊。第四进院有后罩房九间，清水脊，合瓦屋面，前檐保存有部分原始装修。东跨院位于第三进院东侧，院内正房三间，前后廊，清水脊，合瓦屋面。正房西接耳房一间；东、西厢房各三间，过垄脊，合瓦屋面。

该院1984年公布为北京市文物保护单位。现为单位用房。

二进院正房室内装修

三进院正北房南立面

宝产胡同23号、25号、27号、29号（魁公府）
四根柏胡同18号

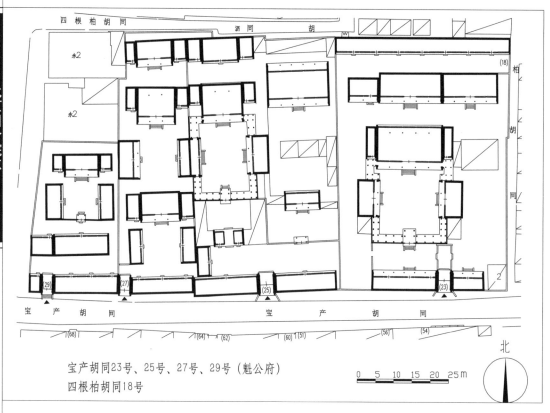

宝产胡同23号、25号、27号、29号（魁公府）
四根柏胡同18号

北

0 5 10 15 20 25 m

位于西城区新街口街道。整体院落范围东到四根柏胡同，西至赵登禹路，约占宝产胡同北面三分之一面积。该院坐北朝南，五路四进院落，清代末期建筑。

23号院为四进院落。大门位于东南隅，为广亮大门形式，披水排山脊，合瓦屋面，梁架绘苏式彩画，戗檐砖雕花卉，前檐柱间

23号院二进院正房

带雀替，屋顶上有天花板，梅花形门簪四枚，圆形门墩两对，大门两侧有撇山影壁。大门西侧有倒座房六间，东侧三间，过垄脊，合瓦屋面，前出廊，梁架绘苏式彩画，前檐装修为现代门窗，前出垂带踏跺三级。

一进院北侧有垂花门一座，一殿一卷形式，梅花形门簪四枚，方形门墩一对，垂花门内两侧接抄手游廊。

二进院内正房五间，清水脊，合瓦屋面，脊饰花盘子，前后廊，梁架绘苏式彩画，前出垂带踏跺五级。正房两侧各带一间耳房，过垄脊，合瓦屋面。西厢房三间，清水脊，合瓦屋面，脊饰花盘子，前出廊，梁架绘苏式彩画，前出垂带踏跺三级。二进院东厢房位置有一座四角攒尖亭和假山。

一进院西侧有一座月亮门，可通三进院，

23号院四角攒尖亭

三进院内正房五间，清水脊，合瓦屋面，脊饰花盘子。正房西侧有耳房二间，过垄脊，合瓦屋面。正房东侧接北房五间，建筑形制同正房。四进院后罩房15间，过垄脊，合瓦屋面，前檐装修为现代门窗。

25号院分为东西两路，四进院落。大门为广亮大门形式，披水排山脊，合瓦屋面，梅花形门簪四枚，圆形门墩一对，象眼线刻几何形纹饰，门两侧有撇山影壁。大门两侧倒座房各五间，过垄脊，筒瓦屋面，门内有

25号院大门

一字影壁一座。

一进院内有西房三间，机瓦屋面，西路北侧有过厅三间，披水排山脊，合瓦屋面，中间一间为门道，通二进院。

二进院内建筑已改，北侧有垂花门一座，卷棚顶，筒瓦屋面，梅花形门簪四枚，圆形门墩一对。

25号院垂花门门墩

三进院正房三间，披水排山脊，合瓦屋面，前后廊，门窗正十字方格棂心。东、西厢房各三间，过垄脊，合瓦屋面，前出廊，门窗十字方格棂心装修，前出连三垂带踏跺四级。整个三进院环抄手游廊。

25号院东侧过道

四进院内正房三间，正房两侧接耳房各一间。

东路一进院北侧有垂花门一座，过垄脊，筒瓦屋面，梅花形门簪两枚，方形门墩一对，门内二进院正房三间，歇山顶，过垄脊，筒瓦屋面，前出廊，前出如意踏跺三级。东路三进院须由西路三进院东侧游廊穿过，东路三进院正房五间，披水排山脊，合瓦屋面。

27号院为三进院落。大门为广亮大门，过垄脊，筒瓦屋面。大门东侧倒座房五间，门内有座山影壁一座。

一进院内正房三间，披水排山脊，合瓦屋面，前出廊，前檐装修为现代门窗，前出垂带踏跺三级，两侧各有耳房一间，过垄脊，合瓦屋面。东、西厢房各三间，过垄脊，合

27号院座山影壁

瓦屋面，前檐装修为现代门窗。正房西耳房西侧有一座月亮门，可通二进院。

二进院内正房三间，披水排山脊，合瓦屋面，前后廊，前檐装修为现代门窗，前出垂带踏跺三级。正房两侧各有耳房一间，披水排山脊，合瓦屋面。二进院东、西厢房各三间，披水排山脊，合瓦屋面，东厢房北侧有耳房一间，机瓦屋面，二进院正房西侧有路可通三进院。

三进院有正房三间，过垄脊，合瓦屋面，前檐装修为现代门窗。

27号院二进院正房

29号院为二进院落。大门为广亮大门，披水排山脊，合瓦屋面，梅花形门簪四枚，上刻吉祥如意，梁架绘苏式彩画，前檐柱间带雀替，屋顶有天花板，戗檐砖雕花卉，后檐柱间带步步锦棂心倒挂楣子，圆形门墩一对，前出垂带踏跺四级。大门西侧倒座房一间，东侧六间，过垄脊，合瓦屋面。

一进院内有正房五间，过垄脊，合瓦屋面，梁架绘箍头彩画，门窗步步锦棂心。正房西侧有耳房二间，披水排山脊，合瓦屋面。正房东侧有过道通后院。后院南侧有垂花门一座，过垄脊，筒瓦屋面，梁架绘苏式彩画，

29号院大门

29号院一进院正房

前檐柱间带雀替，后檐柱间带步步锦棂心倒挂楣子，梅花形门簪四枚，上刻吉祥如意四字，门墩一对，前出如意踏跺两级。

二进院内正房三间，披水排山脊，合瓦屋面，前出廊，梁架绘箍头彩画，前檐柱间带雀替，明间五抹隔扇门四扇，次间支摘窗，为步步锦棂心装修，前出垂带踏跺四级，正房两侧耳房各一间，披水排山脊，合瓦屋面。东、西厢房各三间，披水排山脊，合瓦屋面，门窗步步锦棂心。

29号院梁架彩画

此院在清末和民国初年，为清裕亲王后裔魁璋的府邸。魁璋为裕亲王福全的九世孙，清光绪二十四年（1898）袭镇国公。裕亲王府原在台基厂二条，清末被划入使馆界内，王府被拆除建奥地利使馆，魁璋迁居于此。

院落格局现基本保存完整。宝产胡同23号于1989年8月1日公布为西城区文物保护单位。23号院和27号院现为单位用房。25号院和29号院现为居民院。

29号院滚墩石

翠花街5号

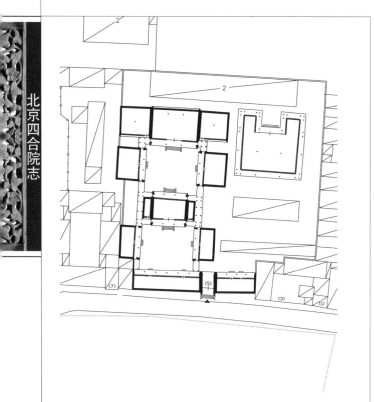

翠花街5号

0 5 10 15 20 25m

北

大门

架绘苏式彩画，戗檐砖雕花卉，梅花形门簪四枚，圆形门墩一对，前出垂带踏跺四级，象眼线刻，大门东侧倒座房四间，机瓦屋面，西侧六间，过垄脊，筒瓦屋面，前出廊，梁架绘苏式彩画。门内有座山影壁一座。

影壁西侧为西路一进院，一进院正房三间，铃铛排山脊，筒瓦屋面，前后出廊，梁架绘苏式彩画，戗檐砖雕狮子滚绣球，前出如意踏跺四级，前檐装修为现代门窗。正房

位于西城区新街口街道。该院坐北朝南，为东西两路并联，西路为住宅，东路为花园。民国时期建筑。

大门位于院落东南隅，为金柱大门，铃铛排山脊，合瓦屋面，前檐柱间带雀替，梁

卷棚顶

彩画

彩画

西路二进院正房

两侧各有一间耳房，过垄脊，合瓦屋面。一进院东、西厢房各三间，前出廊，其中西厢房为机瓦屋面，东厢房为过垄脊，筒瓦屋面，一进院四周有四檩卷棚顶游廊连接，并通二进院。

1989年8月1日公布为西城区文物保护单位。

现为居民院。

戗檐砖雕

东路敞厅

二进院内正房三间，铃铛排山脊，筒瓦屋面，前后出廊，戗檐砖雕喜鹊登梅，梁架绘苏式彩画，前出如意踏跺四级。正房两侧耳房各二间，西耳房机瓦屋面，东耳房过垄脊，合瓦屋面，且为两卷勾连搭形式。二进院东、西厢房各三间，前出廊，西厢房为机瓦屋面，东厢房为过垄脊，筒瓦屋面，梁架绘苏式彩画。

东路花园现仅存敞厅一座，歇山卷棚顶，筒瓦屋面，整体呈凹字形，且为三卷勾连搭形式，梁架绘苏式彩画。

东路敞厅

富国街3号

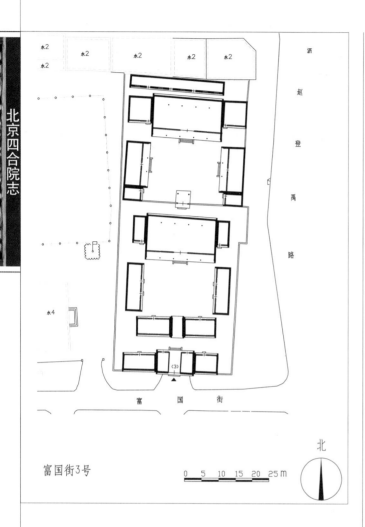

富国街3号

0 5 10 15 20 25 m

北

二门

院北侧正中二门一间，进深六檩，硬山顶，披水排山脊，筒瓦屋面，梁架绘墨线旋子彩画，象眼线刻几何形纹饰。二门两侧北房各三间，过垄脊，合瓦屋面，明间门连窗，次间槛墙、支摘窗，步步锦棂心。

二进院内正房五间，铃铛排山脊，筒瓦屋面，前后廊，梁架绘墨线小点金旋子彩画，前檐柱间带倒挂楣子，明间有五抹隔扇门四扇，步步锦棂心，前出垂带踏跺三级，正房两侧耳房各一间，披水排山脊，合瓦屋面。东、西厢房各四间，披水排山脊，合瓦屋面，前檐为夹门窗和支摘窗，步步锦棂心，院内西北角有古树一棵。

三进院南侧正中一殿一卷式垂花门一

位于西城区新街口街道。该院坐北朝南，原为四进院落，现存三进。清代建筑。

大门三间，为三间一启门形式，过垄脊，筒瓦屋面，梁架绘箍头彩画，明间红色板门两扇，六角形门簪四枚，圆形门墩一对，次间为墙，门前有一对石狮。大门两侧为倒座房，西侧三间，东侧二间，鞍子脊，合瓦屋面，前檐为步步锦棂心门窗。一进

石狮

一进院北房

二进院东厢房

三进院西配殿

座，悬山顶，过垄脊，筒瓦屋面，方形垂柱头，柱头间装饰雀替，梅花形门簪两枚，圆形门墩一对，前出垂带踏跺三级。垂花门两侧接抄手游廊，梁架绘箍头彩画，柱间带倒挂楣子。院内正房五间，铃铛排山脊，筒瓦屋面，前后廊，梁架绘箍头彩画，前檐柱间步步锦棂心倒挂楣子，明间有五抹隔扇门四扇，步步锦棂心，前出垂带踏跺三级。正房两侧各带耳房二间，披水排山脊，筒瓦屋面。东、西厢房各三间，铃铛排山脊，筒瓦屋面，梁架绘箍头彩画，前檐柱间带倒挂楣子，步步锦棂心，前出垂带踏跺三级。东、西厢房南侧各有耳房一间，过垄脊，筒瓦屋面。院内正中有假山一座。

　　该院清代时曾为祖大寿住宅。祖大寿，字复宇，生年不详，辽东人，降清明将。祖大寿进入北京后，受到顺治皇帝的礼遇，允许祖大寿在明代称大桥胡同的东口内北侧建

宅。祖大寿宅建好后，大桥胡同遂更名为祖家街（1965 年更名为富国街）。顺治十三年（1656）祖大寿卒后，被清廷以礼葬之，其在祖家街 3 号的宅院成为祖大寿祠。雍正八年（1730）在此设八旗官学的正黄旗官学，乾隆三十四年（1769）重修。

　　民国元年（1912），原八旗右翼中学堂 [前身为清雍正二年（1724）在西单小石虎胡同开设的八旗子弟右翼宗学，光绪二十八年（1902）改为八旗右翼中学堂] 改为京师公立第三中学，并迁至祖大寿故居。同年，老舍考入了该校。1995 年，在老舍夫人胡絜青的支持下，三中学校内建立了老舍纪念室。校内还设有王森然纪念室，以纪念 20 世纪 20 年代曾在该校任国文教员的王森然先生。此外，校内还设有曹雪芹纪念室等。

　　1995 年公布为北京市文物保护单位。现为单位用房。

垂花门

院内假山

阜成门内大街93号

阜成门内大街93号

戗檐砖雕

花，博缝头处砖雕万事如意图案。大门西侧倒座房六间，过垄脊，合瓦屋面，前出廊，前后檐均为现代装修。大门内影壁一座，披水排山脊，筒瓦屋面，方砖影壁心，四角岔花。一进院北侧看面墙一道，墙心做法同影壁心，墙帽上部装饰砖匾形式砖雕花卉。墙中间开辟一座小门楼形式二门，披水排山脊，筒瓦屋面。看面墙背面两侧连接二进院游廊。

二进院正房五间，近代建筑形式，三角桁架坡屋顶，石板瓦屋面，拱券门窗，四周接平顶回廊，廊檐下饰如意形木挂檐板，廊柱间饰倒挂楣子和坐凳楣子，明间为过厅。东、西厢房各三间，近代建筑形式，三角桁架坡屋顶，石板瓦屋面，前出廊，廊间饰倒挂楣子和坐凳楣子。明间开拱券门，次间拱券窗。

三进院正房三间，前后出廊，清水脊，合瓦屋面，明间隔扇风门，前出垂带踏跺四级，次间槛墙、支摘窗，步步锦棂心。东、西两侧耳房各二间，过垄脊，合瓦屋面。东、西厢房各三间，过垄脊，合瓦屋面，前出廊，明间隔扇风门，前出垂带踏跺三级，次间槛墙、支摘窗，步步锦棂心。厢房南侧各出平顶游廊与二进院正房回廊相接。

位于西城区新街口街道。该院坐北朝南，三进院落。民国时期建筑。

广亮大门一间，位于院落东南隅，清水脊，合瓦屋面，脊饰花草砖，红漆板门两扇，六角形门簪四枚，圆形门墩一对，戗檐处砖雕狮子绣球图案（残），墀头砖雕花篮作为垫

该院曾为北京西单元长厚茶庄经理、抗日战争时期北京茶叶同业公会会长魏子丹的住所。抗战胜利后，此宅收归国有。

2003年公布为北京市文物保护单位，现为单位用房。

大门

第二节
一般院落

DI-ER JIE　YIBAN YUANLUO

八道湾胡同11号（鲁迅家族旧居）

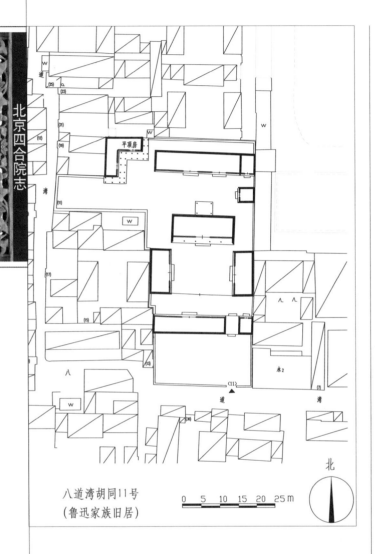

八道湾胡同11号
（鲁迅家族旧居）

0 5 10 15 20 25m

北

位于西城区新街口街道。该院坐北朝南，三进院落。民国时期建筑。

现在的院门为后辟随墙门，进随墙门后的院落北侧为原大门和倒座房。原大门位于院落东南隅，经过现代改造，清水脊，合瓦屋面，现作为过道门通往一进院。大门东侧倒座房一间，西侧五间，清水脊，合瓦屋面，前檐装修均为现代门窗。二门无存。二进院内正房五间，清水脊，合瓦屋面，前出廊，前檐装修为现代门窗。后檐明间接一间平顶房，檐下带木挂檐板。东、西厢房各三间，清水脊，合瓦屋面，前檐装修为现代门窗。正房东侧有夹道可通后院。三进院有后罩房七间，清水脊，合瓦屋面，前檐装修为现代门窗。东厢房一间，平顶，檐下带木挂檐板，院落西北角有一座L形平顶廊，檐下带木挂檐板。

民国八年（1919）11月鲁迅和二弟周作人以3000多元购得此宅，从寄居七年的绍兴会馆迁入。并接来妻母及三弟，周氏家族在京团聚。一进院有倒座房七间，鲁迅的书房就设在中间的几间，这里诞生了《阿Q正传》《风波》《故乡》等不朽名篇。二进院正房的明间做餐厅，堂屋后面接出的一间小屋是鲁迅的卧室，东、西两侧的房屋为鲁迅的母亲和妻子居住。后院的后罩房七间，由鲁迅的二弟周作人、三弟周建人各用三间。东

大门

一进院过厅

过道

瓦檐

厢房

边的一间是客房，俄国著名盲诗人爱罗先珂曾在这里住过。后罩房前原有一方荷池。蔡元培、胡适、郑振铎、李大钊、郁达夫、钱玄同、沈伊默等都曾是这里的座上客。民国九年（1920）毛泽东第一次到北京时，也曾到此地求教鲁迅先生。民国十二年（1923）7月，鲁迅与周作人失和后离开此院。民国三十四年（1945）周作人被判有期徒刑十年，

八道湾胡同11号作为逆产曾一度被查封，成为国民党北平西区宪兵队驻地。新中国成立后，周作人回到北京仍住此院，从事翻译工作，译有《日本狂言选》《伊索寓言》《欧里庇得斯悲剧集》等，1967年5月病死在后罩房东侧的小厨房里。周建人一家于"文化大革命"后搬出此院。

现为居民院。

二进院正房

后院旁门

西四北头条6号

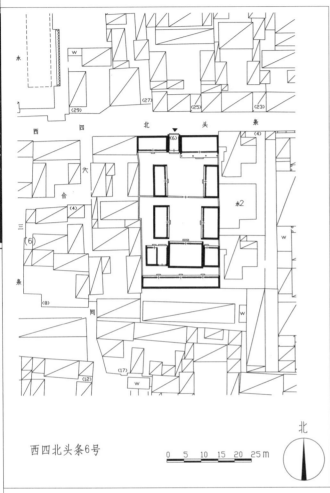

西四北头条6号

0 5 10 15 20 25m

北

大门西侧门墩

座房三间，鞍子脊，合瓦屋面，鸡嗉檐封后檐墙，其东倒座房前出平顶廊，方柱，装饰素面挂檐板，前檐装修为现代门窗。东、西配房各三间，鞍子脊，合瓦屋面，前檐装修为现代门窗。

二进院西厢房

二进院原有二门，现已拆除。南房三间，清水脊，合瓦屋面，其东次间已拆改，明间前檐装修为现代门窗，次间为十字方格棂心支摘窗。南房前出平顶廊，方柱，装饰素面挂檐板。正房东侧耳房一间，西侧耳房二间，均已翻为机瓦屋面，其西耳房东半间为过道，可通三进院。二进院东、西厢房各三间，鞍子脊，合瓦屋面，前檐装修为现代门窗。三进院后罩房七间，为原址翻建。

现为居民院。

位于西城区新街口街道。该院坐南朝北，三进院落。民国时期建筑。

大门位于院落北部偏西，北向，广亮大门一间，进深五檩，清水脊，合瓦屋面，脊饰花盘子，檐下檩三件绘苏式彩画，双扇红漆板门，两侧带余塞板，铺首一对，装饰梅花形门簪四枚，上刻吉祥如意字样，走马板绘凤凰图案，门外方形门墩一对，条石墁地。东西各接倒

西四北头条22号

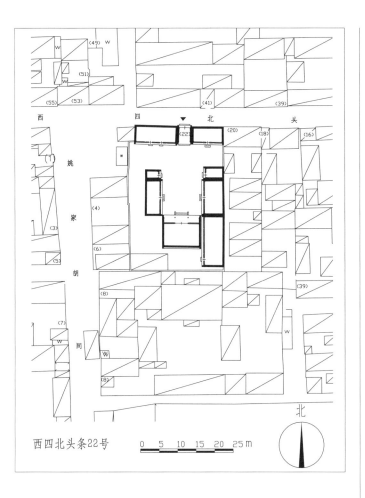

西四北头条22号   0 5 10 15 20 25 m

北

大门

位于西城区新街口街道，该院坐南朝北，二进院落。民国时期建筑。

院落北侧中间开门，蛮子大门一间，进深五檩，清水脊，合瓦屋面，脊饰花盘子，红色板门两扇，门板上门钹一对，梅花形门簪四枚，圆形门墩一对。大门两侧倒座房各三间，鞍子脊，合瓦屋面，西倒座房后改机瓦屋面，菱角檐封后檐墙，前檐装修为现代门窗。

一进院南房三间，前出平顶廊，檐下如意头形木挂檐板，清水脊，合瓦屋面，脊饰花盘子，前檐装修为现代门窗，老檐出后檐墙。东、西厢房各三间，过垄脊，合瓦屋面，西厢房后改机瓦屋面，前檐装修为现代门窗。

厢房北侧各有耳房一间，机瓦屋面，前檐装修为现代门窗。

二进院东房四间，机瓦屋面，前檐装修为现代门窗。

现为居民院。

大门西侧饿檐砖雕

西四北头条26号

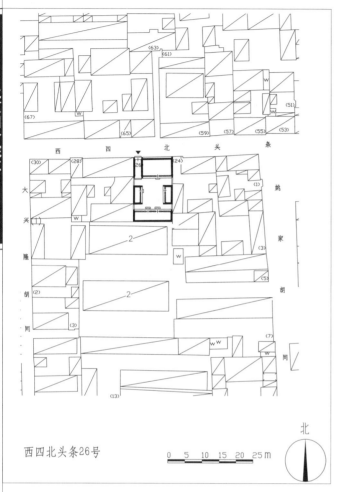

西四北头条26号

大门

夹门窗，西侧第二间为门连窗，均为步步锦棂心支摘窗。东、西厢房各二间，平顶屋面，其西厢房前檐装修为现代门窗，东厢房饰素面挂檐板，北一间为门连窗，其余为支摘窗，均为步步锦棂心。

现为居民院。

位于西城区新街口街道。该院坐南朝北，一进院落。民国时期建筑。

大门位于院落西北隅，北向，蛮子大门一间，清水脊，合瓦屋面，双扇红漆板门，两侧带余塞板，装饰梅花形门簪两枚，上刻平安字样，门外门墩一对，门内后檐柱装饰步步锦棂心倒挂楣子。门道与西厢房北山墙间原有屏门一座，现已拆除。院内北房三间，鞍子脊，合瓦屋面，老檐出后檐墙。明间为门连窗，十字方格棂心亮子窗，步步锦棂心支摘窗。东次间为门连窗、支摘窗，十字方格棂心，西次间十字方格棂心支摘窗。南房四间，鞍子脊，合瓦屋面，东侧第二间为

北房

西四北头条31号

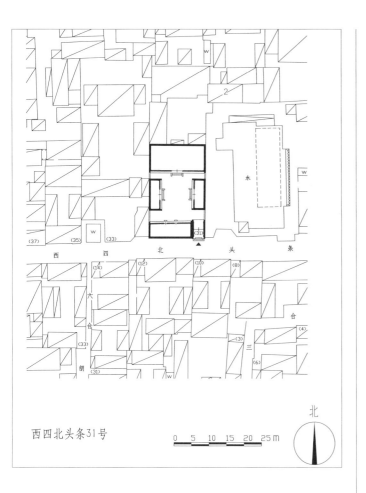

西四北头条31号

0　5　10　15　20　25 m

北

大门

　　位于西城区新街口街道。该院坐北朝南，一进院落。民国时期建筑。

　　大门位于院落东南隅，广亮大门一间，清水脊，合瓦屋面，脊饰花盘子，檐下檩三件绘苏式彩画，双扇红漆板门，两侧带余塞

板，装饰梅花形门簪四枚，上刻吉祥如意字样，前檐柱装饰雀替，门外圆形门墩一对，如意踏跺四级。西接倒座房四间，鞍子脊，合瓦屋面，抽屉檐封后檐墙。正房五间，已翻机瓦屋面，前檐装修为现代门窗。东、西厢房各三间，为原址翻建，尖顶，机瓦屋面。

　　现为居民院。

大门西侧倒座房

西四北头条33号

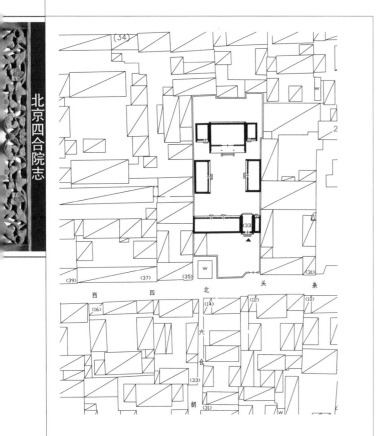

西四北头条33号

0 5 10 15 20 25 m

北

位于西城区新街口街道。该院坐北朝南，一进院落。清代末期建筑。

大门位于院落东南隅，一间，清水脊，

大门后檐东侧戗檐砖雕

正房东侧耳房

合瓦屋面，戗檐装饰葡萄纹浮雕图案，博缝头饰万事如意砖雕图案，门板遗失。大门东侧接门房半间，进深五檩，过垄脊，合瓦屋面。西接倒座房四间，过垄脊，合瓦屋面，前檐装修为现代门窗。院内正房三间，前出廊，清水脊，合瓦屋面，脊饰花盘子，戗檐装饰花卉图案砖雕，前檐装修为现代门窗，老檐出后檐墙。正房两侧各接耳房一间，清水脊，合瓦屋面，脊饰花盘子，十字方格棂心装修。东、西厢房各三间，清水脊，合瓦屋面，脊饰花盘子，前檐装修为现代门窗。

现为居民院。

西四北头条41号

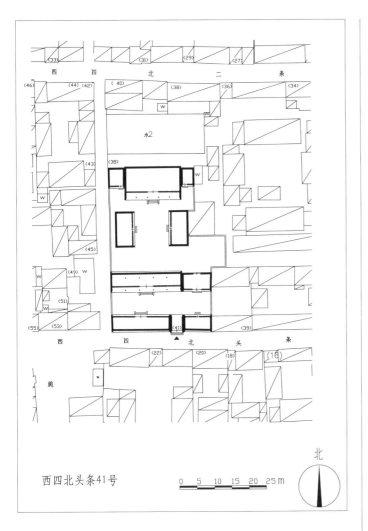

西四北头条41号

大门

耳房一间，现已改建。东、西厢房各二间，前出廊，过垄脊，合瓦屋面，前檐装修为现代门窗。

现为居民院。

位于西城区新街口街道。该院坐北朝南，二进院落。民国时期建筑。

大门位于院落东南，一间，形制不详，披水排山脊，合瓦屋面，现已封堵。大门东侧接倒座房三间，老檐出后檐墙，西接倒座房五间，抽屉檐封后檐墙，均为灰梗屋面。一进院正房五间，前后廊，披水排山脊，合瓦屋面，前檐装修为现代门窗。东耳房三间，已翻建，辟门道通后院。院内原有游廊环绕，现已无存。

二进院正房五间，前出廊，披水排山脊，合瓦屋面，前檐装修为现代门窗。两侧各接

二进院正房

西四北二条3号

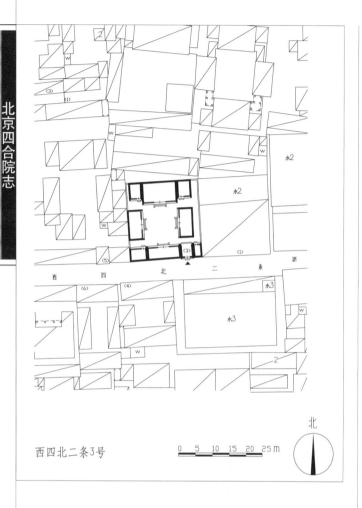

西四北二条3号

0 5 10 15 20 25 m

后开大门

位于西城区新街口街道。该院坐北朝南，一进院落。清代至民国时期建筑。

原大门位于院落东南隅，现已和倒座房一起改建为铺面房，形制不详。现在院落西南隅，开大门一间，鞍子脊，合瓦屋面，红色板门一扇。原大门东侧门房一间，西侧倒座房三间，倒座房西侧再接耳房二间，均为后改机瓦屋面，封后檐墙，前檐已封堵。院内正房三间，前出廊，清水脊，合瓦屋面，脊饰花盘子，前檐装修为现代门窗。正房两侧耳房各一间，过垄脊，合瓦屋面，前檐装修为现代门窗。院内东、西厢房各三间，鞍子脊，合瓦屋面，前檐装修为现代门窗。

现为居民院。

正房

西四北二条7号

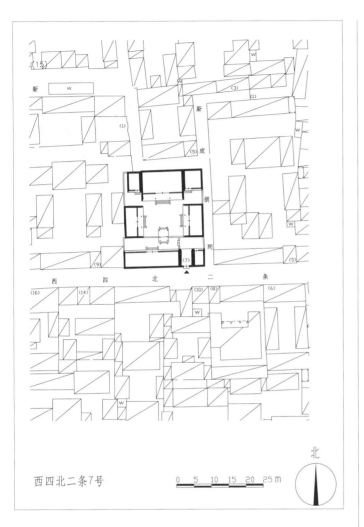

西四北二条7号

0 5 10 15 20 25 m

北

大门位于院落东南隅，后改建，红色板门两扇，门上圆形门簪两枚，方形门墩一对。大门东侧倒座房一间，西侧倒座房三间，机瓦屋面，菱形檐封后檐墙。院内原有垂花门及两侧看面墙，现已拆除。

大门西侧门墩

二进院正房三间，前出廊，鞍子脊，合瓦屋面，前檐装修为现代门窗。正房两侧耳房各一间，机瓦屋面，前檐装修为现代门窗。院内东、西厢房各三间，前出廊，鞍子脊，合瓦屋面，前檐装修为现代门窗。

现为居民院。

位于西城区新街口街道。该院坐北朝南，二进院落。清代至民国时期建筑。

正房

大门及倒座房

西四北二条9号

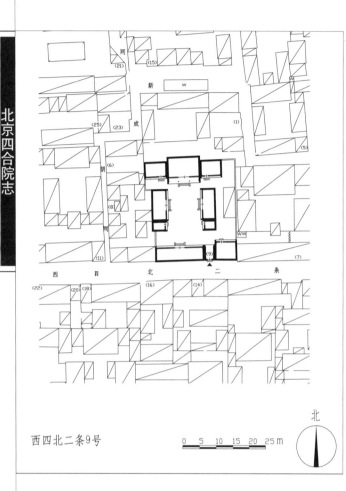

西四北二条9号

正房

清水脊，合瓦屋面，脊饰花盘子，前檐装修为现代门窗。正房东、西耳房各二间，清水脊，合瓦屋面，脊饰花盘子，东耳房后改机瓦屋面，前檐装修为现代门窗。东、西厢房各三间，清水脊，合瓦屋面，脊饰花盘子，前檐装修为现代门窗。厢房南侧各有厢耳房一间，鞍子脊，合瓦屋面，前檐装修为现代门窗。西跨院拆改严重，形制无存。

现为居民院。

位于西城区新街口街道。该院坐北朝南，一进院落带跨院。清代至民国时期建筑。

院落东南侧辟大门，后改建，红色板门两扇。大门东侧倒座房二间，西侧三间，均为后改现代机瓦屋面。正房三间，前出廊，

大门西侧倒座房

正房东侧耳房

西四北二条11号

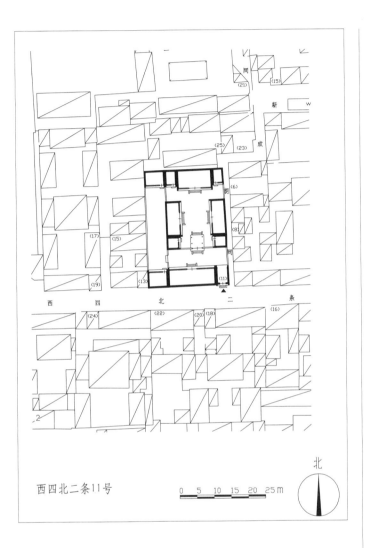

西四北二条11号

大门

位于西城区新街口街道。该院坐北朝南，二进院落，西带一座跨院。民国时期建筑。

大门位于院落东南隅，如意大门一间，清水脊，合瓦屋面，脊饰花盘子，双扇红漆板门，门铍一对，门头海棠池素面栏板装饰。门外方形门墩一对，如意踏跺三级。大门西接倒座房六间，已翻机瓦屋面，抽屉檐封后檐墙。西接耳房二间，机瓦屋面，抽屉檐封后檐墙。一进院有一殿一卷式垂花门一座，悬山顶，已翻机瓦屋面，板门及花板遗失，梅花形门簪两枚，门两侧接看面墙。

二进院正房三间，已翻机瓦屋面，明间

隔扇风门，大方格套菱形嵌玻璃棂心，次间为十字方格棂心嵌玻璃装修，明间出如意踏跺三级。两侧各接耳房一间，鞍子脊，合瓦屋面，前檐装修为现代门窗。东、西厢房各三间，北侧各接厢耳房一间，其中东厢房与耳房已翻机瓦屋面，西厢房及耳房为鞍子脊，合瓦屋面，前檐装修为现代门窗。院落西侧有一进院，东侧南北两端各开一月亮门与主院一、二进院相通，现已拆除。院内北房二间，机瓦屋面，前檐装修为现代门窗，南房即为倒座房西耳房。

现为居民院。

二进院正房

西四北二条17号、19号

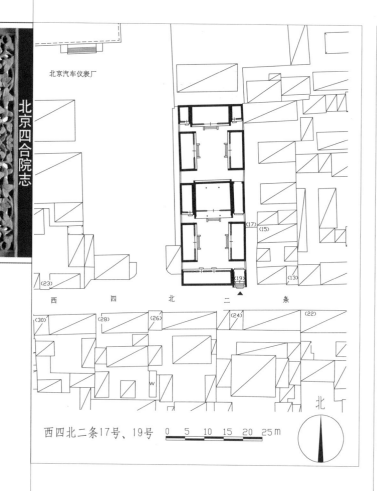

北京汽车仪表厂

西四北二条17号、19号　0　5　10　15　20　25m

大门

位于西城区新街口街道，该院坐北朝南，二进院落。清代至民国时期建筑。

大门位于院落东南隅，金柱大门一间，如意门做法，清水脊，合瓦屋面，脊饰花盘子，前檐绘有苏式彩画，檐柱间装饰有雀替。门头栏板装饰，红色板门两扇，门板上刻门联"大地流金，长空溢彩"，门钹一对，梅花形门簪两枚，方形门墩一对，前出踏跺五级。戗檐、博缝头及象眼处有砖雕。大门西侧倒座房三间，鞍子脊，合瓦屋面，封后檐墙，前檐装修为现代门窗。迎门内有座山影壁，软心做法。一进院正房三间，前后出廊，清水脊，合瓦屋面，脊饰花盘子，前檐装修为现代门窗。正房两侧东、西耳房各一间，清水脊，合瓦屋面。东、西厢房各三间，鞍子脊，合瓦屋面，前檐装修为现代门窗。

二进院正房三间，清水脊，合瓦屋面，脊饰花盘子，次间保存有十字方格棂心支摘窗，其余装修为现代门窗，前出踏跺三级，正房两侧接耳房各一间，合瓦屋面，前檐装修为现代门窗。东、西厢房各三间，西厢房为鞍子脊，合瓦屋面，前檐装修为现代门窗，东厢房现已翻建。

现为居民院。

象眼砖雕

西四北二条25号

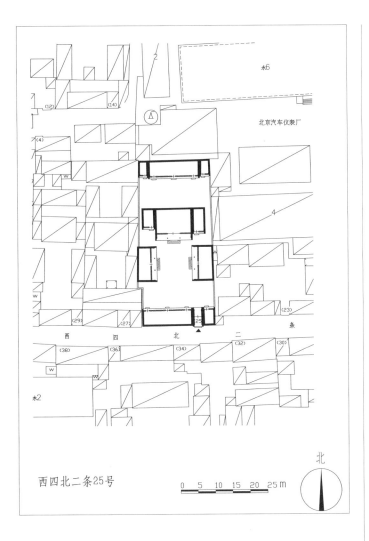

西四北二条25号

大门

门窗，前出踏跺三级。正房两侧耳房各一间。东、西厢房各三间。西厢房前出廊，清水脊，合瓦屋面，脊饰花盘子，前檐装修为现代门窗，前出踏跺三级，戗檐处有砖雕。东厢房现已翻建。

二进院后罩房五间，清水脊，合瓦屋面，脊饰花盘子，前檐装修为现代门窗。后罩房两侧各有耳房一间。

现为居民院。

位于西城区新街口街道。该院坐北朝南，二进院落。清代至民国时期建筑。

大门位于院落东南隅，广亮大门一间，清水脊，合瓦屋面，脊饰花盘子。红色板门两扇，门上有走马板及梅花形门簪四枚，方形门墩一对，前出踏跺两级，戗檐处有砖雕。大门东侧倒座房一间，西侧倒座房五间，清水脊，合瓦屋面，脊饰花盘子，封后檐墙。一进院正房三间，前出廊，清水脊，合瓦屋面，脊已毁，前檐装修为现代

大门东侧门墩

一进院正房

西四北二条27号

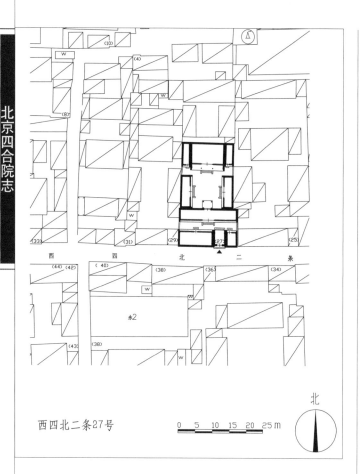

西四北二条27号

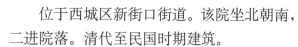

大门

二进院正房

东厢房

　　位于西城区新街口街道。该院坐北朝南，二进院落。清代至民国时期建筑。

　　大门位于院落东南隅，如意大门一间，清水脊，合瓦屋面，脊饰花盘子，红色板门两扇，门板上有门钹一对及门包叶一副，梅花形门簪两枚。大门西侧倒座房四间，机瓦屋面，菱形檐封后檐墙。一进院正房五间，机瓦屋面，前檐装修为现代门窗，明间开为门道，后带一卷抱厦。

　　二进院正房三间，前出廊，清水脊，合瓦屋面，脊饰花盘子，前檐装修为现代门窗。正房东、西耳房各一间。东、西厢房各三间，清水脊，合瓦屋面，脊饰花盘子，前檐装修为现代门窗。

　　现为居民院。

西四北二条29号

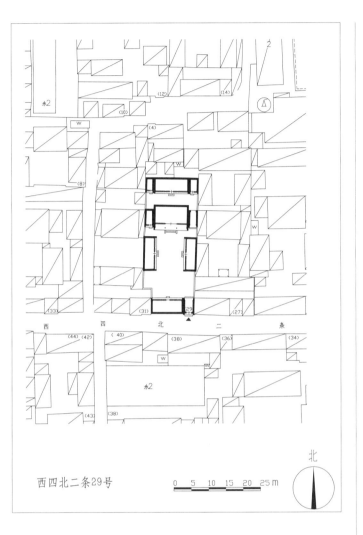

西四北二条29号

0　5　10　15　20　25 m

北

大门

瓦屋面，前檐装修为现代门窗。正房两侧接耳房各一间，合瓦屋面，东耳房开为过道。东、西厢房各三间，披水排山脊，合瓦屋面，前檐装修为现代门窗。

二进院后罩房五间，机瓦屋面，前檐装修为现代门窗。

现为居民院。

位于西城区新街口街道。该院坐北朝南，二进院落。清代至民国时期建筑。

大门位于院落东南隅，如意大门一间，清水脊，合瓦屋面，脊饰花盘子，前檐绘有苏式彩画，门楣及如意头处有花卉砖雕，红色板门两扇，圆形门墩一对，戗檐、博缝头处有砖雕，后檐装饰有菱形倒挂楣子。大门西侧倒座房三间，现已翻建。

一进院正房三间，前出廊，披水排山脊，合

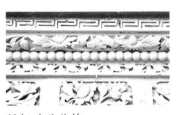

门楣砖雕装饰

一进院正房

西四北二条33号

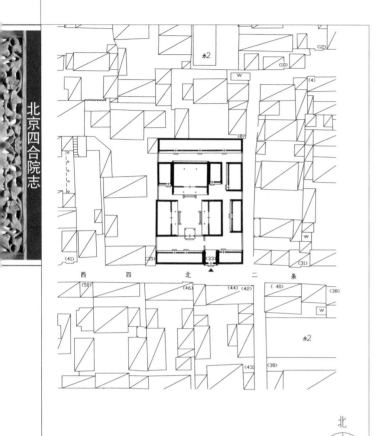

西四北二条33号

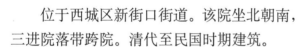

北

一进院垂花门

位于西城区新街口街道。该院坐北朝南，三进院落带跨院。清代至民国时期建筑。

大门位于院落东南隅，如意大门一间，进深五檩，清水脊，合瓦屋面，脊饰花盘子，门头花瓦装修，门上梅花形门簪两枚、红色板门两扇，门板上门钹一对和如意头门包叶一副。大门东侧倒座房二间，西侧四间，菱形檐封后檐墙，后改机瓦屋面，前檐装修为现代门窗。一进院北侧有垂花门一座，过垄脊，

垂花门侧面花罩

筒瓦屋面，装饰有大花板、小花板、雀替、挂落板及垂莲柱头，梅花形门簪两枚，门墩一对，前出踏跺两级。一进院西房一间，过垄脊，合瓦屋面，前檐装修为现代门窗。

二进院正房三间，前后出廊，清水脊，合瓦屋面，脊饰花盘子，前檐装修为现代门窗。正房两侧东、西耳房各一间，鞍子脊，合瓦屋面，前檐装修为现代门窗。院内东、西厢房各三间，前出廊，鞍子脊，合瓦屋面，西厢房后改机瓦屋面，前檐装修为现代门窗。东跨院南侧东房三间，北侧东房二间，鞍子脊，合瓦屋面，前檐装修为现代门窗。三进院后罩房六间，鞍子脊，合瓦屋面，前檐装修为现代门窗。

现为居民院。

西四北二条45号

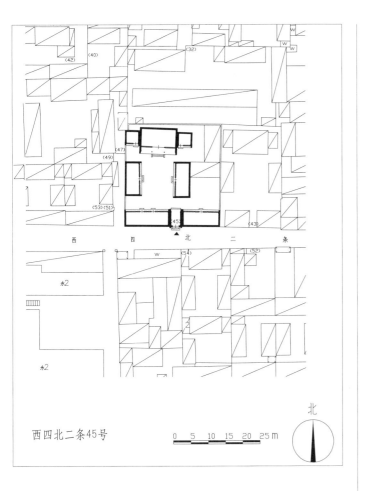

西四北二条45号

大门

位于西城区新街口街道。该院坐北朝南，一进院落。清代至民国时期建筑。

大门位于院落东南隅，如意大门一间，披水排山脊，合瓦屋面，门头作栏板装饰，下端有须弥座，红色板门两扇，门板上有门包叶，梅花形门簪两枚，方形门墩一对，前出如意踏跺三级，戗檐处砖雕已损坏。大门后檐柱间装饰卧蚕步步锦楞心倒挂楣子及花牙子。大门两侧倒座房各三间，干槎瓦屋面，封后檐墙，前檐保存有部分嵌菱形装修，后檐墙开有券窗。院内正房三间，前出廊，清水脊，合瓦屋面，脊饰花盘子，明、次间前出三联踏跺三级，戗檐处有砖雕，前檐装修为现代门窗。正房西侧耳房一间，现已翻建。

东厢房三间，鞍子脊，合瓦屋面，前檐装修为现代门窗。西厢房三间，后改机瓦屋面，前檐装修为现代门窗。

现为居民院。

正房

西四北二条49号

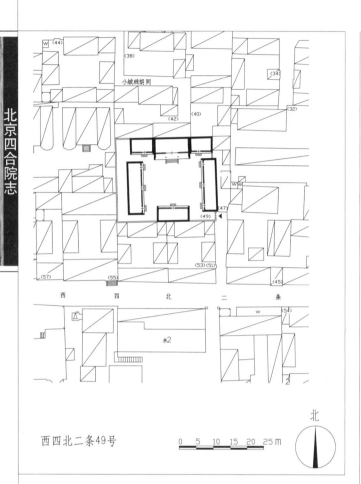

西四北二条49号

正房

窗，均为步步锦榥心，房前出垂带踏跺四级。正房两侧接耳房各二间，过垄脊，合瓦屋面，前檐装修为现代门窗。南房三间，鞍子脊，合瓦屋面，现已翻修。东、西厢房各五间，鞍子脊，合瓦屋面，前檐装修为现代门窗。

现为居民院。

南房

位于西城区新街口街道。该院坐北朝南，一进院落。清代至民国时期建筑。

随墙门

大门位于院落东南隅，随墙门一座，东向。院内正房（北房）三间，前出廊，清水脊，合瓦屋面，脊饰花盘子，前檐明间为隔扇风门，前带帘架，上有横披

西四北二条50号

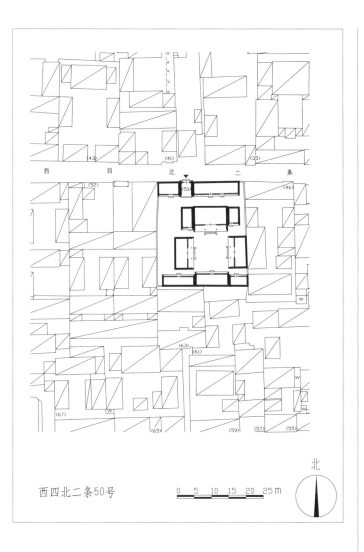

西四北二条50号

大门西侧北立面

位于西城区新街口街道。该院坐北朝南，二进院落。清代至民国时期建筑。

大门位于院落西北，北向，如意大门一间，清水脊，合瓦屋面，红色板门两扇，门板上有门钹一对及如意头门包叶，圆形门簪两枚，圆形门墩一对。大门后檐装饰有步步锦棂心倒挂楣子。一进院大门东侧

圆形门墩

北房四间，西侧二间，均后改机瓦屋面，菱形檐封后檐墙，前檐装修为现代门窗。

二进院北房（正房）三间，前出廊，过垄脊，合瓦屋面，前出垂带踏跺两级，前檐装修为现代门窗。正房两侧接耳房各一间，东耳房过垄脊，合瓦屋面，保存有十字方格棂心装修。西耳房已翻建。东、西厢房各三间，前出廊，鞍子脊，合瓦屋面，前檐装修为现代门窗。南房三间，鞍子脊，合瓦屋面，前檐装修为现代门窗，南房两侧东、西耳房各二间，鞍子脊，合瓦屋面，前檐装修为现代门窗。

现为居民院。

东厢房

西四北二条54号

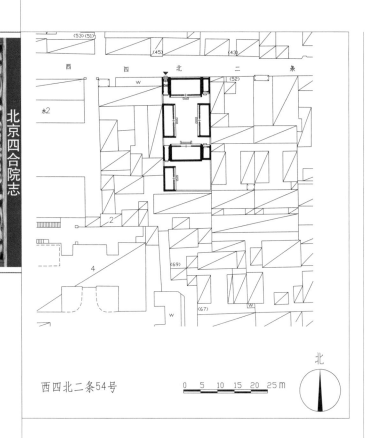

西四北二条54号

大门

位于西城区新街口街道，该院坐南朝北，二进院落。民国时期建筑。

大门位于院落西北隅，北向，金柱大门一间，清水脊，合瓦屋面，脊饰花盘子，前檐装饰灯笼锦棂心倒挂楣子，后檐柱间饰步步锦棂心倒挂楣子及花牙子，红色板门两扇，门上装饰有门钹一对及门包叶，梅花形门簪两枚，走马板绘有彩画，方形门墩一对，前出如意踏跺六级。迎门座山影壁一座，上部有花瓦和砖雕装饰，软心做法。其东侧原有屏门，现已损毁。一进院北房三间，清水脊，合瓦屋面，脊饰花盘子，前檐装修为现代门窗，老檐出后檐墙，后檐绘有苏式彩画。北房东侧耳房一间，清水脊，合瓦屋面，脊饰花盘子，前檐装修为现代门窗，老檐出后檐墙。一进院南房三间，后改机瓦屋面，前檐装修为现代门窗。南房东侧耳房一间，鞍子脊，合瓦屋面，前檐装修为现代门窗。西侧为一幢一间的二层小楼，鞍子脊，合瓦屋面，一层为过道，二层保存有步步锦棂心装修。一进院东、西厢房各三间，鞍子脊，合瓦屋面，前檐装修为现代门窗。

二进院西房二间，鞍子脊，合瓦屋面，前檐装修为现代门窗。

现为居民院。

一进院北房

北京四合院志

744

西四北二条55号

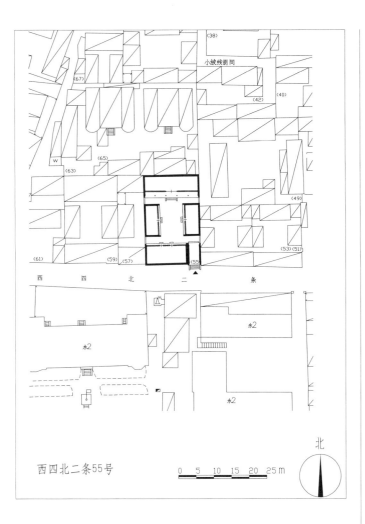

西四北二条55号

0 5 10 15 20 25 m

北

大门

位于西城区新街口街道。该院坐北朝南，一进院落。清代至民国时期建筑。

大门位于院落东南隅，金柱大门一间，披水排山脊，合瓦屋面，前檐绘有苏式彩画。

大门东侧门墩

红色板门两扇，圆形门墩一对，前出如意踏跺五级，大门象眼处有砖雕花卉。大门西侧倒座房四间，鞍子脊，合瓦屋面，封后檐墙，前檐装修为现代门窗。院内正房五间，前出廊，披水排山脊，合瓦屋面，前檐明间为隔扇风门，次间及梢间支摘窗。东、西厢房各三间，披水排山脊，合瓦屋面，前檐装修为现代门窗。

现为居民院。

正房

西四北三条5号

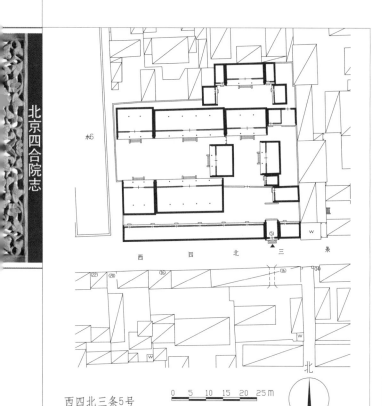

西四北三条5号

东路二进院厢房及厢耳房

位于西城区新街口街道。该院坐北朝南，东西两路，三进院落。民国时期建筑。

大门位于院落东南隅，如意门一间，清水脊，合瓦屋面，脊饰花草砖，素面门楣、栏板花瓦，圆形门簪两枚，红漆板门两扇，

大门及倒座房

方形门墩一对，如意踏跺三级，后檐柱间饰步步锦棂心倒挂楣子。大门东侧倒座房二间，西侧倒座房两座，共九间，清水脊，合瓦屋面，前檐装修为现代门窗，冰盘檐封后檐墙。大门内一字影壁一座，清水脊，筒瓦屋面。

东路：一进院有东房一间，二进院原有二门一座，已拆除，门两侧看面墙尚残存。二进院正房三间，清水脊，合瓦屋面，前后出廊。正房东耳房二间，过垄脊，合瓦屋面，其东侧一间为通往后院的过道。二进院东厢房三间，清水脊，合瓦屋面，前出廊，前檐装修为现代门窗。南侧厢耳房一间，合瓦过垄脊。三进院正房三间，清水脊，合瓦屋面，前出廊，前檐装修为现代门窗。两侧耳房各一间，过垄脊，合瓦屋面。东、西厢房各二间，清水脊，合瓦屋面。

西路：前后二进院落，随墙门一座与东路二进院相通。一进院为倒座房，二进院内有北房两座，共八间，前后出廊，过垄脊，合瓦屋面。南房八间，前后出廊，清水脊，合瓦屋面，前檐装修为现代门窗。东厢房三间，干槎瓦屋面，前出廊，前檐装修为现代门窗。

现为居民院。

西四北三条18号

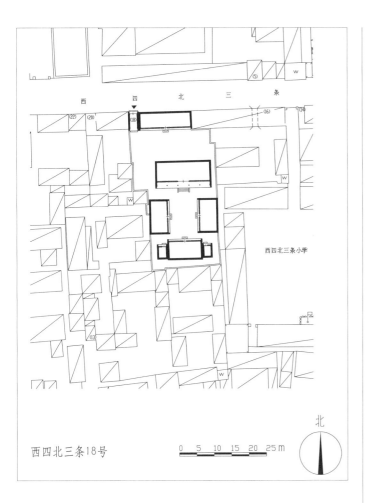

西四北三条18号

二进院北房

二进院北房五间，前出廊，机瓦屋面，封后檐墙。南房三间，鞍子脊，合瓦屋面，前檐装修为现代门窗。南房两侧接耳房各一间，前檐装修为现代门窗。东、西厢房各三间，鞍子脊，合瓦屋面，前檐装修为现代门窗。

现为居民院。

位于西城区新街口街道。该院坐北朝南，二进院落。清代至民国时期建筑。

一进院北房五间，过垄脊，合瓦屋面。北房西侧辟为大门。

东厢房

大门及北房

747

第三篇

西城区四合院

西四北三条24号

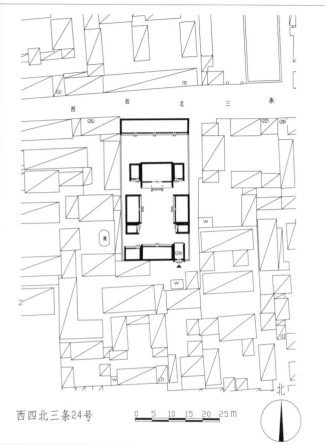

西四北三条24号

0 5 10 15 20 25 m

北

门房　　　　通往南面大门过道

正房

位于西城区新街口街道。该院坐北朝南，二进院落。清末至民国时期建筑。

院东侧有夹道一条，通往院落南侧，原大门位于院落东南隅，一间，南向，现已封闭。在院东墙南侧开便门。原大门东侧门房半间，西侧倒座房五间。一进院正房三间，前出廊，清水脊，合瓦屋面，脊饰花盘子，前檐装修为现代门窗。正房两侧东耳房一间、西耳房二间均为机瓦屋面。东厢房三间，清水脊，合瓦屋面，脊饰花盘子，前檐装修为现代门窗。西厢房现已拆除。二进院后罩房七间，鞍子脊，合瓦屋面，前檐装修为现代门窗。

现为居民院。

后罩房后檐

西四北三条27号

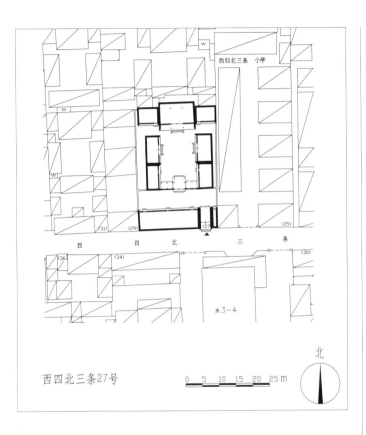

西四北三条27号

门内一字软心影壁

位于西城区新街口街道。该院坐北朝南，二进院落。清代晚期建筑。

金柱大门一间，位于院落东南隅，清水脊，合瓦屋面，脊饰花盘子，戗檐砖雕花卉图案，象眼砖雕锦文图案，板门两扇，圆形门墩一对，雕刻有五世同居图案，后檐柱间饰步步锦棂心倒挂楣子。大门东侧倒座房半间，西侧五间，过垄脊，合瓦屋面，前檐装

修为现代门窗，封后檐墙。门内一字影壁一座。披水排山脊，筒瓦屋面，素面软影壁心。一进院北侧正中五檩垂花门一座，花罩雕刻蓄草纹图案，方形门墩一对。两侧连接抄手游廊。

二进院正房三间，清水脊，合瓦屋面，前后出廊，脊饰花盘子，前檐装修为现代门窗。两侧耳房各二间，过垄脊，合瓦屋面。院内东、西厢房各三间，南侧带厢耳房各二间，过垄脊，合瓦屋面，前檐装修为现代门窗。

该院传为民国时期西北军阀"宁夏三马"之一马鸿逵的宅第。马鸿逵（1892—1970），字少云，甘肃河州（今临夏）人，回族，先依附冯玉祥，后投靠蒋介石，任宁夏省主席长达17年，集军政大权于一身，被人称为宁夏的"土皇帝"，加授陆军上将衔。抗战时任第八战区副司令长官兼第十七集团军总司令，后任西北军政副长官、西北行辕副主任。1949年9月前往台湾地区。

现为居民院。

大门及倒座房

西四北三条31号

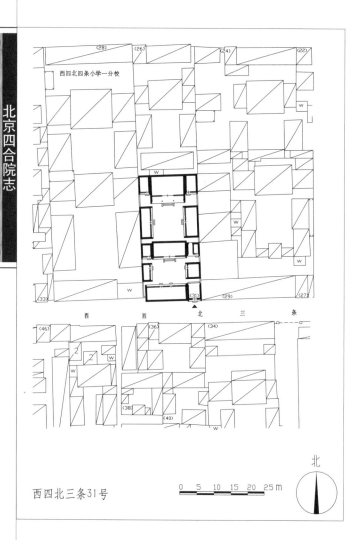

西四北三条31号

门包叶及门墩

六角形门簪两枚，板门两扇，如意形门包叶，方形门墩一对，后檐柱间饰步步锦棍心倒挂楣子。大门西侧倒座房四间，后改机瓦屋面，前檐装修为现代门窗。一进院正房三间，过垄脊，合瓦屋面，前檐装修为现代门窗，老檐出后檐墙。正房两侧耳房各一间，过垄脊，合瓦屋面，东一间为过道。东、西厢房各二间，均已翻建。

二进院正房三间，清水脊，合瓦屋面，

二进院正房

脊饰花盘子，前出廊，明间出垂带踏跺三级，前檐装修为现代门窗。东厢房三间，清水脊，合瓦屋面，西厢房三间，已翻建，机瓦屋面。

现为居民院。

位于西城区新街口街道。该院坐北朝南，二进院落。民国时期建筑。

大门位于院落东南隅，如意门一间，清水脊，合瓦屋面，脊饰花盘子，门楣花瓦做法，

大门及倒座房

西四北四条26号

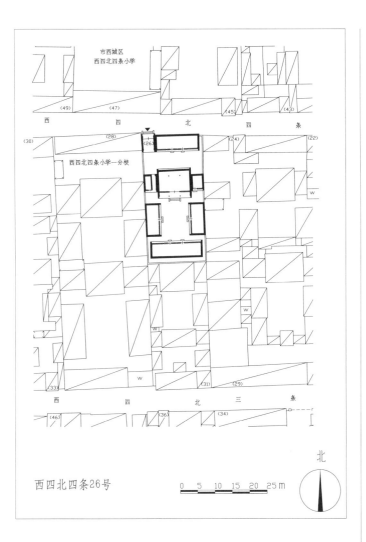

西四北四条26号

大门

位于西城区新街口街道。该院坐北朝南，二进院落。民国时期建筑。

大门位于院落西北隅，金柱大门形式，北向，清水脊，合瓦屋面，脊饰花盘子，前檐柱间装饰雀替，金柱位置作如意门形式装修，门楣栏板作素面海棠池装饰，梅花形门簪两枚，板门两扇，方形门墩一对，后檐柱间装饰步步锦楔心倒挂楣子。一进院内大门东侧北房四间，过垄脊，合瓦屋面，前檐装修为现代门窗，封后檐墙。

二进院北房（正房）三间，前后廊，清水脊，合瓦屋面（脊残），前檐装修为现代门窗，老檐出后檐墙。北房两侧耳房各一间，过垄脊，合瓦屋面，西耳房为过道。东、西厢房各三间，清水脊，合瓦屋面，东厢房改建为过垄脊，前檐装修为现代门窗。南房四间，清水脊，合瓦屋面，前檐装修为现代门窗。

现为居民院。

雀替

西四北四条28号

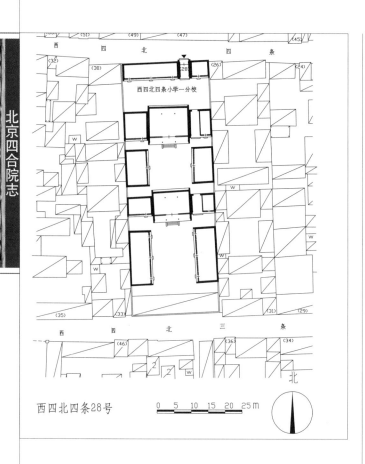

西四北四条28号

大门及北房

二进院正房

门簪四枚，板门两扇，圆形门墩一对（后补配）。

原一进院北房翻建正房三间，前后出廊，过垄脊，合瓦屋面，明间前出垂带踏跺四级，前檐装修为现代门窗，老檐出后檐墙。正房两侧耳房各二间，披水排山脊，合瓦屋面，东耳房西侧一间为过道。东、西厢房各五间，过垄脊，合瓦屋面，前檐装修为现代门窗。南房均已翻建。

原二进院正房三间，前后出廊，披水排山脊，合瓦屋面，明间前出垂带踏跺四级，前檐装修为现代门窗，老檐出后檐墙。正房两侧耳房各二间，东耳房西侧一间为过道，披水排山脊，合瓦屋面。东、西厢房各三间，过垄脊，合瓦屋面，前檐装修为现代门窗。

二进院西厢房

位于西城区新街口街道。该院坐北朝南，三进院落。清代晚期建筑。

正门原在院落东南隅（即西四北三条胡同）。1950年将后门扩大，改建为现在的正门。大门北向，仿金柱大门形式，开在临街北房东北侧，一间，过垄脊，合瓦屋面，梅花形

二进院东厢房

三进院东厢房

现大门西侧原三进院北房五间，东侧二间，过垄脊，合瓦屋面，前檐装修为现代门窗，封后檐墙。

该院清代时曾为义塾，光绪九年（1883）正红旗官学由阜成门内迁至此处，并对建筑进行了修葺，形成如今之规模。光绪二十八年（1902），此处改为八旗高等小学堂。民国四年（1915）改为京师公立第四小学堂。民国三十年（1941）改为北平师范附属小学。1972年改称西四北四条小学。

现为单位用房。

三进院西厢房

三进院正房

西四北四条33号

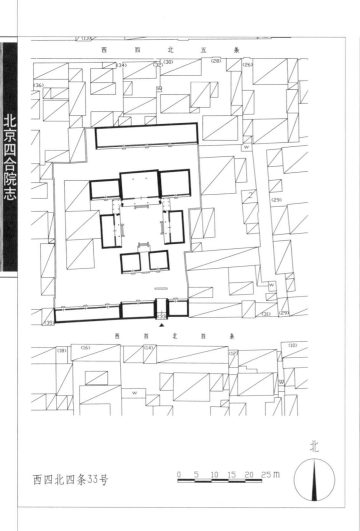

西四北四条33号

0 5 10 15 20 25 m

北

大门

前后出廊，前檐装修为现代门窗，老檐出后
檐墙。正房两侧耳房各一间，翻建。东、西
厢房各三间，前出廊，过垄脊，合瓦屋面，
前檐装修为现代门窗。院内种有海棠树和葡
萄。

三进院后罩房五间，翻建。

现为居民院。

位于西城区新街口街道。该院坐北朝南，
三进院落。民国时期建筑。

广亮大门一间，位于院落东南隅，披水
排山脊，合瓦屋面，前檐柱间装饰雀替一对。
梅花形门簪四枚，板门两扇，圆形门墩一对，
戗檐砖雕喜上眉梢图案。大门西侧倒座房三
间，过垄脊，合瓦屋面，前檐装修为现代门
窗，封后檐墙。门内迎门一字影壁一座，后
改机瓦屋面，冰盘檐装饰蕃草连珠纹。一进
院过厅五间，过垄脊，合瓦屋面，明间为过道，
后出四檩卷棚抱厦一间，悬山顶，披水排山
脊，筒瓦屋面，柱间带步步锦棂心倒挂楣子。

二进院正房三间，过垄脊，合瓦屋面，

二进院正房

西四北四条35号

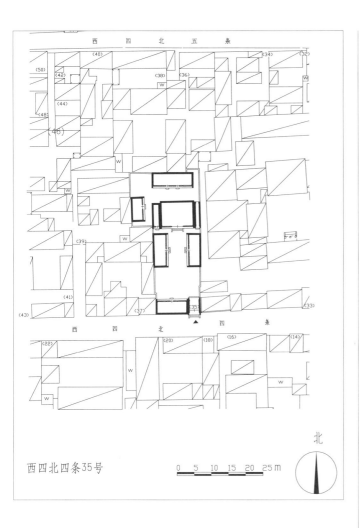

西四北四条35号

位于西城区新街口街道。该院坐北朝南,二进院落。清代晚期建筑。

大门及倒座房

一进院正房

金柱大门一间,位于院落东南隅,披水排山脊,合瓦屋面,前檐柱间装饰雀替,梅花形门簪四枚,板门两扇,圆形门墩一对。迎门座山影壁一座,过垄脊,筒瓦屋面。大门西侧倒座房三间,后改现代机瓦屋面,前檐装修为现代门窗。一进院正房三间,清水脊,合瓦屋面(脊毁),前檐装修为现代门窗,老檐出后檐墙。正房两侧耳房各一间,过垄脊,合瓦屋面,东耳房为过道。东、西厢房各三间,东厢房为后翻建,西厢房为过垄脊,合瓦屋面。

二进院内正房四间,后改现代机瓦屋面,前檐装修为现代门窗,西厢房二间,过垄脊,合瓦屋面,前檐装修为现代门窗。

现为居民院。

西四北四条45号

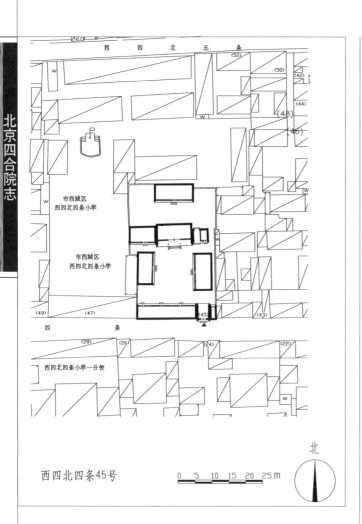

西四北四条45号

0 5 10 15 20 25 m

北

门楣花瓦

脊，合瓦屋面，脊饰花盘子，门楣花瓦做法，梅花形门簪两枚，板门两扇。大门东侧倒座房一间，西侧六间，过垄脊，合瓦屋面，部分翻建，前檐装修为现代门窗，封后檐墙。一进院正房三间，前出廊，过垄脊，合瓦屋面，前檐装修为现代门窗。正房西侧耳房二间，东侧一间，过垄脊，合瓦屋面，东耳房半间为过道。东、西厢房各三间，过垄脊，合瓦屋面。

二进院内正房三间，过垄脊，合瓦屋面，前檐装修为现代门窗。

现为居民院。

位于西城区新街口街道。该院坐北朝南，二进院落。清代晚期建筑。

如意大门一间，位于院落东南隅，清水

大门及倒座房

二进院北房

西四北五条7号

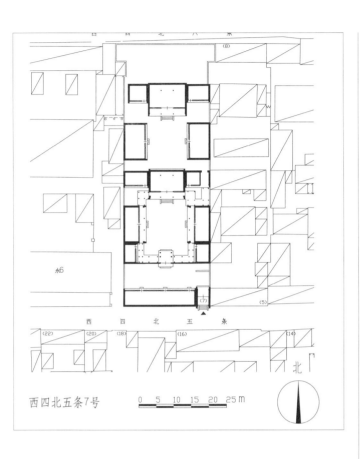

西四北五条7号　　　0 5 10 15 20 25 m

北

大门

位于西城区新街口街道。该院坐北朝南，四进院落。民国时期建筑。

广亮大门一间，位于院落东南隅，清水脊，合瓦屋面，戗檐砖雕狮子绣球图案，红漆板门两扇，圆形门墩一对，门内象眼处八方交四方图案砖雕，前檐柱间饰雀替，后檐柱间饰步步锦棂心倒挂楣子，门前出垂带踏跺五级。大门西侧倒座房六间，清水脊，合

瓦屋面。门内有一字影壁一座。一进院北侧有一殿一卷式垂花门一座，两侧连接砖雕看面墙，看面墙内侧为游廊，廊柱间带步步锦棂心倒挂楣子。

二进院内有正房三间，前后出廊，清水脊，合瓦屋面，垂花门裙板雕刻五福捧寿图

清水脊花盘子砖

抄手游廊

垂花门

二进院正房

案，前出垂带踏跺四级。正房两侧耳房各二间，过垄脊，合瓦屋面，东耳房东一间为过道。东、西厢房各三间，前出廊，清水脊，合瓦屋面，梁架绘苏式彩画，南侧厢耳房已翻建。

四进院现已翻建划归另院。

该院民国时期为著名学者、教育家傅增湘住宅。傅增湘（1872—1949），字沅叔，四川江安人。清光绪二十四年（1898）进士，民国六年（1917）至民国八年（1919）任北洋政府教育总长。民国十六年（1927）任故宫博物院图书馆馆长。傅增湘长期从事图书收藏和版本目录研究，藏书总计达20余万卷，其藏书之处称为双鉴楼或藏园。

现为居民院。

垂花门裙板

三进院有正房三间，清水脊，合瓦屋面，前后带廊，梁架绘苏式彩画，两侧耳房已翻建。东、西厢房各三间，前出廊，清水脊，合瓦屋面。

窝角廊子

西四北五条13号

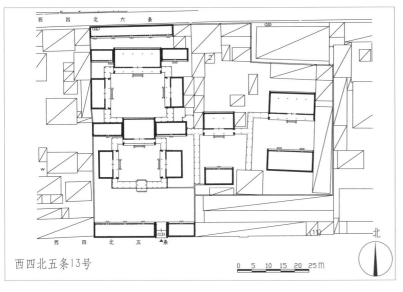

西四北五条13号

0 5 10 15 20 25M

北

　　位于西城区新街口街道。该院坐北朝南，东西两路，四进院落。清代中期建筑。

　　广亮大门一间，过垄脊，合瓦屋面（原为清水脊，脊饰花草砖），圆形门簪四枚，雕刻"吉祥如意"字样，板门两扇，圆形门墩一对。大门东侧倒座房三间，西侧七间，后改现代机瓦屋面。

大门

　　西路：为住宅区。一进院北侧一殿一卷式垂花门一座，垂带踏跺三级，两侧有一、二级古树各一棵。二进院有正房三间，前后出廊，披水排山脊，合瓦屋面，前檐装修为现代门窗，老檐出后檐墙。正房两侧耳房各二间，东耳房开有过道。东、西厢房各三间，前出廊，过垄脊，合瓦屋面，前檐装修为现代门窗。三进院正房五间，前后出廊。东、西厢房各三间，前出廊，四周环以游廊，建筑均为披水排山脊，合瓦屋面，前檐装修为现代门窗。四进院原有后罩房已翻建。三、四进院现已划归西四北六条16号院。

　　东路：为花园区。建筑改建较多，原格局和建筑面貌已失。南侧有砖质随墙门一间，院内南北向游廊，北房三间，前后出廊，披水排山脊，合瓦屋面。南房三间，机瓦屋面。南房东侧原有池

东路游廊

塘，北侧保存歇山顶、小筒瓦敞轩六间，瓦面多已翻建。其北侧又有带抱厦的北房五间，前出廊，过垄脊，合瓦屋面。院落后部堆土叠石渐次升高，原有六角形小亭一座，现已拆除，改建为民房。

　　此院据传曾为明代皇帝乳母石老娘的宅院，因此这条胡同原名为石老娘胡同。

　　现为居民院。

西四北五条16号

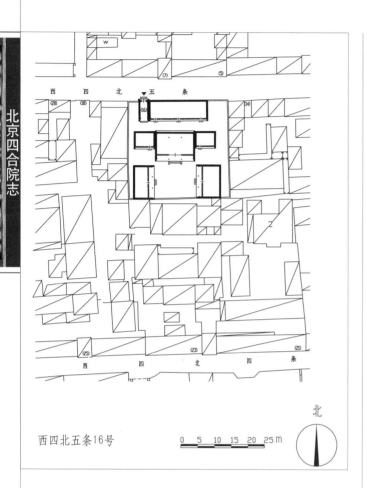

西四北五条16号

0 5 10 15 20 25m

北

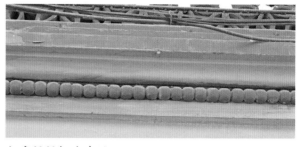

如意门门楣连珠混

梅花形门簪两枚，板门两扇，方形门墩一对，后檐柱间饰步步锦棂心倒挂楣子。一进院北房五间，前出廊，脊残，合瓦屋面部分翻建。

二进院北房三间，清水脊，合瓦屋面，脊饰花盘子，前后出廊，前檐装修为现代门窗，老檐出后檐墙。正房两侧耳房各二间，过垄脊，合瓦屋面。东、西厢房各三间，前出廊，过垄脊，合瓦屋面，前檐装修为现代门窗。

现为居民院。

位于西城区新街口街道。该院坐北朝南，二进院落。清代末期建筑。

如意大门一间，位于院落西北隅，清水脊，合瓦屋面，脊饰花盘子，门楣花瓦做法，

大门及北房

二进院北房

西四北五条27号、29号

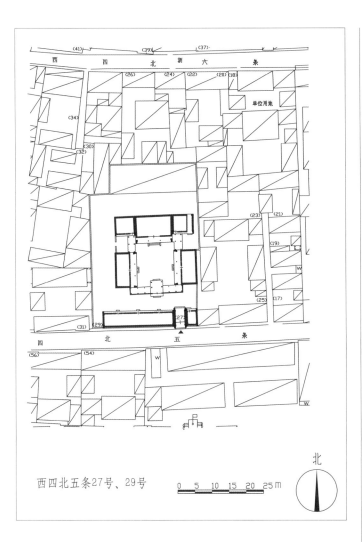

西四北五条27号、29号

0 5 10 15 20 25 m

北

垂花门花板

一进院北侧有一殿一卷式垂花门一座，前卷清水脊，合瓦屋面，脊饰花盘子，后卷过垄脊，合瓦屋面，两侧连接抄手游廊。

二进院内有正房三间，前出廊，清水脊，合瓦屋面。正房两侧带耳房各二间，清水脊，合瓦屋面，东耳房东侧有过道半间。东、西厢房各三间，前出廊，清水脊，合瓦屋面（院内房屋于2010年翻建）。

三进院内后罩房八间，翻建。

现为居民院。

位于西城区新街口街道。该院坐北朝南，三进院落。民国时期建筑。

垂花门门墩

金柱大门一间，位于院落东南隅，清水脊，合瓦屋面，脊饰花盘子，梅花形门簪四枚，板门两扇，方形门墩一对，后檐柱间饰步步锦棂心倒挂楣子。大门东侧倒座房一间，西侧七间，清水脊，合瓦屋面。

垂花门

西四北六条7号、9号

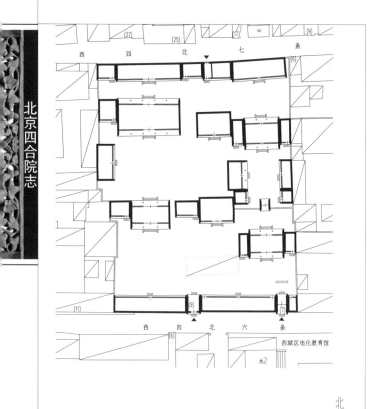

西四北六条7号、9号

0 5 10 15 20 25 m

北

7号院大门外景

位于西城区新街口街道。该院坐北朝南，分东、中、西三路三进院落，清代晚期建筑。

东路：大门位于院落东南隅，广亮大门形式，过垄脊，合瓦屋面，红漆板门两扇，梅花形门簪四枚，圆形门墩一对。大门东侧倒座房一间，西侧七间，后改机瓦屋面，前檐装修为现代门窗。门内砖砌一字影壁一座，硬山筒瓦顶，素面软影壁心。一进院正房三间，前后出廊，过垄脊，合瓦屋面，前檐明间为夹门窗形式，次间为槛墙、支摘窗。正房两侧各有耳房一间。正房及耳房前檐保存有民国年间彩色玻璃门窗装修，屋内保存有花砖地面，二进院南侧原有垂花门一座，现已改建为房屋。院内正房三间，前后廊，过垄脊，合瓦屋面，前檐装修为现代门窗。正

房两侧接耳房各一间，过垄脊，合瓦屋面。东、西厢房各三间，西厢房过垄脊，合瓦屋面，东厢房现已翻建，厢房南侧各带厢耳房一间。三进院有后罩房五间，披水排山脊，合瓦屋面，前檐装修为现代门窗。

中路：一进院北房三间，后改机瓦屋面，西耳房二间，过垄脊，合瓦屋面，前檐装修均为现代门窗。二进院北房三间，前后廊，披水排山脊，合瓦屋面。前檐装修为现代门窗。三进院北房三间，过垄脊，合瓦屋面，西侧一间开后门为西四北七条甲6号。

西路：大门位于院落东南隅，如意大门形式，过垄脊，合瓦屋面，门楣砖雕卷草纹图案，栏板被抹灰遮盖，博缝头砖雕牡丹图案，后檐柱间装步步锦棂心倒挂楣子、花牙子。大门象眼处装饰有砖雕。大门西侧倒座房七间，后改机瓦屋面，前檐装修为现代门窗。一进院正房三间，前后出廊，后改机瓦屋面，前檐已改为现代玻璃门窗。院落西侧残存部分游廊。二进院正房五间，前后廊，过垄脊，合瓦屋面，戗檐及墀头装饰有砖雕。西厢房三间，过垄脊，合瓦屋面，前檐装修为现代门窗。三进院为后罩房九间，现已翻建。

现为居民院。

西四北六条31号

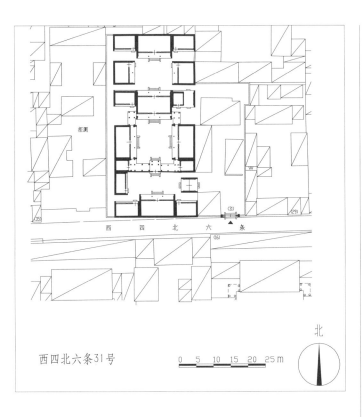

西四北六条31号

北

位于西城区新街口街道。该院坐北朝南，三进院落。清代晚期建筑。

南端临街大门一座，屋面翻建。门内侧迎门有一字影壁，硬山筒瓦顶。其余建筑均已翻建。

一进院东侧有东向二门一座，广亮大门形式，披水排山脊，合瓦屋面，前檐柱间饰雀替，梅花形门簪四枚，圆形门墩一对，象眼砖雕龟背锦图案。一进院有南房三间，前

出廊，两侧带耳房各二间，均为过垄脊，合瓦屋面。西厢房二间，过垄脊，仰瓦灰梗屋面。一进院北侧为一殿一卷式垂花门一座，两侧连接看面墙。

二进院北侧有正房三间，前后出廊，过垄脊，合瓦屋面，前出三联垂带踏跺四级，前檐装修为现代门窗。东、西厢房各三间，

二进院正房

南侧各带厢耳房一间，院内四周环以抄手游廊。正房两侧带厢耳房各二间，过垄脊，合瓦屋面，东耳房东一间为过道通往后院，檐柱间带步步锦棂心倒挂楣子。

三进院有正房三间，清水脊，合瓦屋面，前出廊。正房两侧耳房各二间，东、西厢房各二间，前出廊，均为过垄脊，合瓦屋面。该院房屋前檐装修均为现代门窗。

现为居民院。

临街大门

三进院正房

西四北六条35号

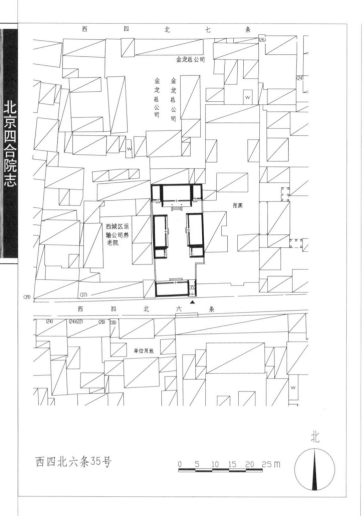

西四北六条35号

正房

间，过垄脊，合瓦屋面，板门两扇，门簪及门墩无存。大门西侧倒座房二间半，过垄脊，合瓦屋面，前檐装修为现代门窗，封后檐墙。门内座山影壁一座。院内正房三间，前出廊，过垄脊，合瓦屋面，前檐装修在檐柱位置，明间隔扇门四扇，次间槛墙、支摘窗，均为灯笼锦棂心，明间前出垂带踏跺四级。正房两侧耳房各一间，过垄脊，合瓦屋面。东西厢房各三间，过垄脊，合瓦屋面，前檐明间为隔扇门四扇，次间槛墙、支摘窗，均为灯笼锦棂心。厢房南侧厢耳房各一间，过垄脊，合瓦屋面。

现为单位用房。

位于西城区新街口街道，该院坐北朝南，一进院落。民国时期建筑。

大门位于院落东南隅，窄大门形式，半

大门外景

西厢房及厢耳房

西四北七条33号、35号

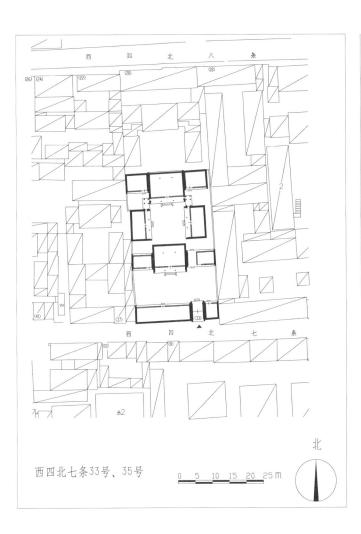

西四北七条33号、35号

0 5 10 15 20 25 m

北

一进院正房后檐

一进院北房东耳房

位于西城区新街口街道，该院坐北朝南，二进院落。清代晚期建筑。

大门

大门位于院落东南隅，广亮门形式，清水脊，合瓦屋面，脊饰花盘子，梅花形门簪四枚，门簪雕刻花卉图案，圆形门墩一对，后檐柱间饰步步锦棂心倒挂楣子。大门东侧倒座房一间，西侧五间，过垄脊，合瓦屋面，前檐装修为现代门窗。一进院正房三间，前后廊，过垄脊，合瓦屋面，梁架残存箍头彩画，前檐装修为现代门窗。东耳房三间，西侧一间辟为过道，西耳房二间，均为过垄脊，合瓦屋面。二进院正房三间，过垄脊，合瓦屋面，前后廊，梁架残存箍头彩画，戗檐及墀头装饰有砖雕，明间前出三联垂带踏跺两级，前檐装修为现代门窗。正房两侧耳房各二间，过垄脊，合瓦屋面，部分翻建。东、西厢房各三间，前出廊，过垄脊，合瓦屋面，戗檐雕刻花卉图案，前檐装修为现代门窗。

现为居民院。

西四北七条37号

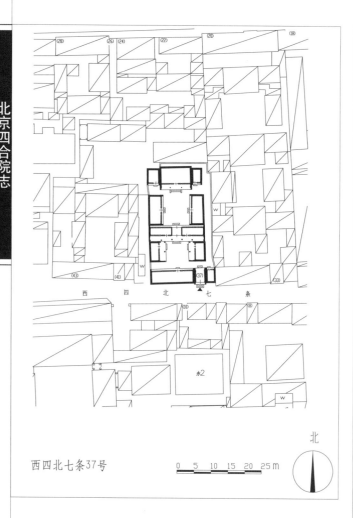

西四北七条37号

0 5 10 15 20 25m

北

影壁

水脊，合瓦屋面，梅花形门簪四枚，后檐柱间饰菱形棂心倒挂楣子、花牙子。大门东侧倒座房一间，西侧四间，均为过垄脊，合瓦屋面，前檐装修为现代门窗。门内有座山影壁一座，清水脊，筒瓦屋面。一进院正房与东、西厢房相连，形成"冂"形，正房五间，明间辟为过道，过垄脊，合瓦屋面，前带平顶廊，廊檐下装饰有如意头形木挂檐板及倒挂楣子。东、西厢房各二间，前带平顶廊，廊檐下装饰有如意头形木挂檐板、倒挂楣子。二进院正房三间，前出廊，后改机瓦屋面，前檐装修为现代门窗。正房两侧耳房各一间，均已翻建。东、西厢房各三间，西厢房为过垄脊，合瓦屋面，前檐装修为现代门窗。东厢房现已翻建。

现为居民院。

位于西城区新街口街道。该院坐北朝南，二进院落。民国时期建筑。

大门位于院落东南隅，蛮子门形式，清

大门及倒座房

一进院北房

西四北八条3号

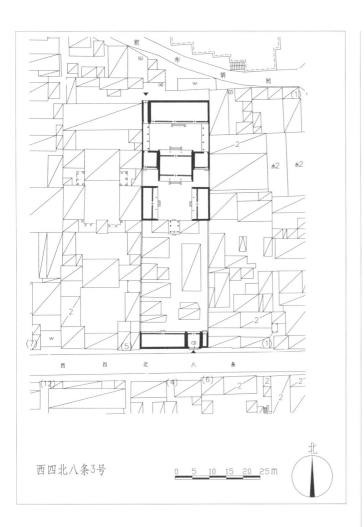

西四北八条3号

北   0 5 10 15 20 25m

垂花门

　　位于西城区新街口街道。该院坐北朝南，三进院落。民国时期建筑。

　　院落东南隅开门，原为西洋门一间，目前改建为房屋，将大门东侧门房半间改为大门，原大门西侧倒座房四间，过垄脊，合瓦屋面（现代水泥压制仿古瓦面），墙体由现代蓝机砖砌筑。一进院内原有建筑多已翻建

垂花门门簪

改造，难辨原貌。院北侧一殿一卷式垂花门一座，屋脊及屋面残毁，门上梅花形门簪两枚，雕有荷花及菊花图案，梁架绘苏式彩画，门后踏跺两级。二进院内正房三间，前后廊，清水脊，合瓦屋面（脊残），前檐已改为现代玻璃门窗装修，明间前出踏跺三级。正房两侧耳房各一间，过垄脊，合瓦屋面。东、西厢房各三间，前出廊，清水脊，合瓦屋面（脊残），前檐已改为现代玻璃门窗装修。三进院目前门牌为前车胡同4号，院内有后罩房五间半，西侧半间辟为过道，前出廊，过垄脊，合瓦屋面。梁架绘有箍头彩画，前檐已改为现代玻璃门窗装修。院内东、西两侧建有平顶廊，檐下装饰有素面挂檐板，残存部分彩画。

　　现为居民院。

西四北八条20号

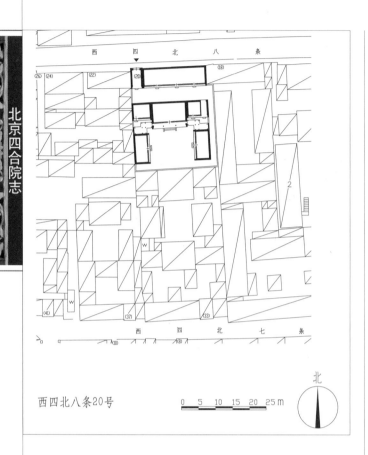

西四北八条20号

二进院北房

房东次间为过道，连通一、二进院，均为过垄脊，合瓦屋面，院内房屋前檐装修均为现代门窗。

该院为奉系军阀统治时期东三省官银号总办兼边业银行总裁彭贤于新中国成立后在北京的寓所。彭贤（1884—1959），字相亭。原籍新民，后迁居辽阳，张作霖义弟，被安置任少校军需官、中校军需官，并在张作霖私人开的"三畬栈"负担监理责任，极受张作霖信任。后任东三省官银号会办、总稽核、总办，张氏边业银行总裁。后因病回辽阳养病。九一八事变后东北沦陷，伪满洲国成立伪满中央银行，任其为总裁，未上任。张作霖次子张学铭亦曾在此居住。

现为居民院。

位于西城区新街口街道。该院坐北朝南，二进院落。民国时期建筑。

大门位于院落西北隅，北向，西洋式大门一间，门头砖砌女儿墙形式，柱不出头。一进院大门东侧接北房六间，过垄脊，合瓦屋面。二进院有北房，东、西厢房各三间，三面环廊，正房两侧带耳房各二间，东耳

大门及北房

走廊

六合胡同10号、12号

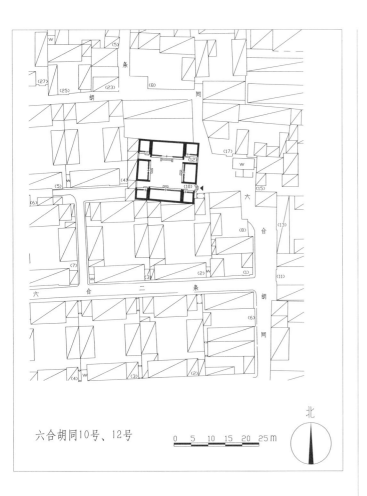

六合胡同10号、12号

0 5 10 15 20 25 m

北

大门

　　位于西城区新街口街道。该院坐北朝南，一进院落。民国时期建筑。

　　大门为西洋式门楼，开于南房东耳房与东厢房之间，东向，拱券门洞，两侧作方壁柱形式，不出头，双扇红漆板门。院内正房三间，鞍子脊，合瓦屋面，前檐装修为现代门窗。正房两侧耳房各一间，其中东耳房（六合胡同12号院）已翻机瓦，西耳房为过垄脊，合瓦屋面，前檐装修为现代门窗。南房三间，鞍子脊，合瓦屋面，前檐装修为现代门窗。南房两侧接耳房各一间，过垄脊，合瓦屋面，前檐装修为现代门窗。东、西厢房各三间，已翻机瓦屋面，前檐装修为现代门窗。

　　现为居民院。

北房

第三篇

西城区四合院

769

六合胡同11号

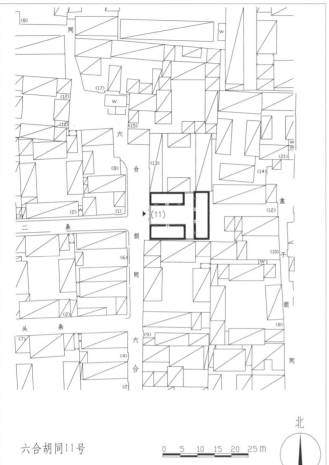

六合胡同11号

0 5 10 15 20 25 m

北

随墙门

位于西城区新街口街道。该院坐东朝西，一进三合式院落。民国时期建筑。

随墙门一间，西向，双扇红漆板门，两侧装饰西洋式方壁柱，不出头。院内上房（东房）四间，机瓦屋面，平券式门窗。南、北厢房各三间，其中北厢房为灰梗屋面，明间开平券门，东次间开平券窗一扇，西次间开平券窗两扇，均为原装修形式。南厢房为机瓦屋面，前檐装修为现代门窗。

现为居民院。

北厢房门装修

六合胡同13号

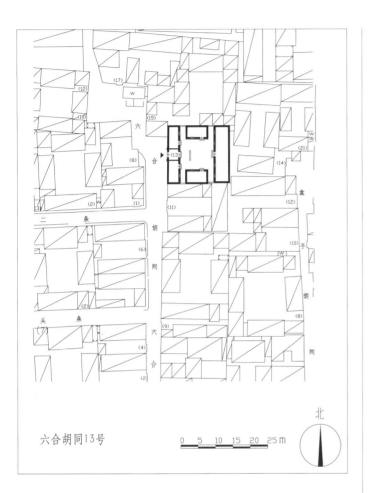

六合胡同13号

0 5 10 15 20 25 m

北

大门

上房

西房

位于西城区新街口街道。该院坐东朝西，一进院落。民国时期建筑。

西房五间，机瓦屋面，其明间为大门，双扇红漆板门，门洞两侧为西洋式方壁柱，不出头，门内后檐柱间饰倒挂楣子，现已无存，前檐装修为现代门窗。迎门原有木影壁一座，现已拆除。上房（东房）五间，机瓦屋面，前檐开拱券式门窗。南、北厢房各二间，机瓦屋面，拱券式门窗。

据此处居民讲，院内原有砖雕，上刻"民国十一年五月造"字样。

现为居民院。

六合胡同35号

六合胡同35号

正房

其中东厢房南山墙座山影壁一座，素面海棠池，抹灰影壁心。

据当地居民讲，此宅在1958年前后曾作为幼儿园使用。

现为居民院。

位于西城区新街口街道。该院坐北朝南，一进院落。民国时期建筑。

大门一间位于东南隅，清水脊，合瓦屋面，脊饰花盘子，现已封堵，现于东厢房南山墙与大门之间辟一座便门，双扇红漆板门，门外方形门墩一对。原大门西接倒座房五间，鞍子脊，合瓦屋面，前檐装修为现代门窗。院内正房三间，清水脊，合瓦屋面，脊饰花盘子，前檐装修为现代门窗。正房两侧耳房各一间，鞍子脊，合瓦屋面，前檐装修为现代门窗。东、西厢房各三间，鞍子脊，合瓦屋面，前檐装修为现代门窗。

东厢房南山墙座山影壁

六合头条2号、3号、4号、5号

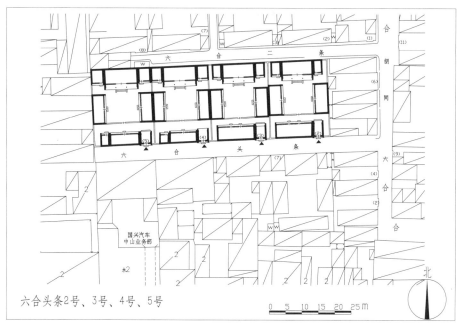

六合头条2号、3号、4号、5号

0　5　10　15　20　25 m

北

3号院二门

位于西城区新街口街道。该组住宅群各院坐北朝南，为五组相邻且形制相同的二进院落。民国时期建筑。

2号院：大门位于院落东南隅，如意大门一间，清水脊，合瓦屋面，脊饰花盘子，门头套沙锅套花瓦装饰，双扇红漆板门，门钹一对。大门西侧接倒座房四间，已翻机瓦屋面，前檐装修为现代门窗。院内原有二门，现已拆除。二进院正房三间，前出廊，清水脊，合瓦屋面，前檐装修为现

2号院大门

代门窗。两侧各接耳房一间，其中东耳房为鞍子脊，合瓦屋面，西耳房已翻机瓦屋面，前檐均为门连窗装修，上为十字方格棂心支窗，下为夹杆条玻璃屉摘窗。东、西厢房各三间，其中东厢房已翻机瓦屋面，西厢房为干槎屋面，前檐装修为现代门窗。

3号院：大门位于院落东南隅，如意大门一间，清水脊，合瓦屋面，脊饰花盘子，双扇红漆板门，门钹一对。大门西侧接倒座房四间，已翻机瓦屋面，十字方格棂心支摘窗装修。一进院北侧有独立柱担梁式垂花门一座，悬山顶，筒瓦屋面，双扇红漆板门。二进院正房三间，明间吞廊，清水脊，合瓦屋面，脊饰花盘子，明间隔扇风门，套方胜棂心，次间十字方格棂心支摘窗装修，明间出垂带踏跺四级。两侧各带耳房一间，鞍子脊，合瓦屋面，套方胜棂心门连窗装修。东、西厢房各三间，鞍子脊，合瓦屋面，明间夹门窗，北次间支摘窗，南次间门连窗，均为十字方格棂心。

3号院正房

5号院大门后檐倒挂楣子

4号院：蛮子大门一间，清水脊，合瓦屋面，脊饰花盘子，双扇红漆板门，两侧带余塞板，门钹一对，六角形门簪两枚，门内后檐装饰步步锦棂心倒挂楣子和花牙子。大门西侧接倒座房三间，鞍子脊，合瓦屋面，前檐装修为现代门窗。倒座房西侧接耳房一间，鞍子脊，合瓦屋面，前檐装修为现代门窗。院内原有二门，现已拆除。二进院正房三间，前出廊，清水脊，合瓦屋面，脊饰花盘子，前檐装修为现代门窗。正房两侧各接耳房一间，鞍子脊，合瓦屋面，前檐装修为现代门

3号院原装修

窗。东、西厢房各三间，鞍子脊，合瓦屋面，明间前檐装修为现代门窗，次间装修仅存夹杆条玻璃屉摘窗，其余前檐装修为现代门窗。

5号院：蛮子大门一间，清水脊，合瓦屋面，脊饰花盘子，双扇红漆板门，门内后檐装饰步步锦棂心倒挂楣子和花牙子。西接倒座房三间，鞍子脊，合瓦屋面，前檐装修为现代门窗。倒座房西接耳房一间，鞍子脊，合瓦屋面，前檐装修为现代门窗。院内原有二门，现已拆除。二进院正房三间，前出廊，明间吞廊，鞍子脊，合瓦屋面，前檐装修为现代门窗，明间出垂带踏跺四级。东、西各接耳房一间，鞍子脊，合瓦屋面，前檐装修为现代门窗。东、西厢房各三间，鞍子脊，合瓦屋面，其中东厢房仅存次间夹杆条玻璃屉摘窗，西厢房存次间十字方格棂心支摘窗，其余装修为现代门窗。

该组院落建筑群相邻院落的厢房均呈勾连搭形式。据传，此院落群包括六合头条2号至4号和六合二条2号至8号，原为民国时期一位马姓商人的家族宅院。现均为居民院。

六合头条7号、8号

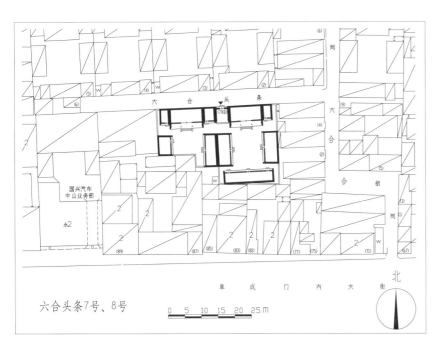

六合头条7号、8号

0 5 10 15 20 25 m

北

位于西城区新街口街道，该院坐北朝南，一进院落，西侧带一座跨院。民国时期建筑。

大门位于院落西北隅，北向，如意大门形式，清水脊，合瓦屋面，脊饰花盘子，双扇红漆板门，门钹一对。院内北房三间，前出廊，清水脊，合瓦屋面，脊饰花盘子，前檐装修为现代门窗。东耳房一间，过垄脊，合瓦屋面，前檐装修为现代门窗。南房五间，已翻机瓦屋面，前檐装修为现代门窗。东、西厢房各三间，已翻机瓦屋面，前檐装修为现代门窗。

西跨院：北房三间，前出廊，清水脊，合瓦屋面，脊饰花盘子，前檐装修为现代门窗。正房两侧耳房各一间，其中东耳房为鞍子脊，合瓦屋面，西耳房已翻机瓦屋面，前檐装修为现代门窗。东厢房三间，与主院西厢房呈勾连搭形式，鞍子脊，合瓦屋面，前檐装修为现代门窗。西厢房二间，已翻机瓦屋面，前檐装修为现代门窗。

现为居民院。

大门

六合二条2号、3号、4号、5号、6号、7号、8号

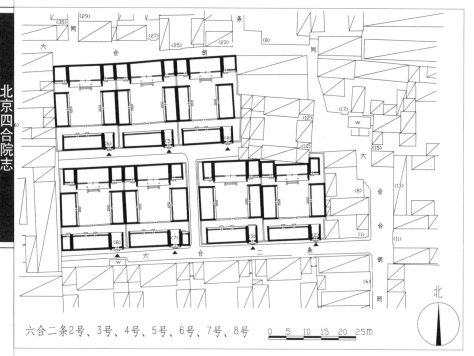

六合二条2号、3号、4号、5号、6号、7号、8号　　0　5　10　15　20　25m　　北

房三间，前出廊，清水脊，合瓦屋面（部分翻机瓦），脊饰花盘子，前檐装修为现代门窗。正房两侧耳房各一间，鞍子脊，合瓦屋面，前檐装修为现代门窗。东、西厢房各三间，干槎瓦屋面，前檐装修为现代门窗。

3号院：如意大门一间，清水脊，合瓦屋面，脊饰花盘子，门头套沙锅套花瓦装饰，双扇红漆板门，门钹一对，六角形门簪两枚，方形门墩一对。大门西接倒座房四间，鞍子脊，合瓦屋面，前檐装修为现代门窗，院内独立柱担梁式垂花门一座，悬山顶，筒瓦屋面，双扇红漆板门。二进院正房三间，前出廊，清水脊，合瓦屋面。

位于西城区新街口街道。该组住宅群各院坐北朝南，为七组相邻且形制相同的二进院落。民国时期建筑。

2号院：大门位于院落东南隅，如意大门一间，清水脊，合瓦屋面，脊饰花盘子，门头套沙锅套花瓦装饰，双扇红漆板门。西接倒座房四间，已翻机瓦屋面，东间保存有十字方格棂心支摘窗装修，其余装修为现代门窗。院内原有二门，现已拆除。二进院正

2号院大门西侧倒座房

3号院大门

776

3号院正房侧立面与西侧耳房

正房两侧耳房各一间，鞍子脊，合瓦屋面。东、西厢房各三间，鞍子脊，合瓦屋面。

4号院：原大门一间，已翻机瓦屋面，现已封堵，于东侧另辟一座便门。西侧倒座房四间，已翻机瓦屋面，前檐装修为现代门窗。院内原有二门，现已拆除。二进院正房三间，前出廊，清水脊，合瓦屋面，前檐装修为现代门窗。正房两侧耳房各一间，已翻机瓦屋面，前檐装修为现代门窗。东、西厢房各三间，已翻机瓦屋面，前檐装修为现代门窗。

5号院：原大门一间，清水脊，合瓦屋面，脊饰花盘子，现已封堵，于东侧另辟一座便门。大门西侧倒座房四间，鞍子脊，合瓦屋面，前檐装修为现代门窗。院内原有二门，现已拆除。二进院正房三间，前出廊，清水脊，合瓦屋面，脊饰花盘子，前檐装修为现代门窗。正房两侧耳房各一间，鞍子脊，合瓦屋

4号院正房

5号院正房

面，前檐装修为现代门窗。东、西厢房各三间，鞍子脊，合瓦屋面，前檐装修为现代门窗。

6号院：如意大门一间，清水脊，合瓦屋面，脊饰花盘子，门头套沙锅套花瓦装饰，双扇红漆板门，门内后檐柱间饰步步锦棂心倒挂楣子。大门西接倒座房四间，鞍子脊，合瓦屋面，抽屉檐封后檐墙，东侧第二间为

6号院正房

夹门窗，西侧第二间为门连窗，其余为支摘窗，均为长方格棂心。院内原有二门，现已拆除。二进院正房三间，前出廊，清水脊，合瓦屋面，脊饰花盘子，明间隔扇风门，次间槛窗，均为长方格嵌十字海棠棂心。正房两侧耳房各一间，鞍子脊，合瓦屋面，长方格嵌十字海棠棂心门连窗装修。东、西厢房各三间，鞍子脊，合瓦屋面，其中东厢房明间夹门窗，次间门连窗，西厢房明间夹门窗，次间槛窗，均为长方格棂心。

7号院：原如意大门一间，清水脊，合瓦屋面，脊饰花盘子，门头套沙锅套花瓦装饰，现已封堵。现于东侧院墙辟一便门，双扇红漆板门，门钹一对。东侧门房一间，已翻机瓦屋面，菱角檐封后檐墙，西接倒座房四间，鞍子脊，合瓦屋面，鸡嗉檐封后檐墙，

7号院大门西侧倒座房

前檐装修为现代门窗。院内原有二门现已拆除，二进院正房三间，前出廊，清水脊，合瓦屋面，前檐装修为现代门窗。正房两侧耳房各一间，已翻机瓦屋面，前檐装修为现代门窗。东、西厢房各三间，鞍子脊，合瓦屋面，前檐装修为现代门窗。

7号院正房及耳房侧立面

8号院：如意大门一间，清水脊，合瓦屋面，脊饰花盘子，双扇红漆板门。大门西接倒座房四间，鞍子脊，合瓦屋面，前檐装修为现代门窗。院内原有二门，现已拆除。二进院正房三间，前出廊，清水脊，合瓦屋面，

8号院大门

脊饰花盘子，前檐装修为现代门窗。正房两侧耳房各一间，鞍子脊，合瓦屋面，前檐装修为现代门窗。东、西厢房各三间，鞍子脊，合瓦屋面，前檐装修为现代门窗。

该组院落建筑群相邻院落的厢房均呈勾连搭形式。据传，此院落群包括六合头条2号至4号和六合二条2号至8号，原为民国时期一位马姓商人的家族宅院。现六合二条3号为商业用房，其余均为居民院。

8号院西厢房

盒子胡同17号

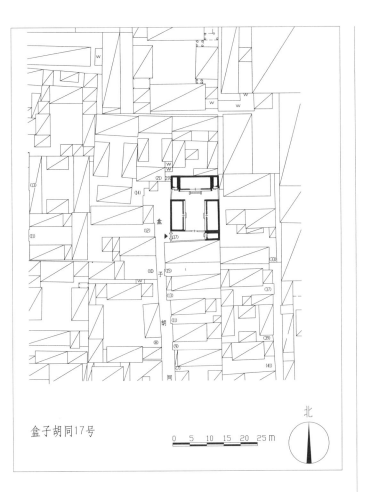

盒子胡同17号

0 5 10 15 20 25 m

北

小门楼

西厢房背立面

位于西城区新街口街道，该院坐北朝南，二进院落。民国时期建筑。

大门一间，位于院落西南隅，西向，小门楼形式，清水脊，筒瓦屋面，脊饰花盘子。

一进院东房一间，平顶，前檐装修为现代门窗。二门一座，随墙门形式，门头套沙锅套花瓦装饰。

二进院正房三间，两侧耳房各一间，均为鞍子脊，合瓦屋面，前檐装修为现代门窗。东、西厢房各三间，鞍子脊，合瓦屋面，前檐装修为现代门窗。

现为居民院。

小绒线胡同3号、5号

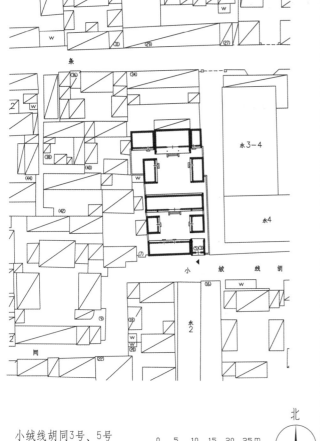

小绒线胡同3号、5号

0 5 10 15 20 25m

北

大门

5号院正房西侧耳房

　　位于西城区新街口街道。该院坐北朝南，二进院落。清代至民国时期建筑。

　　原院落东南隅开大门一间，清水脊，合瓦屋面，脊饰花盘子，现已封闭，在大门东侧开便门。原大门西侧倒座房四间，过垄脊，合瓦屋面，前檐装修为现代门窗，封后檐墙。一进院正房五间，鞍子脊，合瓦屋面，老檐出后檐墙。东、西厢房各一间，平顶。

　　二进院北房三间，前出廊，清水脊，合瓦屋面，脊饰花盘子，前檐装修为现代门窗。正房东耳房一间、西耳房二间。东、西厢房

各二间，东厢房现已翻建，西厢房过垄脊，合瓦屋面，前檐装修为现代门窗。

　　现为居民院。

小绒线胡同9号

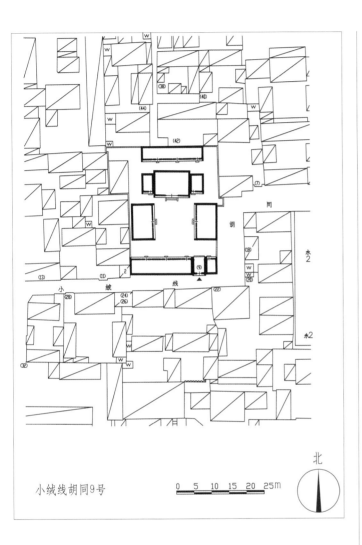

小绒线胡同9号

北

0 5 10 15 20 25m

大门东侧门房

正房西侧博缝头砖雕

西厢房各三间，清水脊，合瓦屋面，脊饰花盘子，前檐装修为现代门窗。

二进院后罩房六间，现已翻建。现为居民院。

位于西城区新街口街道。该院坐北朝南，二进院落。清代至民国时期建筑。

原院落东南隅开大门一间，清水脊，合瓦屋面，脊饰花盘子，现已封闭，在院东墙南侧开便门，过垄脊，筒瓦屋面，红色板门两扇，原大门东侧门房一间，西侧倒座房六间，鞍子脊，合瓦屋面，门房后改机瓦屋面，封后檐墙。

一进院正房三间，清水脊，合瓦屋面，脊饰花盘子，戗檐、博缝头处有砖雕，前檐装修为现代门窗。正房两侧耳房各一间，鞍子脊，合瓦屋面，前檐装修为现代门窗。东、

正房

小绒线胡同28号

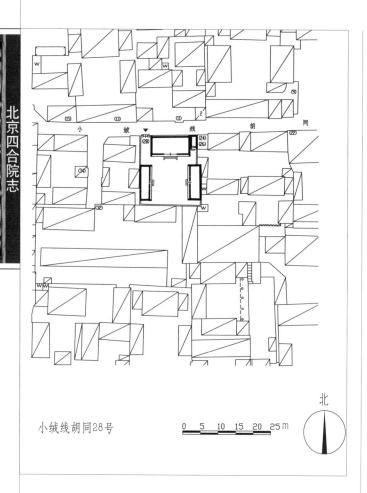

小绒线胡同28号

0 5 10 15 20 25 m

北

大门

位于西城区新街口街道。该院坐北朝南，一进院落。民国时期建筑。

大门位于院落西北隅，西洋式大门一间，红色板门两扇，门板门包叶，方形门墩一对。院内北房三间，清水脊，合瓦屋面，脊饰花盘子，前檐装修为现代门窗。北房东侧耳房一间，清水脊，合瓦屋面，脊饰花盘子。东、西厢房各三间，合瓦屋面，前檐装修为现代门窗。

现为居民院。

北房

板桥二条15号

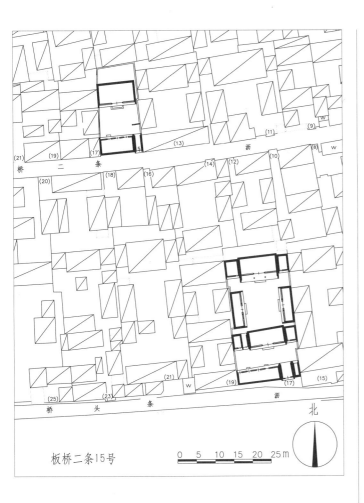

板桥二条15号

大门及倒座房

柱间饰步步锦棂心倒挂楣子。大门西侧有倒座房四间，鞍子脊，合瓦屋面，前檐装修为现代门窗，封后檐墙。门内迎门有一字影壁一座。院内北房三间，清水脊，合瓦屋面，前檐明间装修五抹隔扇风门，外置帘架，次间支摘窗，步步锦棂心，老檐出后檐墙，门前如意踏跺三级，室内碧纱橱，如意灯笼锦棂心。

现为居民院。

位于西城区新街口街道。该院坐北朝南，一进院落。民国时期建筑。

大门位于院落东南隅，蛮子大门一间，合瓦屋面（脊毁），六角形门簪两枚，后檐

大门

正房

板桥头条17号

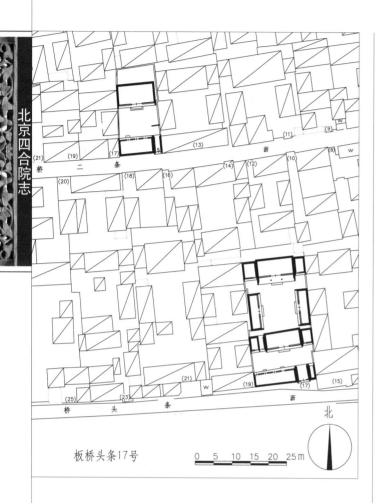

板桥头条17号

0 5 10 15 20 25m

大门及倒座房

位于西城区新街口街道。该院坐北朝南，二进院落。民国时期建筑。

大门位于院落东南隅，如意大门一间，清水脊，合瓦屋面，素面门楣栏板，六角形

大门

门簪两枚，后檐柱间饰步步锦棂心倒挂楣子及花牙子。大门西侧有倒座房五间，东侧半间，鞍子脊，合瓦屋面，封后檐墙。一进院有正房三间，鞍子脊，合瓦屋面，老檐出后檐墙。正房东有耳房一间，鞍子脊，合瓦屋面。西耳房二间，其中一间为过道。

二进院正房三间，鞍子脊，合瓦屋面，前出廊，前檐装修为现代门窗。正房两侧耳房各一间，鞍子脊，合瓦屋面。东、西厢房各三间，鞍子脊，合瓦屋面，明间装修夹门窗，次间支摘窗，封后檐墙。

此院原有建筑格局保存尚完整。现为居民院。

光泽胡同30号

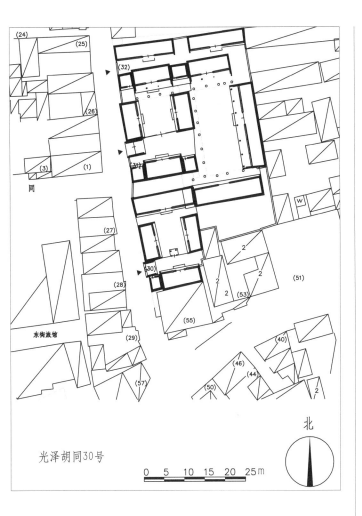

光泽胡同30号

0 5 10 15 20 25m

北

大门及倒座房

簪四枚，戗檐、垫花砖雕已毁，圆形门墩一对。一进院原有垂花门一座，现已拆除。南房三间，鞍子脊，合瓦屋面，明间装修夹门窗，次间支摘窗，封后檐墙。南房西侧耳房一间。

二进院北房五间，鞍子脊，合瓦屋面，前檐装修为现代门窗，封后檐墙。东、西厢房各三间，后改机瓦屋面，封后檐墙。

现为居民院。

位于西城区新街口街道。该院坐北朝南，二进院落。民国时期建筑。

大门位于院落西南隅，西向，广亮大门一间，西向，过垄脊，筒瓦屋面，六角形门

大门

门墩

光泽胡同31号、32号

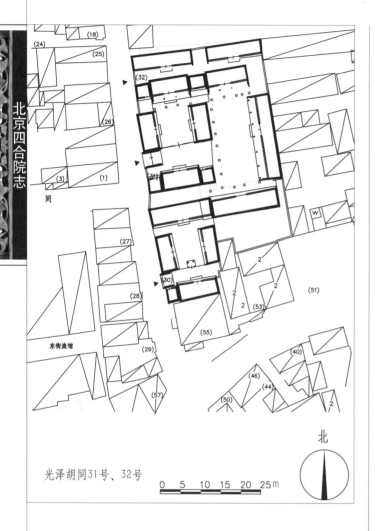

光泽胡同31号、32号

0　5　10　15　20　25m

北

一间，清水脊，合瓦屋面，六角形门簪四枚，圆形门墩一对，雕刻麒麟图案，戗檐砖雕图案为万不断、团寿字，木构架绘苏式彩画。

戗檐

南院（31号院）一进院二门已拆除。南房三间，清水脊，合瓦屋面，前檐装修为现代门窗，封后檐墙。南房两侧耳房各一间，鞍子脊，合瓦屋面。二进院北房三间，清水脊，合瓦屋面，前接平顶廊，廊柱间有倒挂楣子、花牙子，檐下带木挂檐板。正房两侧耳房各一间。东、西厢房各三间，鞍子脊，合瓦屋面，前檐装修为现代门窗，封后檐墙。

北院（32号院）北房三间，南房五间，东房六间，院中有游廊与各房相连。三进院有后门一座，两侧各有北房四间。

现为居民院。

位于西城区新街口街道。该院坐北朝南，三进院落。院落随街势有一定偏角。民国时期建筑。

大门位于院落西南隅，西向，广亮大门

大门及倒座房

南院二进院正房

第二章 金融街街道

DI-ER ZHANG JINRONG JIE JIEDAO

金融街街道位于西城区中部，东起西四南大街、西单北大街，西至西二环路，南起宣武门西大街，北至阜成门内大街。辖区面积3.78平方公里，有街巷79条，其中一类大街3条、二类大街11条。列入全国重点文物保护单位的四合院有文华胡同24号李大钊故居等，市级文物保护单位的四合院有跨车胡同13号齐白石故居等。

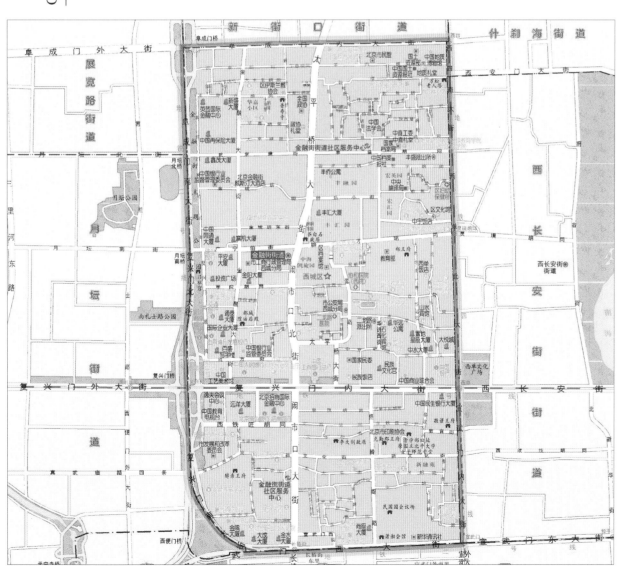

第三篇

西城区四合院

第一节

文保院落

DI-YI JIE　WEN-BAO YUANLUO

文华胡同24号（李大钊故居）

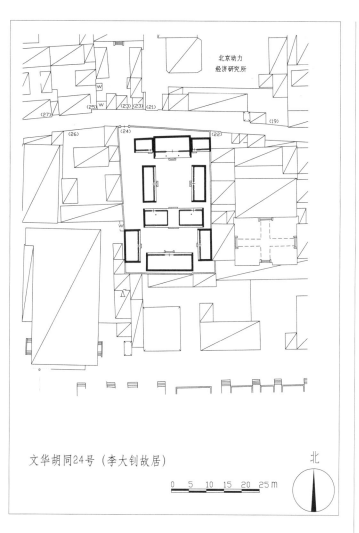

文华胡同24号（李大钊故居）

0 5 10 15 20 25 m

北

大门

架，步步锦棂心。次间下为槛墙，上为支摘窗，龟背锦棂心。明间前出如意踏跺三级。北房两侧平顶耳房各二间，檐下带木挂檐板。装修为门连窗形式，门为步步锦棂心，支摘窗上为步步锦棂心，下为井字玻璃屉。院内东、西厢房各三间，均为平顶，檐下带木挂檐板。

位于西城区金融街街道。该院坐北朝南，二进院落。民国时期建筑。

院落西北隅开大门一间，北向，为平顶小门楼形式。一进院北房三间，鞍子脊，合瓦屋面，前出平顶廊。明间为隔扇风门带帘

北房厅内

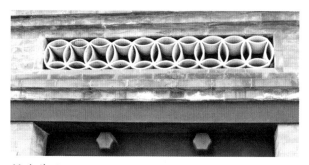

门头花瓦

一进院北房东次间支摘窗

一进院东厢房内隔扇

卧室

明间为门连窗形式，门为步步锦棂心。次间下为槛墙，上为支摘窗。支摘窗均上为步步锦棂心，下为井字玻璃屉。明间前出如意踏跺三级。

二进院北侧过厅五间，过垄脊，合瓦屋面。南房五间，三卷勾连搭形式，均为鞍子脊，合瓦屋面。东、西厢房各三间，均为鞍子脊，合瓦屋面。

该院是李大钊及其家人民国九年（1920）春至民国十三年（1924）1月的居所。李大钊民国九年（1920）3月与邓中夏、高君宇等发起成立了"马克思学说研究会"，同年10月与张申府、张国焘发起组织了北京共产党小组。民国十年（1921）中国共产党成立后，李大钊负责领导北方地区党的工作。民国十五年（1926）领导"三一八"请愿示威活动。民国十六年（1927）被奉系军阀张作霖逮捕并杀害。在石驸马后宅35号（即今文华胡同）居住期间，也是李大钊革命生涯紧张忙碌的一个时期。

李大钊一家人主要居住在一进院中，北房是堂屋和李大钊夫妇的卧室，东、西耳房是长女李星华及次女李炎华、次子李光华等人的卧室。东厢房是长子李葆华的书房和会客室，西厢房是李大钊的书房和会客室。现于南侧添置二进院，为李大钊先生生平事迹展室。

该院1979年公布为北京市文物保护单位。2009年进行了全面修缮，2013年公布为全国重点文物保护单位。

过厅

西厢房

跨车胡同13号（齐白石故居）

跨车胡同13号（齐白石故居）

0 5 10 15 20 25 m

北

大门

位于西城区金融街街道。该院坐北朝南，一进院落。民国时期建筑。

大门位于院落东侧中部，东向，蛮子门一间，清水脊，合瓦屋面，方形门墩一对，后檐柱间饰步步锦棂心倒挂楣子。大门南、北两侧有东房各三间，过垄脊，合瓦屋面。院内有正房三间，是当年齐白石的画屋，前出廊，过垄脊，合瓦屋面，东侧带耳房一间。明间檐下悬挂有齐白石亲自篆刻的长3.3米、高0.84米的篆体"白石画屋"横匾，横匾在"文化大革命"中已被磨平，大字尚有痕迹，依稀可见。

东、西厢房各二间，过垄脊，合瓦屋面。

西北侧跨院有西房二间，过垄脊，合瓦屋面，前檐装修为现代门窗。

齐白石于民国八年（1919）来北京定居，先后在北京住过几个地方，如城南的龙泉寺、宣武门内的石灯庵等处。跨车胡同13号院是他民国十五年（1926）冬购买的，于年底搬入。

齐白石（1864—1957），原名纯芝，字渭青，后改名璜，字濒生，号白石、白石山翁。湖南湘潭人。近现代中国画大师，世界文化名人。在此居住期间，齐白石经历了日军侵华、北平沦陷、新中国诞生等重大事件。

北平沦陷时期，齐白石深居简出，为拒绝汉奸日军的骚扰，几次三番在大门上贴上

大门及东房

方形门墩

大字："白石老人心病复作，停止见客""若关作画刻印，请由南纸店接办""画不卖与官家，窃恐不详""中外官长，要买白石之画者，用代表人可矣，不必亲自驾到。从来官不入民家，官入民家，主人不利。谨此告知，恕不接见"等语。

北平解放后，齐白石参加了周恩来总理的招待宴会，刻石两方献给毛泽东。老舍夫人胡絜青于1951年拜齐白石为师，每个月三四次到"白石画屋"习画。老舍也曾出题请白石老人作画。

齐白石先后担任中央美术学院名誉教授、中央文史研究馆馆员。参加北京市、沈阳市"抗美援朝书画义卖展览会"，创作了《百花与和平鸽》，献给亚洲及太平洋区域和平大会。与14位画家集体创作《和平颂》，献给世界和平大会。

1955年齐白石曾迁往政府给他的新居（雨儿胡同），但不久又迁回跨车胡同。

该院现为齐白石先生家属居住。1984年9月，齐白石故居公布为北京市文物保护单位。

外景

文物保护标志

第二节　一般院落

DI-ER JIE　YIBAN YUANLUO

大院胡同19号

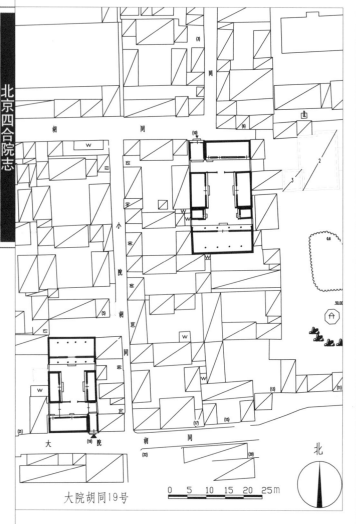

大院胡同19号

0 5 10 15 20 25m

北

门墩

清水脊，合瓦屋面，六角形门簪两枚，圆形门墩一对，雕刻祥云纹饰，门内象眼处砖雕草、几何图案，后檐柱间饰步步锦棂心倒挂楣子。大门西侧倒座房四间，鞍子脊，合瓦屋面，前檐装修为现代门窗，封后檐墙。迎门座山影壁一座，筒瓦屋面。

院内东、西原各有屏门一座，一进院北侧原有二门一座，现已拆除。

二进院正房五间，鞍子脊，合瓦屋面，前后廊，前檐明间隔扇风门，次、梢间为槛墙、支摘窗，老檐出后檐墙，室内保存有碧纱橱。东、西厢房各三间，鞍子脊，合瓦屋面，前檐明间为夹门窗，次间为槛墙、支摘窗，封后檐墙。

现为居民院。

位于西城区金融街街道。该院坐北朝南，二进院落。民国时期建筑。

大门位于院落东南隅，蛮子大门一间，

大门

影壁

大院胡同23号

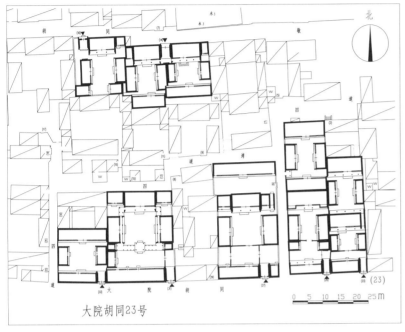

大院胡同23号

倒挂楣子

位于西城区金融街街道。该院坐北朝南，三进院落。民国时期建筑。

大门位于院落东南隅，蛮子门形式，鞍子脊，合瓦屋面，方形素面门墩一对，后檐柱间饰菱形棂心倒挂楣子。大门西侧有倒座房四间，鞍子脊，合瓦屋面，前檐夹门窗、支摘窗装修部分保留，封后檐墙。门内迎门有座山影壁一座，影壁心为软心做法。

一进院北侧有二门一座，随墙门形式，门扇缺失，顶部亦塌毁，其两侧看面墙部分保留，墙心海棠池做法。

二进院正房四间半，东半间为过道，清水脊，合瓦屋面，前后廊，前檐装修为现代门窗，老檐出后檐墙。东、西厢房各二间，鞍子脊，合瓦屋面，前檐装修为现代门窗，封后檐墙。

三进院北房四间半，合瓦屋面，脊毁，前出廊，前檐装修为现代门窗，封后檐墙。东、西厢房各三间，鞍子脊，合瓦屋面，封后檐墙。

现为居民院。

大门

二进院正房

大院胡同25号

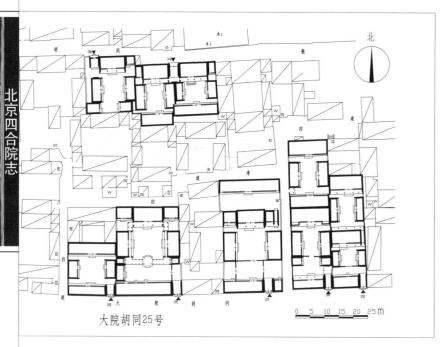

大院胡同25号

门墩

位于西城区金融街街道。该院坐北朝南，二进院落。民国时期建筑。

临街南房五间，鞍子脊，合瓦屋面，前出廊，封后檐墙，东梢间辟为大门，大门前檐作砖砌小门楼形式，筒瓦屋面，六角形门簪两枚，方形门墩一对，雕以花卉图案，门扇上有如意形门包叶，门内两侧邱门为软心做法，后檐柱间饰灯笼锦棂心倒挂楣子。门内迎门为座山影壁一座，上部花瓦装饰，筒

瓦屋面，影壁心为软心做法。影壁西侧与倒座房间有屏门一座，门扇缺失。

一进院北侧有二门一座，随墙门形式，两侧看面墙保存完好，院内有东、西厢房各一间，平顶，檐下有木挂檐板，西厢房翻建。

二进院正房五间，清水脊，合瓦屋面，脊饰花盘子，前出廊，前檐明间棂心隔扇风门，次、梢间为槛墙、支摘窗，十字海棠棂心，室内保存有碧纱橱，封后檐墙。东、西厢房各三间，鞍子脊，合瓦屋面，明间装修夹门窗，次间为后改现代玻璃窗，封后檐墙。

此院曾作为电影《骆驼祥子》《秋海棠》的拍摄地。现为居民院。

大门

大门及倒座房

大院胡同27号（四道湾6号）

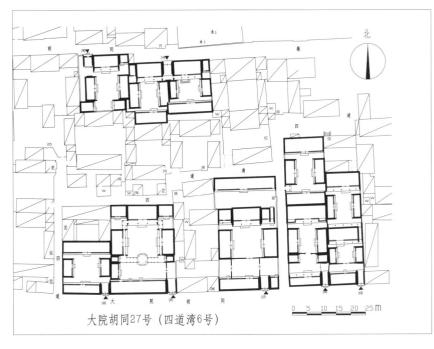

大院胡同27号（四道湾6号）

位于西城区金融街街道。该院坐北朝南，三进院落。民国时期建筑。

大门位于院落东南隅，如意大门一间，清水脊，合瓦屋面，圆形门簪四枚，方形门墩一对。大门西侧有倒座房五间，东侧一间，鞍子脊，合瓦屋面，前檐装修为五抹隔扇风门、支摘窗，老檐出后檐墙。

一进院北侧有二门一座，随墙门形式，门头花瓦装饰，门扇遗失。二门两侧接看面墙。院内东、西厢房南山墙迤南与倒座房间各有屏门一座，花瓦装饰。

二进院正房三间，清水脊，合瓦屋面，脊饰花盘子，前出廊，前檐次间支摘窗部分保存，其余为现代门窗，正房两侧耳房各一间半，鞍子脊，合瓦屋面，前出廊，封后檐墙。东、西厢房各三间，清水脊，合瓦屋面，前檐装修为现代门窗，封后檐墙。

三进院（四道湾胡同6号院）后罩房七间，脊残，合瓦屋面，前檐装修为现代门窗，封后檐墙。现为居民院。

二门

大门

正房

大院胡同31号

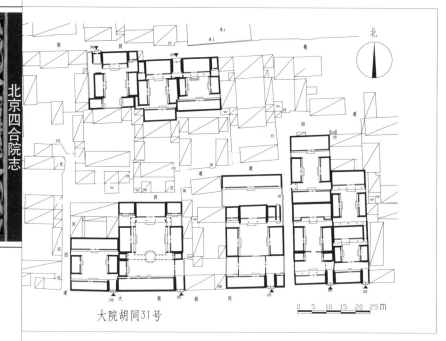

大院胡同31号

门墩

位于西城区金融街街道。该院坐北朝南，二进院落。民国时期建筑。

大门位于院落东南隅，如意大门一间，清水脊（脊残坏），合瓦屋面，门楣花瓦装饰，方形门墩一对，雕刻祥云纹饰，后檐柱间饰工字卧蚕步步锦棂心倒挂楣子。大门西侧倒座房六间，鞍子脊，合瓦屋面，前檐支摘窗装修部分保留，封后檐墙。大门内西侧原有屏门一座，后拆除。

一进院北侧有一殿一卷垂花门一座，花罩、花板雕刻花卉图案，六角形门簪四枚，分别雕以春兰夏荷秋菊冬梅图案，方形门墩一对，雕刻荷花图案，垂花门的檐连接看面墙，看面墙内有抄手游廊，一进院内建有西房二间。

二进院正房三间，鞍子脊，合瓦屋面，前出廊，前檐装修为现代门窗，封后檐墙。正房两侧耳房各二间，东、西厢房各三间，鞍子脊，合瓦屋面，前出廊，前檐装修为现代门窗，封后檐墙，厢房南侧有厢耳房各一间。院内正房与厢房间有游廊相连，柱间有步步锦棂心倒挂楣子，原坐凳楣子无存。

现为居民院。

大门

垂花门

兵马司胡同17号

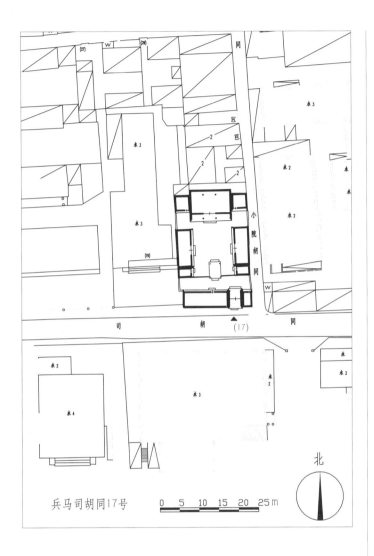

兵马司胡同17号

0 5 10 15 20 25m

位于西城区金融街街道。该院坐北朝南，二进院落。民国时期建筑。

大门

大门及倒座房

大门位于院落东南隅，广亮大门形式，门扉经现代改造，清水脊，合瓦屋面，脊饰花盘子，戗檐、博缝头处作砖雕装饰，前檐柱间饰雀替，门外东侧有护墙石（石敢当）。大门东侧有倒座房半间，西侧三间，清水脊，合瓦屋面，前檐装修为现代门窗，封后檐墙。

一进院北侧原有垂花门及看面墙均已拆除。

二进院正房三间，清水脊，合瓦屋面，脊饰花盘子，前后廊，前檐装修为现代门窗，老檐出后檐墙。正房两侧耳房各一间。东、西厢房各三间，清水脊，合瓦屋面，脊饰花盘子，前檐装修为现代门窗，封后檐墙，东、西厢房南侧厢耳房各一间，均为原址翻建。

现为居民院。

石敢当

雀替

文昌胡同7号

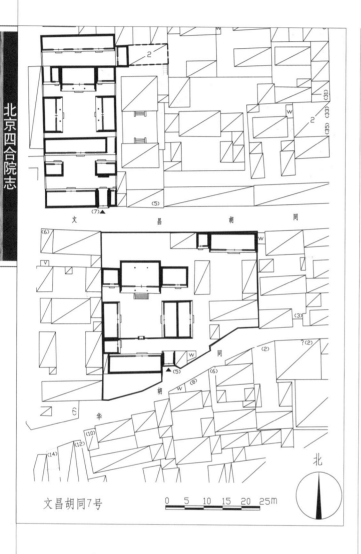

文昌胡同7号

大门

一座，过垄脊，筒瓦屋面。大门西侧有倒座房五间，东侧一间，鞍子脊，合瓦屋面，封后檐墙。

一进院北房七间，进深五檩，鞍子脊，合瓦屋面，老檐出后檐墙，前檐井字玻璃屉棂心支摘窗部分保留。正房前东、西两侧厢房位置各建有南房二间，平顶，檐下有木挂檐板，西侧房已改造。

二进院正房三间，鞍子脊，合瓦屋面，前出廊，前檐装修为现代门窗，老檐出后檐墙。正房两侧耳房各二间，鞍子脊，合瓦屋面，老檐出后檐墙。东、西厢房各三间，前出廊，鞍子脊，合瓦屋面，前檐装修为现代门窗，封后檐墙。

三进院后罩房七间，后改机瓦屋面，院东侧有东房二间，平顶，前檐装修为现代门窗，其东侧的二层楼房原属此院，现已划归他院。

现为居民院。

位于西城区金融街街道。该院坐北朝南，三进院落。民国时期建筑。

大门位于院落东南隅，蛮子大门一间，清水脊，合瓦屋面，脊饰花盘子，梅花形门簪两枚，圆形门墩仅存一个，门内后檐柱间饰盘长如意棂心倒挂楣子。迎门为座山影壁

大门内倒挂楣子

一进院正房

文昌胡同11号

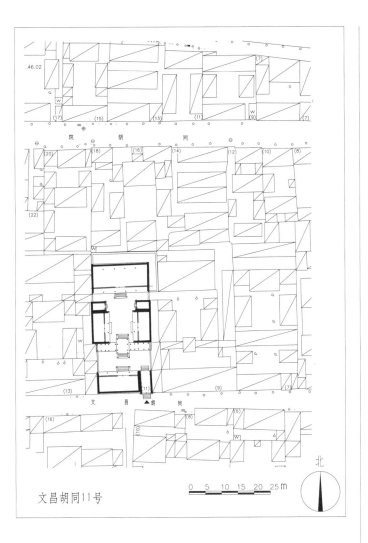

文昌胡同11号

大门

位于西城区金融街街道。该院坐北朝南，二进院落。民国时期建筑。

大门位于院落东南隅，西洋形式，砖壁

大门拱心石

柱，门头冲天栏板柱头装饰，拱券门洞，内侧带廊与倒座房相通，大门西侧倒座房四间，前出廊，垂带踏跺三级，二门为一殿一卷垂花门，南北均出垂带踏跺三级，两侧有看面墙。

二进院北房五间，前后廊，明间前出垂带踏跺四级。东、西厢房各三间，前出廊。东、西厢房北侧各带耳房一间。

现为单位用房。

文昌胡同15号

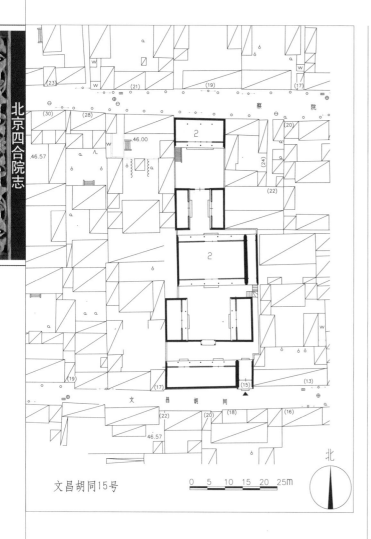

文昌胡同15号

0 5 10 15 20 25m

北

门簪

大门雀替

枚，圆形门墩一对，门内侧带廊与倒座房相通。

　　大门西侧倒座房六间，前出廊，鞍子脊，合瓦屋面，二门及两侧看面墙现已无存。

　　二进院北房为一栋二层楼，披水排山脊，合瓦屋面，六开间带前后廊，有木挂檐板，二层铁艺护栏板，梅花方柱。该楼一层中间一间为穿堂，东头一间为楼梯间。东、西厢房各三间，前出廊，披水排山脊，合瓦屋面。

　　三进院是窄院，仅有东、西房各三间，均为翻建。

　　四进院内一栋二层楼，平顶，四开间，前出廊子，两侧均有楼梯。该院均采用花砖地面墁铺。

　　据传，张学良曾在此院居住。

　　现为居民院。

　　位于西城区金融街街道。该院坐北朝南，四进院落。民国时期建筑。

　　大门位于院落东南隅，金柱大门一间，披水排山脊，合瓦屋面，红色板门双扇，两侧带余塞板，前檐柱间有雀替，梅花形门簪四

大门

二进院内楼房

文昌胡同17号

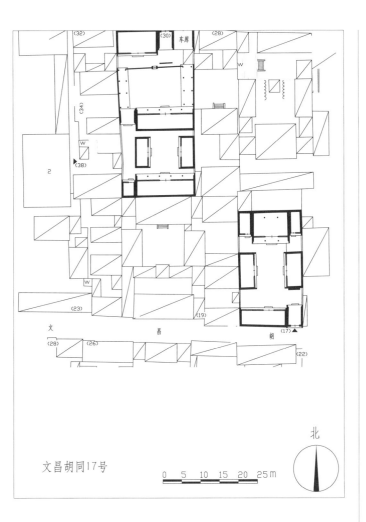

文昌胡同17号

大门清水脊饰花盘子

大门栏板

　　位于西城区金融街街道。该院坐北朝南，一进院落。民国时期建筑。

　　大门位于院落东南隅，如意大门一间，清水脊，合瓦屋面，脊饰花盘子，门楣栏板

大门

柱子雕刻花卉图案，栏板心为素面做法，内雕海棠线角，六角形门簪两枚，门扇上如意形门包叶，六角形门钹一对，圆形门墩一对，后檐柱间有步步锦棂心倒挂楣子、花牙子。大门西侧倒座房四间，清水脊，合瓦屋面，前檐装修为现代门窗，老檐出后檐墙。门内迎门座山影壁一座，清水脊，筒瓦屋面，影壁心四岔砖雕。院内正房三间，清水脊，合瓦屋面，脊饰花盘子，前后廊，前廊柱间饰步步锦棂心倒挂楣子、坐凳楣子和花牙子，明、次间装修为隔扇门、支摘窗，老檐出后檐墙。正房两侧耳房各一间，鞍子脊，合瓦屋面。东、西厢房各三间，清水脊，合瓦屋面，前檐装修为隔扇门、支摘窗。

　　张学良的夫人赵四小姐（赵一荻）曾在此院居住。现为居民院。

文昌胡同44号、46号

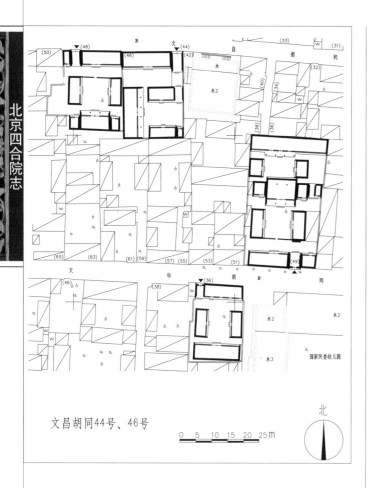

文昌胡同44号、46号

0 5 10 15 20 25m

北

大门及倒座房

又有蛮子门一间，为二门，鞍子脊，合瓦屋面。二进院内西房为正房，五间，清水脊，合瓦屋面，前出廊，封后檐墙，木构架绘箍头彩画，前檐装修为现代门窗。南、北厢房各三间，鞍子脊，合瓦屋面，明间夹门窗，次间槛墙、支摘窗，步步锦棂心。

现为居民院。

位于西城区金融街街道。该院坐西朝东，二进院落。民国时期建筑。

大门位于院落东北隅，北向，蛮子大门一间，清水脊，合瓦屋面，圆形门簪四枚，方形门墩仅存一个，雕刻花卉图案，门板包如意形门包叶，大门南侧出平廊，下为木挂檐板。

大门西侧为一进院，北房五间（文昌胡同46号），前出廊，鞍子脊，合瓦屋面，封后檐墙。

二进院北房东侧

门墩

西房

北京四合院志

文昌胡同48号

文昌胡同48号

0 5 10 15 20 25m

北

大门

位于西城区金融街街道。该院落坐南朝北，二进院落。民国时期建筑。

大门位于院落西北隅，北向，进深五檩，蛮子大门一间，清水脊，合瓦屋面，脊饰花盘子，梅花形门簪两枚，圆形门墩一对，雕刻祥云纹图案。大门西侧北房一间，东侧北房四间，鞍子脊，合瓦屋面，封后檐墙，上身做海棠池，前檐明间装修为隔扇门，次间

门墩　　门簪

槛墙、支摘窗，冰裂纹棂心。

一进院南侧原有二门一座，已拆除。

二进院南房三间，清水脊，合瓦屋面，前出廊，前檐明间装修五抹隔扇风门，次间槛墙、支摘窗。南房两侧东、西耳房各一间，鞍子脊，合瓦屋面，前檐保存部分工字卧蚕步步锦棂心支摘窗。东、西厢房各三间，鞍子脊，合瓦屋面，明间装修五抹隔扇风门，次间为槛墙、支摘窗，步步锦棂心，封后檐墙。

现为居民院。

文华胡同15号

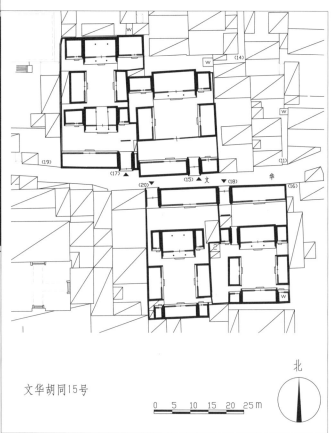

文华胡同15号

北

0 5 10 15 20 25 m

大门

正房

位于西城区金融街街道。该院坐北朝南，二进院落。清代末期至民国初期建筑。

大门位于院落东南隅，广亮大门一间，进深五檩，清水脊，合瓦屋面，脊饰花盘子，原有门簪四枚，现无存，木构架绘箍头彩画，前檐柱间仅存一枚雀替，雕刻缠草图案。门外有上马石一对。大门西侧有倒座房四间，东侧二间，后改机瓦屋面，前檐装修为现代门窗，封后檐墙。

一进院北侧原有二门一座，已拆除，仅存门墩一个。

二进院正房三间，鞍子脊，合瓦屋面，前出廊，木构架绘箍头彩画，前檐明间隔扇风门，室内铺花砖，室内碧纱橱保存较完好。正房东侧接耳房一间，西侧耳房二间，鞍子脊，合瓦屋面。东、西厢房各三间，鞍子脊，合瓦屋面，前檐装修为现代门窗。

现为居民院。

文华胡同17号

文华胡同17号

0 5 10 15 20 25m

北

一字影壁

一字影壁一座，硬山顶，披水排山脊，筒瓦屋面，影壁心中心四岔原有砖雕已毁。

大门戗檐墀头砖雕

一进院内过厅三间，鞍子脊，合瓦屋面，前后廊，明间为穿堂。正房西侧耳房二间，东侧耳房一间。

二进院正房三间，披水排山脊，合瓦屋面，前后廊，封后檐墙，前檐明间原为四扇隔扇门，次间为支摘窗，室内碧纱橱为如意灯笼锦棂心图案。正房两侧耳房各二间，披水排山脊，合瓦屋面。东、西厢房各三间，后改机瓦屋面。

现为居民院。

位于西城区金融街街道。该院坐北朝南，二进院落。民国时期建筑。

大门位于院落东南隅，蛮子大门一间，进深五檩，披水排山脊，合瓦屋面，六角形门簪四枚，圆形门墩一对，戗檐、墀头、博缝头处原有砖雕部分毁坏。大门西侧有倒座房五间，东侧半间，后改机瓦屋面，封后檐墙。门内迎门

大门

二进院正房

文华胡同49号

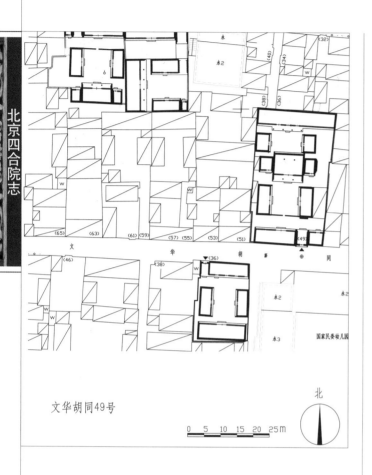

文华胡同49号

0 5 10 15 20 25m

北

大门

座山影壁

四间，东侧二间，后改机瓦屋面，封后檐墙。

一进院原有二门一座，现已拆除。

二进院正房三间，后改机瓦屋面，前后廊，前檐明间隔扇门四扇，次间为支摘窗。东耳房二间，梢间半间开为过道，西耳房一间，屋面后改机瓦。东、西厢房各三间，后改机瓦屋面，前檐装修为现代门窗。

三进院正房七间，鞍子脊，合瓦屋面，从西数第二、三、四间前出平廊，檐下有木挂檐板，砖平券门窗，东、西厢房各二间，后改机瓦屋面，前檐装修为现代门窗，封后檐墙。

现为居民院。

二进院正房

位于西城区金融街街道。该院坐北朝南，三进院落。民国时期建筑。

大门位于院落东南隅，如意大门一间，进深五檩，清水脊，合瓦屋面，脊饰花盘子，门楣作花瓦装饰，梅花形门簪两枚，方形门墩一对。门内迎门有座山影壁一座，过垄脊，筒瓦屋面。大门西侧倒座房

大门

北京四合院志

东铁匠胡同8号

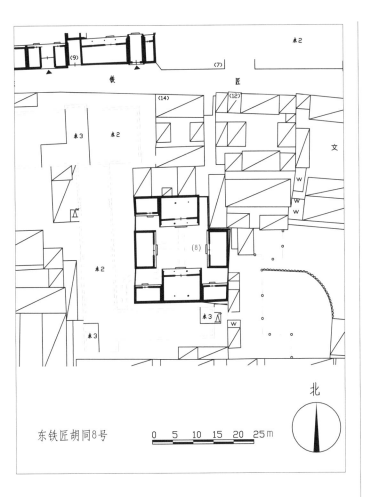

东铁匠胡同8号

0 5 10 15 20 25m

北

正房瓦当

位于西城区金融街街道。该院坐北朝南，现存一进院落。清代后期建筑。

正房三间，铃铛排山脊，筒瓦屋面，前后廊，前檐柱间雀替雕刻卷草纹饰，前檐装修为现代门窗。正房西侧耳房二间，屋面后改。南房三间，披水排山脊，筒瓦屋面，前后廊，前檐装修为现代门窗。南房两侧耳房各二间，后改水泥机瓦屋面。东、西厢房各三间，东厢房现已拆除。西厢房披水排山脊，筒瓦屋面，前檐装修为现代门窗。

此院现存建筑布局较规整，但其西侧和东侧房屋均已拆除建楼，原有格局破坏较大，院落历史不详，但从其建筑布局和建筑构件看应为大型府邸宅院的一部分。

现为居民院。

正房

南房

第三篇

西城区四合院

东铁匠胡同9号

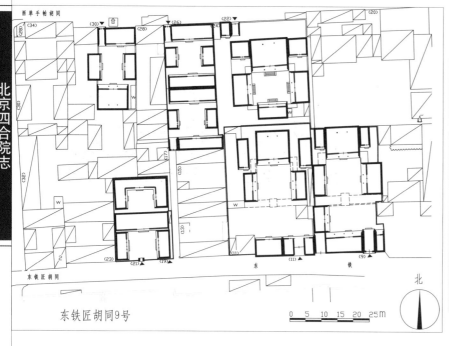

东铁匠胡同9号

游廊

位于西城区金融街街道。该院坐北朝南，二进院落。民国时期建筑。

大门位于院落东南隅，如意大门一间，原为清水脊，合瓦屋面，现改为过垄脊，合瓦屋面，方形门墩一对。大门东侧倒座房一间，西侧四间，原为清水脊，合瓦屋面，现改为过垄脊，合瓦屋面，前出廊，前檐装修为现代门窗，老檐出后檐墙。院落西南隅原为车库一间，现改为如意门形院门。

一进院西房三间，鞍子脊，合瓦屋面，前出廊，廊柱间保存有步步锦棂心倒挂楣子。一进院北侧有一殿一卷式垂花门一座，垂花门两侧连接看面墙和四檩卷

棚顶游廊，筒瓦屋面，游廊单侧有什锦窗。

二进院正房三间，清水脊，合瓦屋面，脊饰花盘子，前后廊，前檐装修为现代门窗，室内保留着原木地板，前檐装修为现代门窗。正房两侧耳房各一间，后改机瓦屋面。东厢房三间，后改机瓦屋面，前出廊，前檐装修为现代门窗。院内西侧原为游廊。

二进院后面的三进院原为花园，现为西单手帕胡同20号院使用。

现为居民院。

大门

二进院正房

东铁匠胡同11号

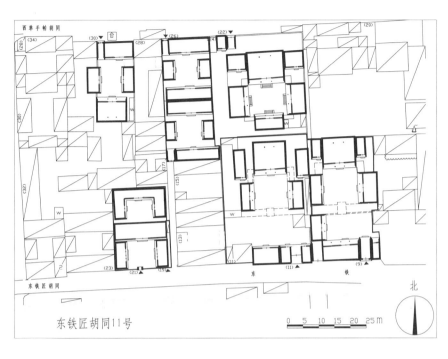

东铁匠胡同11号

二进院正房脊饰花盘子

位于西城区金融街街道。该院坐北朝南，二进院落。清代末期建筑。

大门位于院落东南隅，为三间一启门形式，清水脊，合瓦屋面，现已封堵，另从院西南角辟门。大门西侧有南房三间，后改为水泥机瓦屋面，老檐出后檐墙。一进院北侧原有垂花门，现已无存，垂花门两侧游廊仍有部分保留，游廊木构架绘苏式彩画，瓦面多为后改水泥机瓦屋面。

二进院正房三间，清水脊，合瓦屋面，脊饰花盘子，

前后廊，木构架绘箍头包袱彩画，前檐明间隔扇风门，灯笼锦棂心，次间装修为现代门窗。东、西厢房各三间，鞍子脊，合瓦屋面，前出廊。正房前东、西各有月亮门一座，以分隔东、西跨院。跨院内各建有北房一间，进深二间，两卷勾连搭形式，过垄脊，合瓦屋面。

此院房屋体量高大，做工精细，疑与西单手帕胡同22号院过去同为一宅。

现为居民院。

现大门

二进院正房

第三篇

西城区四合院

东铁匠胡同19号、21号

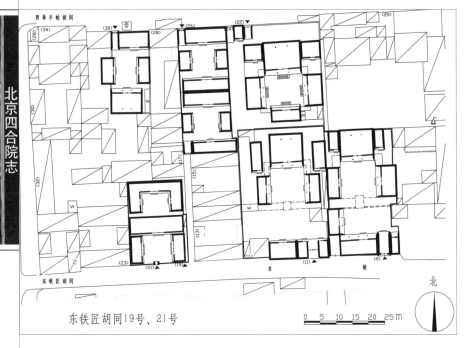

东铁匠胡同19号、21号

21号院大门

位于西城区金融街街道。该院坐北朝南，二进院落。民国时期建筑。

随墙门一座，位于院落南侧正中。一进院（21号）正房五间，鞍子脊，合瓦屋面，前檐装修为现代门窗，封后檐墙。东、西厢房各三间，鞍子脊，合瓦屋面，前檐装修为现代门窗，封后檐墙，南侧山面开有拱券窗。

二进院（19号）院内建筑形制与一进院建筑相同，建筑瓦当上有"吉祥"字样。两座院落正房与厢房建筑相连，平面呈"冂"形。

现为居民院。

随墙门

新文化街39号（参政胡同10号、12号）

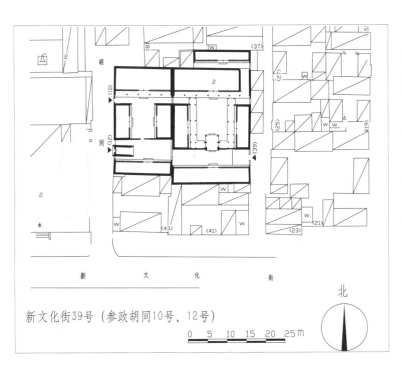

新文化街39号（参政胡同10号、12号）

0 5 10 15 20 25m

北

位于西城区金融街街道。该院坐北朝南，东、西并列两路院落。民国时期建筑（约为20世纪20年代）。

东路（新文化街39号院）：大门位于院落东南隅，西洋门形式，东向，方壁柱，平券门，一进院南房七间，过垄脊，筒瓦屋面，山面为马头墙。一进院北侧有砖砌小门楼一座，两侧看面墙辟有什锦窗。二进院正房为七间的二层楼，前出廊，三角桁架，过垄脊，合瓦屋面，山面为马头墙。东、西厢房各三间，前

出廊，院内有平顶廊环绕，檐下为木挂檐板，柱间倒挂楣子及坐凳楣子仍部分保留。三进院有后罩房五间。

西路（参政胡同10号、12号院）：大门位于院落西南隅，蛮子大门一间，西向，

参政胡同12号院大门
饯檐砖雕

披水排山脊，合瓦屋面，梅花形门簪四枚，饯檐砖雕花卉图案。一进院南房六间，过垄脊，合瓦屋面，前檐为平券门窗。院内北侧原有二门一座，现已拆除。二进院正房五间，前出廊，前檐有木挂檐板，过垄脊，合瓦屋面，三角桁架，山面为马头墙。东、西厢房各三间，水泥机瓦屋面，山面为马头墙，檐下带有如意形木挂檐板，前檐装修为现代门窗。

现为居民院。

东路大门

东路二层小楼

新文化街135号

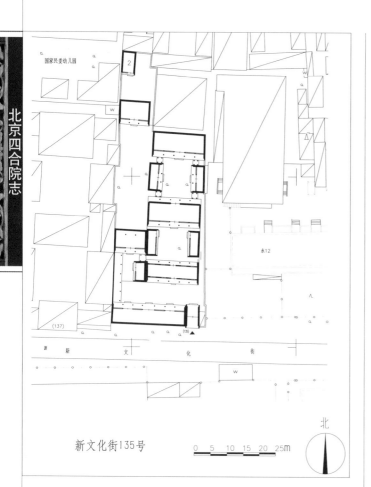

新文化街135号

位于西城区金融街街道。该院坐北朝南，东、西两路三进院落。清代晚期建筑。

大门位于院落东南隅，广亮大门一间，披水排山脊，合瓦屋面，门簪四枚，上书"厚""德""载""福"四字，圆形门墩一对，大门象眼处雕刻花草图案。

大门

大门西侧有倒座房七间，过垄脊，合瓦屋面，前出廊，前檐装修为现代门窗。东路一进院正房五间，过垄

脊，合瓦屋面，前后出平廊，檐下有木挂檐板，廊下有倒挂楣子，柱间有雀替，砖券门窗，装修部分保存。二进院正房五间，过垄脊，合瓦屋面，前后出廊，前檐装修为现代门窗，木构架绘箍头彩画。东、西厢房各三间，平顶，檐下有木挂檐板。三进院正房五间，过垄脊，

三进院正房

合瓦屋面，前出廊，前檐装修为现代门窗，木构架绘箍头彩画。东、西厢房各三间，鞍子脊，合瓦屋面，前出廊，木构架绘箍头彩画。

西路一进院正房三间，过垄脊，合瓦屋面，前后廊，前檐装修为现代门窗，木构架绘箍头彩画。东房二间，过垄脊，合瓦屋面，戗檐、墀头、博缝头处作砖雕装饰。二进院正房三间，前出廊，后改机瓦屋面，前檐装修为现代门窗。三进院为一座两卷勾连搭二层小楼，筒瓦屋面，二层前出轩，山面木博缝，木构架绘旋子彩画（已脱落），前檐装修为现代门窗。

据考证，此院清代属镶红旗满洲、蒙古、汉军督统衙门，民国时期为山西省驻京办事处[1]。

现为居民院。

———————————————

[1]郁志群：《对八旗督统衙门状况的两次调查》，北京文博网，2004年12月7日。

新文化街213号（寿逾百胡同10号）

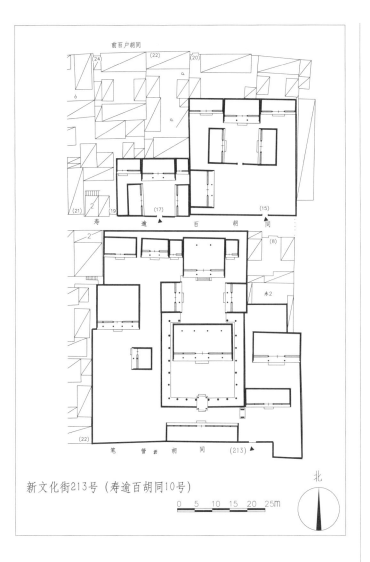

新文化街213号（寿逾百胡同10号）

0　5　10　15　20　25m

北

位于西城区金融街街道。该院坐北朝南，三路三进院落。清代中期建筑。

大门（新文化街213号院）位于院落东南隅，原大门已拆。

中路：一进院北侧为一殿一卷式垂花门，后改机瓦屋面，花罩已损，两侧有游廊与东、西、后院相连。院东有一座砖石门楼，大门西侧有倒座房九间，前檐装修为现代门窗。二进院正房五间，披水排山脊，筒瓦屋面，前出悬山顶抱厦，前后出廊，戗檐处作砖雕装饰。三进院（寿逾百胡同10号）正房三间，

鞍子脊，合瓦屋面，前后廊，垂带踏跺四级。正房两侧耳房各一间，均已后改建。东、西厢房各三间，鞍子脊，合瓦屋面，前出廊，前檐装修为现代门窗。

中路垂花门

东路：添建房屋较多，房屋改动亦大。现存一进院北房五间，后改机瓦屋面。二进院北房三间，前出廊，戗檐处作砖雕装饰。原三进院，部分房屋改为二层小楼，难辨原貌。

西路：一进院拆改较严重，仅存西厢房二间。二进院有北房五间，前出轩一卷，建筑高大。三进院有北房三间，其东侧另有北房三间，清水脊，合瓦屋面，戗檐砖雕，此路房屋拆改建较多。

现为居民院。

中路二进院正房山面

寿逾百胡同15号

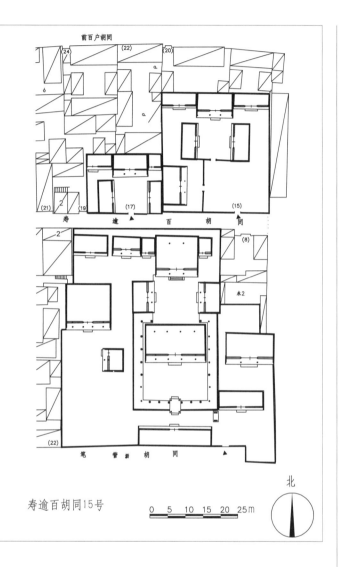

寿逾百胡同15号

0 5 10 15 20 25m

北

月亮门

花盘子，前出廊，木构架绘箍头彩画，原装修基本保存，廊间有步步锦棂心倒挂楣子及坐凳楣子，柱间带雀替，室内木雕梁、木隔扇、木地板均保存较好，院内假山、竹丛点缀其中。

　　二进院正房三间，前出廊，鞍子脊，合瓦屋面，木构架绘箍头彩画，明间门上有三扇横披窗，室内保存有木隔扇。正房两侧耳房各三间，均为鞍子脊，合瓦屋面，前檐装修为现代门窗。东、西厢房各三间，鞍子脊，合瓦屋面。此院原有后罩房及东跨院，后拆改。

　　此院疑为前宅（新文化街213号、寿逾百胡同10号）的花园或书斋。

　　现为居民院。

　　位于西城区金融街街道。该院坐北朝南，二进院落。清代建筑。

　　大门及倒座房已拆除。一进院北侧原有二门已拆，院西南存有一座小跨院，月亮门内有西房三间，清水脊，合瓦屋面，脊饰

大门

西跨院

寿逾百胡同17号

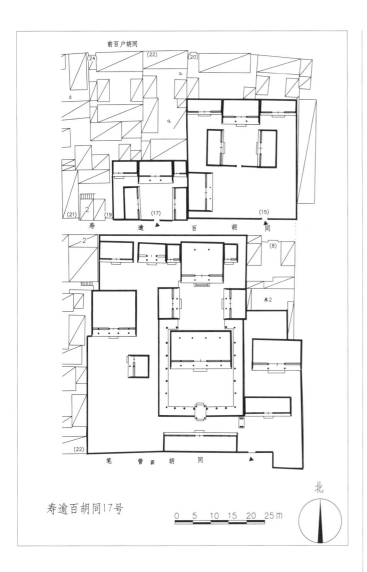

寿逾百胡同17号

大门

墙为海棠池做法。

据宅主讲，其祖上为满人，清末进京做官时购建这所宅院，原有东、西跨院已毁。

现为居民院。

正房

位于西城区金融街街道。该院坐北朝南。一进院落。清代末期建筑。

大门位于院落南侧正中，砖砌结构门楼一间，清水脊，筒瓦屋面，门楣砖雕花卉图案，门簪两枚，双扇板门上刻有门联，上书"江山千古秀，花鸟四时春"，方形门墩一对，门楼两侧院墙连接东、西厢房。院内正房三间，前出廊，鞍子脊，合瓦屋面，木构架绘箍头彩画，步步锦棂心支摘窗尚存。正房东耳房一间，西耳房二间，鞍子脊，合瓦屋面。东、西厢房各三间，过垄脊，合瓦屋面，临街山

第三篇

西城区四合院

817

头发胡同1号（景恩宅院）

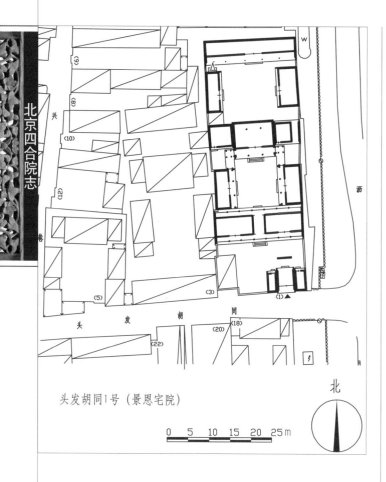

头发胡同1号（景恩宅院）

0 5 10 15 20 25m

位于西城区金融街街道。该院坐北朝南，三进院落。清代末期至民国初期建筑。

大门位于院落东南隅，金柱大门一间，清水脊，合瓦屋面，戗檐处原有砖雕已毁，圆形门墩一对。迎门为一字影壁一座，影壁心为素面斜方砖心做法。大门两侧倒座房各一间，均为鞍子脊，合瓦屋面，前檐装修为现代门窗。

一进院北房（过厅）七间，过垄脊，合瓦屋面，前后出廊，明间为门道，前后出垂带踏跺三级，前檐装修为现代门窗，室

门墩

内花砖地面。

二进院正房三间，过垄脊，合瓦屋面，前后廊，戗檐及廊心墙象眼处作砖雕装饰，室内木隔扇尚存，明间出垂带踏跺三级，前檐装修为现代门窗。正房两侧各带耳房一间半，东耳房东半间为门道，过垄脊，合瓦屋面。东、西厢房各三间，前出廊，鞍子脊，合瓦屋面，廊门筒子上砖雕篆字及图案纹饰，院内有平廊与各房相接，檐下有冰裂纹倒挂楣子。

三进院正房五间，清水脊，合瓦屋面，脊饰花盘子，前出廊，前檐装修为现代门窗。东、西厢房各三间半，原址翻建。

该院原为清末内务府官员景恩（刘景恩）的老宅院。景恩，号锡三，内务府汉军正黄旗人，生于咸丰九年（1859），官至内务府奉宸苑卿、苏州织造、副都统，正二品。景恩在任期间，对三海（皇城内的北海、中海和南海的总称）、钓鱼台等处的修缮做出了很大贡献。慈禧太后为了奖励景恩，将当时紧邻头发胡同1号东边的地块赐给了他。景恩在此建了一座新的四合院，也就是现在的头发胡同1号。民国时期此宅曾归一名金铺店主，其宅西北隅曾有一座地下金库。

现为单位用房。

大门

头发胡同44号（众益胡同5号）

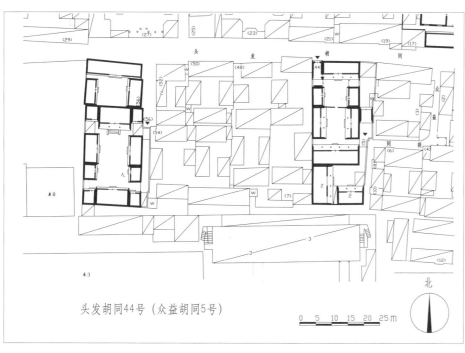

头发胡同44号（众益胡同5号）

0 5 10 15 20 25m

北

通往三进院的门

位于西城区金融街街道。该院落坐南朝北，三进院落。民国时期建筑。

大门位于院落西北隅，北向，如意大门一间，清水脊，合瓦屋面，素面门楣栏板，梅花形门簪两枚，方形门墩一对。门内迎门座山影壁一座。

一进院内北房四间，鞍子脊，合瓦屋面，前出廊，木构架绘箍头彩画。院南侧原有东、西房各二间。

二门一座，现已拆除。二进院南房五间，清水脊，合瓦

大门

屋面，前出廊，木构架绘箍头包袱彩画。东、西厢房各三间，鞍子脊，合瓦屋面，明间门连窗，次间支摘窗，木构架绘箍头彩画。东厢房东侧另有窄大门一座，清水脊，合瓦屋面，大门走马板上四岔角花沥粉贴金，中为"福"字，木构架绘箍头彩画，方形门墩一对，门簪两枚。

三进院（众益胡同5号）内有南楼、西楼各一座，南楼三间，西楼四间，均为二层建筑，灰砖砌筑，鞍子脊，合瓦屋面，封后檐墙，前出廊，檐下有木挂檐板，木构架绘箍头彩画，二层有木栏杆，柱间有倒挂楣子、花牙子，原隔扇风门、支摘窗装修仍保留，灯笼框棂心。

现为居民院。

头发胡同55号

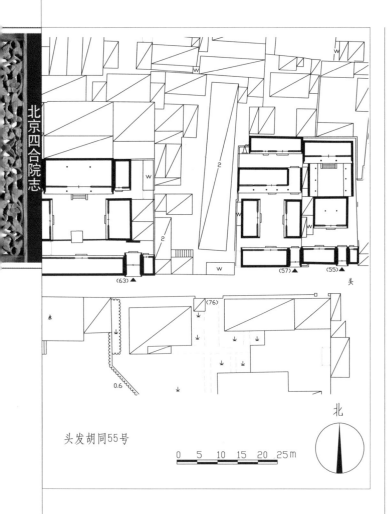

头发胡同55号

0　5　10　15　20　25m

北

大门

梅花形门簪两枚，后檐柱间饰雀替，圆形门墩一对。大门东侧有门房一间，西侧倒座房三间，后改机瓦屋面。一进院正房三间，两卷勾连搭形式，后改机瓦屋面，前檐装修为现代门窗。

二进院正房三间，清水脊，脊饰花盘子，合瓦屋面，前出廊，前檐隔扇门、支摘窗装修部分保留。东、西原为游廊，现已改为住房。

现为居民院。

位于西城区金融街街道。该院坐北朝南，二进院落。民国时期建筑。

大门位于院落东南隅，金柱大门形式，清水脊，合瓦屋面，脊饰花盘子，板门两扇，

倒座房

大门步步锦棂心倒挂楣子

头发胡同57号

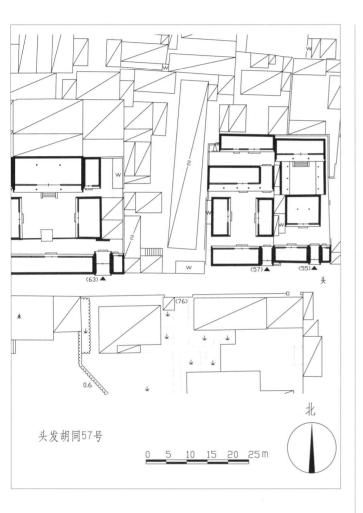

头发胡同57号

0 5 10 15 20 25m

北

大门

位于西城区金融街街道。该院坐北朝南，二进院落。民国时期建筑。

大门位于院落东南隅，金柱大门形式，清水脊，合瓦屋面，脊饰花盘子，板门两扇。

院落全貌

大门西侧倒座房四间，后改机瓦屋面，封后檐墙。

一进院正房五间，后改机瓦屋面，前出廊，前檐装修为现代门窗。东、西厢房各三间，后改机瓦屋面。

二进院后罩房四间，后改机瓦屋面。此院房屋前檐装修均为现代门窗。

现为居民院。

头发胡同63号

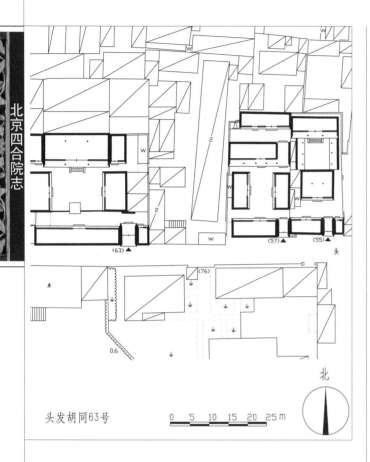

头发胡同63号

0　5　10　15　20　25 m

北

大门

倒座房

位于西城区金融街街道。该院坐北朝南，二进院落。民国时期建筑。

大门位于院落东南隅，广亮大门一间，铃铛排山脊，合瓦屋面，梅花形门簪四枚，圆形门墩一对，门内迎门为座山影壁一座。大门东有门房一间，西侧有倒座房七间，过垄脊，合瓦屋面，老檐出后檐墙。

一进院北侧原有垂花门一座，其两侧为看面墙，现均已拆除。

二进院正房三间，披水排山脊，合瓦屋面，前后廊。正房两侧接耳房各一间，过垄脊，合瓦屋面。东、西厢房各三间，披水排山脊，合瓦屋面。此院房屋前檐装修均为现代门窗。

现为居民院。

二进院正房

抄手胡同27号、29号

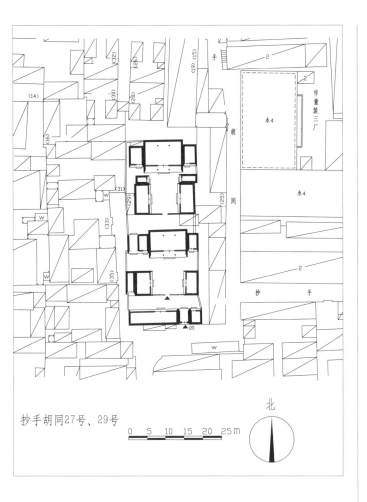

抄手胡同27号、29号

0 5 10 15 20 25 m

北

位于西城区金融街街道。该院坐北朝南，三进院落。民国时期建筑。

大门

二进院正房

　　大门位于院落东南隅，如意大门一间，清水脊（脊残），合瓦屋面，素面门楣，梅花形门簪两枚，板门两扇，方形门墩一对。大门东侧有门房一间，西侧有倒座房四间，清水脊，合瓦屋面。

　　一进院原有二门一座，已拆除。

　　二进院正房三间，清水脊，合瓦屋面，脊饰花盘子，前后廊。正房西侧耳房二间，东侧耳房一间。东、西厢房各三间，鞍子脊，合瓦屋面。

　　三进院（29号院）内正房三间，清水脊，合瓦屋面，脊饰花盘子，前后廊。正房两侧耳房各一间，鞍子脊，合瓦屋面。东、西厢房各三间,鞍子脊,合瓦屋面，厢房北侧接厢耳房各一间。院内房屋前檐装修均为现代门窗。

　　现为居民院。

门墩

受水河胡同6号

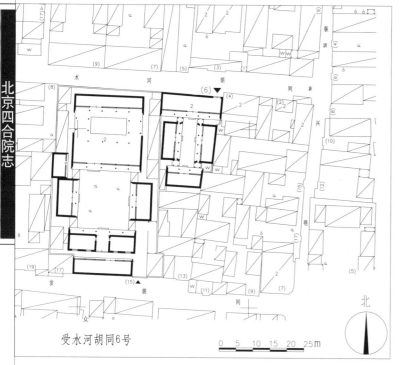

受水河胡同6号

0 5 10 15 20 25m

北

北房

位于西城区金融街街道。该院坐北朝南，一进院落。民国时期建筑。

院内北楼五间，二层，后改机瓦屋面，前出平顶廊，柱间有坐凳楣子、倒挂楣子，一、二层檐下有木挂檐板，平券门窗。现一层东梢间辟为门道，正房山面作三角形山花，各有一处圆形通风口，山面原有券窗已封堵。东、西厢房各四间，后改机瓦屋面，前出平顶廊，檐下有木挂檐板，前檐装修为现代门窗。南房三间，后改机瓦屋面，前出平顶廊，檐下有如意形木挂檐板，廊间原有坐凳楣子，现部分已毁。院内各房之间原有平顶廊相连，但现在多已无存。

现为居民院。

木挂檐板

北房二层

光彩胡同4号

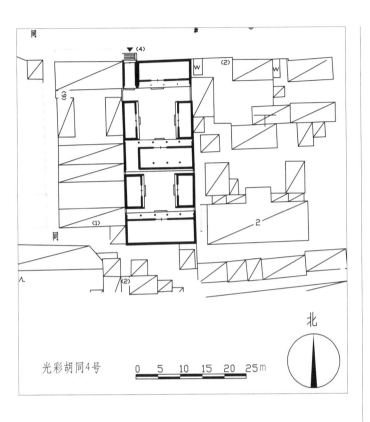

光彩胡同4号 0 5 10 15 20 25m

北

大门

位于西城区金融街街道。该院落坐南朝北，二进院落。民国时期建筑。

大门位于院落西北隅，蛮子大门一间，北向，进深五檩，后改机瓦屋面，梅花形门簪四枚，圆形门墩一对，鼓面雕刻鹤鹿同春图案，大门前出垂带踏跺四级。

大门东侧有北房四间，鞍子脊，合瓦屋面，前出廊，前檐装修为现代门窗，封后檐墙。南房（即上房）五间，清水脊，合瓦屋面，脊饰花盘子，前后廊，西梢间辟为门道。东、西厢房各三间，鞍子脊，合瓦屋面，前檐装修为现代门窗。

二进院南房五间，清水脊，合瓦屋面，前出廊，前檐装修为现代门窗。东、西厢房各三间，后改机瓦屋面，前檐装修为现代门窗。

现为居民院。

一进院南房

光彩胡同27号

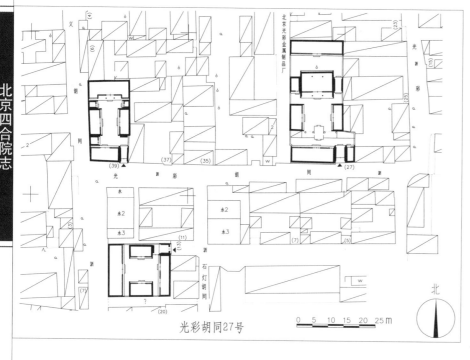

光彩胡同27号

门墩

位于西城区金融街街道。该院坐北朝南，三进院落。民国时期建筑。

大门位于院落东南隅，金柱大门一间，

大门

清水脊，合瓦屋面，脊饰花盘子，圆形门簪四枚，圆形门墩一对，雕以海水蛟龙图案，木构架绘箍头包袱彩画，大门内侧邱门为硬心做法。大门东侧建有倒座房一间，西侧四间半，鞍子脊，合瓦屋面，前檐装修为现代门窗，封后檐墙。

一进院北侧原有垂花门，已拆除。

二进院正房三间，鞍子脊，合瓦屋面，前后廊，前檐装修为现代门窗，老檐出后檐墙。正房两侧接耳房各一间，鞍子脊，合瓦屋面，东耳房为过道。东、西厢房各三间，原址翻建。

三进院后罩房五间，现已翻改，鞍子脊，合瓦屋面，前檐装修为现代门窗。

现为居民院。

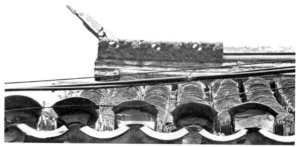

大门脊饰花盘子

光彩胡同39号

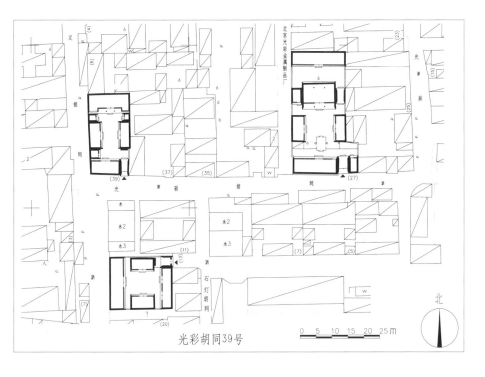

光彩胡同39号

门墩

位于西城区金融街街道。该院坐北朝南，一进院落。民国时期建筑。

大门

大门位于院落东南隅，金柱大门一间，披水排山脊，合瓦屋面，木构架绘箍头包袱彩画，圆形门墩一对，雕刻麒麟图案。迎门为座山影壁一座，筒瓦屋面。大门西侧有倒座房三间，后改机瓦屋面，木构架绘箍头彩画，封后檐墙。院内正房五间，后改机瓦屋面，明、次间吞廊，木构架绘箍头包袱彩画，明间前檐装修为现代门窗，次、梢间装修为支摘窗。东、西厢房各三间。此院内房屋高大，墙体磨砖对缝做法，但房屋现在损毁严重。

现为居民院。

温家街1号

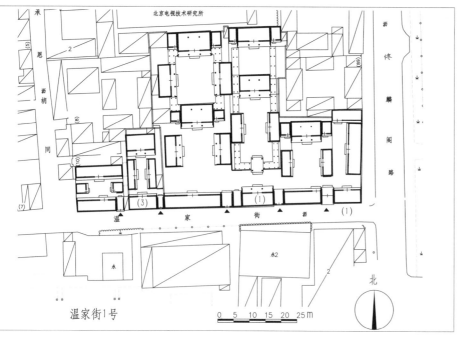

温家街1号

东路一进院正房

位于西城区金融街街道。该院坐北朝南，三路三进院落。民国时期建筑。

东路：大门位于院落南侧偏东，广亮大门形式，披水排山脊，合瓦屋面，梅花形门簪四枚，圆形门墩一对，门前出如意踏跺五级。门内迎门座山影壁一座。大门东侧倒座房三间，西侧四间，过垄脊，合瓦屋面，前檐装修为现代门窗，老檐出后檐墙。院内正房三间，前后廊，披水排山脊，合瓦屋面，

座山影壁

前檐装修为现代门窗，明间前出垂带踏跺三级。正房两侧耳房各一间，过垄脊，合瓦屋面。东、西厢房各三间，过垄脊，合瓦屋面，前檐装修为现代门窗。东跨院有北房三间、东房五间，均为过垄脊，合瓦屋面，前檐装修为现代门窗。

中路：原有广亮大门一座，位于院落东南隅，现在已经封堵。大门西侧倒座房三间，倒座房西侧耳房一间，过垄脊，合瓦屋面，

大门外景

中路垂花门

中路三进院正房

前檐装修为现代门窗，老檐出后檐墙。一进院北侧一殿一卷式垂花门一座。二进院正房三间，前后廊，过垄脊，合瓦屋面，前檐装修为现代门窗，老檐出后檐墙。东、西厢房各三间，过垄脊，合瓦屋面，前檐装修为现代门窗。三进院正房三间，前出廊，过垄脊，合瓦屋面，前檐装修为现代门窗。正房两侧耳房各一间，过垄脊，合瓦屋面。二进院和三进院之间各房屋之间有游廊相连接。

西路：大门位于院落东南隅，现在已经封堵，大门西侧倒座房五间，均为过垄脊，合瓦屋面。一进院正房三间，前后廊，过垄脊，合瓦屋面，前檐装修为现代门窗，室内保存有落地罩，落地罩上带灯笼锦棂心横披窗。正房两侧耳房各一间，过垄脊，合瓦屋面。东、西厢房各三间，前出廊，过垄脊，合瓦屋面，前檐装修为现代门窗，老檐出后檐墙。二进院正房三间，前后廊，过垄脊，合瓦屋面，前檐装修为现代门窗。正房两侧耳房各一间，过垄脊，合瓦屋面。东、西厢房各三间，前出廊，过垄脊，合瓦屋面，前檐装修为现代门窗。

现为居民院。

垂花门花板及雀替

西路二进院正房

温家街3号

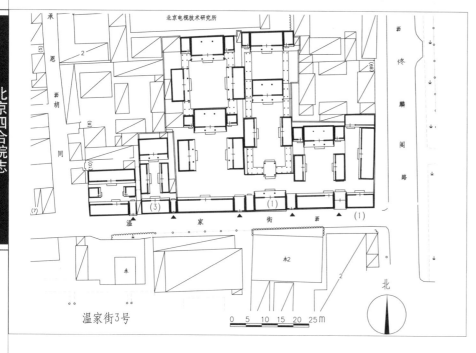

温家街3号

座山影壁

门头牡丹砖雕

位于西城区金融街街道。该院坐北朝南，一进院落。民国时期建筑。

大门位于院落东南隅，西洋式大门一间，方壁柱，拱券门洞，门头有冲天式砖柱，中间由六块砖雕拼成中国传统牡丹花图案，寓意富贵吉祥。大门西侧有倒座房三间，鞍子脊，合瓦屋面，木构架绘箍头彩画，前檐装修为现代门窗，封后檐墙。迎门为座山影壁一座。院内正房三间，鞍子脊，合瓦屋面，木构架绘箍头彩画，封后檐墙，前檐明间装修为隔扇风门，次间前檐装修为现代门窗。东、西厢房各三间，鞍子脊，合瓦屋面，木构架绘箍头彩画，封后檐墙，明间装修夹门窗，次间为槛墙、支摘窗。

现为居民院。

大门

正房

温家街5号

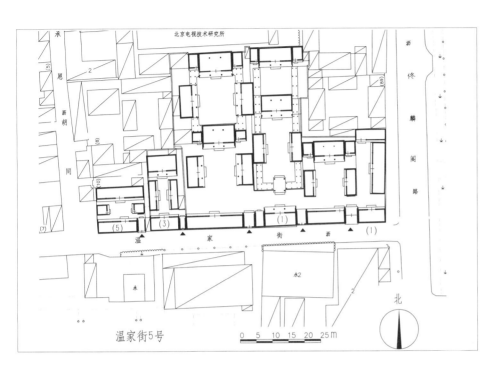

温家街5号

0　5　10　15　20　25 m

位于西城区金融街街道。该院坐北朝南，一进院落。民国时期建筑。

大门位于院落东南隅，小蛮子门一座，进深五檩，清水脊，合瓦屋面，门扇上雕刻门联一副："忠厚传家久，诗书继世长"。大门西侧有倒座房四间半，鞍子脊，合瓦屋面，前檐装修为现代门窗，封后檐墙。迎门有座山影壁一座，清水脊，筒瓦屋面。院内北房五间，鞍子脊，合瓦屋面，前檐装修为现代门窗，封后檐墙。东、西厢房各一间，鞍子脊，合瓦屋面，前檐装修为现代门窗。

现为居民院。

大门

正房

石灯胡同13号

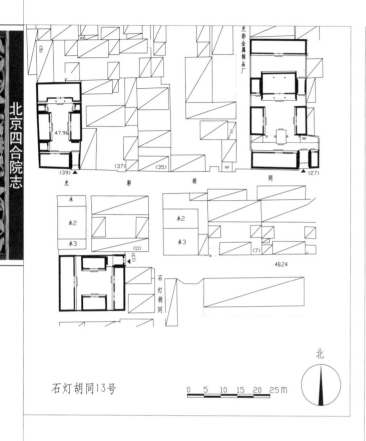

石灯胡同13号

大门

位于西城区金融街街道。该院坐西朝东，一进院落。民国时期建筑。

大门位于院落东北隅，如意大门一间，东向，进深五檩，清水脊，合瓦屋面，门楣栏板雕刻花卉图案，戗檐、墀头雕刻牡丹和花篮图案，六角形门簪两枚，圆形门墩一对。迎门座山影壁一座，清水脊，筒瓦屋面，影壁南侧原有屏门一座，现已拆除。院内西房为正房，五间，后改机瓦屋面，前檐装修为现代门窗，封后檐墙。大门南侧建有东房四间，鞍子脊，合瓦屋面，封后檐墙。院内南、北厢房各三间，后改机瓦屋面，前檐装修为现代门窗，封后檐墙。

现为居民院。

戗檐、墀头砖雕

门楣砖雕

东房

永宁胡同25号

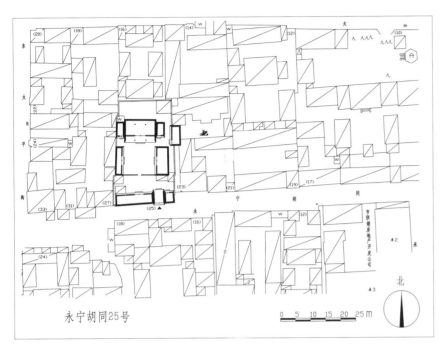

永宁胡同25号

门墩

位于西城区金融街街道。该院坐北朝南，二进院落。民国时期建筑。

大门

大门位于院落东南隅，蛮子大门一间，进深五檩，清水脊，合瓦屋面，脊饰花盘子，梅花形门簪四枚，方形门墩一对，后檐柱间饰雀替。大门东侧有倒座房一间，后改机瓦屋面，西侧四间，过垄脊，合瓦屋面，老檐出后檐墙。

一进院北侧原建有月亮门，已拆除。

二进院正房三间，鞍子脊，合瓦屋面，前后廊，前檐装修为现代门窗，老檐出后檐墙。正房两侧接耳房各一间，为原址翻建。东、西厢房各三间，鞍子脊，合瓦屋面，前檐装修为现代门窗，封后檐墙。东耳房东另建有东房二间，鞍子脊，合瓦屋面。

现为居民院。

二进院正房

第三篇

西城区四合院

永宁胡同37号

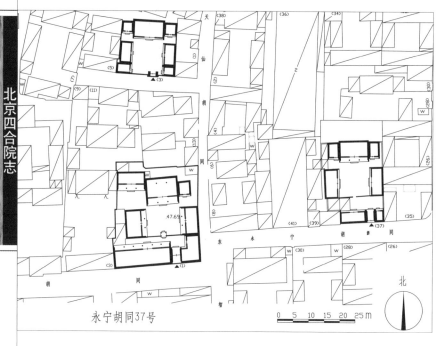

永宁胡同37号

门墩

位于西城区金融街街道。该院坐北朝南，一进院落。民国时期建筑。

大门位于院落东南隅，蛮子大门一间，清水脊，合瓦屋面，门簪两枚，方形门墩一对，门内有步步锦棂心倒挂楣子。大门东侧有倒座房一间，西侧三间，鞍子脊，合瓦屋面，老檐出后檐墙。院内正房三间，鞍子脊，合瓦屋面，前出廊，前檐装修为现代门窗。正房两侧接耳房各一间，鞍子脊，合瓦屋面。东、西厢房各三间，鞍子脊，合瓦屋面。院内房屋前檐装修均为现代门窗。

现为居民院。

大门

大门内步步锦棂心倒挂楣子

圆宏胡同1号

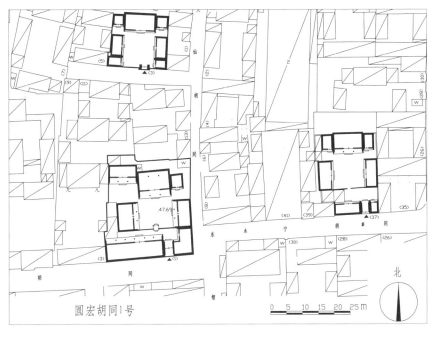

圆宏胡同1号

0 5 10 15 20 25m

北

门墩

进深五檩，清水脊（脊毁），合瓦屋面，六角形门簪四枚，圆形门墩一对，雕刻祥云图案，门内后檐柱间雀替雕刻卷草纹饰。大门西侧有倒座房六间，前出廊，清水脊，合瓦屋面，前檐装修为现代门窗，老檐出后檐墙。大门东侧有转角房五间，后改机瓦屋面，前檐装修为现代门窗。

一进院原有垂花门，现已拆除。

二进院正房三间，过垄脊，合瓦屋面，前后廊，室内保存有部分碧纱橱。正房东有耳房一间，已翻建，正房西有北房三间，前出廊。东、西厢房各三间，过垄脊，合瓦屋面，前出廊，前檐明间装修为夹门窗，次间为步步锦棂心支摘窗，封后檐墙。

现为居民院。

位于西城区金融街街道。该院坐北朝南，二进院落。民国时期建筑。

大门位于院落东南隅，广亮大门一间，

大门

二进院正房

第三篇

西城区四合院

835

东太平街27号

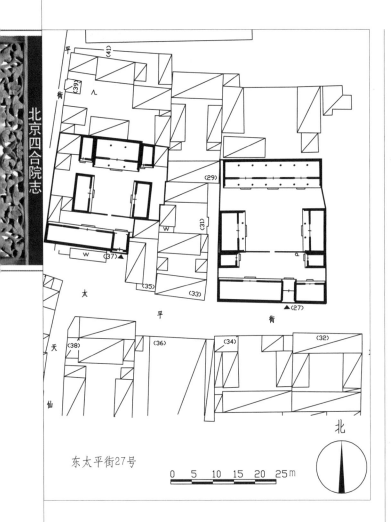

东太平街27号

0　5　10　15　20　25m

北

大门

门墩一对。大门东侧有倒座房三间，西侧五间，均已原址翻建，封后檐墙。

一进院北侧原有二门一座，两侧为看面墙，均已毁坏。院内有东、西房各一间，已翻建。

二进院正房七间，前后廊，后改机瓦屋面。东、西厢房各三间，清水脊，合瓦屋面，前出廊，明间装修为隔扇风门，次间为支摘窗。

现为居民院。

位于西城区金融街街道。该院坐北朝南，二进院落。民国时期建筑。

大门位于院落东南隅，广亮大门一间，清水脊（脊毁），合瓦屋面，门簪四枚，圆形

大门及倒座房

二进院东厢房

东太平街37号

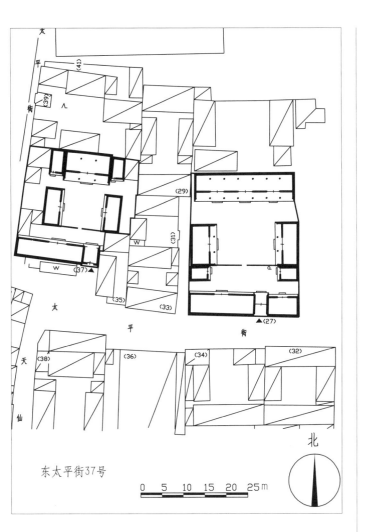

东太平街37号

二进院厢房及正房

二进院西厢房

位于西城区金融街街道。该院坐北朝南，二进院落。民国时期建筑。

大门位于院落东南隅，原如意大门一间，后改水泥机瓦屋面。

大门西侧建有倒座房四间，为原址翻建。

一进院北侧原有二门，已无存。

二进院正房三间，鞍子脊，合瓦屋面，前后廊，戗檐处作砖雕装饰。正房两侧接耳房各一间，鞍子脊，合瓦屋面（部分已改机瓦）。东、西厢房各三间，鞍子脊，合瓦屋面，封后檐墙。该院房屋前檐装修均为现代门窗。

现为居民院。

天仙胡同3号

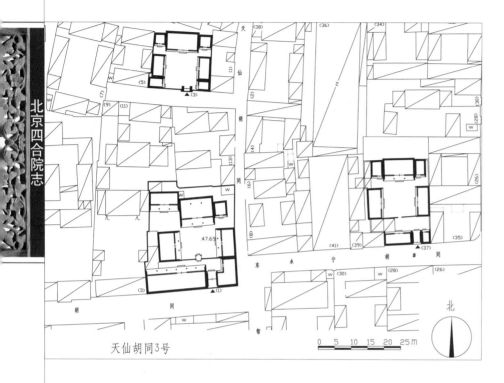

天仙胡同3号

　　位于西城区金融街街道。该院坐北朝南，一进院落。民国时期建筑。

　　大门位于院落东南隅，砖砌小门楼一座，门头作花瓦装饰，圆形门墩一对，残坏。院

正房

内正房三间，鞍子脊，合瓦屋面，瓦当上刻有"吉祥"字样和盘长图案，前檐装修为现代门窗，步步锦棂心横披窗保留。正房两侧接耳房各一间，鞍子脊，合瓦屋面。东、西厢房各三间，鞍子脊，合瓦屋面，前檐明间装修夹门窗，次间为支摘窗。厢房南侧各有厢耳房一间，后改机瓦屋面，夹门窗装修，步步锦棂心。

　　现为居民院。

大门

后英子胡同19号、粉子胡同19号

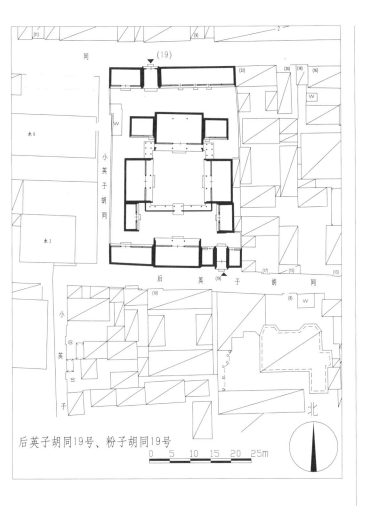

后英子胡同19号、粉子胡同19号

0 5 10 15 20 25m

门楣

披水排山脊，合瓦屋面，梅花形门簪两枚，前檐柱间有雀替一对，雕刻图案有"子孙万代"之意，圆形门墩一对，门内檐柱间有步步锦棂心倒挂楣子。大门东西两侧各有南房一间，合瓦屋面，封后檐墙。迎门有座山影壁一座。一进院北侧原有垂花门及抄手游廊，已拆除。现存南房三间，鞍子脊，合瓦屋面，前出廊，老檐出后檐墙。南房西侧再接南房四间，水泥机瓦屋面。东、西厢房各三间，均原址翻建。二进院正房三间，后改机瓦屋面，前后廊，老檐出后檐墙，前檐装修为现代门窗。正房两侧接耳房各二间。东、西厢房各三间，清水脊，合瓦屋面（东厢房后改机瓦屋面），前出廊，前檐装修为现代门窗。三进院有后门（现为粉子胡同19号大门），如意大门一间，位于院落西北侧，北向，清水脊，合瓦屋面，门簪两枚。门西侧有北房三间，东侧有北房六间，屋面后改，封后檐墙，门窗装修为夹门窗、支摘窗。

据说刘少奇曾在此院从事过地下工作。

现为居民院。

位于西城区金融街街道。该院坐北朝南，三进院落。与粉子胡同19号同为一院。清代末期至民国初期建筑。

大门位于院落东南隅，金柱大门一间，

大门

839

粉子胡同13号

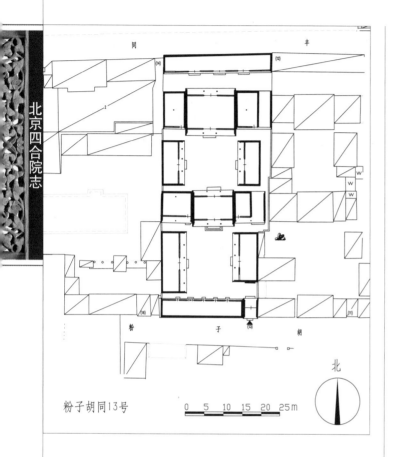

粉子胡同13号

0 5 10 15 20 25m

北

位于西城区金融街街道。该院坐北朝南，三进院落。清代建筑。

大门位于院落东南隅，广亮大门一间，清水脊，合瓦屋面，梅花形门簪四枚，前后檐柱间各有雀替一对，圆形门墩一对，门内侧墙壁邱门为硬心做法。大门西侧有倒座房

大门及倒座房

正房

七间半，清水脊，合瓦屋面，前檐装修为现代门窗，老檐出后檐墙。迎门座山影壁一座，筒瓦屋面，影壁心为硬心做法。

一进院正房（过厅）三间，铃铛排山脊，筒瓦屋面，前后出廊，柱间有工字卧蚕步步锦棂心倒挂楣子，明间前出垂带踏跺，前檐装修为现代门窗，正房两侧接耳房各二间，铃铛排山脊，筒瓦屋面，前后廊，老檐出后檐墙。东厢房四间，西厢房五间，均为后改机瓦屋面，前出廊，前檐装修为现代门窗。

二进院正房三间，铃铛排山脊，筒瓦屋面，前后廊，明间保留有五抹隔扇，工字卧蚕步步锦雕饰，裙板、绦环板雕刻草龙如意图案，横披窗雕刻十字如意图案。正房西接耳房二间，东接耳房三间，两卷勾连搭形式，筒瓦屋面。东、西厢房各四间，后改机瓦屋面，前出廊，前檐装修为现代门窗。

三进院后罩房九间，原址翻建。该院房屋体量高大，用料讲究。

相传该院原为珍妃家庙。

现为居民院。

前英子胡同11号

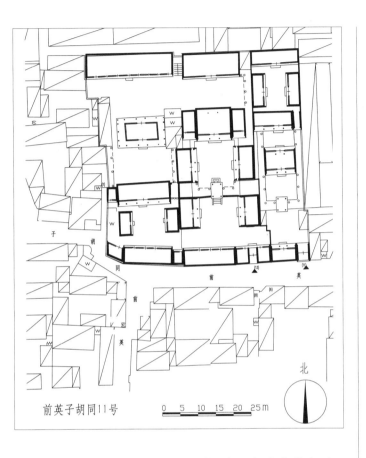

前英子胡同11号

0 5 10 15 20 25m

北

垂花门

葫芦藤图案，寓意"福禄绵长"，门墩一对，垂花门两侧原有游廊可通向后院，现仅存东部一段。大门西侧倒座房三间，鞍子脊，合瓦屋面，前出廊，封后檐墙。

二进院正房三间，过垄脊，合瓦屋面，前后出廊，木构架绘箍头彩画，前檐装修为现代门窗。

三进院正房五间（东梢间为过道），过垄脊，合瓦屋面，前出廊，木构架绘箍头彩画，前檐装修为现代门窗。

四进院正房五间，过垄脊，合瓦屋面，前檐明间隔扇风门，次间、梢间支摘窗，帘架尚存，木构架绘箍头彩画。东、西厢房各三间，过垄脊，合瓦屋面，前檐装修为现代门窗。

现为居民院。

位于西城区金融街街道。该院坐北朝南，四进院落。民国时期建筑。

广亮大门一间，清水脊，合瓦屋面，脊饰花盘子，圆形门墩残留一半，梅花形门簪四枚，雀替为透雕狮子滚绣球图案，极为罕见。一进院北侧有一殿一卷式垂花门一座，悬山顶，筒瓦屋面，石榴垂柱头，花罩雕刻

大门及倒座房

正房

前英子胡同13号

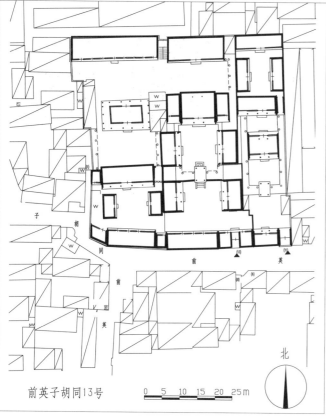

前英子胡同13号　　0　5　10　15　20　25m

东路正房、厢房

机瓦屋面。

　　东路：一进院北侧原有垂花门一座，现仅保存基座，西侧游廊连接东西二院，现部分已毁。东、西厢房各三间，过垄脊，合瓦屋面，前出廊。二进院正房三间，披水排山脊，合瓦屋面，前后廊，木构架绘箍头彩画。正房两侧耳房各一间，前出廊。东、西厢房各三间，前出廊。厢房南侧接厢耳房各一间。三进院正房五间，现已翻建。

　　西路：一进院正房五间，鞍子脊，合瓦屋面，前出廊。正房两侧耳房各一间。东、西厢房及倒座房后拆建。二进院正房面阔三间，歇山顶，过垄脊，筒瓦屋面，带周围廊。三进院在原后罩房基础上新建二层小楼。院内房屋前檐装修均为现代门窗。

　　现为居民院。

　　位于西城区金融街街道。该院坐北朝南，东西并联两路三进院落。清代末期至民国初期建筑。

　　大门为三间一启门形式，披水排山脊，合瓦屋面，梅花形门簪四枚，圆形门墩一对，门内象眼处雕刻花卉图案。门内迎门座山影壁一座。大门西侧有倒座房六间，后改水泥

大门

西路敞厅

民康胡同23号

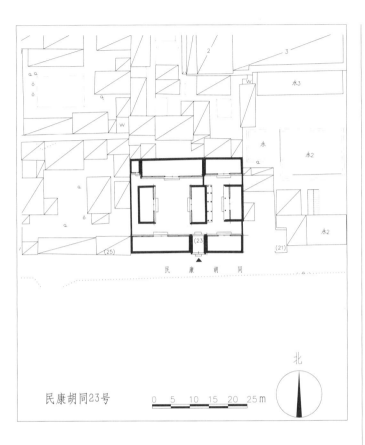

民康胡同23号　　0 5 10 15 20 25 m

北

位于西城区金融街街道。该院落坐北朝南，东西并联两组一进院落。民国时期建筑。

大门位于西院院落东南隅，金柱大门形式，金柱位置作如意门装修，清水脊，合瓦屋面，门楣栏板砖雕花卉图案，戗檐砖雕花卉图案，梅花形门簪两枚，板门两扇，方形门墩一对，门内后檐装饰盘长如意楞心倒挂楣子、花牙子。门内迎门座山影壁一座，硬心做法。大门东侧倒座房三间，鞍子脊，合瓦屋面，前檐装修为现代门窗，后檐为封后檐墙形式。大门西侧倒座房五间，鞍子脊，合瓦屋面，前檐装修为现代门窗，后檐为封后檐墙形式。

座山影壁及厢房山面

东院内北房三间，鞍子脊，合瓦屋面，前檐装修为现代门窗。东厢房三间，前出平廊，其西侧依西院东厢房原有平廊。

西院正房五间，鞍子脊，合瓦屋面，前檐木构架绘箍头彩画，前檐装修为现代门窗。正房西侧耳房一间，鞍子脊，合瓦屋面。东、西厢房各三间，鞍子脊，合瓦屋面，前檐装修为现代门窗，后檐为封后檐墙形式，山面开有雕花透风砖，东厢房后檐开有圆券窗。

现为居民院。

大门

西院正房

大乘胡同19号

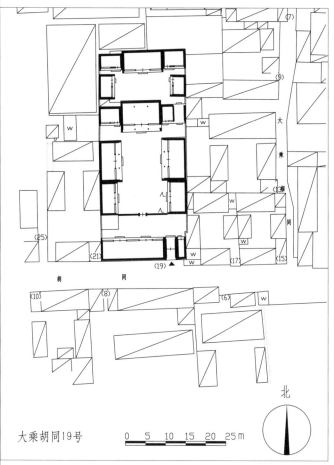

大乘胡同19号

0 5 10 15 20 25 m

北

位于西城区金融街街道。该院坐北朝南，三进院落。民国时期建筑。

大门位于院落东南隅，广亮大门一间，

倒座房

大门

清水脊，合瓦屋面，门簪两枚，木构架绘箍头彩画，门墩无存。大门东侧有倒座房一间，西侧五间，过垄脊，合瓦屋面，封后檐墙。一进院北侧原有二门一座，已拆除。

二进院正房三间，过垄脊，合瓦屋面，前后廊，明间装修原为隔扇风门，次间为支摘窗，十字海棠棂心，门窗上有横披窗，菱形图案。正房两侧有耳房各二间，过垄脊，合瓦屋面，木构架绘箍头彩画。东、西厢房各三间，过垄脊，合瓦屋面，前出廊，封后檐墙，明间装修隔扇风门，次间为支摘窗，厢房南侧有厢耳房各三间，现已翻建。

三进院正房三间，过垄脊，合瓦屋面，封后檐墙。正房两侧耳房各二间，过垄脊，合瓦屋面。东、西厢房各二间，平屋顶。

现院落空置。

大乘胡同39号

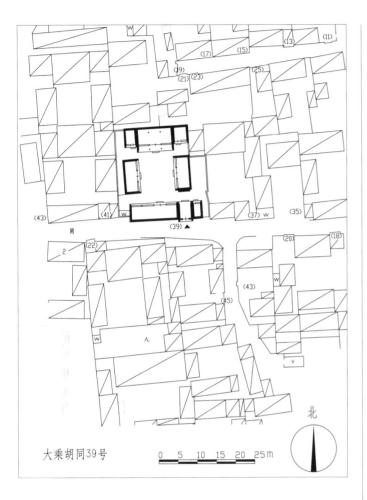

大乘胡同39号

影壁

位于西城区金融街街道。该院坐北朝南，一进院落。民国时期建筑。

大门位于院落东南隅，如意大门一间，清水脊，合瓦屋面，门簪两枚，门楣作花瓦装饰，门内后檐柱间有步步锦楣心倒挂楣子、花牙子。大门西侧有倒座房四

间，东为一间，清水脊，合瓦屋面，前檐装修为现代门窗，封后檐墙。迎门有座山影壁一座，筒瓦屋面，影壁心抹灰。院内正房三间，清水脊，合瓦屋面，脊饰花盘子，前后廊，木构架绘箍头包袱彩画，前檐装修为现代门窗，正房两侧接耳房各一间，后改机瓦屋面。东、西厢房各三间，清水脊，合瓦屋面，脊饰花盘子，前檐装修为现代门窗，封后檐墙。

现院落空置。

大门

正房

武定侯胡同23号

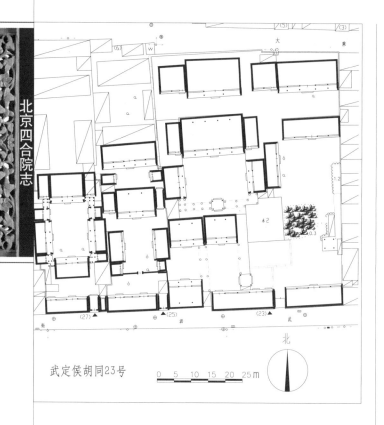

武定侯胡同23号

0 5 10 15 20 25 m

北

西路一进院垂花门

为广亮大门形式，现在已经封堵，现大门为倒座房后开门。

西路：大门西侧倒座房五间，原为清水脊，合瓦屋面，现改为机瓦屋面。西路东侧有单卷垂花门一座，坐西朝东，垂莲柱头，缠枝花卉花罩，圆形门墩残。垂花门北侧接南北向游廊，四檩卷棚顶。游廊西侧为第一进院，院内有两座相连的北房，每座三间，

位于西城区金融街街道。该院落坐北朝南，东西两路三进院落。清代末期至民国初期建筑。

原大门位于两路院落南侧的中间位置，

原大门

垂莲柱头及花罩

西路一进院北房

廊子梁架

西侧北房高于东侧，披水排山脊，合瓦屋面，前后廊，前檐装修为现代门窗。南房三间，前后廊，清水脊，合瓦屋面，前檐装修为现代门窗。二进院前有一殿一卷式垂花门一座，石榴形垂柱头，垂柱间装饰雀替，圆形门墩一对。二进院正房五间，披水排山脊，合瓦屋面，前后廊，前檐装修为现代门窗。正房两侧东、西耳房各一间。东、西厢房各三间，前出廊，披水排山脊，合瓦屋面，前檐装修为现代门窗。三进院正房三间。前出廊，披水排山脊，合瓦屋面。正房西侧耳房二间。

东路为花园部分。大门东侧倒座房五间，原为清水脊，合瓦屋面，现为机瓦屋面，前檐装修为现代门窗。院内前部有堆叠太湖石假山，山上建有重檐四角攒尖顶方亭一座，方形宝顶，筒瓦屋面。亭子两侧有爬山廊。假山北侧二进院建有北房五间，披水排山脊，合瓦屋面，前檐装修为现代门窗。西厢房四间，过垄脊，合瓦屋面。三进院有正房五间，前出廊，披水排山脊，合瓦屋面，铃铛排山，屋顶建有民国时期的烟囱，前檐装修为现代门窗。西耳房二间，过垄脊，合瓦屋面。院落围墙为大城砖砌筑。

此院据推断原为武定侯府。武定胡同，明代称武定侯胡同。据《京师坊巷志稿》载：武定侯郭英，洪武十七年（1384）封。朱棣迁都北京后，郭英后人也迁到北京并建宅第，

因武定侯爵位世袭，郭英后人建有府宅的这条胡同遂得名武定侯胡同。属金城坊。1965年扁担胡同并入，定名武定胡同。

民国时期国民党第六军团第十二军军长孙殿英曾在此居住。

现为居民院。

东路花园攒尖顶方亭

第三章 什刹海街道

DI-SAN ZHANG SHICHA HAI JIEDAO

　　什刹海街道位于西城区东北部，东起旧鼓楼大街、地安门内、外大街，与东城区相邻；西至新街口南、北大街，西四北大街，与新街口街道相连；南起景山前街、文津街、西安门大街，与西长安街街道相接；北至德胜门东、西大街，与德胜街道接壤。辖区面积5.8平方公里，有一类大街15条，二类大街10条，胡同170条。辖区位于北京市历史文化保护区内，全国重点文物保护单位有恭王府及花园、郭沫若故居、北海及团城、梅兰芳故居，市级文物保护单位有大高玄殿、庆王府等，区级文物保护单位有小石桥胡同24号竹园等。

第一节

文保院落

DI-YI JIE　WEN-BAO YUANLUO

前海西街18号（郭沫若故居）

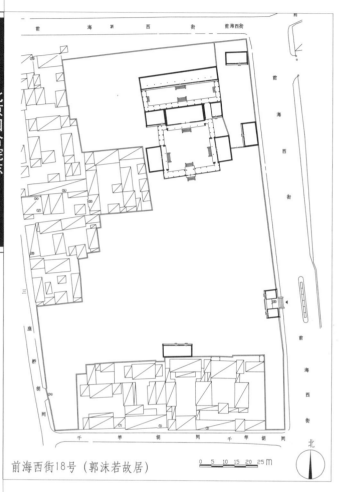

前海西街18号（郭沫若故居）

0 5 10 15 20 25 M

北

位于西城区什刹海街道。该院坐北朝南，三进院落。清代建筑。

大门坐西朝东，大门外正对为一座一字影壁，影壁为筒瓦，过垄脊，虎皮石基础。

大门外影壁

大门三间，为三间一启门形式，过垄脊，筒瓦屋面。明间前檐柱带雀替，梁架绘箍头彩画，明间中柱位置有两扇红色板门，梅花形门簪四枚，承托横匾，匾上书：郭沫若故居。象眼线刻几何形纹饰，次间为墙，开有两扇窗。

大门内为一座花园，是故居的一进院。庭院由土山、树木、绿地、竹林、山石等组成。在草坪中，郭沫若先生的铜像端坐其中。一进院的西南角有南房一栋，四间，过垄脊，合瓦屋面，前檐装修为现代门窗。

北半部为居住部分。一进院落的最北端有一殿一卷式垂花门一座，灰筒瓦，垂莲柱头，梁架绘

郭沫若铜像

苏式彩画，梅花形门簪两枚，前出垂带踏跺五级。垂花门内绿色屏门，门前左右各有一口铜钟，垂花门两侧接游廊和看面墙，清水脊，筒瓦屋面，墙心为方砖心做法，下碱为

垂花门栏板及装饰

一进院正房

西厢房

虎皮石墙做法。二进院内正房坐北朝南，五间，分别是客厅、办公室、卧室。正房为过垄脊，筒瓦屋面，前后出廊，木构架绘有箍头彩画，柱间带雀替，明间四扇玻璃门，次间、梢间为玻璃窗，正房前出垂带踏跺六级。正房两侧各带耳房二间，过垄脊，筒瓦屋面。

正房两侧为东、西厢房各三间，过垄脊，筒瓦屋面，前出廊，木构架绘箍头彩画，柱

屏门

东厢房

间带雀替，明间四扇玻璃门，次间玻璃窗，厢房前出垂带踏跺五级。

二进院落四周环以抄手游廊，游廊为四檩卷棚顶，筒瓦屋面，廊柱间带步步锦棂心倒挂楣子。

三进院以后罩房为主，形成了一个相对独立的院落。后罩房坐北朝南，十一间，鞍子脊，合瓦屋面，前后出廊，木构架绘箍头彩画，明间出垂带踏跺五级，后罩房两侧有平顶廊连接二进院正房。

东跨院的入口有月亮门，穿过月亮门的东跨院有东房，三间，鞍子脊，合瓦屋面，东跨院向北还有北房一座，二间，过垄脊，合瓦屋面，前檐装修为现代门窗，北房西侧有平顶廊。

该院原为清乾隆朝权臣和珅府外的一座花园，清嘉庆年间，和珅被贬，家被抄，花

游廊

东跨院平顶廊

后罩房

园遂废。清同治年间，花园成为恭亲王奕䜣恭王府的前院，是堆放草料和养马的马厩。民国年间，恭亲王的后代把王府和花园卖给了辅仁大学，把这里卖给天津达仁堂乐家药铺做宅园。在院子的南头和千竿胡同相倚的地方有两块达仁堂的界石砌在墙根里，上刻"乐达仁堂界"五字。1950年至1959年，此处曾是蒙古人民共和国驻华使馆所在地。1960年至1963年，为宋庆龄寓所。1963年

11月，郭沫若由西四大院胡同5号搬到这里居住，一直到1978年6月12日逝世，为期15年。

郭沫若（1892—1978），四川乐山人，诗人、剧作家、考古学家和古文字学家。新中国成立后，曾任中国科学院院长、中央人民政府政务院副总理、全国人大常委会副委员长、中国文联主席等职务。在前海西街18号居住期间，先后撰写《屈原赋今译》《管子集校》《蔡文姬》《武则天》《屈原》等作品。

故居前院为办公区域，后院为生活居住区域，二院相对独立而又相互连接。

该院1988年公布为全国重点文物保护单位。

月亮门

故居内竹林

地安门西大街153号

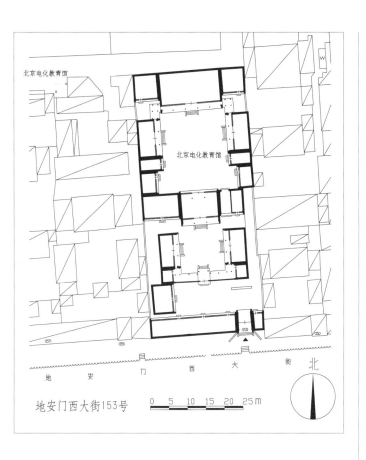

北京电化教育馆

地安门西大街153号

0 5 10 15 20 25m

地 安 门 西 大 街 北

一进院

位于西城区什刹海街道。该院坐北朝南，三进院落。清代末期建筑。

大门位于院落东南隅，广亮大门一间，清水脊，合瓦屋面，脊饰花盘子，前后檐，戗檐砖雕均为喜上梅梢图案，双扇红漆板门，梅花形门簪四枚，圆形门墩一对。门外两侧撇山影壁，门内侧为一字影壁一座。大门东侧倒座房一间，西侧七间，披水排山脊，合瓦屋面。一进院北侧有一殿一卷式垂花门一座，梁架绘苏式彩画，梅花形门簪四枚，方形门墩一对，前出垂带踏跺四级。垂花门两侧连接看面墙和游廊，过垄脊，筒瓦屋面。院西侧有厢房三间，过垄脊，合瓦屋面。梁架绘箍头彩画，前出如意踏跺三级。

二进院内正房三间，清水脊，合瓦屋面，脊饰花盘子，前后廊，戗檐砖雕牡丹花图案，

前檐明间隔扇风门，前出垂带踏跺四级。后出如意踏跺三级，次间槛墙、支摘窗。正房西接耳房三间，东接耳房二间，东耳房内侧一间为过道通往第三进院，过垄脊，合瓦屋面，耳房后檐开砖券门窗。东、西厢房各三间，前出廊，厢房南侧各带厢耳房一间，均为过垄脊，合瓦屋面。院落四周环以游廊，四檩卷棚顶，筒瓦屋面，梁架绘箍头彩画。院内种玉兰二棵。

三进院内正房五间，清水脊，合瓦屋面，脊饰花盘子，前出廊。前檐明间隔扇风门。前出垂带踏跺五级。次间为支摘窗。两侧耳房各二间。东、西厢房各三间，前出廊，清水脊，合瓦屋面，脊饰花盘子，前檐装修为现代门窗。南侧各带厢耳房三间，前檐装修为现代门窗。厢房与正房间建有窝角廊子。

该院在民国时期曾为徐世昌之弟徐世襄的宅邸。2003年公布为北京市文物保护单位。

二进院正房廊门筒子

护国寺街9号（梅兰芳故居）

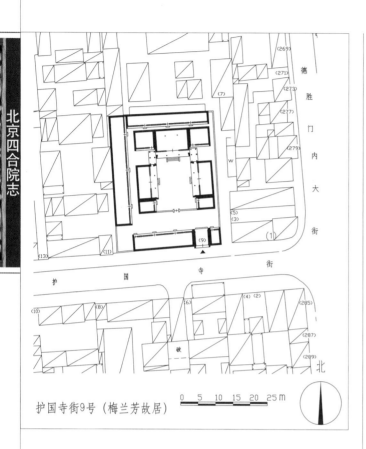

护国寺街9号（梅兰芳故居）

0 5 10 15 20 25 m

影壁

倒座房

二进院正房

位于西城区什刹海街道，该院坐北朝南，前后三进院落，带西跨院。民国时期建筑。

大门位于院落东南隅，蛮子门一间。梅花形门簪四枚，前檐下悬邓小平亲题"梅兰芳纪念馆"匾额，黑底金字，圆形门墩一对。大门东侧门房一间，西侧接倒座房四间，过

垄脊，合瓦屋面，封护檐后檐墙，抽屉檐砖檐形式。大门内一字影壁一座，硬山顶，过垄脊，筒瓦屋面，方砖硬影壁心，影壁前安放汉白玉质梅兰芳先生半身雕像。

一进院北侧设二门，硬山顶，过垄脊，筒瓦屋面，前后各出如意踏跺两级。二门两侧接看面墙，正、反三叶草花瓦顶。院内西侧另有一门可通西跨院。

二进院迎门木影壁一座，院内正房三间，前出廊，过垄脊，合瓦屋面，檐下双层方椽，梁架绘箍头彩画，前檐明间隔扇风门装修，次间槛墙、支摘窗装修，前廊两侧设有廊门筒子，明间前有垂带踏跺四级。正房两侧各

游廊

带耳房二间，过垄脊，合瓦屋面。东、西厢房各三间，前出廊，过垄脊，合瓦屋面，檐下双层方椽，绘箍头及柁头彩画。明、次间装修同正房，明间前有如意踏跺两级。东、西厢房南侧各接厢耳房一间，平顶。院内正房与厢房间由平顶游廊相互衔接，梅花方柱，素面挂檐板，柱间装修盘长如意倒挂楣子及灯笼框坐凳楣子。

三进院后罩房七间，过垄脊，合瓦屋面，檐下双层方椽，各间作门连窗装修。西跨院建西房二栋，南侧一栋五间，北侧一栋四间，屋面连为一体，过垄脊，合瓦屋面，檐下单层方椽，绘箍头及柁头彩画，门连窗及支摘窗装修。

故居原为庆王府马厩旧址，民国时期禁烟总局曾设在此。新中国成立后，国务院改

石花盆

建成招待所。1950年梅兰芳回北京，任文化部京剧研究院院长，1951年任中国戏曲研究院院长，国家将此院拨给梅兰芳居住，1952年任中国京剧院院长，并先后当选为全国人大代表，1961年8月8日在北京去世。梅兰芳逝世后，周恩来总理提议建梅兰芳纪念馆，梅兰芳的亲人将家中珍藏的照片、剧本、纪念品等共三万余件文物、资料捐给国家。1983年经中宣部和国家计委批复将此地辟为纪念馆。1984年由北京市人民政府公布为北京市文物保护单位。1986年10月，邓小平同志亲自题写的"梅兰芳纪念馆"匾额，正式悬挂在故居的门额上。2013年公布为全国重点文物保护单位。现为梅兰芳纪念馆。

西院排房

小石桥胡同24号、甲24号

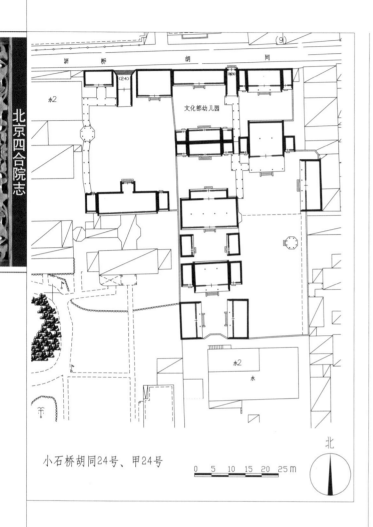

小石桥胡同24号、甲24号

0 5 10 15 20 25m

北

　　位于西城区什刹海街道。该院落现分为小石桥胡同24号和甲24号。清代建筑。

　　小石桥胡同24号仅存一进院落，院落北

24号院大门

侧中间有广亮大门一间，北向，清水脊，筒瓦屋面，脊饰花盘子，前后檐均绘有苏式彩画及箍头彩画，前后檐柱间均装饰有雀替，红色板门两扇，门上有匾额一块及梅花形门簪两枚，匾额上写有"竹园"。门前为礓磋坡道。

　　大门两侧有八字影壁，过垄脊，筒瓦，硬心做法，下部为须弥座。大门西侧北房三间，过垄脊，合瓦屋面，明间为四抹隔扇门，次间为支摘窗，均

24号院大门八字影壁

为灯笼锦棂心。大门东侧北房三间，东侧一间原开门，现已封闭，一殿一卷式，合瓦屋面，前檐绘有苏式彩画，柱间装饰有雀替，西侧二间为合瓦屋面，檐下有挂檐板，前檐绘有苏式彩画。院内南房五间，过垄脊，筒瓦屋面，明间前出门廊一间，过垄脊，筒瓦屋面，作垂花门形式，前檐绘有苏式彩画，装饰有大花板、小花板、挂落板及垂莲柱头，前出如意踏跺四级。南房东、西两侧各有耳房一间。院落西侧有四檩卷棚顶游廊连接南北房，游廊梁架绘有苏式彩画及箍头彩画，装饰有倒挂楣子、花牙子及坐凳楣子。游廊中部建有八角攒尖顶亭子一座，梁架绘有苏式彩画及箍头彩画，装饰有倒挂楣子、花牙子及坐凳楣子。

垂花门花罩及垂莲柱头

小石桥胡同甲24号院坐北朝南，院落前部已改建楼房，仅存后部东、西两路四进院落。小石桥甲24号为其后门，位于院落北侧中间，如意大门一间，清水脊，合瓦屋面，脊饰花盘子，门头栏板装饰，门楣装饰有连珠纹。红色板门两扇，门钹一对，梅花形门簪两枚，雕刻有花卉。门前门墩一对，前出如意踏跺三级。戗檐及博缝头处有砖雕。进门有平顶游廊，装饰有倒挂楣子、花牙子及坐凳楣子，通往两侧院落。

甲24号院大门博缝头砖雕　甲24号院大门戗檐砖雕

西路一进院月亮门

西路：一进院南侧有月亮门一座，月亮门及两侧看面墙上部用花瓦装饰，院内正房三间，前后出廊，过垄脊，合瓦屋面，老檐出后檐墙，前后檐均绘有箍头彩画。明间为隔扇风门，次间为支摘窗，为十字方格棂心，上带横披窗，棂心无存。正房两侧耳房各一间，过垄脊，合瓦屋面。东、西厢房各三间，过垄脊，合瓦屋面，前出平顶廊，明间为夹门窗，次间为支摘窗，均为十字方格棂心。

二进院正房五间，两卷勾连搭，后出抱厦三间，过垄脊，

甲24号院大门

合瓦屋面，老檐出后檐墙，前后檐均绘有箍头彩画，明间为夹门窗，次间、梢间为推窗，前出如意踏跺三级，抱厦北立面明间为夹门窗。东、西厢房各二间，过垄脊，合瓦屋面，南侧一间为夹门窗，前出踏跺两级，北侧一间为支摘窗。院内东北角有古树一株。

三进院正房三间，过垄脊，合瓦屋面，前檐绘有箍头彩画，明间为夹门窗，次间为支摘窗，均为冰裂纹棂心，前出踏跺三级。正房东、西两侧耳房各一间，过垄脊，合瓦屋面，冰裂纹棂心夹门窗。

四进院北房五间，现已翻建。南房三间，东、西耳房各一间，现已翻建。

东路：一进院正房三间，两卷勾连搭，前出抱厦三间，过垄脊，合瓦屋面，老檐出后檐墙，前后檐均绘有箍头彩画，明间为隔扇风门，前出垂带踏跺四级，次间为支摘窗，

东路一进院正房

东路一进院亭子倒挂楣子

后檐饯檐及博缝头处有砖雕。正房两侧耳房各一间，过垄脊，合瓦屋面。正房前东侧有古树一株。东厢房五间，前出廊，过垄脊，合瓦屋面，前檐绘有箍头彩画，廊柱间装饰有雀替，明间为夹门窗，前出如意踏跺三级，象眼处有暗八仙图案。一进院内有八角攒尖顶亭子一座，梁架绘有彩画，装饰有倒挂楣子、花牙子及坐凳楣子，西侧有如意踏跺三级。一进院东侧有平顶游廊连接各房，装饰

东路一进院东侧游廊

有倒挂楣子、花牙子及坐凳楣子。

二进院正房三间，前出廊，过垄脊，合瓦屋面，前檐绘有箍头彩画，廊柱间装饰有雀替，明间为隔扇风门，上带横披窗，前出垂带踏跺两级，饯檐处有砖雕。正房两侧耳房各一间，前出廊，过垄脊，合瓦屋面。

小石桥胡同 24 号院传说最早曾是大太监安德海的花园，安德海失势后，为李连英所有，但此传说已不可考。清朝末年，这里又

成为了邮传部大臣盛宣怀的住宅，又名"盛园"。盛宣怀（1844—1916），江苏常州人，字杏荪，又字幼勖，号次沂、补楼，别号愚斋。盛宣怀以实业入仕，曾开办轮船招商局，督办京汉铁路，创办汉冶萍钢铁公司，创办北洋大学堂、南洋公学，担任中国红十字会第一任会长等。

宣统三年（1911）5 月 8 日，盛宣怀被留京任邮传部大臣，遵旨接办粤汉、川汉铁路，因"铁路国有"政策引发川、粤两地保路风潮，保清派人士群起攻击盛宣怀闹事，10 月，武昌起义爆发，清廷将罪责推于盛宣怀，群起而攻之。盛宣怀被革职，永不叙用。10 月 28 日，盛宣怀逃离北京，辗转留居上海。

1952 年至 1957 年董必武曾寓此。董必

西路二进院正房后厦

花园一角

武（1886—1975），原名董贤琮，又名董用威，字洁畬，号壁伍。湖北黄安（今红安）人。早年加入同盟会，参加辛亥革命。民国九年（1920），与陈潭秋等人在武汉建立共产主义小组。民国十年（1921），出席了中国共产党第一次全国代表大会。随后，在湖北建立并发展了党的组织。民国十七年（1928）赴苏联中山大学学习，民国二十一年（1932）回国。民国二十三年（1934），随中央红军参加长征。抗日战争时期，是中国共产党同国民党谈判的代表之一。民国三十四年（1945），代表中国解放区参加了联合国制宪会议。新中国成立后，曾任最高人民法院院长，全国政协副主席，中华人民共和国副主席、代主席等职。

董必武的女儿董楚青在《忆我的爸爸董必武》中回忆："小石桥的那所房子的院子很大很大，大致分成南、北两个部分，北院是正院，南院是一座后花园。南、北院由东西走向的一组房子分开。这组房子的东南隅有一敞亮的房间，是爸爸和妈妈的卧室。这间房子的南墙砌的砖只有一米左右高，上面就是玻璃窗……爸爸的床紧靠着东墙，离南墙只有一步的样子……"南墙外有一丛翠竹，董必武有一首诗《病中见窗外竹感赋》，就是在这里作成的。1952年春天，董必武因肺炎卧床休息，闲暇时间作了这首小诗。全诗如下：

竹叶青青不肯黄，枝条楚楚耐严霜。

昭苏万物春风里，更有笋尖出土忙。

董必武一生严格要求自己，勤俭朴素，从未因自己高居官位而谋求私利。有一年，董必武的姐夫从武昌来到北京，下火车后坐一辆三轮车来到了小石桥胡同，下车后没有付钱，三轮车工人说："这个老头自称是董必武的姐夫，不付钱就走了。"正好董必武夫人在家，问明情况，向三轮车工人道了歉付清了车钱。晚上董必武回来，为这事对姐夫发了脾气。也正是因为对自己严格要求，董必武最终因24号院太大，过于铺张而搬出了这里。

该院1989年公布为西城区文物保护单位。现为商业用房。

东路一进院亭子

第二节

一般院落

DI-ER JIE   YIBAN YUANLUO

鼓楼西大街35号

鼓楼西大街35号

0 5 10 15 20 25 m

北

一进院正房

东厢房

位于西城区什刹海街道。该院坐北朝南，二进院落。清代末期建筑。

大门位于院落东南隅，广亮大门一间，清水脊，合瓦屋面，脊饰花盘子，前檐柱间

大门后檐倒挂楣子

饰雀替，梅花形门簪两枚，方形门墩一对。后檐柱间饰步步锦棂心倒挂楣子及花牙子。大门东侧门房一间，清水脊，合瓦屋面，脊饰花盘子。大门西侧倒座房三间，翻建。

一进院内正房三间，前出廊，清水脊，合瓦屋面，脊饰花盘子，前檐装修为现代门窗。正房两侧耳房各一间。东、西厢房各三间，清水脊，合瓦屋面，脊饰花盘子，前檐装修为现代门窗。

二进院后罩房七间，翻建。

现为居民院。

鼓楼西大街92号

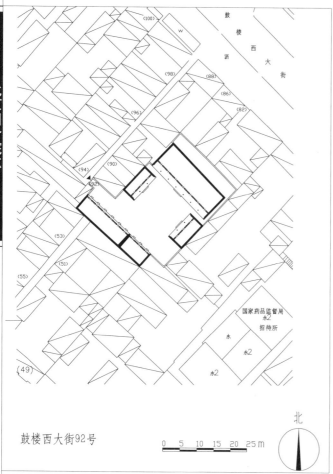

鼓楼西大街92号

0 5 10 15 20 25 m

北

木挂檐板

正房

西洋式柱头

　　位于西城区什刹海街道。该院坐北朝南，一进院落。院落随街势有一定偏角。民国时期建筑。

　　大门位于院落西南隅，随墙门，西向。院内正房七间，前出平顶廊，过垄脊，合瓦屋面，廊柱采用西洋柱式，前檐装修为现代门窗。东、西厢房各三间，前出平顶廊，鞍子脊，合瓦屋面，平顶廊檐下如意头形木挂檐板及步步锦棂心倒挂楣子，前檐装修为现代门窗，门窗保存有部分步步锦棂心横披窗。南房九间，翻建。

　　现为居民院。

东厢房

鼓楼西大街111号

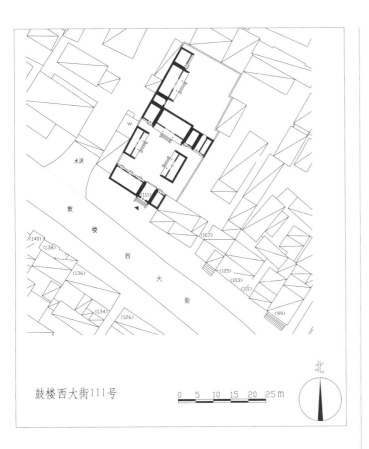

鼓楼西大街111号　　0　5　10　15　20　25 m　北

一进院正房

位于西城区什刹海街道。该院坐北朝南，二进院落。院落随街势有一定偏角。民国时期建筑。

大门位于院落东南隅，如意大门一间，机瓦屋面，红色板门两扇，门板上刻有门联，梅花形门簪两枚，雕刻福寿图案，方形门墩一对。大门东侧门房一间，西侧倒座房三间，均翻建。

一进院正房三间，前出廊，清水脊（脊残），合瓦屋面，部分改为机瓦屋面，前檐装修为现代门窗。正房两侧接耳房各一间，机瓦屋面。东耳房东侧另有平顶房一间，檐下饰素面挂檐板，西侧半间辟为过道。东、西厢房各三间，前出廊，清水脊，合瓦屋面，脊饰花盘子，前檐装修为现代门窗。

二进院西房三间，前出廊，清水脊，合瓦屋面，脊饰花盘子，前檐装修为现代门窗。西房南侧平顶耳房一间，北侧平顶耳房二间，前檐装修为现代门窗。

现为居民院。

门簪

门墩

鼓楼西大街120号

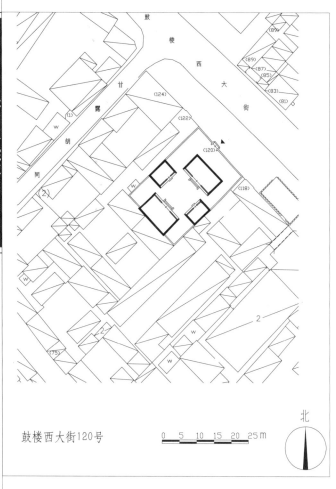

鼓楼西大街120号

0 5 10 15 20 25 m

北

大门

位于西城区什刹海街道。该院坐南朝北，一进院落。院落随街势有一定偏角。民国时期建筑。

大门位于院落西北隅，北向，随墙门一座，大门上部为新修，正脊，筒瓦屋面，门

楣连珠万不断装饰，红色板门两扇，方形门墩一对。院内南房三间，清水脊，合瓦屋面，脊饰花盘子，前檐装修为现代门窗。北房三间，清水脊，合瓦屋面，脊饰花盘子，前檐装修为现代门窗。东、西厢房各二间，过垄脊，合瓦屋面，前檐装修为现代门窗。

现为居民院。

门楣装饰

西厢房

鼓楼西大街177号、179号

鼓楼西大街177号、179号

179号二进院正房戗檐砖雕

位于西城区什刹海街道。该院坐北朝南，东、西两路三进院落。院落随街势有一定偏角。民国时期建筑。

东路（177号）：一进院南房三间，清水脊，合瓦屋面，脊饰花盘子，明间辟门道，门头装饰有花瓦，红色板门两扇，梅花形门簪两枚，前出如意踏跺三级。一进院正房三间，清水脊，合瓦屋面，脊饰花盘子，前檐装修为现代门窗，老檐出后檐墙。正房东侧耳房二间，翻建，西侧一间为过道。东厢房三间，清水脊，合瓦屋面，脊饰花盘子，前檐装修为现代门窗。

二进院正房三间，清水脊，合瓦屋面，脊饰花盘子，前檐装修为现代门窗。正房东侧耳房一间，现已翻建。现为居民院。

西路（179号）：大门位于院落东南隅，蛮子门一间，清水脊，合瓦屋面，脊饰花盘子，

红色板门两扇，梅花形门簪两枚，前出如意踏跺两级。大门东侧门房一间，西侧倒座房三间，清水脊，合瓦屋面，前檐装修为现代门窗。

一进院正房三间，前出廊，披水排山脊，合瓦屋面，前后檐绘有箍头彩画，前檐明间为工字卧蚕步步锦棂心隔扇风门，次间为十字方格棂心支摘窗，明、次间上部均有工字卧蚕步步锦棂心横披窗，前出垂带踏跺三级，墙体上部丝缝，下部干摆砌法，戗檐处有砖雕，老檐出后檐墙。正房两侧耳房各一间，披水排山脊，合瓦屋面，东耳房为过道。东、西厢房各三间，东厢房为清水脊，合瓦屋面，脊饰花盘子，前檐装修为现代门窗。西厢房已翻建。

二进院正房五间，披水排山脊，合瓦屋面，前檐装修为现代门窗。东梢间为过道。

三进院北房三间，现已翻建。

现为居民院。

179号一进院正房

后马厂胡同13号

后马厂胡同13号

0 5 10 15 20 25 m

北

门东侧有门房一间，过垄脊，合瓦屋面，西侧倒座房三间，过垄脊，合瓦屋面，老檐出后檐墙。其西另有耳房三间，过垄脊，合瓦屋面，封后檐墙。门内迎门一字影壁一座，硬山过垄脊筒瓦顶，上部装饰有连珠纹，海棠池硬心做法。

影壁东西两侧原有屏门，现门板已拆除。

一进院北侧有一殿一卷式垂花门一座，清水脊，筒瓦屋面，脊饰花盘子，前檐装饰有花板、花罩，方形垂柱头，梅花形门簪两枚，雕刻有如意字样，方形门墩一对，垂花门

一殿一卷式垂花门背立面

梁架上绘有彩画。垂花门两侧看面墙，顶部有栏板造型装饰。

二进院正房三间，前出廊，清水脊，合瓦屋面，脊饰花盘子，梁架绘有箍头彩画，前檐装修为现代门窗，老檐出后檐墙。正房两侧接耳房各二间，鞍子脊，合瓦屋面，前檐装修为现代门窗。东、西厢房各三间，前出廊，过垄脊，合瓦屋面，明间前出如意踏跺三级。西厢房次间保存有支摘窗及护窗板，前檐绘有箍头彩画。

三进院后罩房七间，已翻建。

现为居民院。

位于西城区什刹海街道。该院坐北朝南，三进院落。清代晚期建筑。

大门位于院落东南隅，如意大门一间，清水脊，合瓦屋面，脊饰花盘子，门头栏板饰砖雕，门楣处装饰连珠纹及砖雕，象鼻枭处亦有砖雕，戗檐、墀头、博缝头处均有砖雕，红色板门两扇，门板上护门铁一副，梅花形门簪两枚，门墩一对，大门后檐装饰有万不断与灯笼锦组合棂心倒挂楣子及花牙子。大

大门后檐西侧戗檐砖雕　　倒挂楣子与花牙子

后马厂胡同15号

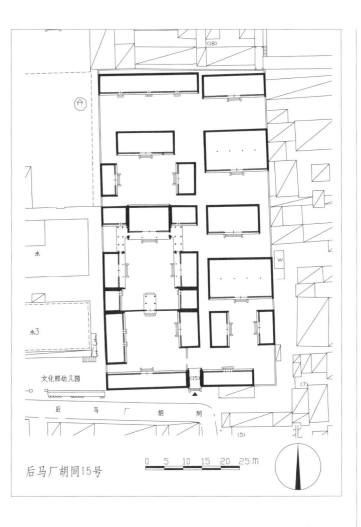

后马厂胡同15号

花板

两扇，梅花形门簪四枚（现已遗失），圆形门墩一对。大门东侧倒座房四间，西侧七间，清水脊，合瓦屋面，脊饰花盘子，前檐装修为现代门窗，封后檐墙。门内迎门有座山影壁一座，素面软心做法。

西路：一进院东房三间，机瓦屋面，平券门窗，西房四间，现已翻建。二进院前一殿一卷式垂花门一座，清水脊，筒瓦屋面，脊饰花盘子，装饰有花罩、花板，垂莲柱头，梅花形门簪四枚，门簪现已部分遗失，方形门墩一对。二进院内正房三间，鞍子脊，合瓦屋面，老檐出后檐墙，前檐明间为隔扇风门。正房两侧接耳房各二间，现已翻建起二层楼。东、西厢房各三间，鞍子脊，合瓦屋面，前檐装修为现代门窗。厢房南侧各有厢耳房二间。院内有抄手游廊连接各房。三进院正房五间，披水排山脊，合瓦屋面。东厢房三间，披水排山脊，合瓦屋面，南侧部分翻建，西厢房三间，现已翻建。四进院后罩房七间，现已翻建。

东路：一进院正房五间，两卷勾连搭形式，尖屋顶，机瓦屋面。院内东、西厢房各三间，尖屋顶，机瓦屋面。二进院正房三间，过垄脊，合瓦屋面。三进院正房五间，两卷勾连搭形式，机瓦屋面。四进院后罩房五间，机瓦屋面。

现为单位用房。

位于西城区什刹海街道。该院坐北朝南，东、西两路四进院落。民国时期建筑。

大门位于西路东南隅，金柱大门一间，清水脊，合瓦屋面，脊饰花盘子，红色板门

倒座房

后马厂胡同28号

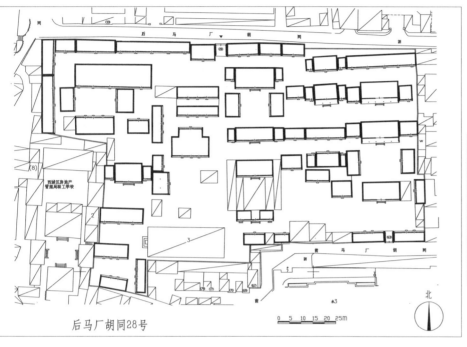

后马厂胡同28号

戏楼内梁架

位于西城区什刹海街道。该院坐北朝南，清代建筑。

院落北侧中部开门，大门为歇山顶，过垄脊，筒瓦屋面，水泥立柱。沿大门通道向南，将院落分为东、西两部分。

东部自西向东分为三路。第一路五进院落：原有大门一间，南向，机瓦屋面，现已封堵为屋。大门东倒座房二间，西倒座房三间，清水脊，合瓦屋面，脊饰花盘子，前檐装修为现代门窗。

一进院过厅五间，披水排山脊，合瓦屋面，明间开门道通往戏台。二进院内戏台三间，进深七檩，悬山顶。

三进院正房五间，铃铛排山脊，合瓦屋面，老檐出后檐墙。正房两侧接耳房各一间，过垄脊，合瓦屋面。

四进院正房五间，进深五檩。正房两侧接耳房各一间，东耳房无存，现仅存西耳房

大门

大门东侧倒座房

戏楼内柱头装饰

一间，鞍子脊，合瓦屋面。

五进院后罩房七间，过垄脊，合瓦屋面，前檐装修为现代门窗，封后檐墙。

东部第二路为四进院落：一进院正房三间，灰梗屋面，前檐装修为现代门窗。正房两侧接耳房各一间。正房前有北房两栋，东侧北房三间，前出廊，过垄脊，合瓦屋面，前檐装修为现代门窗。西侧北房三间，披水排山脊，合瓦屋面，戗檐处有砖雕，前檐装修为现代门窗。正房西侧有北房三间，灰梗屋面，前檐装修为现代门窗。

二进院正房六间，机瓦屋面，封后檐墙，前檐平券门窗。其西侧有北房三间，合瓦屋面，明间为夹门窗，次间为支摘窗。

三进院正房三间，前出廊，过垄脊，合瓦屋面，戗檐处有砖雕，前檐装修为现代门窗。正房两侧接耳房各一间，过垄脊，合瓦屋面。西侧有北房二间，过垄脊，合瓦屋面，

东路18号房

前檐装修为现代门窗。

四进院正房三间，清水脊，合瓦屋面，脊饰花盘子。正房两侧接耳房各一间。正房西北侧有北房三间，铃铛排山脊，合瓦屋面。

26号房侧立面

东部第三路四进院落：此路南侧中间原有大门一间，清水脊，合瓦屋面，脊饰花盘子，戗檐处砖雕，现已封闭。大门两侧接倒座房各四间，清水脊，合瓦屋面，脊饰花盘子，封后檐墙，前檐装修为现代门窗。一进院正房五间，披水排山脊，合瓦屋面，戗檐处有砖雕，前檐装修为现代门窗，老檐出后檐墙。正房东侧有东房三间，鞍子脊，合瓦屋面，前檐装修为现代门窗。

二进院正房五间，前出廊，铃铛排山脊，合瓦屋面，戗檐处有砖雕，前檐装修为现代门窗，老檐出后檐墙。正房两侧接耳房各二间，披水排山脊，合瓦屋面，前檐装修为现代门窗。东、西厢房各三间，铃铛排山脊，合瓦屋面，前檐装修为现代门窗。

三进院正房五间，清水脊，合瓦屋面，脊饰花盘子，前檐装修为现代门窗，老檐出后檐墙。正房两侧接耳房各二间，清水脊，合瓦屋面，脊饰花盘子，前檐装修为现代门窗，老檐出后檐墙。

四进院后罩房九间，清水脊，合瓦屋面，脊饰花盘子，前檐装修为现代门窗。

西部自东向西分为两路。第一路为四进院落：一进院南侧为一栋三层建筑，西侧有

西一路房屋

戗檐砖雕

房三间，两卷勾连搭形式，合瓦屋面。二进院正房五间，前后廊，过垄脊，合瓦屋面，戗檐处有五蝠捧寿砖雕，明间及次间后出抱厦三间，悬山顶，过垄脊，筒瓦屋面，山面铃铛排山。正房西南侧有西房二间，鞍子脊，合瓦屋面。正房西北侧有西房五间，鞍子脊，合瓦屋面。三进院北房五间，鞍子脊，合瓦屋面。四进院有南房五间，鞍子脊，合瓦屋面。北房三间，披水排山脊，合瓦屋面。

西部第二路五进院落：一进院北房五间，过垄脊，合瓦屋面，前檐装修为现代门窗。南房四间，过垄脊，合瓦屋面，前檐装修为现代门窗。东房五间，过垄脊，合瓦屋面，前檐装修为现代门窗。

二进院北房六间，过垄脊，合瓦屋面，封后檐墙。

三进院正房三间，前出廊，鞍子脊，合

西一路34号房后出抱厦正立面

瓦屋面。正房两侧东、西耳房各一间。

四进院有北房11间，过垄脊，合瓦屋面，明间为过厅，前檐装修为现代门窗，老檐出后檐墙。南房五间，过垄脊，合瓦屋面，前檐装修为现代门窗。东、西厢房各三间，过垄脊，合瓦屋面，前檐装修为现代门窗。西路共有后罩房16间，过垄脊，合瓦屋面，西数第七间北侧开门一间，清水脊，合瓦屋面，脊饰花盘子，门墩一对，前出踏跺四级，后檐墙封堵。

西路西北侧，有平顶房七间，西向北侧三间为二层小楼，背立面开有拱券窗。

西路西北侧二层楼背立面

转角房南侧有西房七间，过垄脊，筒瓦屋面，南数第二间开为门道。

现为居民院。

后马厂胡同33号

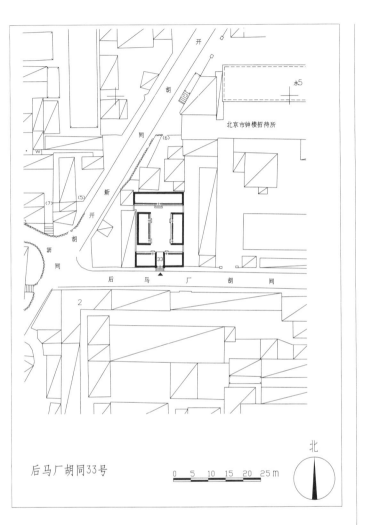

后马厂胡同33号

0 5 10 15 20 25 m

北

大门

位于西城区什刹海街道。该院坐北朝南，一进院落。民国时期建筑。

南房明间开门，西洋式大门一座，红色板门两扇，门板上门钹一对，门包叶一副，前出踏跺四级。大门两侧各有南房二间，正房五间，东、西厢房各三间。该院建筑均为平顶房，前檐装修均采用夹门窗及支摘窗形式。

现为居民院。

西厢房

景尔胡同5号

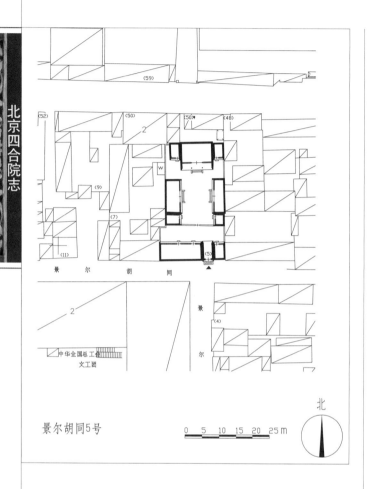

景尔胡同5号

0　5　10　15　20　25 m

北

大门

　　位于西城区什刹海街道。该院坐北朝南，二进院落。民国时期建筑。

　　大门位于院落东南隅，如意大门一间，机瓦屋面，门楣花瓦装饰，板门两扇，梅花形门簪两枚，方形门墩一对，前出踏跺四级，后檐柱间饰工字步步锦棂心倒挂楣子。大门东侧门房一间，西侧倒座房四间，均为机瓦屋面，抽屉檐封后檐墙。院内原有二门，现已拆除。

　　二进院正房三间，前出廊，鞍子脊，合瓦屋

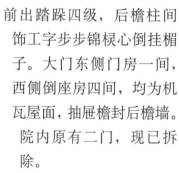

大门西侧门墩

面，前檐装修为现代门窗。正房两侧接耳房各一间，现已翻建。

　　东、西厢房各三间，清水脊，合瓦屋面，脊饰花盘子，前檐装修为现代门窗。厢房南侧接耳房各一间。

　　现为居民院。

正房

旧鼓楼大街145号

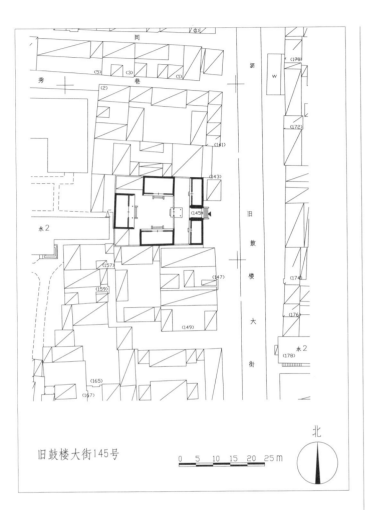

旧鼓楼大街145号

0 5 10 15 20 25m

北

大门

垂花门

位于西城区什刹海街道。该院落坐西朝东，二进院落。民国时期建筑。

原大门一间位于院落东侧中部，现改为小门楼形式，过垄脊，筒瓦屋面，红色板门两扇，前出垂带踏跺五级。大门两侧原各有东房二间，现已改建。

二进院前单卷垂花门一座，披水排山脊，合瓦屋面，方形门墩一对。二进院西房三间，前出廊，披水排山脊，合瓦屋面，前檐明间为隔扇风门，套方灯笼锦棂心，其余装修为现代门窗。南、北厢房各三间，披水排山脊，合瓦屋面，前檐装修为现代门窗。

现为单位用房。

小石桥胡同7号

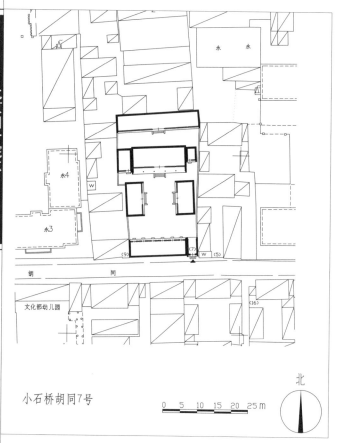

小石桥胡同7号

0 5 10 15 20 25m

北

大门

大门西侧有倒座房七间，清水脊，合瓦屋面，脊饰花盘子，部分改为机瓦屋面，菱形檐封后檐墙。一进院正房五间，前出廊，清水脊，合瓦屋面，脊饰花盘子，前出垂带踏跺三级，前檐装修为现代门窗。正房两侧接耳房各一间。东、西厢房各三间，清水脊，合瓦屋面，脊饰花盘子，前檐装修为现代门窗。

二进院后罩房七间，现已翻建。

现为居民院。

位于西城区什刹海街道。该院坐北朝南，二进院落。清代至民国时期建筑。

大门位于院落东南隅，如意大门一间，清水脊，合瓦屋面，脊饰花盘子，门头栏板装饰，红色板门两扇，门板上有门包叶一副，梅花形门簪两枚，方形门墩一对，象眼处有砖雕，后檐柱间饰有工字步步锦棂心倒挂楣子。

象眼处砖雕

正房

小石桥胡同22号

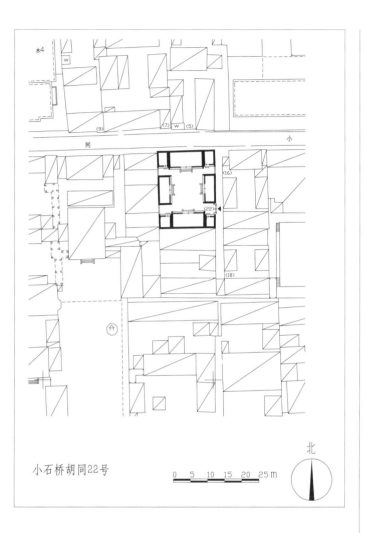

小石桥胡同22号

0 5 10 15 20 25 m

北

大门

饰花盘子，前檐装修为现代门窗。正房两侧接耳房各一间。东、西厢房各三间，鞍子脊，合瓦屋面，前檐装修为现代门窗。南房三间，清水脊，合瓦屋面，脊饰花盘子，前檐装修为现代门窗。南房东、西耳房各一间。

现为居民院。

位于西城区什刹海街道。该院坐北朝南，一进院落。民国时期建筑。

东墙南侧开门，西洋式大门一座，东向，梳背拱券门洞，木制板门仅存一扇，后檐柱间饰有菱形棂心倒挂楣子。院内正房（北房）三间，清水脊，合瓦屋面，脊

东房背立面拱券窗

东厢房

前马厂胡同45号（后马厂胡同2号）

前马厂胡同45号（后马厂胡同2号）

0 5 10 15 20 25 m

北

正房

脊，合瓦屋面，脊饰花盘子，前檐绘有箍头彩画，明间工字步步锦棂心夹门窗，次间为十字方格棂心支摘窗。

后马厂胡同2号为该院二进院，原有后罩房五间，现已翻建。

现为居民院。

位于西城区什刹海街道。该院坐北朝南，二进院落。清代建筑。

大门位于院落东南隅，南向，随墙门一座，红色板门两扇，方形门墩一对。一进院正房（北房）三间，前出廊，清水脊，合瓦屋面，脊饰花盘子，枋心绘有彩画，现已模糊不清，前檐装修为现代门窗。正房两侧接耳房各一间，过垄脊，合瓦屋面。东、西厢房各三间，清水

大门

东厢房明间装修

糖房大院12号

糖房大院12号   0 5 10 15 20 25 m   北

大门

正房

位于西城区什刹海街道。该院坐北朝南，一进院落。清代至民国时期建筑。

大门位于院落东南隅，随墙门，红色板门两扇。院内正房五间，清水脊，合瓦屋面，脊饰花盘子，前檐装修为现代门窗。南房三间，鞍子脊，合瓦屋面，前檐装修为现代门窗。东、西厢房各三间，鞍子脊，合瓦屋面，前檐装修为现代门窗。

现为居民院。

后海北沿38号

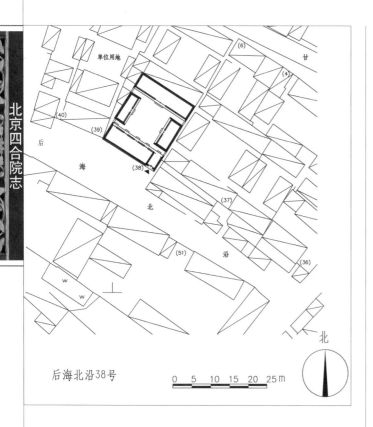

后海北沿38号

位于西城区什刹海街道。该院坐北朝南，一进院落。院落随街势有一定偏角。民国时期建筑。

大门位于院落东南隅，如意大门一间，鞍子脊，合瓦屋面，门簪两枚，方形门墩一对，雕刻花卉图案，后檐柱间有倒挂楣子及花牙子。大门西侧有倒座房四间，鞍子脊，合瓦屋面，前檐装修后改，封后檐墙。院内正房五间，鞍子脊，合瓦屋面，前檐明间装修五抹隔扇风门，次、梢间为支摘窗，室内

门墩

碧纱橱保存完好，封后檐墙。东、西厢房各三间，鞍子脊，合瓦屋面，前檐明间装修夹门窗，次间支摘窗，封后檐墙。院内保存有大鱼缸。

1952年起至1985年，现代诗人田间居住在这座四合院里。田间（1916—1985），原名童天鉴，安徽省无为县开城镇羊山人，著名诗人。民国二十三年（1934）加入中国左翼作家联盟。民国二十四年（1935）任《每周诗歌》主编，创作并出版处女作《未明集》。其诗作《假使我们不去打仗》传遍全国，被闻一多称为"擂鼓诗人""时代的鼓手"。

新中国成立后，田间先后任中国作协创作部部长、文学研究室主任和中国文联研究

大门及倒座房

正房

正房内碧纱橱

东厢房

会主任等职。为了更好地集中精力工作和写作，1952 年，田间用积攒下来的稿费买下了后海北沿 38 号小院，并由鼓楼东大街 103 号中央文学研究所迁来居住。院内五间北房是主人的卧室和客厅，明间和西次间是客厅，东次间是卧室，东梢间是书库，西梢间是客房。东厢房三间是餐厅，西厢房三间是办公室和书库，四间倒座房是书房。在这座小院中，他写出了《欧游札记》《天山诗草》《云南行》《芒市见闻》《赶车传》《青春中国》《离

宫及其他》等大量作品。

在小院生活期间，田间自己动手栽了近 20 棵桃树和梨树，可惜在"文化大革命"中被毁坏。他还在小院内栽种了山楂树、柿树、葡萄、樱花树等，"文化大革命"中樱花树枯死，后又改种竹子。

现为居民院。

碧纱橱细部（灯笼锦棂心）

西厢房

后海北沿47号（后海夹道16号）、48号

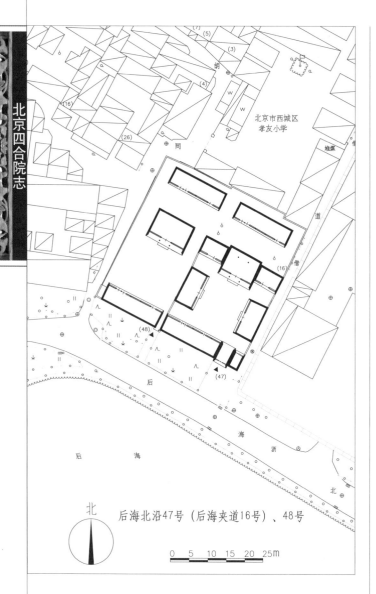

后海北沿47号（后海夹道16号）、48号

47号大门

前檐门窗原工字卧蚕步步锦棂心门窗部分保留。正房两侧接耳房各二间，披水排山脊，合瓦屋面。东、西厢房各三间，披水排山脊，合瓦屋面，封后檐墙。二进院（后海夹道16号）北房五间，过垄脊，合瓦屋面，前檐数改。

西路（48号）西洋式大门。大门西侧倒

东院正房

座房五间，披水排山脊，合瓦屋面，前檐装修为现代门窗，封后檐墙。一进院正房三间，悬山顶，披水排山脊，合瓦屋面，前后廊，前檐装修为现代门窗，室内保留有碧纱橱横披窗，隔扇无存。二进院西北角原有后门一间，东侧有北房四间。

此院据传原为翁同龢的宅院，东院为住

位于西城区什刹海街道。该院坐北朝南，东西两路二进院落。院落随街势有一定偏角。清代末期至民国初期建筑。

东路院（47号）大门位于院落东南隅，如意大门一间，进深五檩，披水排山脊，合瓦屋面，门楣花瓦装饰，梅花形门簪两枚，门内后檐柱有步步锦棂心倒挂楣子。大门西侧有倒座房五间，东侧一间，过垄脊，合瓦屋面，封后檐墙。一进院正房三间，披水排山脊，合瓦屋面，前后廊，老檐出后檐墙，

48号大门

宅，西院为书斋。翁同龢（1830—1904），清
末维新派。字叔平，江苏常熟人。咸丰状元。
光绪帝师傅。光绪五年（1879）任工部尚书，
光绪八年（1882）充军机大臣。中法战争时
主战，扶植张之洞，反对李鸿章。光绪十二
年（1886）初调户部尚书。中日甲午战争时
反对李鸿章求和。光绪二十一年（1895）支
持康有为维新变法的某些主张，企图实现光
绪帝亲政。光绪二十四年（1898）6月，慈
禧太后将其罢职，令回原籍，戊戌政变后又
下令革职，永不叙用。以书法名于时。

　　现为居民院。

西院倒座房

后海夹道16号

鸦儿胡同47号

鸦儿胡同47号

0 5 10 15 20 25 m

北

位于西城区什刹海街道。该院坐北朝南，东西两路院落。院落随街势有一定偏角。民国时期建筑。

大门位于院落东南隅，广亮大门一间，清水脊，合瓦屋面，脊饰花盘子，梅花形门簪四枚，圆形门墩一对，木构架绘箍头彩画。

大门

大门及倒座房

大门西侧有倒座房六间，东侧一间，清水脊，合瓦屋面（部分后改机瓦屋面），前檐装修为现代门窗，老檐出后檐墙。

东路：正房三间，清水脊，合瓦屋面，脊饰花盘子，前出廊，前檐明间装修为现代门窗，前出垂带踏跺四级，次间装修为支摘窗，建筑木构架绘箍头彩画，老檐出后檐墙。

西路：一进院正房三间，清水脊，合瓦屋面，前后廊，前檐装修为现代门窗，老檐出后檐墙。正房两侧接耳房各一间。东、西厢房各三间，鞍子脊，合瓦屋面，明间前檐装修为现代门窗，次间步步锦棂心支摘窗，封后檐墙。二进院和三进院均为正房五间，鞍子脊，合瓦屋面，前檐装修为现代门窗。

现为居民院。

东院正房

鸦儿胡同49号

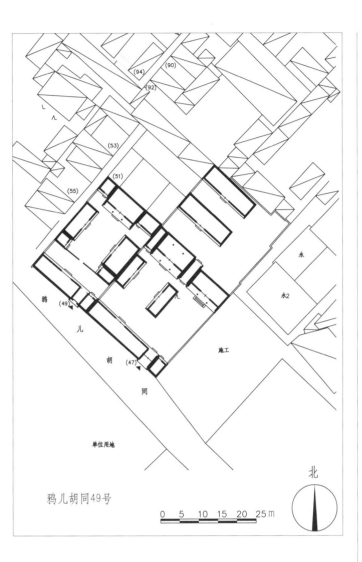

鸦儿胡同49号

0 5 10 15 20 25m

北

门墩

大门位于院落东南隅，如意大门一间，清水脊，合瓦屋面，脊饰花盘子，门楣作花瓦装饰，梅花形门簪两枚，圆形门墩仅存一只，木构架绘箍头彩画。大门西侧有倒座房四间，东侧半间，鞍子脊，合瓦屋面，封后檐墙。

一进院北侧二门已毁。二进院正房三间，鞍子脊，合瓦屋面，前出廊，木构架绘箍头彩画，前檐明间装修隔扇风门，次间支摘窗，封后檐墙。正房两侧接耳房各一间，鞍子脊，合瓦屋面，木构架绘箍头彩画。东、西厢房各三间，鞍子脊，合瓦屋面，木构架绘箍头彩画，前檐明间装修隔扇风门，次间为支摘窗，盘长如意棂心，封后檐墙。厢房南侧有厢耳房各一间，平顶，前檐装修为现代门窗。

据传，同仁堂掌柜张寿山民国时期曾在此院居住。现为居民院。

位于西城区什刹海街道。该院坐北朝南，二进院落。民国时期建筑。

大门及倒座房

正房及厢房

鸦儿胡同65号

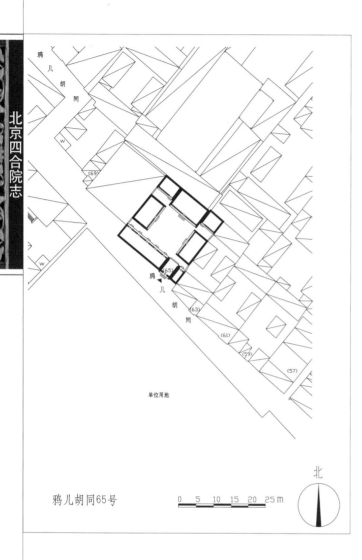

鸦儿胡同65号   0 5 10 15 20 25 m   北

大门

位于西城区什刹海街道。该院坐北朝南，一进院落。民国时期建筑。

大门位于院落东南隅，如意大门一间（经现代改造），鞍子脊，合瓦屋面，门头花瓦装饰，红色板门两扇，方形门墩一对，前出踏跺三级，后檐柱间装饰有灯笼锦倒挂楣子。大门东侧门房一间，西侧倒座房四间，均后改机瓦屋面，前檐装修为现代门窗，封后檐墙。院内正房三间，鞍子脊，合瓦屋面，前檐装修为现代门窗。正房两侧接耳房各一间，后改机瓦屋面。东、西厢房各三间，后改机瓦屋面，前檐装修为现代门窗。

现为居民院。

正房

大金丝胡同5号、7号

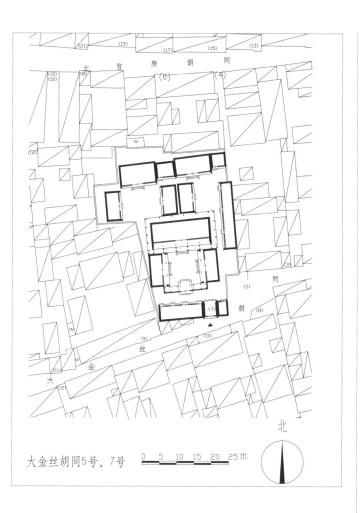

大金丝胡同5号、7号   0 5 10 15 20 25m

北

二进院正房东侧平顶游廊

字海棠棂心倒挂楣子。东、西厢房各三间，前出廊，清水脊，合瓦屋面，前檐装修为现代门窗。

该院东侧有一座大车门（5号大门）可通第三进院，院内东侧为新翻建顺山房六间，过垄脊，合瓦屋面。三进院分为东院和西院。东院正房三间，清水脊，合瓦屋面，正房两侧接耳房各一座，东耳房一间，西耳房三间，西耳房辟半间为后门，如意门形式，过垄脊，合瓦屋面，门头为套沙锅套花瓦，后檐柱间冰裂纹棂心倒挂楣子。西厢房三间，已翻建。西院正房三间，过垄脊，合瓦屋面，前檐明间前出踏跺两级。东厢房三间，已翻机瓦屋面。西厢房已翻建，东西院前檐装修为现代门窗。

现为居民院。

位于西城区什刹海街道。该院坐北朝南，三进院落。民国时期建筑。

大门位于院落东南隅，如意门（7号）一间，已封堵，清水脊，合瓦屋面，脊饰花盘子，戗檐处砖雕狮子绣球，博缝头砖雕万事如意图案。大门东侧倒座房一间，西侧四间，过垄脊，合瓦屋面，梁架绘箍头彩画。门内有一字影壁一座。大门东侧后辟随墙门（即现7号大门）。一进院北侧有一殿一卷式垂花门一座，梁架遍施苏式彩画，花罩雕刻缠枝花卉图案，圆形门墩一对。

二进院正房五间，清水脊，合瓦屋面，平券门窗，前檐为近代形式的玻璃套棂心。四周环以平顶游廊，廊檐下带木挂檐板、十

西院正房

大金丝胡同17号

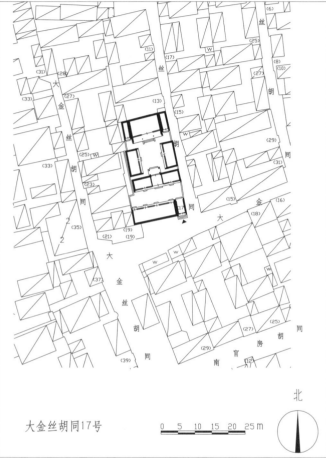

大金丝胡同17号

0 5 10 15 20 25 m

北

一进院过厅明间

间、梢间槛墙、支摘窗装修部分保存，盘长如意棂心，梁头博古彩画。明间后檐出平顶抱厦，卧蚕步步锦棂心隔扇门装修，檐口带花卉、瓦当纹女儿墙，檐下有木挂檐板、倒挂楣子。

二进院正房三间，清水脊，合瓦屋面，脊饰花盘子，前出廊，前檐明间为现代门窗，次间盘长如意棂心支摘窗、卧蚕步步锦棂心横披窗装修部分保存，廊间有廊门筒子。正房两侧接耳房各一间。东、西厢房各三间，机瓦屋面，前檐装修为现代门窗。

现为居民院。

位于西城区什刹海街道。该院坐北朝南，二进院落。民国时期建筑。

大门位于院落东南隅，蛮子门一间，清水脊，合瓦屋面，脊饰花盘子，红漆板门两扇，梅花形门簪两枚，圆形门墩一对，门前出如意踏跺五级。大门西侧倒座房四间，过垄脊，合瓦屋面，前檐装修为现代门窗，封后檐墙。

一进院有过厅五间，过垄脊，合瓦屋面，明间为通道，六抹隔扇门装修，前出踏跺两级，次

门墩

二进院正房

南官房胡同51号

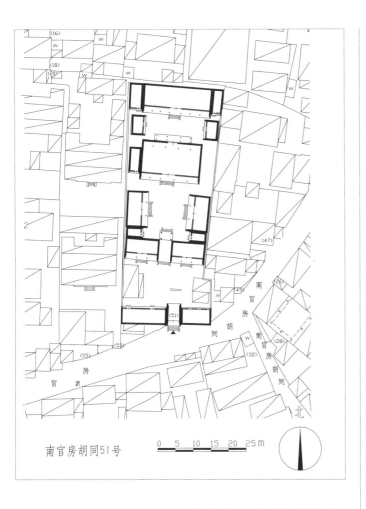

南官房胡同51号

0　5　10　15　20　25 m

北

大门

位于西城区什刹海街道。该院坐北朝南，三进院落。清代末期建筑。

大门位于院落南侧正中，金柱大门一间，清水脊，合瓦屋面，脊饰花盘子，戗檐砖雕狮子绣球图案。梁架绘箍头包袱彩画。走马板绘山水画，梅花形门簪四枚，上刻平平安安，后檐柱间步步锦棂心倒挂楣子。圆形门墩一对。大门东侧倒座房三间，西侧四间，披水排山脊，合瓦屋面。门内一字影壁一座。

一进院有正房七间，机瓦屋面，前出廊，明间为过厅，前出垂带踏跺三级，后接四檩卷棚顶抱厦一间，内檐装饰一斗二升交麻叶斗拱，安装屏门。

二进院有正房五间，前后廊，披水排山

脊，筒瓦屋面，前檐装修为现代门窗，明、次间后接平顶抱厦。正房西侧耳房一间。东、西厢房各三间，前出廊，披水排山脊，筒瓦屋面，西厢房步步锦棂心支摘窗，装修部分保留。厢房南侧各带厢耳房一间，已翻建。

三进院有后罩房七间，前出廊，机瓦屋面，戗檐砖雕喜上眉梢，前檐装修为现代门窗，室内西次间保留碧纱橱装修。前出垂带踏跺四级。前出廊。后罩房两侧耳房各一间。东、西厢房各二间，机瓦屋面，前檐装修为现代门窗。

现为居民院。

二进院正房

南官房胡同57号

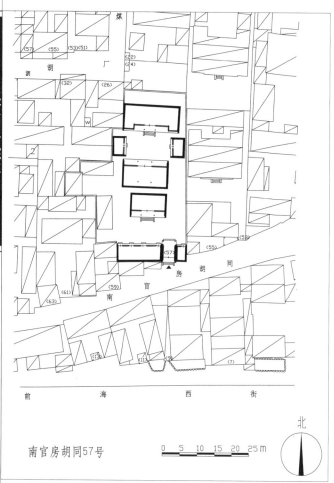

南官房胡同57号

大门

西厢房各二间，均已翻建。正房为砖木结构二层小楼一座，五间，过垄脊，合瓦屋面，平券门窗装修，明、次间吞廊，一层檐下置木挂檐板，前檐装修为现代门窗。

现为居民院。

二进院南房前檐戗檐砖雕

位于西城区什刹海街道。该院坐北朝南，二进院落。清代末期至民国初期建筑。

大门位于院落东南隅，金柱大门一间，披水排山脊，合瓦屋面。梅花形门簪四枚，圆形门墩一对，雕麒麟卧松图案，后接平顶廊，檐下带木挂檐板，后檐柱间饰盘长如意棍心倒挂楣子。

大门东侧倒座房一间，西侧四间，机瓦屋面。一进院正房三间，前出廊，机瓦屋面，前檐装修为现代门窗。正房两侧接耳房各一间，已翻建。

二进院有南房三间，铃铛排山脊，灰筒瓦屋面，前后廊，戗檐砖雕马上封侯图案。东、

二进院正房二层小楼

大翔凤胡同14号

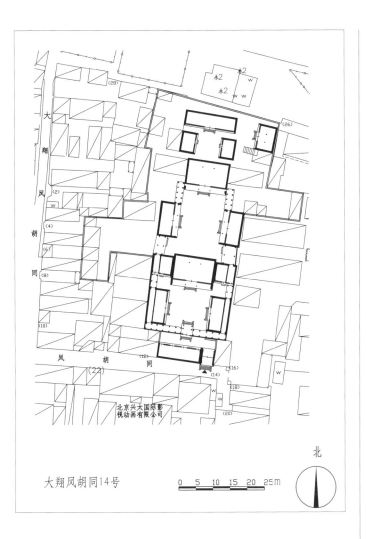

大翔凤胡同14号

0 5 10 15 20 25m

北

正房两侧耳房各二间。东、西厢房各三间，前出廊，过垄脊，合瓦屋面，前檐装修为现代门窗。

三、四进院由西侧的大翔凤胡同6号院进

垂花门

入。由一西向如意门进跨院过走廊，可达第三进院。院内正房三间，清水脊，脊饰花盘子，合瓦屋面，前后廊，前檐装修为现代门窗。东、西厢房各三间，前出廊，清水脊，合瓦屋面，脊饰花盘子，前檐装修为现代门窗。

四进院正房五间，东、西厢房各二间。院东北侧砖砌高台之上建有三间东房，两卷勾连搭形式，山面辟有什锦窗。前部原有平台可北眺后海风光，现已添建平顶房。

据传，该院原为恭亲王亲属的住宅。

现为居民院。

位于西城区什刹海街道。该院坐北朝南，四进院落。清代末期建筑。

大门位于院落东南隅，广亮大门一间，披水排山脊，合瓦屋面，前檐柱间饰雀替，双扇红漆板门，梅花形门簪四枚，圆形门墩一对，后檐梁架绘苏式彩画。大门西侧倒座房四间，机瓦屋面，前檐装修为现代门窗。大门内有一字影壁一座。

一进院北侧一殿一卷式垂花门一座，方形垂柱头，柱间饰雀替，梁架绘苏式彩画。垂花门两侧连接看面墙。垂花门内侧保存部分平顶游廊。一进院内正房三间，过垄脊，合瓦屋面，前后廊，前檐装修为现代门窗。

二进院正房

东口袋胡同8号

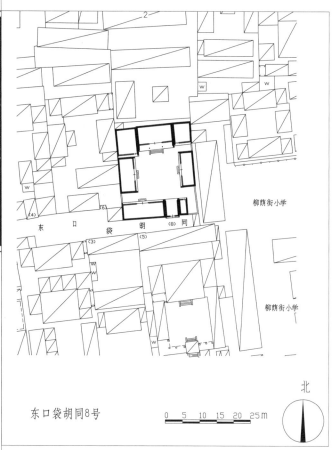

东口袋胡同8号   0 5 10 15 20 25m

北

东厢房

西厢房

位于西城区什刹海街道。该院坐北朝南，一进院落。清代末期建筑。

大门位于院落东南隅，如意门一间，清水脊，合瓦屋面（脊残），双扇红漆板门，梅花形门簪两枚，方形门墩一对，后檐柱间带菱形棂心纹饰倒挂楣子。大门东侧倒座房一间，西侧三间，过垄脊，合瓦屋面，前檐装修为现代门窗。

院内正房三间，前出廊，过垄脊，合瓦屋面，前出踏跺四级。前檐明间装修为现代门窗。正房两侧耳房各一间。东、西厢房各三间，过垄脊，合瓦屋面，明间前出如意踏跺两级。东南侧保存一段平顶廊。

该院民国时期曾为山西籍商人住宅。

现为居民院。

门墩

大鱼缸

千竿胡同3号

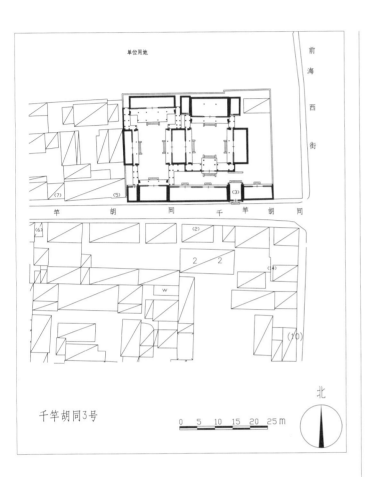

千竿胡同3号

大门后檐博缝头砖雕

东厢房博缝板

二进院正房戗檐砖雕

西厢房垂脊花盘子

西跨院东厢房戗檐砖雕

垂花门花罩

位于西城区什刹海街道。该院坐北朝南，东西两路，二进院落。清代末期建筑。

大门位于院落东路南侧偏东，广亮大门一间（已封堵），清水脊，合瓦屋面，脊饰花盘子，前檐戗檐砖雕，后檐戗檐砖雕狮子滚绣球图案，博缝头砖雕牡丹图案。门内一字影壁一座。大门东侧倒座房三间，西侧五间，清水脊，合瓦屋面，西侧第二间辟为入院门道。

东路：一进院北侧有一殿一卷式垂花门一座，雕刻卷草图案，梅花形门簪两枚，方形门墩一对。两侧连接看面墙。二进院内正房三间，前后廊，披水排山脊，合瓦屋面，垂脊饰平草、圭角花盘子，戗檐砖雕博古图案，前檐装修为现代门窗，明间前出垂带踏跺三级。正房两侧耳房各一间。东厢房三间，前出廊，西厢房三间，前后出廊，戗檐砖雕博古图案。披水排山脊，合瓦屋面，前檐装修为现代门窗。四周抄手游廊多有改建。

西路：正房五间，前出卷棚抱厦。院内西厢房三间，前出廊，前檐装修为现代门窗。东厢房与东院西厢房为一座。戗檐砖雕太师少师图案。南房三间，前出廊，西侧带耳房一间，披水排山脊，合瓦屋面，前檐装修为现代门窗。

该院传曾为原达仁堂药店经理的宅院。现为居民院。

前海北沿14号

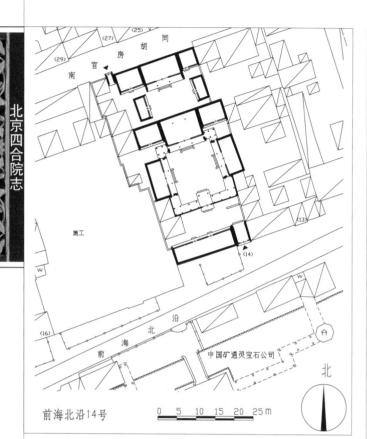

前海北沿14号

0 5 10 15 20 25 m

北

位于西城区什刹海街道。该院坐北朝南，三进院落。院落随街势有一定偏角。清代末期建筑。

大门位于院落东南隅，蛮子门一间，清水脊，合瓦屋面，脊饰花盘子，双扇红漆板门，如意门包叶，梅花形门簪四枚，刻"平安如意"四字，戗檐砖雕万字、葫芦图案，象眼砖雕万字佛八宝、龟背锦、团寿图案，后檐柱间饰卧蚕

大门

步步锦棂心倒挂楣子。圆形门墩一对，前出如意踏跺三级。大门西侧倒座房五间，过垄脊，合瓦屋面，前檐装修为现代门窗，封后檐墙。门内一字影壁一座，西侧有屏门一座。一进院北侧二门为蛮子门形式，清水脊，合瓦屋面，脊饰花盘子，二门两侧连接看面墙，墙心刻花卉砖雕。

大门戗檐万福多子砖雕

二进院正房三间，前后廊，披水排山脊，合瓦屋面，前檐装修为现代门窗。正房两侧耳房各二间，披水排山脊，合瓦屋面。东、西厢房各三间，前出廊，现已翻建。院内以游廊连接各建筑，种有玉兰树两株、石榴两株、芍药等绿植。

三进院已划归南官房胡同12号。西北侧有窄大门半间，清水脊，合瓦屋面，门簪两枚，新做方形门墩一对。院内有正房三间，过垄脊，合瓦屋面，前出廊，前檐装修为现代门窗。正房两侧耳房，东一间，西二间，过垄脊，合瓦屋面。东、西厢房各二间，平顶檐下带木挂檐板，前檐装修为现代门窗。

现为居民院。

二进院正房

前井胡同15号

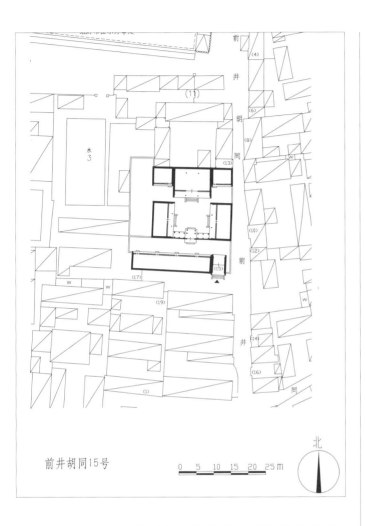

前井胡同15号

座山影壁

龟背锦、菱形图案。大门西侧倒座房八间，已翻机瓦屋面，前檐装修为现代门窗。大门内迎门座山影壁一座。一进院北侧一殿一卷式垂花门一座，花罩雕缠枝花卉，黑红漆门，梅花形门簪两枚，圆形门墩一对，雕刻麒麟卧松图案。垂花门两侧连接看面墙。

二进院内正房三间，前后廊，披水排山脊，合瓦屋面。前檐柱间带雀替，前檐明间装修为现代门窗，前出垂带踏跺四级，正房两侧耳房各二间，前檐装修为现代门窗。东、西厢房各三间，前出廊，披水排山脊，合瓦屋面，前出垂带踏跺三级。前檐柱间盘长如意支摘窗装修保留，该院原有抄手游廊，已拆，西侧有西房五间，已翻建。

现为居民院。

位于西城区什刹海街道。该院坐北朝南，二进院落。清代末期建筑。

大门位于院落东南隅，广亮大门一间，清水脊，合瓦屋面，脊饰花盘子，梅花形门簪四枚，圆形门墩一对，象眼处砖雕万字、

垂花门花罩

正房

西煤厂胡同11号

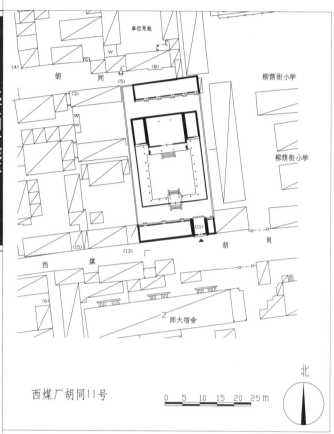

西煤厂胡同11号

大门

位于西城区什刹海街道。该院坐北朝南，三进院落。清代晚期建筑。

大门位于院落东南隅，如意门一间，过垄脊，合瓦屋面，梅花形门簪两枚，圆形门墩一对，红漆板门两扇，如意形铜门包叶。大门东侧倒座房一间，西侧六间，已翻建。一进院北侧一殿一卷式垂花门一座，梁架绘苏式彩画，垂莲柱间饰雀替，方形门墩一对，前出垂带踏跺三级。

二进院正房三间，披水排山脊，合瓦屋面，前后廊，梁架绘苏式彩画，前檐装修为现代门窗，前出踏跺三级。正房两侧耳房各一间，过垄脊，合瓦屋面。东西两侧有游廊连接正房，机瓦屋面，梁架绘苏式彩画，柱间饰冰裂纹棂心倒挂楣子。

三进院现由东口袋胡同5号院进入，院内后罩房五间，机瓦屋面，西侧半间辟为门道，前檐装修为现代门窗。

现为居民院。

正房

小新开胡同15号、17号

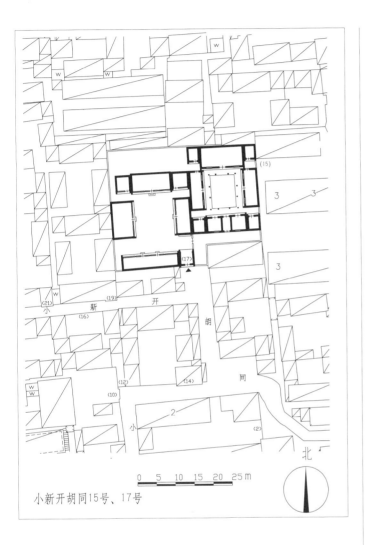

小新开胡同15号、17号

二进院北房

间，东、西厢房各三间，院内四周环以平顶游廊，檐下置木挂檐板、倒挂楣子，原为过垄脊，合瓦屋面，后因梅兰芳故居修缮，将瓦挪用，现多有翻建。房屋装修多为近代形式的木框玻璃门窗，正房内落地罩装修，灯笼锦竹子卡子花、裙板瓶形竹子装修。

西院原为马棚、伙房及用人房等附属建筑，新中国成立前已被原房主卖出。院内有正房三间，清水脊，合瓦屋面，脊饰花盘子，两侧耳房已翻建。东、西厢房各三间，过垄脊，合瓦屋面。院内房屋装修均为现代门窗。

该院曾为清末宗室后裔住宅。

现为居民院。

位于西城区什刹海街道。该院坐北朝南，东西两路院落。民国时期建筑。

原大门位于院落东南隅，已翻建。大门西侧倒座房四间，已翻建。门内侧有中心四岔雕花一字影壁一座。东路为住宅区，一进院过厅三间，两侧带耳房各一间，拱券门窗装修，室内六抹隔扇，灯笼框装修。

二进院正房三间，两侧耳房各一

影壁心

东路南房室内装修

兴华胡同5号

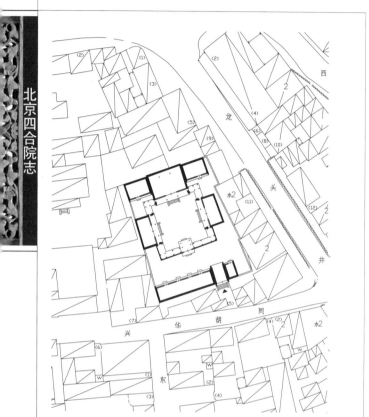

兴华胡同5号

0 5 10 15 20 25 m

北

正房廊心墙象眼

一座，现已拆除。现存垂花门踏跺三级。

　　二进院正房三间，披水排山脊，合瓦屋面，前后廊，廊门筒子象眼处砖雕八方交四方图案，前檐明间隔扇风门，步步锦棂心装修尚存，前出垂带踏跺四级，次间现代门窗。正房两侧耳房各二间。东、西厢房各三间，前出廊，披水排山脊，合瓦屋面，前檐装修为现代门窗。院落西北侧保存了一段转角游廊。

　　该院据传曾为恭王府管家的宅院。现为居民院。

　　位于西城区什刹海街道。该院坐北朝南，二进院落。院落随街势有一定偏角。民国时期建筑。

　　大门位于院落东南隅，蛮子门一间，清水脊，合瓦屋面，脊饰花盘子，双扇红漆板门（现为铁制），梅花形门簪四枚，圆形门墩一对。大门东侧倒座房一间，西侧五间，过垄脊，合瓦屋面，部分翻建。一进院原有垂花门

大门门墩

二进院正房

兴华胡同8号

兴华胡同8号

0 5 10 15 20 25m

北

大门

位于西城区什刹海街道。该院坐北朝南，一进院落。民国时期建筑。

蛮子门一间开在院落东北角，北向，清水脊，合瓦屋面，脊饰花盘子，双扇黑漆板门，门板刻门联"敦诗悦礼，含谟吐忠"，梅花形门簪两枚，方形门墩一对，前出如意踏跺三级，后檐柱间饰步步锦棂心倒挂楣子。大门内座山影壁一座。大门东侧门房一间，清水脊，合瓦屋面。大门西侧北房三间，过垄脊，合瓦屋面，前出廊，封后檐墙。北房西侧耳房一间，过垄脊，合瓦屋面。

东、西厢房各三间，过垄脊，合瓦屋面。南房五间，过垄脊，合瓦屋面。院内房屋前檐装修均为现代门窗。

现为居民院。

门内座山影壁

兴华胡同13号（陈垣故居）

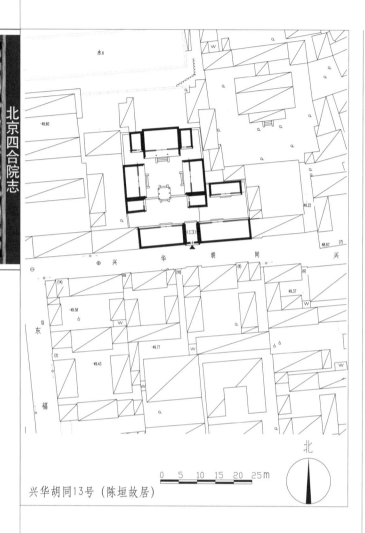

兴华胡同13号（陈垣故居）

戗檐砖雕 　　　　　　门墩

清水脊，合瓦屋面，脊饰花盘子，门楣栏板砖雕（残破），雕文房四宝、寿字，戗檐砖雕狮子图案，梅花形门簪两枚，红漆板门两扇，上刻楷书门联"忠厚传家久，诗书继世长"，方形门墩一对，门前出如意踏跺三级。门外一字影壁一座，清水脊，筒瓦屋面，脊饰花盘子，影壁心雕刻立匾框，楷书戬榖。大门西侧倒座房四间，清水脊，合瓦屋面，前檐装修为现代门窗，老檐出后檐墙。一进院内北侧为一殿一卷式垂花门一座，梅花形门簪两枚，雕刻花卉，后檐柱四扇屏门，圆形门墩一对。垂花门两侧连接看面墙。

二进院正房三间，前后廊，清水脊，合瓦屋面，脊饰花盘子，戗檐雕鹿和梅花图案，前檐明间隔扇门四扇，井字玻璃屉棂心，裙

位于西城区什刹海街道。该院坐北朝南，二进院落。民国时期建筑。

大门位于院落东南隅，如意大门一间，

大门

倒座房

垂花门正立面

东跨院

垂花门内侧

西厢房

板雕花篮，次间槛墙、支摘窗，井字玻璃屉棂心。正房两侧耳房各一间，后改水泥机瓦屋面。东、西厢房各三间，前出廊，清水脊，合瓦屋面，前檐装修为夹门窗和槛墙、支摘窗，井字玻璃屉棂心。二进院正中，屹立着一尊高约两米左右的陈垣先生铜雕像。

陈垣（1880—1971），广东新会人，历史

二进院正房

学家、宗教史学家、教育家。字援庵，又字圆庵，笔名谦益、钱罂等。早年在孙中山民主革命的影响下，在广州参加反清斗争。民国二年（1913）以革命报人身份被选为众议院议员来到北京。后来因为官场混乱，潜心学问，曾任北京大学、北平师范大学、辅仁大学、燕京大学等校教授，致力宗教史、元史、历史年代学、避讳学、校勘学、辑佚和史讳学等方面的研究。民国十八年（1929）任辅仁大学校长。新中国成立后，1952年至1971年任北京师范大学校长。民国二十六年（1937）陈垣购买了此宅，迁居于此，直到逝世。1984年以王光美为会长的辅仁大学校友会将办公室设在陈垣故居，以示纪念。

兴华胡同19号

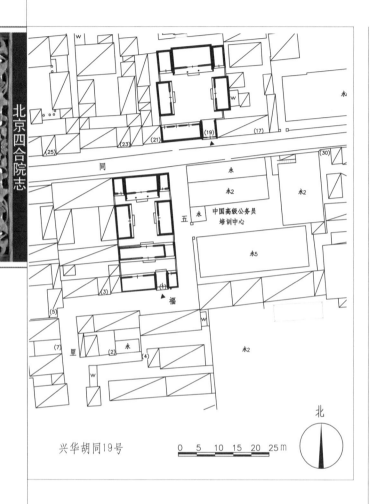

兴华胡同19号

0　5　10　15　20　25ｍ

北

大门清水脊花盘子

正房

位于西城区什刹海街道。该院坐北朝南，一进院落。民国时期建筑。

大门位于院落东南隅，如意大门一间，清水脊，合瓦屋面，脊饰花盘子，戗檐高浮

大门及倒座房

雕狮子绣球图案，梅花形门簪两枚，圆形门墩一对，后檐柱间饰步步锦棂心倒挂楣子。大门西侧有倒座房四间，鞍子脊，合瓦屋面，前檐装修为现代门窗，老檐出后檐墙。院内正房三间，清水脊，合瓦屋面，脊饰花盘子，前出廊，前檐装修为现代门窗。正房两侧接东、西耳房各一间，后改机瓦屋面。东、西厢房各三间，鞍子脊，合瓦屋面（部分后改），前檐装修为现代门窗，封后檐墙。

现为居民院。

门墩

兴华胡同25号

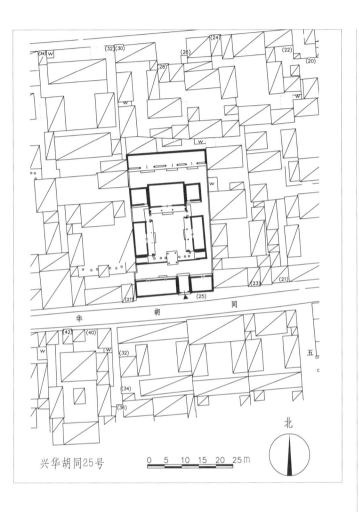

兴华胡同25号

0 5 10 15 20 25m

北

门墩

位于西城区什刹海街道。该院坐北朝南，三进院落。民国时期建筑。

大门位于院落南侧偏东，如意大门一间，清水脊，合瓦屋面，脊饰花盘子，圆形门墩一对，门扇上有门钹，门内象眼处雕刻图案。

一进院有五檩单卷垂花门一座，筒瓦屋面，垂花门两侧连接看面墙。大门东侧倒座房二间（东一间改为车库），西侧四间，鞍子脊，合瓦屋面。

二进院正房三间，清水脊，合瓦屋面，脊

大门

饰花盘子，前后廊，前檐装修为现代门窗。正房两侧接耳房各二间，鞍子脊，合瓦屋面。东、西厢房各三间，鞍子脊，合瓦屋面，前出廊，前檐装修为现代门窗。院内有抄手游廊与各房相接。

三进院后罩房七间，鞍子脊，合瓦屋面，前檐装修为现代门窗。

现为居民院。

看面墙

兴华胡同44号

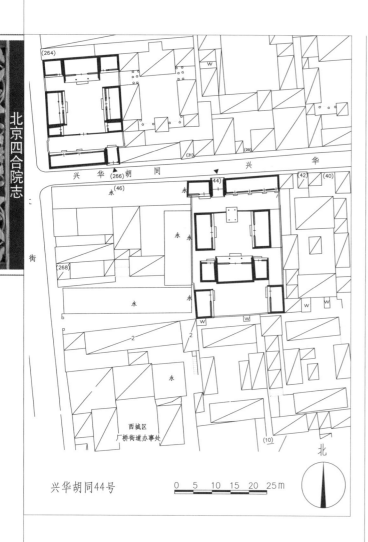

兴华胡同44号   0 5 10 15 20 25m

位于西城区什刹海街道。该院坐南朝北，三进院落。民国时期建筑。

大门位于院落西北隅，如意大门一间，

大门及倒座房

大门

北向，清水脊，合瓦屋面，梅花形门簪两枚，方形门墩一对，后檐柱间步步锦棂心倒挂楣子及花牙子，木构架绘箍头彩画。大门东侧有北房四间，西侧二间，后改机瓦屋面，前檐装修为现代门窗，封后檐墙。一进院南侧有垂花门一座，后改机瓦屋面。垂花门两侧为看面墙。

二进院正房（南房）三间，清水脊，合瓦屋面，脊饰花盘子，前出廊，老檐出后檐墙。正房两侧接耳房各一间，鞍子脊，合瓦屋面。东、西厢房各三间，后改机瓦屋面，前檐装修为现代门窗。

三进院有东、西厢房各二间，均为原址翻建。

现为居民院。

羊房胡同31号

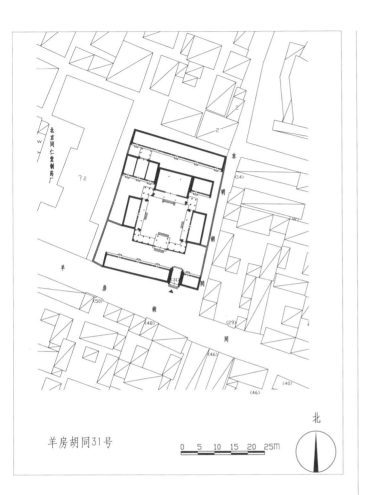

羊房胡同31号

0 5 10 15 20 25M

北

正房

北房三间，披水排山脊，合瓦屋面，后出平顶廊连接后罩房。东、西厢房各三间，披水排山脊，合瓦屋面，前出廊，前檐装修为现代门窗。院内平顶游廊连接各房屋。

三进院后罩房九间，合瓦屋面现改为仰瓦灰梗顶部分屋面，前檐装修为现代门窗，封后檐墙。

现为居民院。

位于西城区什刹海街道。该院坐北朝南，偏东三进院落。院落随街势有一定偏角。清代末期建筑。

大门位于院落东南隅，如意门一间，披水排山脊，合瓦屋面，门头栏板砖雕海棠池装饰，梅花形门簪两枚，方形门墩一对（雕卧狮），前出如意踏跺四级。大门东侧倒座房二间，西侧七间，过垄脊，合瓦屋面，前檐装修为现代门窗。一进院北侧有单卷垂花门一座，机瓦屋面，方形门墩一对，前出踏跺三级。垂花门两侧连接花瓦顶看面墙。

二进院正房三间，披水排山脊，合瓦屋面，前后廊，前檐装修为现代门窗。东耳房二间，披水排山脊，合瓦屋面。正房西侧接

垂花门后檐

地安门西大街145号、厂桥胡同12号

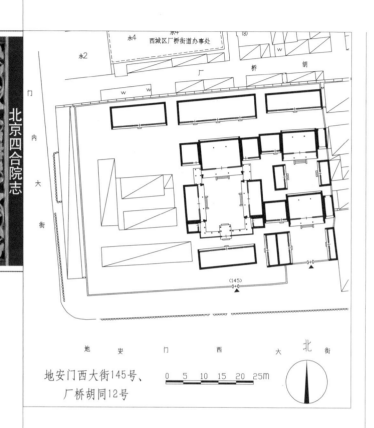

地安门西大街145号、
厂桥胡同12号

东路一进院正房后檐

东路：大门位于院落南侧正中，小门楼一座，门头花瓦装饰，平顶，圆形门墩一对。一进院正房三间，清水脊，合瓦屋面，前后廊，前檐装修为现代门窗，前檐明间前出垂带踏跺三级。正房两侧耳房各一间。东厢房三间，过垄脊，合瓦屋面。西厢房三间，两卷勾连搭形式，过垄脊，合瓦屋面。前檐装修为现代门窗。二进院正房三间，过垄脊，合瓦屋面，前后廊，前檐装修为现代门窗，明间前出垂带踏跺三级。正房两侧耳房各一间。东、西厢房各三间，过垄脊，合瓦屋面，前檐装修为现代门窗。三进院（从厂桥胡同12号进入）后罩房五间，屋面翻建。

西路：建筑大多翻建，难辨原貌。仅存第三进院北房五间，过垄脊，合瓦屋面，前檐装修为现代门窗。

现为居民院。

位于西城区什刹海街道。该院坐北朝南，东、中、西三路，三进院落，清代晚期建筑。

中路：大门位于院落南侧正中，小门楼一座。门内倒座房五间，清水脊，合瓦屋面，脊饰花盘子，前檐装修为现代门窗。东侧有过道可通东路二进院。一进院北侧有一殿一卷式垂花门一座，现已封堵。原垂花门两侧连接看面墙及游廊。二进院（从厂桥胡同12号进入）正房三间，前后出廊，清水脊，合瓦屋面，脊饰花盘子，戗檐砖雕麒麟卧松图案，前檐装修为现代门窗，明间前出垂带踏跺三级。正房两侧耳房各二间，过垄脊，合瓦屋面。东、西厢房各三间，前出廊，清水脊，合瓦屋面，脊饰花盘子。院内除西北角游廊可见，其余抄手游廊均已封入屋内。三进院后罩房七间，过垄脊，合瓦屋面，前檐装修为现代门窗。

东路二进院正房

前海北沿17号

前海北沿17号

0　5　10　15　20　25 m

北

大门万事如意图案
博缝头砖雕

大门饯檐盘头砖雕

正房西饯檐太师少师
图案砖雕

东厢房饯檐鹿鹤同春图案
砖雕

位于西城区什刹海街道，该院坐北朝南，三进院。清代末期建筑。

大门位于院落南侧偏东，广亮大门一间，披水排山脊，合瓦屋面，垂脊饰平草、圭角花盘子，饯檐砖雕梅花图案，博缝头砖雕万事如意图案，红漆板门两扇。梅花形门簪四枚。前檐柱间装饰雕花雀替，圆形门墩一对，门前出礓礤儿铺地。大门东侧倒座房一间半，西侧四间，过垄脊，合瓦屋面，前檐装修为现代门窗。门内一字影壁一座。二门已拆除。

二进院正房三间，前出廊，披水排山脊，合瓦屋面，垂脊饰平草、圭角花盘子，饯檐砖雕狮子绣球图案，前檐装修为现代门窗。后檐梁头绘箍头彩画。正房两侧耳房各一间，

西耳房有半间过道通往三进院。东、西厢房各三间，前出廊，其中东厢房已翻机瓦屋面，西厢房披水排山脊，合瓦屋面，饯檐砖雕鹤鹿同春图案，两层蓄草拔檐。西北侧有窝角平顶廊与正房相连。

三进院后罩房七间，前出廊，披水排山脊，合瓦屋面，前檐装修为现代门窗。

现为居民院。

二进院正房

油漆作胡同1号、3号

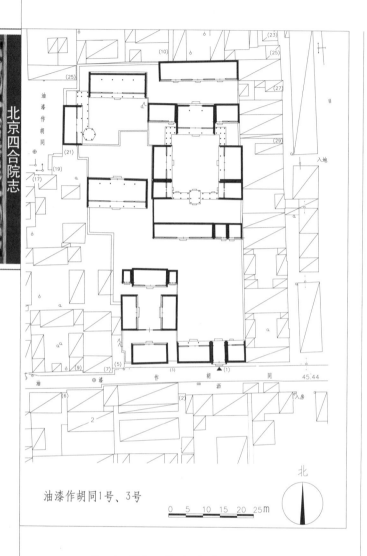

油漆作胡同1号、3号

0　5　10　15　20　25m

北

位于西城区什刹海街道。该院坐北朝南，东西两路五进院落。

倒座房

大门

大门位于院落东南隅，蛮子大门一间，披水排山脊，合瓦屋面，垂脊饰平草、圭角花盘子，梅花形门簪四枚，红漆板门两扇，檐下绘箍头彩画，门内侧带廊与倒座房连通。大门东侧倒座房二间，西侧三间，前出廊，鞍子脊，合瓦屋面，前檐装修为现代门窗，封后檐墙。

东路：一、二进院落已经难以辨别原来建筑形制。三进院北房并排相连北房三座，西侧一座五间，中间和西侧各一间，水泥机瓦屋面。四进院一殿一卷式垂花门一座，现已封堵。垂花门两侧连接看面墙及抄手游廊。院内正房三间，前后廊，清水脊，合瓦屋面，脊残，前檐梁架绘箍头彩画，前檐明间隔扇风门，次间槛墙、支摘窗，步步锦棂心。正房两侧耳房各二间。东、西厢房各三间，前出廊，鞍子脊，合瓦屋面，前檐装修为现代

一进院

支摘窗装修

门窗。厢房南侧厢耳房各一间。五进院内后罩房七间，鞍子脊，合瓦屋面，前檐装修为现代门窗。

西路：一进院内倒座房三间，已翻建。二门无存。二进院内正房三间，两侧耳房各一间，东、西厢房各三间，均为水泥机瓦屋面。三进院现从油漆作胡同21号院进入，南房五间，前后廊，鞍子脊，合瓦屋面，前檐装修为现代门窗。三进院正房五间，前后廊，鞍子脊，合瓦屋面。四进院现从油漆作

胡同23号进入，正房五间，前后廊，清水脊，合瓦屋面，脊残，前檐明间隔扇风门，上带步步锦棂心亮子窗，次、梢间槛墙、支摘窗，步步锦棂心。西厢房三间，鞍子脊，合瓦屋面，前檐装修为现代门窗，封后檐墙。西厢房南侧有亭一座，亭子为四角攒尖宝顶，筒瓦屋面。西路的四、五进院落为此宅院的后花园部分。

庄士敦曾在此院居住。

现为居民院。

游廊

西厢房

大拐棒胡同27号

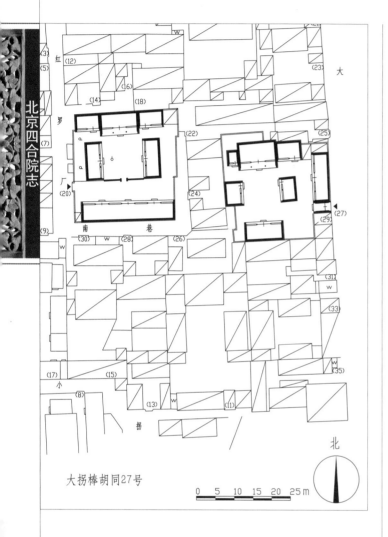

大拐棒胡同27号

0 5 10 15 20 25 m

北

大门

位于西城区什刹海街道。该院坐北朝南，东西并联二进院落。民国时期建筑。

大门位于院落东南侧，金柱大门一间，

东向，清水脊，筒瓦屋面，梅花形门簪四枚，门内后檐柱间有倒挂楣子、花牙子。一进院大门北侧有东房五间，平顶。二进院院内北房（正房）三间，清水脊，合瓦屋面，脊饰花盘子，前出廊。正房东侧接耳房二间，鞍子脊，合瓦屋面，西侧接耳房一间，鞍子脊，合瓦屋面。东、西厢房各二间，鞍子脊，合瓦屋面，封后檐墙。南房三间，鞍子脊，合瓦屋面。院内房屋前檐装修均为现代门窗。

现为居民院。

大门及倒座房

大拐棒胡同45号、小拐棒胡同4号

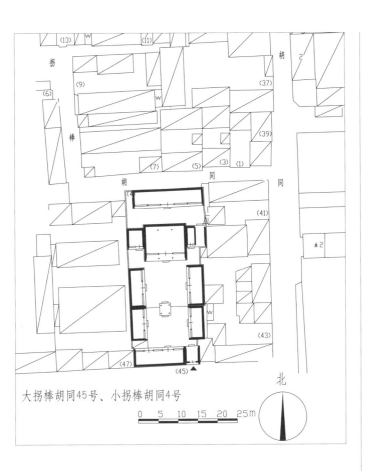

大拐棒胡同45号、小拐棒胡同4号

0 5 10 15 20 25m

北

大门

檐装修均为现代门窗，封后檐墙。

　　一进院北侧有单卷垂花门一座，院内东、西厢房各三间，翻建。

　　二进院正房三间，清水脊，合瓦屋面，脊饰花盘子，前后廊，室内保存有落地罩。正房两侧接耳房各一间。东、西厢房各三间，清水脊，合瓦屋面，脊饰花盘子。

　　三进院（小拐棒胡同4号）原有后罩房五间，已改建。院内房屋前檐装修均为现代门窗。

　　现为居民院。

　　位于西城区什刹海街道。该院坐北朝南，三进院落。民国时期建筑。

　　大门位于院落东南隅，如意大门一间，清水脊，合瓦屋面，脊饰花盘子，梅花形门簪两枚，方形门墩一对。大门东侧倒座房四间半，清水脊，合瓦屋面，脊饰花盘子，前

大门及倒座房

清水脊花盘子砖雕

第三篇

西城区四合院

909

小拐棒胡同8号、10号、12号

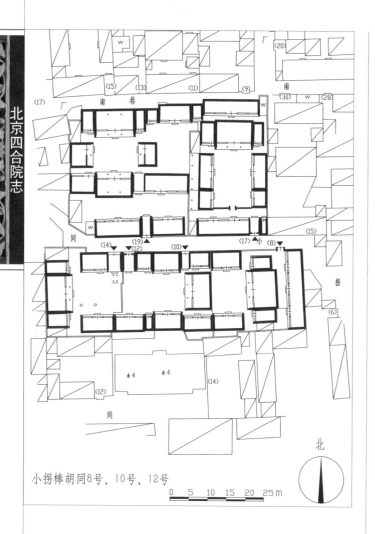

小拐棒胡同8号、10号、12号

0 5 10 15 20 25m

位于西城区什刹海街道。该院坐东朝西，三进院落。民国时期建筑。

大门位于院落西北隅，如意大门一间，北向，清水脊，合瓦屋面，脊饰花盘子，梅花形门簪两枚，圆形门墩一对。大门东侧有北房一间。一进院（12号院）东房（正房）三间，清水脊，合瓦屋面，脊饰花盘子，前出廊，廊柱间饰步步锦棂心倒挂楣子，前檐装修为现代门窗。南、北厢房各三间，前檐装修为现代门窗，南、北厢房东侧各有配房三间，清水脊，合瓦屋面，脊饰花盘子，前檐装修为现代门窗。北配房西次间改为门道。南厢房西侧有耳房一间，耳房西侧接

二进院东房

南房三间。

二进院东房（正房）三间，清水脊，合瓦屋面，脊饰花盘子，前出廊，戗檐砖雕喜鹊登梅图案。东房南北两侧耳房各一间，清水脊，合瓦屋面，脊饰花盘子。南、北厢房各三间，清水脊，合瓦屋面，脊饰花盘子，前檐装修为现代门窗，老檐出后檐墙。

三进院东房（后罩房）七间，清水脊，合瓦屋面，脊饰花盘子，前檐装修为现代门窗。

现为居民院。

10号院大门外景

小拐棒胡同14号

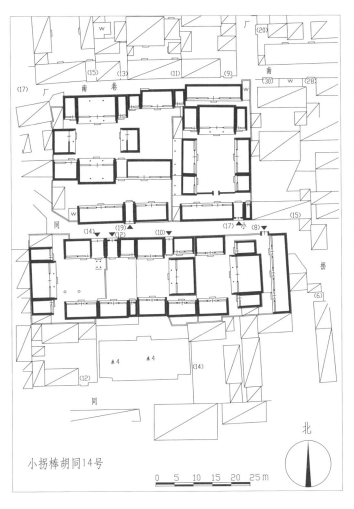

小拐棒胡同14号

0 5 10 15 20 25m

北

位于西城区什刹海街道。该院坐西朝东，二进院落。民国时期建筑。

大门位于院落东北隅，蛮子大门一间，北向，清水脊，合瓦屋面，脊饰花盘子。一

大门及倒座房

大门

进院垂花门一座，东向，倒挂楣子雕刻梅花图案。

二进院西房（正房）三间，清水脊，合瓦屋面，脊饰花盘子，前出廊，戗檐作砖雕装饰，梁架绘箍头包袱彩画。西房南北两侧接耳房各一间，清水脊，合瓦屋面。院内南房三间，北房二间，清水脊，合瓦屋面。院内房屋前檐装修均为现代门窗。

现为居民院。

正房及厢房

小拐棒胡同17号

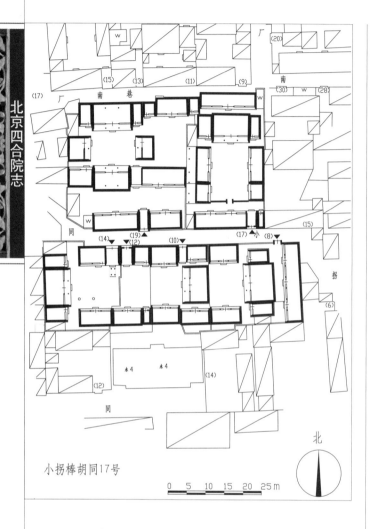

小拐棒胡同17号

0 5 10 15 20 25 m

北

大门及倒座房

位于西城区什刹海街道。该院坐北朝南，三进院落。清代末期至民国初期建筑。

大门位于院落东南隅，如意大门一间，清水脊，合瓦屋面，脊饰花盘子，梅花形门簪两枚，圆形门墩一对。大门西侧有倒座房五间，东侧一间，清水脊，合瓦屋面，脊饰花盘子，前檐装修为现代门窗，老檐出后檐墙。迎门有座山影壁一座。一进院原有二门已毁。

影壁

二进院正房三间，清水脊，合瓦屋面，脊饰花盘子，前出廊，前檐明间隔扇门，次间支摘窗，梁架绘箍头包袱彩画，老檐出后檐墙，正房两侧接耳房各一间，鞍子脊，合瓦屋面。东、西厢房各三间，清水脊，合瓦屋面，厢房南侧接厢耳房各二间，前檐装修均为现代门窗。此外西厢房西侧原为平顶游廊，现已封堵。

三进院有后罩房五间，鞍子脊，合瓦屋面，前檐装修为现代门窗。

现为居民院。

正房

小拐棒胡同19号

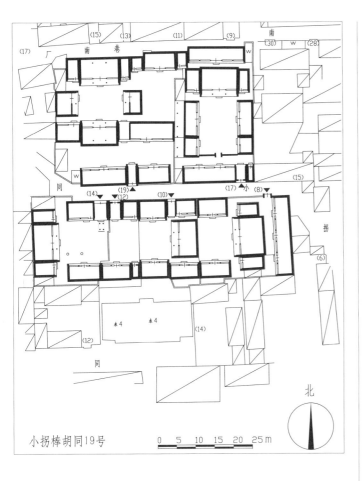

小拐棒胡同19号   0 5 10 15 20 25m

门墩

间，南房三间，均为清水脊，合瓦屋面，前檐装修为现代门窗，老檐出后檐墙。二进院北房三间，鞍子脊，合瓦屋面，前檐装修为现代门窗。北房两侧接耳房各一间。西路一进院有倒座房五间。二进院正房三间，清水脊，合瓦屋面，脊饰花盘子，前后廊，戗檐处作砖雕装饰。正房两侧接耳房各一间，清水脊，合瓦屋面。南房三间，清水脊，合瓦屋面，脊饰花盘子，前后廊，戗檐处作砖雕牡丹花、松鼠葡萄图案，老檐出后檐墙。南房西侧有耳房二间，东侧为过道门。东、西厢房各二间，清水脊，合瓦屋面，脊饰花盘子，前出廊，封后檐墙。据传吴佩孚的妻妹曾在此居住。

现为居民院。

位于西城区什刹海街道。该院坐北朝南，东西两路二进院落。民国时期建筑。

大门位于西路东南隅，蛮子大门一间，清水脊，合瓦屋面，脊饰花盘子，梅花形门簪两枚，圆形门墩一对。东路一进院北房四

大门及倒座房

西路二进院正房及东厢房

大红罗厂南巷1号（任弼时旧居）

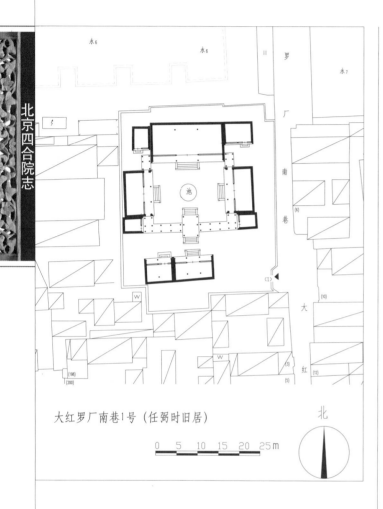

大红罗厂南巷1号（任弼时旧居）

0 5 10 15 20 25m

北

垂花门

　　位于西城区什刹海街道。该院坐北朝南，二进院落。民国时期至现代建筑。

　　原大门无存，改为现代铁门，东向。门内一字影壁一座。一进院南房三间（现代翻建），前出廊，鞍子脊，合瓦屋面，前檐装

修为现代门窗，明间前出垂带踏跺三级，老檐出后檐墙形式。南房西侧接有耳房二间。一进院北侧为一殿一卷式垂花门一座，花罩雕刻缠枝花卉，垂莲柱头，方形门墩一对，后檐四扇屏门，垂花门两侧接看面墙和抄手游廊。

　　二进院正房三间，前后廊，铃铛排山脊，

一字影壁

垂花门花罩及门簪

垂花门山面花瓣

游廊

合瓦屋面，前檐装修为现代门窗，明间前出垂带踏跺三级，老檐出后檐墙形式。正房东侧耳房二间，西侧耳房一间，披水排山脊，合瓦屋面，前檐装修为现代门窗，老檐出后檐墙形式。东、西厢房各三间，前出廊，披水排山脊，合瓦屋面，前檐装修为现代门窗，明间前出垂带踏跺三级。厢房南侧厢耳房一间。院内抄手游廊连接各房屋，四檩卷棚顶，筒瓦屋面，梅花方柱，柱间步步锦棂心倒挂楣子。二进院中央花坛中屹立着任弼时同志的雕像。

任弼时（1904—1950），湖南湘阴县塾塘乡唐家桥（今属汨罗市）人，新中国成立初期中共中央主要领导人之一。1949年以后，任弼时及家人居住在此院。1950年10月27日病逝于北京。

现为居民院。

正房

西厢房

大红罗厂南巷11号、5号

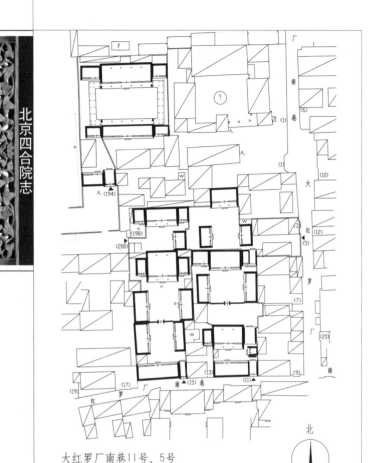

大红罗厂南巷11号、5号

0 5 10 15 20 25m

北

三进院耳房

位于西城区什刹海街道。该院坐北朝南，四进院落。一、二进院现为大红罗厂南巷11号使用，三、四进院为大红罗厂南巷5号使用。民国时期建筑。

大门位于院落东南隅，窄大门半间，后改机瓦屋面，方形门墩一对，门后檐柱间饰步步锦楖心倒挂楣子。门内迎门有座山影

大红罗厂南巷5号院大门

壁一座。大门西侧倒座房四间，后改机瓦屋面，前檐装修为现代门窗，封后檐墙。一进院正房三间，清水脊，合瓦屋面，脊饰花盘子，前后廊，戗檐处作砖雕装饰，前檐装修为现代门窗。正房两侧耳房各一间，后改机瓦屋面（西耳房现为大红罗厂13号使用）。东厢房一间，平顶，檐下带木挂檐板。

二进院北侧有砖砌门楼一座，过垄脊，筒瓦屋面。

三进院正房三间，清水脊，合瓦屋面，脊饰花盘子，前檐装修为现代门窗，老檐出后檐墙。正房两侧接耳房各二间，鞍子脊，合瓦屋面。东、西厢房各三间，鞍子脊，合瓦屋面，西厢房翻建。

四进院正房三间，清水脊，合瓦屋面，前出廊，前檐装修为现代门窗。东、西厢房各三间，清水脊，合瓦屋面，脊饰花盘子，前檐装修为现代门窗，封后檐墙。

现为居民院。

大红罗厂南巷15号、西四北大街200号

大红罗厂南巷15号、西四北大街200号

0 5 10 15 20 25m

北

位于西城区什刹海街道。该院坐北朝南，三进院落。民国时期建筑。

大门位于院落东南隅，如意大门一间，清水脊，合瓦屋面，门楣栏板雕花，梅花形门簪两枚，方形门墩一对。大门西侧有倒座

门楣

房五间，鞍子脊，合瓦屋面，前檐装修为现代门窗，封后檐墙。一进院原有二门已拆除，东、西厢房各三间，鞍子脊，合瓦屋面，前檐装修为现代门窗。二进院正房三间，清水脊，合瓦屋面，脊饰花盘子，前后廊，前檐装修为现代门窗，梁架绘箍头包袱彩画，正房两侧耳房各一间，清水脊，合瓦屋面。东、西厢房各三间，清水脊，合瓦屋面，脊饰花盘子，前檐装修为现代门窗，梁架绘箍头彩画。三进院（西四北大街200号）正房三间，鞍子脊，合瓦屋面，前出廊，廊间保存有坐凳楣子，明间装修隔扇风门，次间为支摘窗。正房两侧耳房各一间。东厢房二间。

现为居民院。

大红罗厂南巷15号院大门 西四北大街200号院大门

二进院正房

大红罗厂南巷20号

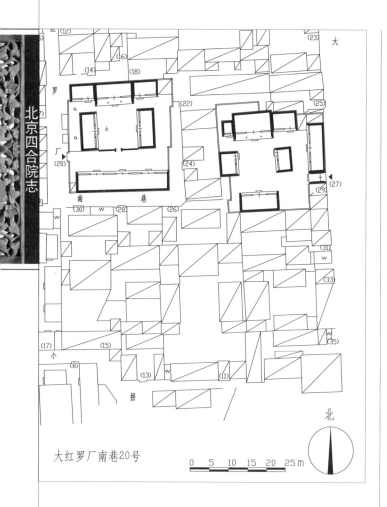

大红罗厂南巷20号

0 5 10 15 20 25m

北

正房

东厢房

位于西城区什刹海街道。该院坐北朝南，二进院落。民国时期建筑。

大门位于院落西南隅，砖砌门楼一座，

大门

西向。一进院北侧原有二门已毁，院内南房七间，已翻建。二进院正房三间，鞍子脊，合瓦屋面，前出平廊，廊檐饰木挂檐板，封后檐墙，前檐装修为现代门窗，正房两侧接耳房各二间，鞍子脊，合瓦屋面。东、西厢房各三间，鞍子脊，合瓦屋面，前檐步步锦棂心支摘窗装修部分保留。

现为居民院。

西四北大街194号

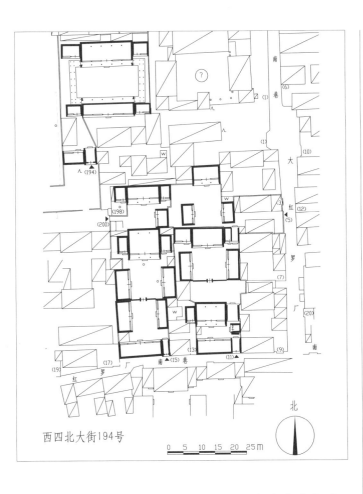

西四北大街194号

0 5 10 15 20 25 m

大门

位于西城区什刹海街道。该院坐北朝南，二进院落。清代末期至民国初期建筑。

如意大门一间，清水脊，合瓦屋面，脊饰花盘子，梅花形门簪两枚，门楣栏板雕刻博古等图案，戗檐作砖雕装饰，方形门墩一对。大门西侧有倒座房二间，鞍子脊，合瓦屋面，前檐装修为现代门窗。一进院正房五间，鞍子脊，合瓦屋面，前后廊，支摘窗装修部分保存，正房

戗檐

两侧接耳房各二间，院内东西各有游廊，筒瓦屋面，柱间有倒挂楣子，现西侧游廊已改为住房。二进院正房五间，过垄脊，合瓦屋面，前后廊，前檐明间隔扇风门，次间支摘窗，室内隔扇部分保存。正房两侧接耳房各二间，鞍子脊，合瓦屋面。

现为居民院。

后院正房

地安门西大街151号

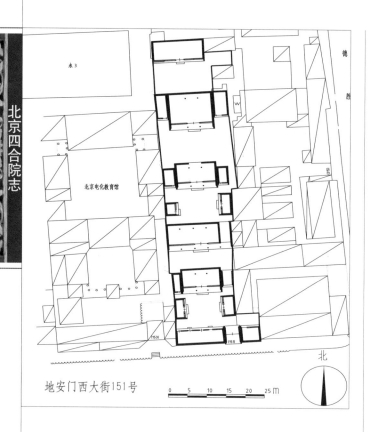

地安门西大街151号

0 5 10 15 20 25 M

北

　　位于西城区什刹海街道。该院坐北朝南，六进院落。清代建筑。

　　大门位于院落东南隅，广亮大门，清水脊，合瓦屋面，梅花形门簪四枚，圆形门墩一对，戗檐作砖雕花卉装饰，木构架绘箍头包袱彩画（已脱落）。迎门有座山影壁一座。一进院内有正房三间，鞍子脊，合瓦屋面，前后廊，原隔扇风门部分保留。东、西厢房各三间。倒

大门

座房拆改建。二进院正房五间，鞍子脊，合瓦屋面，前檐装修为现代门窗。三进院正房三间，鞍子脊，合瓦屋面，前后廊。正房两侧接耳房各一间。东厢房三间，前出廊，五抹隔扇门部分保留。西房一间，四檩卷棚，步步锦棂心支摘窗，是为原与153号院相通的门道。四进院正房三间，前后廊，过垄脊，合瓦屋面。正房两侧耳房各一间，过垄脊，合瓦屋面。五进院有北房三间，过垄脊，合瓦屋面，前檐装修为现代门窗。六进院北房五间，屋面改动。

　　此院落原与149号、153号同为一宅，153号院（西城区文物保护单位）民国时曾为军阀徐世湘宅院，149号院现为北京纽扣厂，前部已改造，后院尚存有一座戏楼，歇山顶，筒瓦屋面。

　　现为居民院。

二进院正房

门窗装修

地安门西大街155号

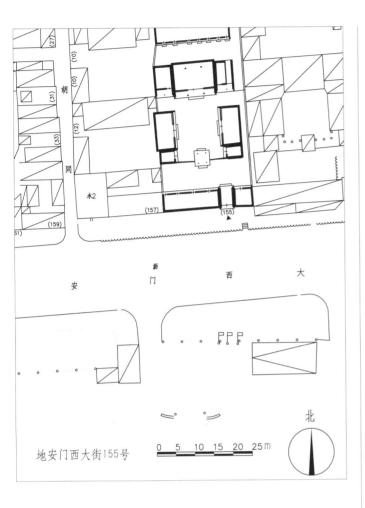

地安门西大街155号

一对。门内迎门有座山影壁一座，过垄脊，筒瓦屋面。大门东侧门房二间，西侧有倒座房五间，脊毁，合瓦屋面，前檐装修为现代门窗，老檐出后檐墙。一进院北侧有垂花门一座，过

垂花门

垄脊，筒瓦屋面，檐下施以一斗二升三幅云斗拱六攒。垂花门两侧为看面墙，筒瓦屋面，墙心为硬心做法，墙体磨砖对缝。

二进院有正房三间，过垄脊，合瓦屋面，前后廊，戗檐作砖雕装饰，前檐装修为现代门窗，老檐出后檐墙。正房两侧耳房各一间半，前出廊，过垄脊，合瓦屋面。东、西厢房各三间，过垄脊，合瓦屋面，明间前檐装修五抹隔扇风门，次间支摘窗，工字卧蚕步步锦棂心，厢房南侧有厢耳房各一间。

三进院后罩房七间，为原址翻建。

现为居民院。

位于西城区什刹海街道。该院坐北朝南，三进院落。清代末期至民国初期建筑。

原大门为广亮大门，位于院落东南隅，圆形门墩一对，梅花形门簪四枚，后于外檐柱位置做如意门，门楣花瓦装饰，方形门墩

大门及倒座房

二进院正房

前铁匠胡同13号

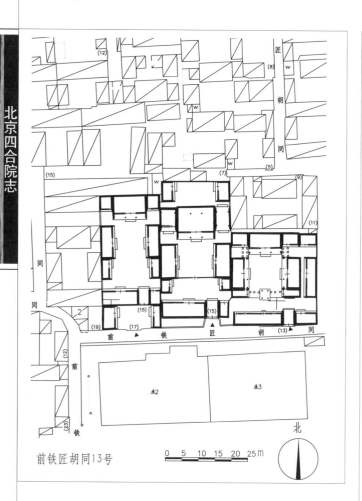

前铁匠胡同13号

门罩

门墩一对，后檐柱间步步锦棂心倒挂楣子。门内迎门有座山影壁一座。大门西侧有倒座房五间，东侧二间，后改机瓦屋面，封后檐墙。一进院北侧有一殿一卷式垂花门，筒瓦屋面，木构架绘苏式彩画，垂莲柱头，花板、花罩雕刻花卉图案，梅花形门簪两枚。垂花门内侧有抄手游廊，现均已封堵。二进院正房三间，过垄脊，合瓦屋面，前出平廊，檐下有木挂檐板，前檐装修为现代门窗，老檐出后檐墙。正房两侧有耳房各二间，过垄脊，合瓦屋面。东、西厢房各三间，过垄脊，合瓦屋面，前出平廊，前檐装修为现代门窗，封后檐墙。厢房南侧各有厢耳房一间，过垄脊，合瓦屋面。院内各房间均有平顶廊相连。东跨院有北房二间，东房四间。

现为居民院。

位于西城区什刹海街道。该院坐北朝南，二进院落。民国时期建筑。

大门位于院落东南隅，如意大门一间，过垄脊，合瓦屋面，梅花形门簪两枚，方形

大门及倒座房

正房

前铁匠胡同15号

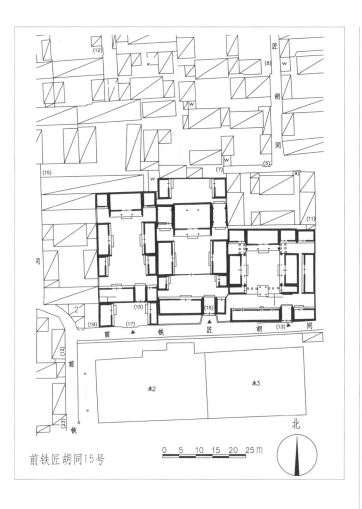

前铁匠胡同15号

0　5　10　15　20　25 m

北

二进院正房

　　位于西城区什刹海街道。该院坐北朝南，三进院落。民国时期建筑。

　　大门位于院落东南隅，如意大门一间，清水脊，合瓦屋面，脊残，六角形门簪两枚，

大门

门墩遗失，门外两侧有撇山影壁，影壁心为硬心做法，现西侧影壁已毁。大门西侧有倒座房四间，东侧一间，清水脊，合瓦屋面。一进院北侧原有月亮门一座，1958年拆除。二进院正房三间，清水脊，合瓦屋面，脊饰花盘子，前后廊，前檐装修为现代门窗，老檐出后檐墙。正房两侧接耳房各一间，前后廊，清水脊，合瓦屋面。东、西厢房各三间，清水脊，合瓦屋面，脊饰花盘子，西厢房翻建，封后檐墙。三进院东、西厢房各二间，鞍子脊，合瓦屋面。

　　现为居民院。

前铁匠胡同17号、19号

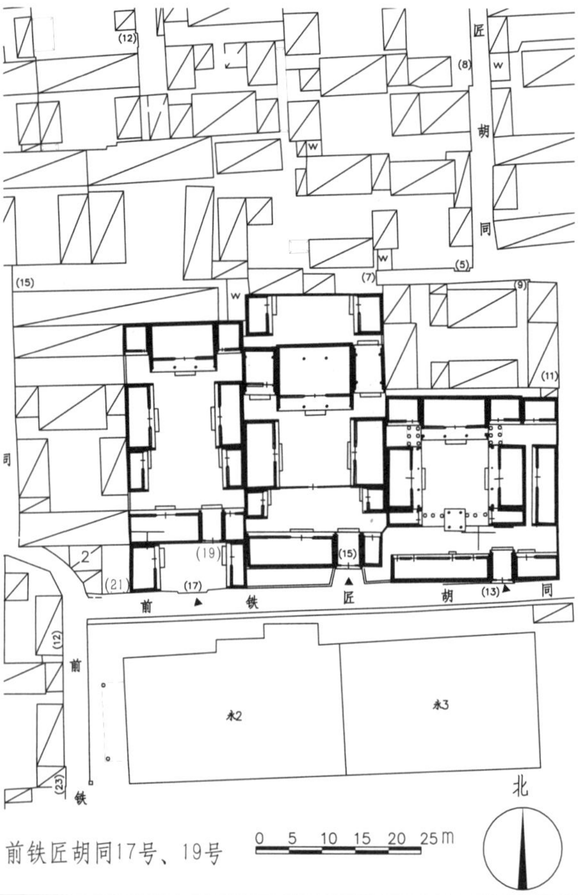

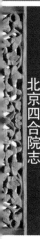

前铁匠胡同17号、19号

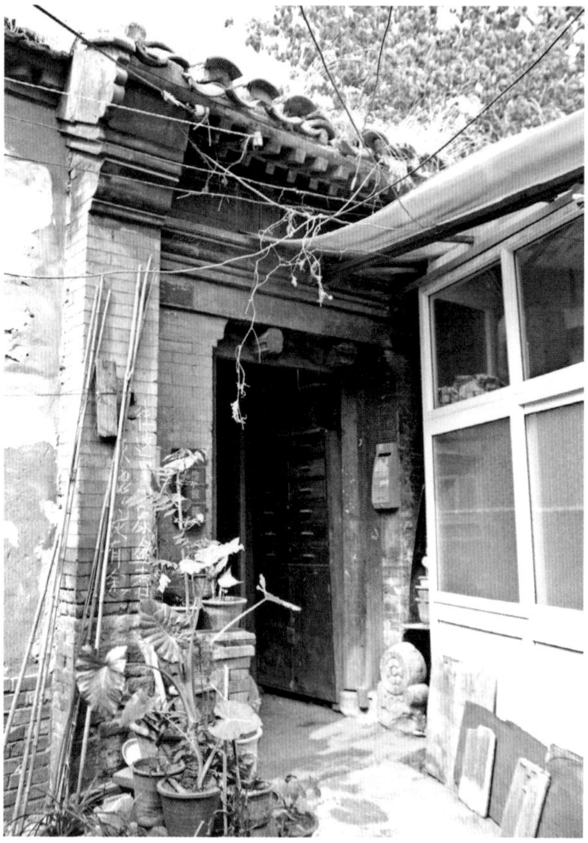

大门

位于西城区什刹海街道。该院坐北朝南，二进院落。民国时期建筑。

一进院南侧正中开随墙门，灰砖砌筑，砖拱券。院内东、西厢房各二间，后改水泥机瓦屋面，前檐装修为现代门窗，封后檐墙。

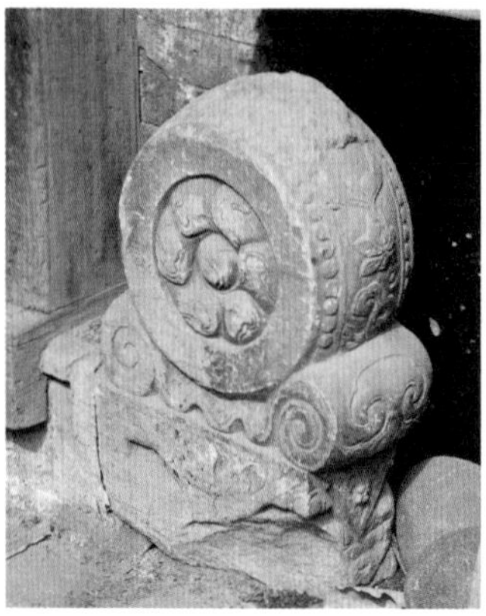

门墩

二进院大门位于院落东南隅，如意大门一间，清水脊，合瓦屋面，脊饰花盘子，六角形门簪两枚，圆形门墩一对，雕刻祥云图案，后檐柱间步步锦棂心倒挂楣子。大门西侧有倒座房三间，东侧一间，后改机瓦屋面，封后檐墙。院内正房三间，鞍子脊，合瓦屋面，前出廊，正房两侧有耳房各一间，鞍子脊，合瓦屋面，封后檐墙。东、西厢房各三间，鞍子脊，合瓦屋面，封后檐墙。厢房南侧有厢耳房各二间，屋面后改。

现为居民院。

护国寺街19号

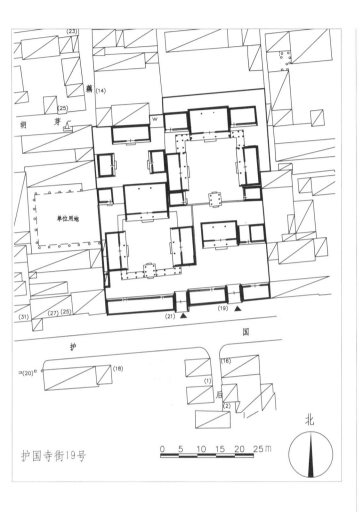

护国寺街19号

大门

位于西城区什刹海街道。该院坐北朝南，二进院落。民国时期建筑。

大门位于院落南侧中部，蛮子大门一间，

清水脊，合瓦屋面。大门西侧有倒座房三间，鞍子脊，合瓦屋面。一进院正房三间，鞍子脊，合瓦屋面，前后廊。正房东侧耳房二间，西一间为过道。

二进院前有一殿一卷式垂花门一座，花罩雕刻子孙万代图案。正房三间，前后廊，清水脊，合瓦屋面。正房两侧接耳房各一间，后改水泥机瓦屋面。东、西厢房各三间，清水脊，合瓦屋面，前出廊。厢房南侧厢耳房各一间。院内房屋前檐装修为现代门窗。

现为居民院。

大门及倒座房

护国寺街21号

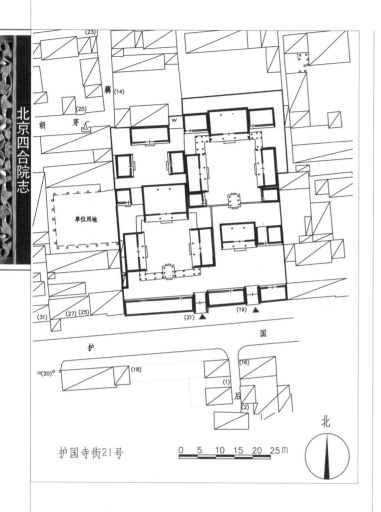

护国寺街21号

0 5 10 15 20 25m

北

二进院正房

鞍子脊，合瓦屋面。一进院原有垂花门一座，两侧为游廊，现均已拆除，后建北房七间。

二进院正房三间，清水脊，合瓦屋面，脊饰花盘子，前后廊，木构架绘箍头包袱彩画。正房两侧有窝角廊。东、西厢房各三间，鞍子脊，合瓦屋面，前出廊，木构架绘箍头包袱彩画。

三进院正房三间，鞍子脊，合瓦屋面。东、西厢房各二间，鞍子脊，合瓦屋面，木构架绘箍头彩画。院内各房前檐装修为现代门窗。

据说，该院原为清代某官员住宅。现为居民院。

位于西城区什刹海街道。该院坐北朝南，三进院落。清代建筑。

大门位于院落东南隅，广亮大门一间，清水脊，合瓦屋面，脊饰花盘子，梅花形门簪四枚，圆形门墩一对，门内象眼处雕饰图案，前檐柱间饰雀替，后檐柱间饰步步锦楞心倒挂楣子、花牙子。大门西侧倒座房六间，

门墩　　　　花牙子

三进院正房

护国寺街52号

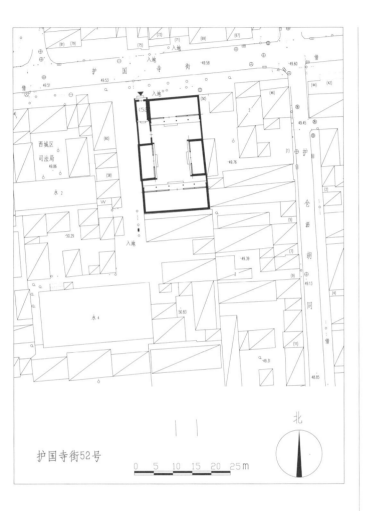

护国寺街52号

屏门

南房

位于西城区什刹海街道。该院坐南朝北，一进院落。清代末期建筑。

大门位于院落西北隅，北向，蛮子门一

大门

间，过垄脊，合瓦屋面，梁架绘箍头彩画，双扇红漆板门，梅花形门簪两枚，圆形门墩一对，前出垂带踏跺四级。门内屏门一座，随墙门形式，长寿字花瓦顶。大门东侧接北房四间，前出卷棚抱厦，过垄脊，合瓦屋面，前檐装修为套方框门窗，前出踏跺三级。南房（正房）五间，前出廊，鞍子脊，合瓦屋面，前檐装修为套方框门窗，前出踏跺两级。东、西厢房各三间，过垄脊，合瓦屋面，前檐装修套方框门窗。

该院原为清末代皇帝胞弟溥杰故居。溥杰从1960年特赦获释至1994年去世在此院居住。院内花果树均为溥杰亲手种植。

现为单位用房。

延年胡同3号

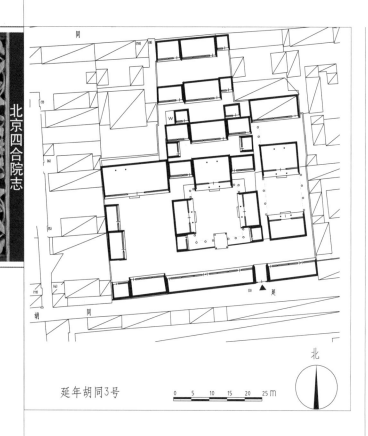

延年胡同3号

0 5 10 15 20 25 m

北

连廊

屋面，两侧为看面墙。大门西侧倒座房七间，过垄脊，合瓦屋面，前檐装修为现代门窗，封后檐墙。

　　二进院正房三间，披水排山脊，合瓦屋面，前后廊，室内木隔扇尚存。正房两侧接耳房各二间。东、西厢房各三间，前出廊，鞍子脊，合瓦屋面，南侧有厢耳房各一间，院内有抄手游廊与各房相接。

　　三、四、五进院落现已原址翻建，均为正房、耳房、厢房组成。东路一进院南房四间，二进院正房三间，鞍子脊，合瓦屋面，前后廊。南房三间，过垄脊，合瓦屋面，前出廊。院内两侧有四檩卷棚游廊与后院相通。三进院正房四间。西路院内宽敞，疑为住宅之花园位置，院内存有正房、南房及东房，多有改建，难窥旧貌。院内建筑布局基本保存。

　　据传，该院原为李连英私宅。

　　现为单位用房。

　　位于西城区什刹海街道。该院坐北朝南，三路五进四合院。民国时期建筑。

　　大门位于院落南侧偏东，如意大门一间，披水排山脊，合瓦屋面，门楣栏板素面，方形门墩一对，门前如意踏跺，门后檐柱间饰灯笼框棂心倒挂楣子。迎门为座山影壁一座，过垄脊，筒瓦屋面，影壁心为斜方砖抹灰做法。中路一进院为一殿一卷式垂花门，筒瓦

大门及倒座房

二进院厢房

大杨家胡同6号

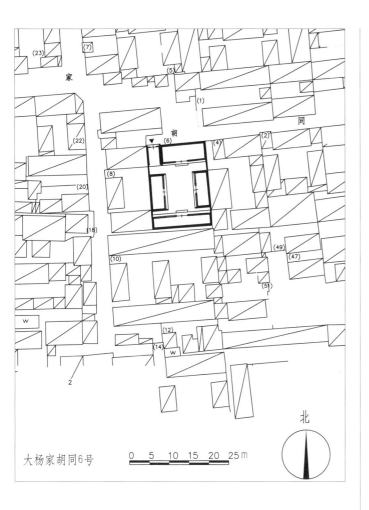

大杨家胡同6号

北

大门

位于西城区什刹海街道。该院坐北朝南，一进院落。民国时期建筑。

如意大门一间，北向，位于院落西北隅，清水脊，合瓦屋面，脊饰花盘子，门楣栏板、

大门及倒座房

戗檐、垫花砖雕已损毁。大门东侧有北房四间，鞍子脊，合瓦屋面，封后檐墙，前檐装修部分保存支摘窗。南房五间，鞍子脊，合瓦屋面，前檐装修为现代门窗，封后檐墙。东、西厢房各三间，后改机瓦屋面，前檐保留有部分盘长如意棂心装修。

现为居民院。

棉花胡同47号

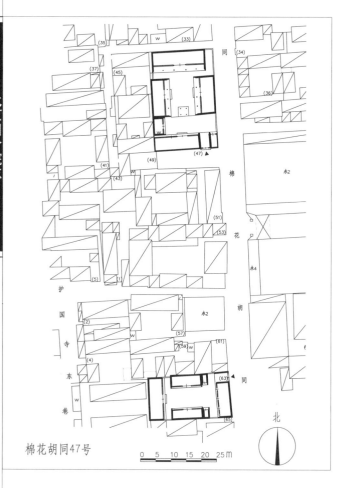

棉花胡同47号

0 5 10 15 20 25M

北

位于西城区什刹海街道。该院坐北朝南，二进院落。民国时期建筑。

大门位于院落东南隅，如意大门一间，大门门楣雕刻毁坏，六角形门簪两枚，戗檐、

大门及倒座房

垂花门

垫花、博缝头饰砖雕花卉图案，圆形门墩一对，雕刻暗八仙图案，后檐柱间有盘长如意棂心倒挂楣子。大门西侧有倒座房四间，东侧一间，后改机瓦屋面，封后檐墙。一进院北侧有四檩卷棚垂花门一座，过垄脊，筒瓦屋面，梅花形门簪两枚，方形门墩一对，雕刻鹿鹤同春图案，门扇上有门联一副"佳第书教永，重门喜气浓"，四扇屏门雕有松鹤图案，垂花门两侧为看面墙，木构架绘苏式彩画。一进院有西房三间，屋面后改机瓦，檐下有木挂檐板。二进院正房五间，后改机瓦屋面，前出廊，前檐装修为现代门窗，封后檐墙。东、西厢房各四间，后改机瓦屋面，前出平廊，前檐装修为现代门窗，封后檐墙。

现为居民院。

二进院正房

棉花胡同48号

棉花胡同48号

门头栏板

脊，合瓦屋面，前檐装修为现代门窗，封后檐墙。门内迎门有座山影壁一座，筒瓦屋面。院内正房五间，清水脊，合瓦屋面，脊饰花盘子，前檐装修为现代门窗。东、西厢房各三间，鞍子脊，合瓦屋面，明间装修为夹门窗，次间支摘窗，封后檐墙。

现为居民院。

位于西城区什刹海街道。该院坐北朝南，一进院落。民国时期建筑。

大门位于院落东南隅，如意大门一间，清水脊，合瓦屋面，脊饰花盘子，门楣栏板、戗檐、博缝头作花卉砖雕装饰，六角形门簪两枚，方形门墩一对，雕刻花卉图案，门内有倒挂楣子。大门西侧有倒座房四间，鞍子

门墩

大门及倒座房

正房

棉花胡同63号

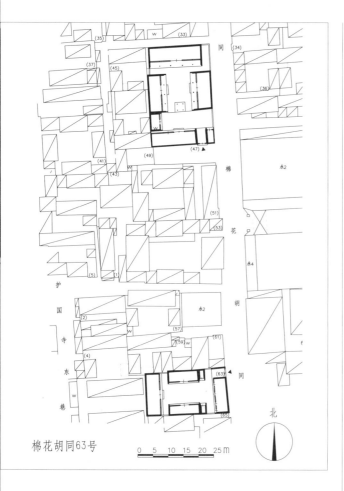

棉花胡同63号

0 5 10 15 20 25 M

北

正房

正房明间门窗装修

位于西城区什刹海街道。该院坐西朝东，一进院落。民国时期建筑。

大门位于院落东北隅，西洋式门，东向。大门南侧东房四间，鞍子脊，合瓦屋面，前

大门及倒座房

檐装修为现代门窗，封后檐墙，室内碧纱橱保存完好。院内正房（西房）五间，清水脊，合瓦屋面，脊饰花盘子，前檐明间隔扇风门，井字玻璃屉棂心，次、梢间为支摘窗，封后檐墙。南、北厢房各三间，鞍子脊，合瓦屋面，前檐装修部分改为现代门窗，封后檐墙。厢房东侧各有厢耳房一间，平屋顶，檐下有木挂檐板。

现为居民院。

棉花胡同66号（蔡锷故居）

棉花胡同66号（蔡锷故居）

0 5 10 15 20 25m

北

穿廊

达二进院，廊子上开什锦窗。

二进院北房三间，前出廊，过垄脊，合瓦屋面，前檐装修为现代门窗。北房东侧耳房一间，后改机瓦屋面。南房三间，东厢房三间，均为后改水泥机瓦屋面。

蔡锷（1882—1916），原名艮寅，字松坡。湖南邵阳人。早年就读于梁启超开办的时务学堂，后在日本陆军士官学校学习。归国后担任云南新军第十九镇第三十七协协统等职，之后控制了云南的政权。民国二年（1913）11月，袁世凯调蔡锷入京，并将其安排在此院居住（该院原为黎元洪所有），以便于就近监视他。民国四年（1915）袁世凯称帝，蔡锷以赴天津诊治疾病为由，于11月离开此宅，并发动了声讨袁世凯的护国运动。

现为居民院。

位于西城区什刹海街道。该院坐北朝南，东西并联二进院落。民国初期建筑。

大门位于院落西侧中部，如意大门一间，清水脊，合瓦屋面，脊饰花盘子，门头套沙锅套花瓦做法。大门南侧倒座房三间，北侧五间，后改水泥机瓦屋面，前檐装修为现代门窗，封后檐墙。门内一字影壁一座。一进院北房（正房）三间，前出廊，后改水泥机瓦屋面，前檐装修为现代门窗。南房三间，后改机瓦屋面，前檐装修为现代门窗。院落东侧有穿廊可

大门

西院正房

棉花胡同82号

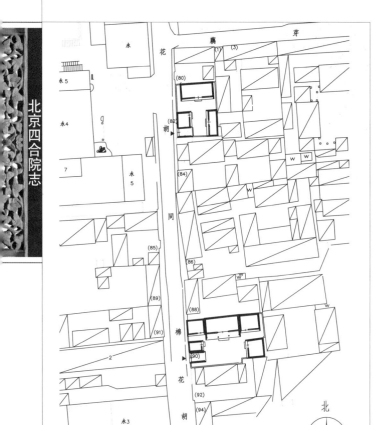

棉花胡同82号

北房

花形门簪两枚，方形门墩一对。院内北房三间，清水脊，合瓦屋面，前檐明间装修夹门窗，次间支摘窗。西厢房二间，位于大门北侧，鞍子脊，合瓦屋面，老檐出后檐墙，东厢房三间，平屋顶，檐下有木挂檐板，封后檐墙。

　　现为居民院。

位于西城区什刹海街道。该院坐北朝南，一进院落。民国时期建筑。

　　大门位于院落西南隅，蛮子大门一间，西向，清水脊，合瓦屋面，脊饰花盘子，梅

大门及倒座房

东厢房

棉花胡同90号

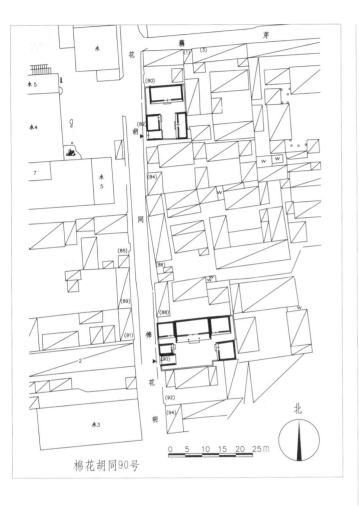

棉花胡同90号

大门

位于西城区什刹海街道。该院坐北朝南，一进院落。民国时期建筑。

大门位于院落西南隅，西向，蛮子大门一间，鞍子脊，合瓦屋面，六角形门簪两枚，

大门及倒座房

门扇如意头形门包叶，门墩缺失，如意踏跺残坏。院内北房三间，前出廊，过垄脊，合瓦屋面，老檐出后檐墙，前檐明间装修为现代门窗，次间支摘窗，正房两侧耳房各二间，鞍子脊，合瓦屋面。东厢房二间，鞍子脊，合瓦屋面，西厢房一间，位于大门北侧，鞍子脊，合瓦屋面，前檐装修均为现代门窗，封后檐墙。

现为居民院。

第三篇　西城区四合院

后罗圈胡同7号

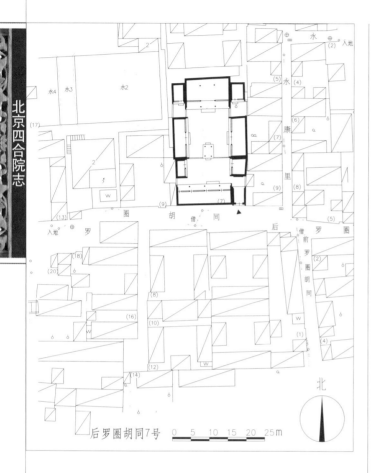

后罗圈胡同7号　0　5　10　15　20　25m

二门

心倒挂楣子。迎门有座山影壁一座，影壁心为硬心做法。大门西侧倒座房四间，鞍子脊，合瓦屋面，前出廊，支摘窗部分保留，封后檐墙。一进院北侧有四檩卷棚顶垂花门一座，过垄脊，筒瓦屋面，六角形门簪四枚，方形门墩一对。院内东西各有平顶房二间。

二进院正房三间，鞍子脊，合瓦屋面，前后廊，前檐明间五抹隔扇风门，次间支摘窗。正房与厢房之间有月亮门相连，形成两跨院，内有耳房各一间，鞍子脊，合瓦屋面。院内东、西厢房各三间，鞍子脊，合瓦屋面，前檐明间夹门窗，次间为支摘窗。

现为居民院。

位于西城区什刹海街道。该院坐北朝南，二进院落。民国时期建筑。

大门位于院落东南隅，如意大门一间，清水脊，合瓦屋面，脊饰花盘子，六角形门簪两枚，圆形门墩一对，后檐柱间步步锦楣

大门

正房

航空胡同3号

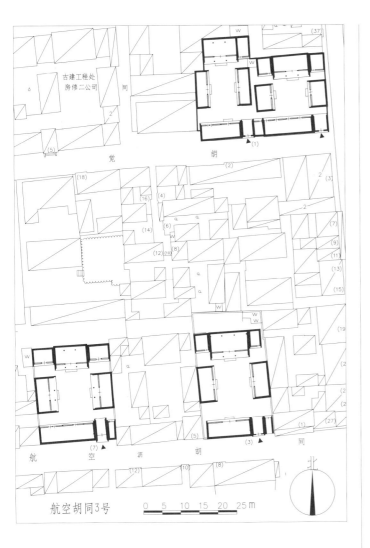

航空胡同3号

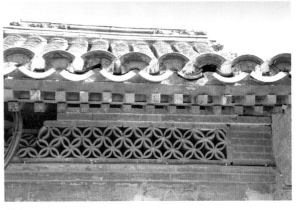

门楣

大门位于院落东南隅，如意大门一间，清水脊，合瓦屋面，脊饰花盘子，门头作花瓦装饰，梅花形门簪两枚，方形门墩一对，象眼处作灰塑几何图案，后檐柱间步步锦棂心倒挂楣子。大门西侧倒座房三间，东侧一间，过垄脊，合瓦屋面，封后檐墙。院内北房三间，过垄脊，合瓦屋面，前后廊，老檐出后檐墙。正房两侧耳房各一间，后改机瓦屋面。东、西厢房各三间，过垄脊，合瓦屋面，封后檐墙。院内房屋前檐均装修为现代门窗。

现为居民院。

位于西城区什刹海街道。该院坐北朝南，一进院落。民国时期建筑。

大门

正房

航空胡同7号

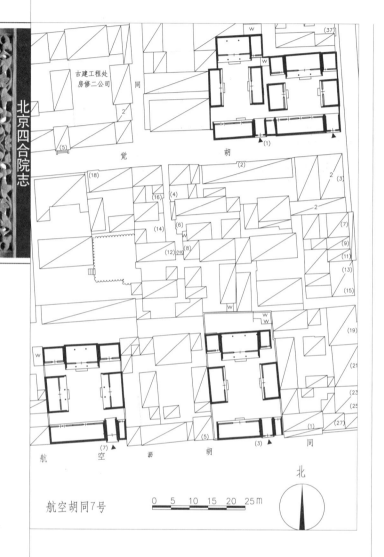

航空胡同7号

大门及倒座房

做法，后檐柱间有步步锦棂心倒挂楣子及花牙子。大门西侧倒座房五间，东侧一间，过垄脊，合瓦屋面，封后檐墙。院内正房三间，过垄脊，合瓦屋面，前后廊，前檐装修为现代门窗，明间前出垂带踏跺三级。正房两侧耳房各二间，过垄脊，合瓦屋面。东、西厢房各三间，过垄脊，合瓦屋面，前出廊，封后檐墙。

现为居民院。

位于西城区什刹海街道。该院坐北朝南，一进院落。民国时期建筑。

大门位于院落东南隅，金柱大门一间，过垄脊，合瓦屋面，圆形门簪四枚，圆形门墩一对，雕刻麒麟图案，大门象眼处作灰塑花卉图案装饰，门内壁邱门为硬心

门墩

正房

航空胡同17号

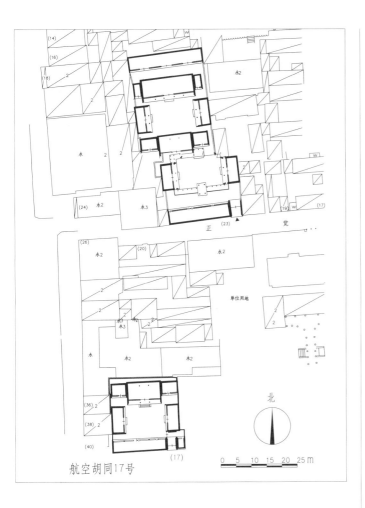

航空胡同17号

大门

封后檐墙。院内房屋前檐装修均为现代门窗。
现为居民院。

位于西城区什刹海街道。该院坐北朝南，
一进院落。民国时期建筑。

大门位于院落东南隅，金柱大门形式，
如意厦门装修，清水脊，合瓦屋面，脊饰花
盘子，六角形门簪两枚，圆形门墩一对，大
门木构架绘苏式彩画，柱间有雀替，后檐柱
间步步锦棂心倒挂楣子。门内迎门座山影壁
一座，清水脊，筒瓦屋面，影壁心为硬心做
法，原屏门门扇遗失。大门西侧倒座房五间，
东侧一间，鞍子脊，合瓦屋面。院内正房三
间，清水脊，合瓦屋面，脊饰花盘子，前后廊，
前檐装修为现代门窗。正房两侧耳房各二间，
鞍子脊，合瓦屋面，老檐出后檐墙。东、西
厢房各三间，清水脊，合瓦屋面，脊饰花盘子，

影壁

正觉胡同1号

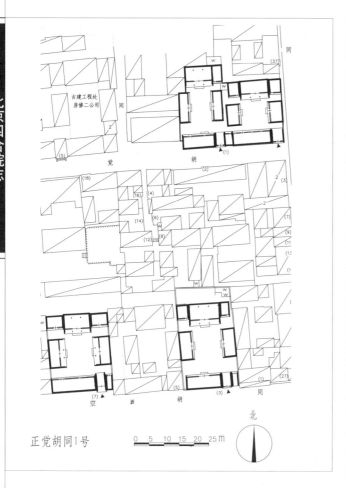

正觉胡同1号

0 5 10 15 20 25 M

北

门楣砖雕

年、喜鹊登梅、五蝠捧寿等图案，八角形门簪两枚，方形门墩一对。大门西侧倒座房四间，东侧一间，过垄脊，合瓦屋面，老檐出后檐墙。院内正房三间，清水脊，合瓦屋面，脊饰花盘子，前后廊，前檐装修为现代门窗。正房东侧耳房一间。东、西厢房各三间，清水脊，合瓦屋面。

东院：原有如意大门一间，现已封堵，清水脊，合瓦屋面，脊饰花盘子，六角形门簪两枚，门楣栏板及戗檐均雕刻花卉图案，博缝头砖雕万事如意图案，方形门墩一对。大门西侧倒座房四间，清水脊，合瓦屋面，脊饰花盘子，老檐出后檐墙。院内正房三间，清水脊，合瓦屋面，脊饰花盘子，前出廊，正房两侧耳房各一间，鞍子脊，合瓦屋面。东、西厢房各二间，清水脊，合瓦屋面，脊饰花盘子，前檐装修为现代门窗。

现为居民院。

位于西城区什刹海街道。该院坐北朝南，为东西并联一进院落。民国时期建筑。

西院：如意大门一间，进深五檩，清水脊，合瓦屋面，脊饰花盘子，门楣砖雕为松鹤延

大门及倒座房

门墩

正觉胡同23号

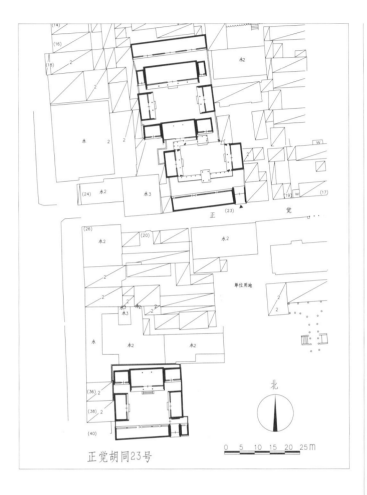

正觉胡同23号

垂花门

大门木构架绘箍头包袱彩画，象眼处作灰塑雕刻，门内壁邱门为硬心做法，后檐柱间步步锦棂心倒挂楣子及花牙子。大门西侧倒座房六间，鞍子脊，合瓦屋面，木构架绘箍头彩画，老檐出后檐墙。一进院北侧建有一殿一卷垂花门一座，筒瓦屋面，六角形雕花门簪两枚，方形门墩一对，雕刻花卉图案，花板损毁。垂花门两侧连接看面和抄手游廊，四檩卷棚顶，筒瓦屋面。二进院有正房三间，鞍子脊，合瓦屋面，前后廊，前檐明间隔扇风门装修，次间支摘窗，老檐出后檐墙。正房两侧耳房各二间，后改机瓦屋面。东、西厢房各三间，鞍子脊，合瓦屋面，前出廊，封后檐墙，原厢房北侧有窝角廊与正房相连，现均无存。三进院正房五间，鞍子脊，合瓦屋面，前后廊，老檐出后檐墙。正房两侧耳房各一间，鞍子脊，合瓦屋面。东、西厢房各三间，鞍子脊，合瓦屋面，前出廊。四进院后罩房七间，鞍子脊，合瓦屋面，前檐装修为现代门窗，封后檐墙。

现为居民院。

位于西城区什刹海街道。该院坐北朝南，四进院落。民国时期建筑。

大门位于院落东南隅，广亮大门一间，清水脊，合瓦屋面，脊饰花盘子，八角形门簪四枚，圆形门墩一对，雕刻暗八宝图案，

大门及倒座房

二进院正房

第四章 西长安街街道

DI-SI ZHANG　XICHANG'AN JIE JIEDAO

　　西长安街街道位于西城区东部，东以天安门广场西侧路、中山公园、故宫西墙为界与东城区毗邻，西以西四南大街、西单北大街、宣武门内大街西侧便道为界与金融街街道相接，南以前门西大街、宣武门东大街中心线为界与大栅栏、椿树两个街道交界，北以西安门大街、文津街南路边缘、故宫北筒子河中心线为界与什刹海街道为邻。辖区总面积4.24平方千米，有街巷胡同98条，其中一、二类大街12条。全国重点文物保护单位有南堂；市级文物保护单位有礼亲王府，福佑寺，张自忠故居，西交民巷87号、北新华街112号四合院等；区级文物保护单位有仪亲王府、永佑寺等。

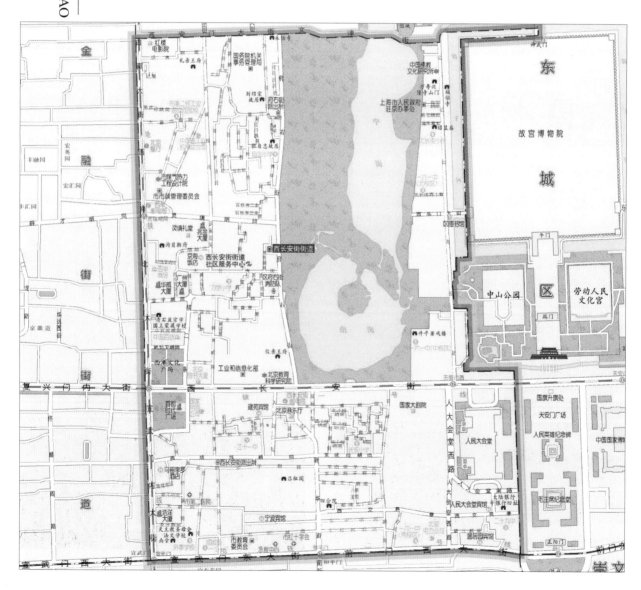

第一节

文保院落

DI-YI JIE   WEN-BAO YUANLUO

府右街丙27号（张自忠故居）

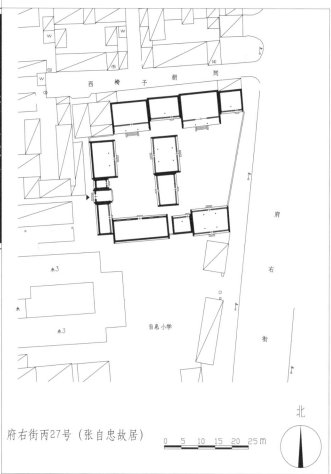

府右街丙27号（张自忠故居）

0 5 10 15 20 25m

北

大门

位于西城区西长安街街道，该院坐北朝南，原为东、中、西三进院落，府右街扩展马路时东院拆除，中院东厢房也被改建为中院东院墙，现中院、西院基本保持原貌。民国时期建筑。

中院：正房三间，前出廊，铃铛排山脊，合瓦屋面，明间隔扇风门，夹杆条玻璃屉及六角井棂心，裙板装饰香草夔龙捧寿图，次间槛墙、支摘窗，十字方格嵌玻璃棂心，明间前出垂带踏跺四级。此处原为张自忠将军卧室，现为学校会议室。正房东侧耳房二间，前出廊，披水排山脊，合瓦屋面，东间门连窗，西间槛墙、支摘窗，十字方格棂心。此

处原为张将军盥洗室。西耳房二间，前出廊，与西院正房相连，披水排山脊，合瓦屋面，前檐装修为现代门窗，前搭机瓦平顶房一间，现为学校图书室。东院墙曾有"张自忠将军爱国主义精神永放光芒"的红字标语，2006年改为讲述张自忠将军抗战大事记的一组浮雕。西厢房三间为过厅，进深五檩，前后出廊，铃铛排山脊，合瓦屋面，明间东西开穿

大门梁架

中院正房

堂门，与西院相连，采用夹门窗形式，次间槛墙、支摘窗，十字方格嵌玻璃棂心，明间出踏跺两级，现为音乐教室。南接耳房二间，过垄脊，合瓦屋面，明间夹门窗，次间槛墙、支摘窗，十字方格嵌玻璃棂心。南房三间，

中院南房

中院西厢房背面

前后廊，披水排山脊，合瓦屋面，前檐明间夹门窗，次间槛墙、支摘窗，十字方格嵌玻璃棂心，明间出如意踏跺三级。西接耳房二间，前后廊，过垄脊，合瓦屋面，檐柱装修，东间门连窗，西间槛墙、支摘窗，十字方格嵌玻璃棂心。院内正房东侧及西厢南顺山房前各有二级古树一株，树种为国槐。

西院：大门位于院落西侧中部，如意门一间，西向，清水脊，合瓦屋面，脊饰花盘子，

西院全景

进深五檩，门楣栏板砖雕流云等各式图案，梅花形门簪两枚，双扇红漆板门，饰铺首一对，方形门墩一对，前出踏跺两级。大门南连接西房三间，北侧一间，进深三檩，鞍子脊，合瓦屋面，前檐为夹门窗，槛墙、支摘窗，十字方格嵌玻璃棂心，明间出踏跺两级。院内正房三间，前出廊，铃铛排山脊，合瓦屋面，前檐明间夹门窗，次间槛墙、支摘窗，十字方格嵌玻璃棂心，明间出垂带踏跺四级。此处原为张将军书房，现改为张自忠将军生平展室，由杨成武将军题额。南房五间为过厅，披水排山脊，合瓦屋面，明间南北向开穿堂门与院外相连，各间拱券门窗装修，上饰西洋式浮雕图案，明间出踏跺两级。西厢房三间，进深五檩。前后廊，铃铛排山脊，合瓦屋面，檐柱装修，明间夹门窗，次间槛墙、支摘窗，十字方格嵌玻璃棂心，明间出

西院正房

西院西厢房

踏跺两级，现作为自然教室使用。南接厢耳房一间，进深三檩，过垄脊，合瓦屋面，夹门窗装修，夹杆条玻璃屉棂心，现为卫生室。院内有二级古树一株，树种为国槐。

该处院落曾为袁世凯侍卫长徐邦桀宅，张自忠于民国二十三年（1934）购得，民国二十四年（1935）至民国二十六年（1937）在此居住。故居坐北朝南，南部是花园（已拆改），北部是住宅。张自忠将军曾住在中院北房东侧屋，东、西厢房为客厅。张自忠（1891—1940），字荩忱，汉族，山东临清唐园村人。以中华民国上将衔陆军中将之职殉国，牺牲后追授为陆军二级上将军衔，著名抗日将领，民族英雄。民国二十三年（1934），29军进驻平、津，张自忠在北

东院墙浮雕

平府右街椅子胡同买了一所旧房子，经修缮后，于民国二十四年（1935）初偕家人入住。民国二十五年（1936），张自忠出任天津市市长。民国二十六年（1937）7月7日，日军在卢沟桥发动侵略战争，29军奋起反击，7月28日副军长佟麟阁、132师师长赵登禹在南苑激战中壮烈牺牲。7月28日夜，29军撤往保定布防，张自忠奉命代理北平市市长，留下维持局面。张自忠不愿在沦陷后的北平与日伪周旋，于民国二十六年（1937）9月初秘密离开北平，潜入天津。民国二十九年（1940）5月枣宜会战任第五战区右翼兵团总司令，率部与日军激战，陷入日军重兵包围，多处负伤仍坚持指挥作战，壮烈牺牲。民国三十七年（1948），张自忠将军子女遵照父亲遗愿在此开办"自忠小学"，1949年将军之女张廉云将房产和学校移交给政府，自忠小学1950年并入北京小学。1988年恢复"自忠小学"校名至今，现校园内立有张自忠将军纪念碑。

2011年公布为北京市文物保护单位。

西交民巷87号、北新华街112号

西交民巷87号、北新华街112号

0　5　10　15　20　25m

北

位于西城区西长安街街道。该院坐北朝南,东西并联两路院落。东院(西交民巷87号)

是住宅部分,西院(北新华街112号)是花园部分。民国时期建筑。

东路:大门位于院落东南隅,广亮大门一间,披水排山脊,合瓦屋面,梅花形门簪四枚,圆形门墩一对。大门两侧倒座房共八间,东侧一间,西侧七间。鞍子脊,合瓦屋面,铃铛排山脊。门内座山影壁一座。影壁西接四檩卷棚顶游廊,筒瓦屋面。向西穿过游廊为太湖石叠成的"门",假山"门"构成一道屏障,替代了传统四合院中垂花门及看面墙,这种设计别具匠心。进入内院的"门"上太湖石刻有乾隆御制诗三首,分别为:癸卯新正,乾隆四十八年(1783)《题狮子林十六景用辛丑诗韵》中,为长春园狮子林的"云林石室"所题诗文:"云为林复石为室,谁合居之适彼闲。却我万几无暑暇,兴心那可静耽山。"乾隆五十一年(1786),《狮子林十六景诗》中为狮子林"右画舫"所题诗文:"湖石丛中筑精室,偶来憩坐可观书。云林仍是伊人字,数典依然欲溯初。"嘉庆元年(1796),《狮子林十六景诗》中为狮子林"右画舫"所题诗文:"云那为林石非室,幽人假藉正无妨。笑予劳者奚堪拟,一再安名盘与闾。"二进院正房三间,前后出廊,铃铛排山脊,灰合

东路大门

东路太湖石

东路二进院正房

瓦屋面。廊柱间有雀替一对，前檐门窗装修改为现代门窗，室内地板为花砖墁地。正房两侧耳房各二间，鞍子脊，合瓦屋面，檐下有木质护檐板。东耳房东侧庑房三间，披水排山脊，合瓦屋面。庑房南与东厢房接。东厢房五间，前出廊，元宝脊，铃铛排山。东厢房前廊与进大门处游廊贯通。二进院内布

东路三进院正房

东路三进院西厢房

置假山、叠石。三进院正房三间，为两卷勾连搭形式，披水排山脊，合瓦屋面，前出廊。三进院正房两侧耳房各二间，檐下有木质护檐板。院内东、西厢房各三间，均为铃铛排山脊，合瓦屋面。三进院内有四檩筒瓦卷棚游廊相连。四进院有后罩房九间。

西院中央设一道汉白玉栏杆，将院落分为南北两个区域，南侧花园，草地、假山、

汉白玉石雕树池

水池、小径穿插其间。北侧有建筑两组，地面高于南侧，以砖砌地面。南北两侧各有树池一处，都是用汉白玉石雕围而成，汉白玉上浮雕仰莲、圆雕海水等精美图案。

西院南侧与东院花园二进院原通过长廊相连，现长廊无存。西院花园中太湖石叠砌的假山上镶嵌有多块汉白玉题字刻石。"普香界"刻石，原为长春园法慧寺西城关的刻石；"屏岩"刻石，原为圆明园杏花春馆东北城关的刻石，这两块刻石均为乾隆皇帝御笔。"护

西院西厢房

西路六角亭子

西路北侧花厅

松扉""排青幌"刻石，原为绮春园含辉楼南城关之南北石匾；"翠潋"刻石，原为绮春园湛清轩北部水关刻石，这三款刻石均为嘉庆皇帝御笔。院内还有硅化木、石雕等。西院花园东侧有一座亭子，六角攒尖顶，灰筒瓦屋面，石台基，花砖墁地。西侧为铺面房17间，沿西交民巷及北新华街临街方向开窗，建筑采用砖砌拱券和女儿墙。临街女儿墙上端现仍存"干鲜果局"及"三盛记"字样的老店砖刻招牌。

干鲜果局

花园北侧为卷棚歇山顶花厅一座，前出抱厦三间。东厢房三间，前出平顶廊，廊檐下有木质护檐板，与87号院三进院西厢房为两卷勾连搭形式。西厢房为一组中西合璧式建筑，平面布局呈凹字形，灰合瓦屋面，前出平顶廊，前有异型月台。后院是一座小型四合院，正房及倒座房各五间，东、西厢房

各三间。原后院与北新华街112号院相连，现另辟一门。

该院原是北京双合盛五星啤酒厂创办人之一郝升堂的住宅。民国二年（1913），郝升堂从圆明园拉走了许多太湖石、汉白玉石雕栏板、石笋、石刻匾额、石雕花盆等构件布置在该宅院中。2008年圆明园管理处本着"不构成存放地现有建筑物构件的，不影响现存放地整体景观风貌的，在存放地散落"的原则进行了征集，部分石刻件已回归圆明园。现宅院中仍保存部分圆明园石构件。

该院1984年公布为北京市文物保护单位。现为单位用房。

石刻匾额

第二节

一般院落

DI-ER JIE　YIBAN YUANLUO

灵境胡同33号、37号

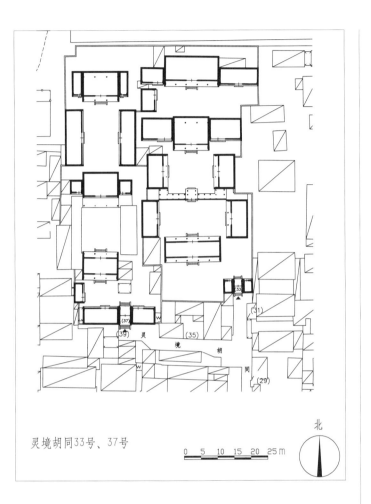

灵境胡同33号、37号

0 5 10 15 20 25m

北

位于西城区西长安街街道。该院坐北朝南，两路三进院落。清代末期至民国时期建筑。

33号院，广亮大门一间，后改机瓦屋面，

33号院大门

六角形门簪四枚，双扇红漆板门，圆形门墩一对。大门两侧门房各一间，后改机瓦屋面，房门位于门道内侧。一进院正房五间，过垄脊，合瓦屋面，前后出廊，前檐装修为现代门窗。二进院东、西厢房各三间，过垄脊，合瓦屋面，前檐装修为现代门窗。三进院前垂花门一座，一殿一卷形式，脊已残，后改机瓦屋面。檩件下方采用荷叶墩做法，垂柱头间饰雀替。前檐两柱间安装楹框和红漆板门，门框正中安装六角形门簪两枚，后檐柱间装有屏门。垂花门两侧连接看面墙和抄手游廊。院内正房三间，脊残坏，合瓦屋面，前檐装修为现代门窗。正房两侧耳房各二间，后改机瓦屋面，前檐装修为现代门窗。东、西厢房各三间，后改机瓦屋面，前檐装修为现代门窗。三进院正房五间，清水脊，合瓦屋面，脊饰花盘子，前出廊，前檐装修为现代门窗。正房东侧连接北房一座，五间，过垄脊，干槎瓦屋面，前檐装修为现代门窗。西耳房二间，过垄脊，合瓦屋面，前檐装修为现代门窗。西厢房二间，后改机瓦屋面。东厢房无存。

37号院，广亮大门一间，过垄脊，合瓦屋面。双扇红漆板门，六角形门簪四枚，圆形门墩一对，象眼和穿插当有灰雕，柱间带雕花雀替。大门正面原建垂带踏跺已经被抹灰砌筑为坡道。大门东侧倒座房二间，西侧四间，后改机瓦屋面，前檐装修为现代门窗。一进院正房三间，清水脊，合瓦屋面，排山勾滴，前后廊，前檐装修为现代门窗。正房两侧耳房各一间，过垄脊，合瓦屋面，前檐装修为现代门窗。西厢房二间，后改机瓦屋面，前檐装修为现代门窗。原有东厢房已不存。二进院正房三间，过垄脊，合瓦屋面，

37号院大门

大门雕饰

廊间雕饰

前带抱厦三间，悬山顶，铃铛排山，前檐装修为现代门窗。两侧耳房各一间，后改机瓦屋面，前檐装修为现代门窗。东、西厢房各三间，后改机瓦屋面，前檐装修为现代门窗。正房与厢房原带抄手游廊，现改为住房。三进院正房三间，过垄脊，合瓦屋面，前后廊，廊心墙象眼和穿插当有灰雕，前檐装修为现代门窗。明间出垂带踏跺两级。东、西耳房

各一间，过垄脊，合瓦屋面，前檐装修为现代门窗。东、西厢房各五间，后改机瓦屋面。前檐装修为现代门窗。正房与厢房原带抄手游廊，现改为住房。

此宅曾为溥仪"帝师"陈宝琛（1848—1935）的住宅。

现为居民院。

三进院正房

厢房

前门西大街51号

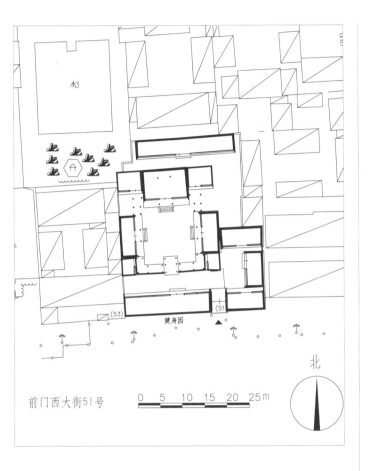

前门西大街51号

二进院正房

位于西城区西长安街街道。该院坐北朝南，三进院落。民国时期建筑。

大门位于院落东南隅，广亮大门一间，披水排山脊，合瓦屋面，梅花形门簪四枚，圆形门墩一对，梁架绘箍头彩画，门内象眼处灰塑文房四宝图案。门内迎门原有座山影

壁一座，已毁。大门西侧倒座房六间，披水排山脊，合瓦屋面，封后檐墙。一进院原有垂花门及两侧抄手游廊已拆毁。二进院正房三间，披水排山脊，合瓦屋面，前后廊，前檐装修为现代门窗，老檐出后檐墙，梁架绘箍头彩画。东耳房三间（东一间原为门道），西耳房二间。东、西厢房各三间，披水排山脊，合瓦屋面，前出廊，明间五抹隔扇风门，次间支摘窗，均为步步锦棂心装修，封后檐墙。厢房南侧有厢、耳房各一间。三进院后罩房七间，为原址翻建。大门内东侧有屏门一道通往东跨院，院内有南、北房各三间，东房二间。

现为居民院。

大门及倒座房

二进院东厢房

东松树胡同25号

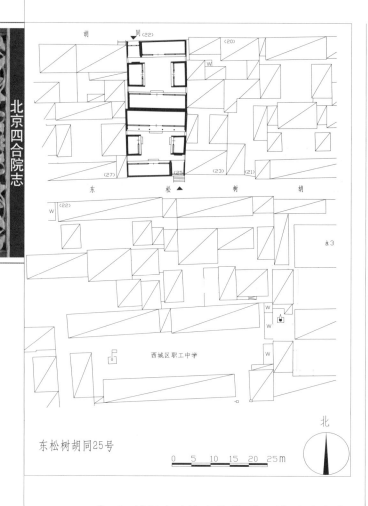

东松树胡同25号

0　5　10　15　20　25m

北

倒座房

正房

位于西城区西长安街街道。该院坐北朝南，一进院落。民国时期建筑。

大门位于院落东南隅，蛮子大门一间，清水脊，合瓦屋面，方形门墩一对，雕刻花卉图案，后檐柱间饰倒挂楣子、花牙子。大门西侧倒座房四间，鞍子脊，合瓦屋面，前檐装修为现代门窗，封后檐墙。门内迎门座山影壁一座，筒瓦屋面。院内正房五间，鞍子脊，合瓦屋面，前出平顶廊，檐下带木挂檐板，前檐隔扇风门和支摘窗装修部分保存，封后檐墙。东、西厢房各二间，

平屋顶，檐下带木挂檐板，前檐装修为现代门窗。

现为居民院。

门墩

西厢房

东中胡同3号

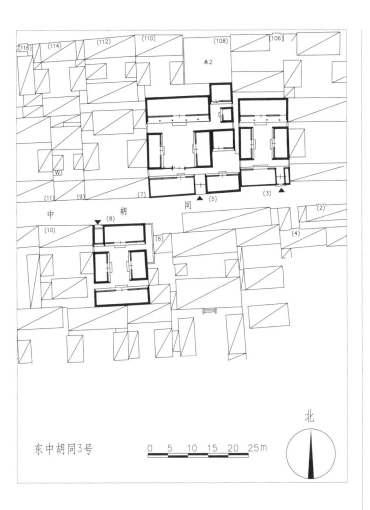

东中胡同3号　　0　5　10　15　20　25m　　北

大门

冰盘檐承托素面砖匾式门额，海棠池线角，后檐柱间饰步步锦棂心倒挂楣子、花牙子，大门西侧倒座房二间半，东侧半间，鞍子脊，合瓦屋面。院内正房三间半，前出廊，鞍子脊，合瓦屋面，前檐装修为现代门窗。东、西厢房各三间，鞍子脊，合瓦屋面，前檐步步锦棂心支摘窗部分保存，封后檐墙。

现为居民院。

位于西城区西长安街街道。该院坐北朝南，一进院落。民国时期建筑。

大门开于临街南房，为中西合璧西洋式大门一座，墙体磨砖对缝，砖券门洞，双层

大门外景

正房

东中胡同5号

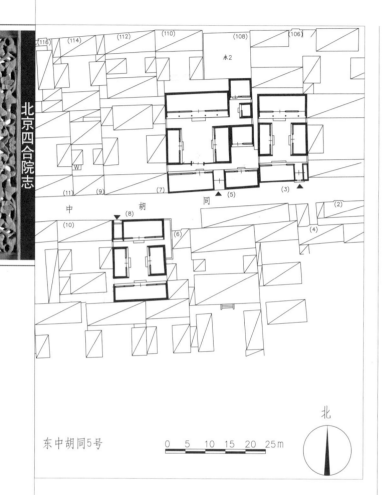

东中胡同5号　　0　5　10　15　20　25m　北

步锦棂心支摘窗，封后檐墙。东、西厢房各三间，鞍子脊，合瓦屋面，前檐装修为现代门窗。东院一进院北房二间，鞍子脊，合瓦屋面，前檐步步锦棂心支摘窗部分保存。二进院北房二间，鞍子脊，合瓦屋面。东房一间，水泥机瓦屋面。

现为居民院。

大门

门墩

位于西城区西长安街街道。该院坐北朝南，东、西并联二进院落。民国时期建筑。

窄大门半间，鞍子脊，合瓦屋面，梅花形门簪两枚，双扇板门，方形门墩一对，雕刻暗八仙图案，后檐柱间饰步步锦棂心倒挂楣子和花牙子。大门西侧倒座房三间半，东侧三间，鞍子脊，合瓦屋面，前檐步步锦棂心支摘窗部分保存，老檐出后檐墙。西院一进院内原有二门一座，现已拆毁。二进院正房五间，清水脊，合瓦屋面，脊饰花盘子，前出廊，前檐明间装修为现代门窗，次、梢间为步

西院二进院正房

西院二进院东南一角

东中胡同8号

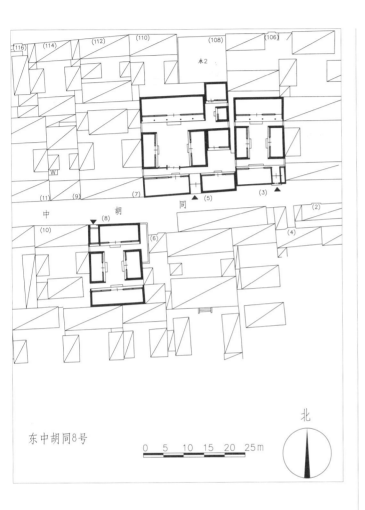

东中胡同8号

大门

北房

南房

位于西城区西长安街街道。该院坐南朝北，一进院落。民国时期建筑。

大门位于院落西北隅，北向，蛮子大门一间，鞍子脊，合瓦屋面，板门两扇，上带走马板，两侧余塞板。大门东侧接北房四间，鞍子脊，合瓦屋面，前檐装修为现代门窗，封后檐墙。南房（正房）五间，鞍子脊，合瓦屋面，前檐明间为五抹隔扇风门，次、梢间为支摘窗，封后檐墙。东、西厢房各三间，鞍子脊，合瓦屋面，前檐装修为现代门窗，封后檐墙。

现为居民院。

东中胡同22号

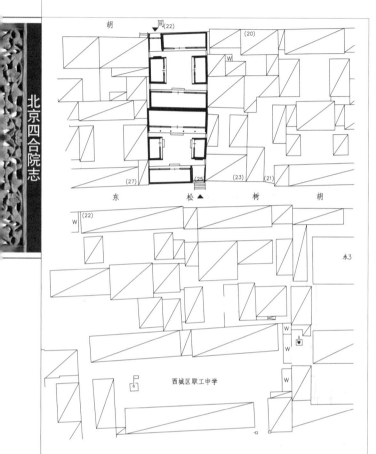

东中胡同22号

东厢房

大门位于院落西北隅，北向，金柱大门一间，清水脊，合瓦屋面，脊饰花盘子，梅花形门簪两枚，方形门墩一对，雕刻暗八仙图案，门内墙壁邱门为软心做法，后檐柱间有倒挂楣子，套方锦棂心。迎门为一座山影壁，清水脊，筒瓦屋面，影壁心为硬心做法。大门东北房四间，鞍子脊，合瓦屋面，前檐明间隔扇风门，次、梢间支摘窗，封后檐墙。南房五间，鞍子脊，合瓦屋面，前檐装修为现代门窗，封后檐墙。东、西厢房各三间，鞍子脊，合瓦屋面，前檐明间装修夹门窗，次间为支摘窗，封后檐墙。

现为居民院。

位于西城区西长安街街道。该院坐南朝北，一进院落。民国时期建筑。

大门及北房

西厢房

东中胡同31号

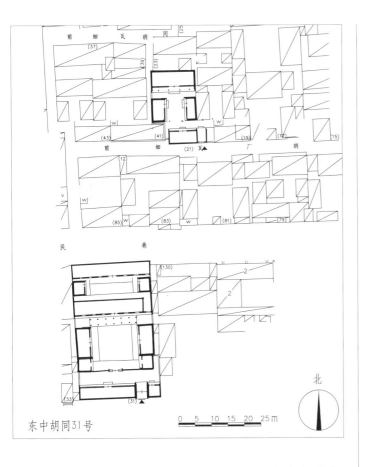

东中胡同31号

间，鞍子脊，合瓦屋面，前檐装修为现代门窗，老檐出后檐墙。一进院北侧有西洋式门一座，门两侧为砖砌壁柱，两层冰盘檐，砖拱券门，门两侧为看面墙。二进院正房九间，过垄脊，合瓦屋面，前檐砖券门窗。东、西厢房各三间，过垄脊，合瓦屋面，前檐砖券门窗。厢房南侧有厢、耳房各一间。院内各房前均出平廊，环院廊间为方柱，上有倒挂楣子，下为坐凳楣子。三进院正房九间，东、西厢房各一间，房前均出平廊。

现为居民院。

二门正面

位于西城区西长安街街道。该院坐北朝南，三进院落。民国时期建筑。

大门位于院落东南隅，如意大门一间，清水脊，合瓦屋面，脊饰花盘子，圆形门墩仅存一个，后檐柱间饰步步锦棂心倒挂楣子，花牙子。大门西侧倒座房七间，东侧一

二进院东厢房及正房

大门外景

三进院正房及东厢房

前细瓦厂胡同11号

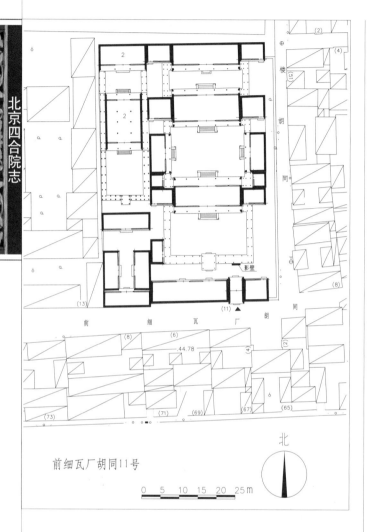

前细瓦厂胡同11号

0 5 10 15 20 25m

北

大门戗檐砖雕

大门形式，披水排山脊，合瓦屋面，梅花形门簪四枚，双扇红漆板门，前檐柱间装饰雀替，圆形门墩一对，戗檐砖雕狮子图案，后檐柱间装饰盘长如意间菱形棂心倒挂楣子，梅、竹图案花牙子。门内一字影壁一座，硬山过垄脊，筒瓦屋面，影壁心四岔角雕花卉。大门东侧倒座房二间，西侧六间，过垄脊，合瓦屋面，前檐装修为现代门窗，老檐出后檐墙。二进院前一殿一卷式垂花门一座，圆形门墩一对，梅花形门簪四枚，雕刻花卉图案，方形垂柱头，垂柱头间装饰透雕葫芦图

位于西城区西长安街街道。该院坐北朝南，两路四进院落。民国时期建筑。

东路：大门位于东路院落东南隅，广亮

大门及倒座房

垂花门

垂花门垂莲柱及花板装饰

二进院正房

案雀替，垂柱头和前檐柱间装饰缠枝花卉花罩，后檐柱间装饰冰裂纹图案倒挂梅子，两侧廊间看面墙辟有什锦窗。二进院内正房(过厅)五间，前后廊，披水排山脊，合瓦屋面，明间南、北两侧各出垂带踏跺四级，前后檐装修均为现代门窗。正房两侧耳房各二间。院落四周以游廊环绕，四檩卷棚顶，筒瓦屋面，梅花方柱。三进院内正房五间，前后廊，披水排山脊，合瓦屋面，前檐明间前出垂带踏跺四级。正房两侧耳房各二间。东、西厢房各三间，前出廊，均为现代机瓦屋面，前

檐装修为现代门窗。厢房南侧厢耳房各一间。院内以游廊连接各房屋。四进院内后罩房五间，前出廊，过垄脊，合瓦屋面，前檐明间前出如意踏跺两级。后罩房两侧耳房各二间。院落两侧廊子与前院相连通。

西路：一进院内北房五间，东西厢房各三间，南房三间。二进院为一栋两卷勾连搭形式的二层传统楼房建筑，面阔五间，前后廊。三进院内为一栋二层的楼房建筑，面阔三间，前出廊。院落东、西两侧平廊连通二、三两进院落。

现为居民院。

游廊

三进院正房

前细瓦厂胡同21号

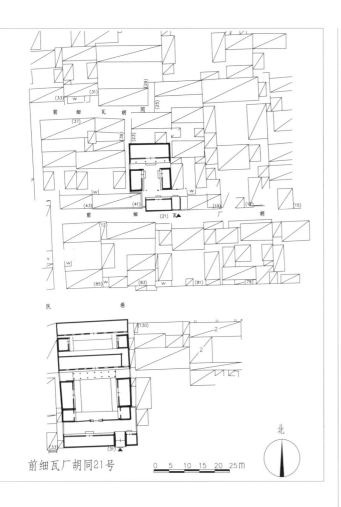

前细瓦厂胡同21号

0 5 10 15 20 25M

北

大门

梅花形门簪两枚，方形门墩一对，雕刻花卉图案，后檐柱间有步步锦棂心倒挂楣子、花牙子。大门西侧倒座房三间半，鞍子脊，合瓦屋面，前檐装修为现代门窗，老檐出后檐墙。院内正房五间（四破五），清水脊，合瓦屋面，脊饰花盘子，前出廊，前檐明间装修为现代门窗，次间为支摘窗，封后檐墙。东、西厢房各二间，鞍子脊，合瓦屋面，前檐装修为现代门窗，封后檐墙。

现为居民院。

位于西城区西长安街街道。该院坐北朝南，一进院落。民国时期建筑。

大门位于院落东南隅，小蛮子门形式，进深五檩，清水脊，合瓦屋面，脊饰花盘子，

大门外景

正房及西厢房

后细瓦厂胡同9号

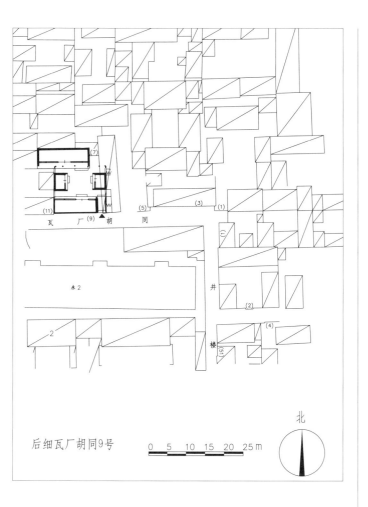

后细瓦厂胡同9号

0 5 10 15 20 25m

北

正房

位于西城区西长安街街道。该院坐北朝南，一进院落。民国时期建筑。

大门位于院落东南隅，小蛮子门形式，鞍子脊，合瓦屋面，方形门墩仅存一只，后

檐柱间步步锦棂心倒挂楣子、花牙子（雕刻卷草图案）。大门西侧倒座房三间半，鞍子脊，合瓦屋面，前檐装修为现代门窗，封后檐墙。院内正房五间（四破五），鞍子脊，合瓦屋面，前檐明间装修为现代门窗，次间为步步锦棂心支摘窗。东、西厢房各二间，鞍子脊，合瓦屋面，前檐装修为现代门窗，封后檐墙。

现为居民院。

大门外景

正房及西厢房

后细瓦厂胡同13号

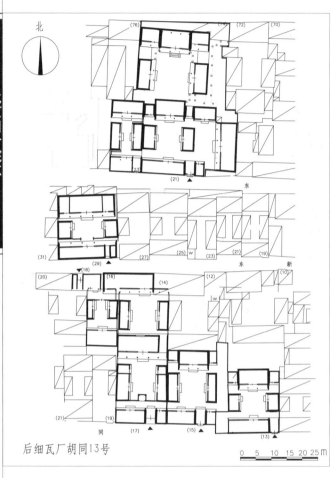

后细瓦厂胡同13号

门楣栏板砖雕

砖雕图案为三羊（阳）开泰、松鹤延年、回纹、万不断图案，梅花形门簪两枚，方形门墩一对。大门西侧倒座房四间，鞍子脊，合瓦屋面，老檐出后檐墙，门窗装修为五抹隔扇风门，外置帘架，其余为支摘窗。迎门座山影壁一座。院内正房三间，清水脊，合瓦屋面，脊饰花盘子，前出廊，室内木地板，封后檐墙。正房两侧耳房各一间，鞍子脊，合瓦屋面。东、西厢房各二间，鞍子脊，合瓦屋面，山墙为海棠池做法，前檐装修为现代门窗，封后檐墙。

此院据传曾为"算盘高八"的宅子。现为居民院。

位于西城区西长安街街道。该院坐北朝南，一进院落。民国时期建筑。

大门位于院落东南隅，如意大门一间，清水脊，合瓦屋面，脊饰花盘子，门楣栏板

大门外景

正房

后细瓦厂胡同15号

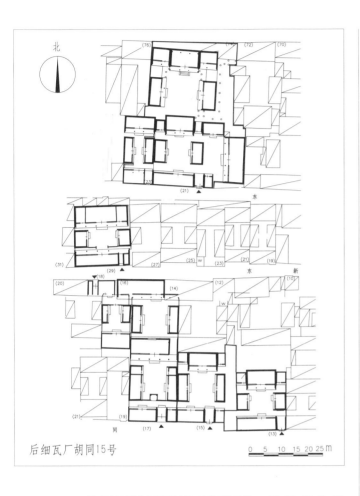

后细瓦厂胡同15号

0 5 10 15 20 25 m

大门

合瓦屋面，封后檐墙。院内正房三间，清水脊，合瓦屋面，脊饰花盘子，前出廊，前檐装修为现代门窗，封后檐墙，正房两侧耳房各一间，鞍子脊，合瓦屋面。东、西厢房各三间，鞍子脊，合瓦屋面，前檐装修为现代门窗，封后檐墙。

现为居民院。

位于西城区西长安街街道。该院坐北朝南，一进院落。民国时期建筑。

大门位于院落东南隅，如意大门一间，清水脊，合瓦屋面，蝎子尾已毁，梅花形门簪两枚遗失，门楣栏板砖雕三羊（阳）开泰、鹿鹤同春、松鹤延年图案，圆形门墩一对。大门西侧倒座房三间，东侧一间，鞍子脊，

门头

正房

后细瓦厂胡同17号、东新帘子胡同16号

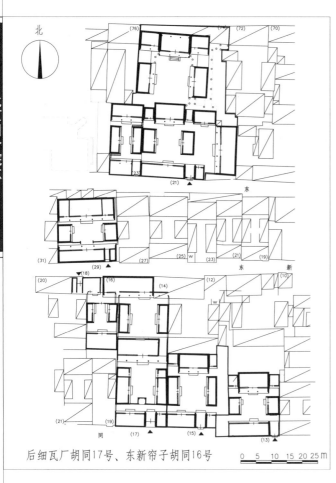

后细瓦厂胡同17号、东新帘子胡同16号

0 5 10 15 20 25 m

位于西城区西长安街街道。该院坐北朝南，三进院落。民国时期建筑。

大门位于院落东南隅，金柱大门形式，如意大门装修（后细瓦厂胡同17号），鞍子脊，合瓦屋面，门头作花瓦装饰，梅花形门簪两枚，

大门及倒座房

大门

前檐柱间雀替雕刻缠草图案。大门西侧倒座房三间，东侧倒座房一间，鞍子脊，合瓦屋面（部分后改水泥板瓦），前檐装修为现代门窗，封后檐墙。一进院有五檩廊罩式垂花门一座，屏门四扇，水泥机瓦屋面，两侧看面墙墙顶为花瓦顶。

二进院正房五间，鞍子脊，合瓦屋面，前后廊，前檐明间隔扇风门，次、梢间槛墙、支摘窗。东、西厢房各三间，鞍子脊，合瓦屋面，门窗装修为夹门窗、支摘窗，封后檐墙，厢房南侧建厢、耳房各一间。鞍子脊，合瓦屋面。

三进院（东新帘子胡同16号）正房五间（西梢间现改为门道），前出廊，后改机瓦屋面，东厢房三间，屋面后改，西厢房三间，已翻建。

现为居民院。

后细瓦厂胡同30号、28号

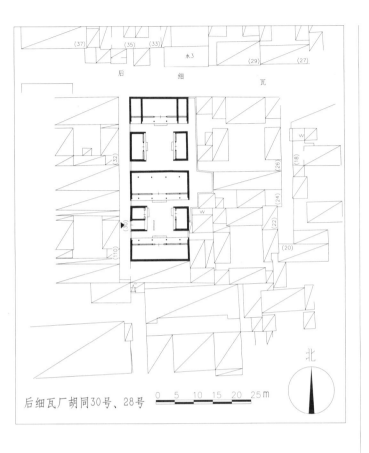

后细瓦厂胡同30号、28号

0　5　10　15　20　25m

一进院正房

位于西城区西长安街街道。该院坐北朝南，二进院落。民国时期建筑。

大门位于院落西南隅，蛮子大门（30号）一间，西向，清水脊，合瓦屋面，脊饰花盘子，双扇红漆板门，梅花形门簪两枚，圆形门墩一对，雕刻麒麟卧松图案。迎门木影壁一座，

雕刻"齐庄中正"四字，过垄脊，筒瓦屋面。院内正房五间（四破五），鞍子脊，合瓦屋面，前后廊，砖券门窗。东厢房二间，屋面后改，砖券门窗，封后檐墙。西厢房一间，位于大门北侧，鞍子脊，合瓦屋面，封后檐墙。南房五间（四破五），平屋顶，前出平廊，檐下带木挂檐板，柱间倒挂楣子、花牙子，砖券门窗。

二进院（28号）正房三间，清水脊，合瓦屋面，脊饰花盘子，前出廊，封后檐墙，正房两侧耳房各一间，鞍子脊，合瓦屋面，前出廊。东、西厢房各三间，鞍子脊，合瓦屋面，封后檐墙。

现为居民院。

大门　　　　　　　　影壁背面

南房

东新帘子胡同18号

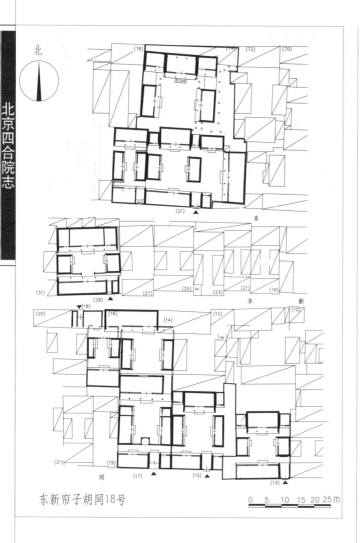

东新帘子胡同18号

0 5 10 15 20 25 m

正房

东厢房

位于西城区西长安街街道。该院坐南朝北，二进院落。民国时期建筑。

大门位于院落西北隅，窄大门半间，北向，鞍子脊，合瓦屋面，门板上门

大门

钹一对，门联一副："子孙贤族将大，兄弟睦家之肥"，如意形门包叶，方形门墩一对，门内两侧为木护墙板，西侧开有步步锦棂心方窗一扇，后檐柱间有步步锦棂心倒挂楣子。大门东侧北房二间，西侧半间，鞍子脊，合瓦屋面，封后檐墙。一进院原有二门已拆除，现改为月亮门形式。二进院南房三间，披水排山脊，合瓦屋面，前檐装修为现代门窗，老檐出后檐墙。东、西厢房各二间，鞍子脊，合瓦屋面，前檐装修为现代门窗。

现为居民院。

东新帘子胡同29号

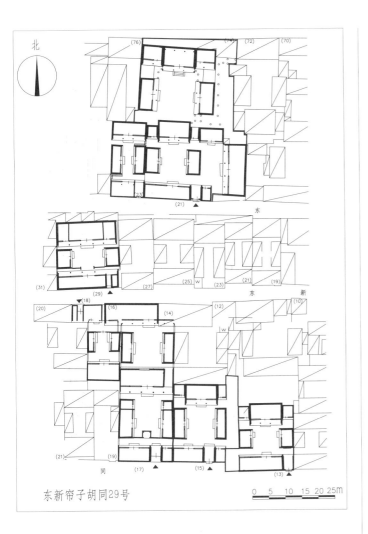

东新帘子胡同29号

0 5 10 15 20 25m

二进院正房

钹一对，门内两侧为木护墙板，上有方形装饰方窗一扇，后檐柱间有步步锦棂心倒挂楣子、花牙子。大门西侧倒座房四间，东侧半间，清水脊，合瓦屋面，脊饰花盘子，前出廊，步步锦棂心支摘窗部分保留，梁架绘箍头彩画。一进院北侧原有二门，已拆除。

二进院正房三间，清水脊，合瓦屋面，脊饰花盘子，前出廊，前檐装修为现代门窗。正房两侧耳房各一间，前出廊，清水脊，合瓦屋面，脊饰花盘子。正房与耳房屋脊之间有砖雕一块，其上雕"福"字。院内东、西厢房各二间，鞍子脊，合瓦屋面，门窗装修为夹门窗、支摘窗。

现为居民院。

位于西城区西长安街街道。该院坐北朝南，二进院落。民国时期建筑。

大门

大门位于院落东南隅，小蛮子门半间，清水脊，合瓦屋面，脊饰花盘子，梅花形门簪两枚，方形门墩一对，雕刻暗八仙图案，门板上门

二进院东厢房

东新帘子胡同35号

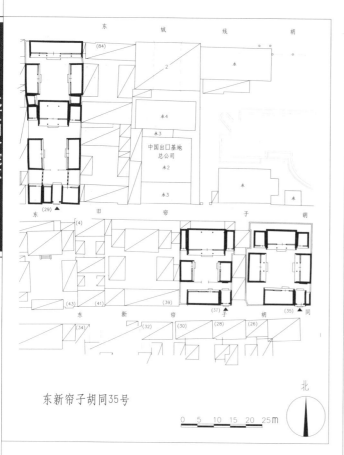

东新帘子胡同35号

大门外景

影壁

正房

位于西城区西长安街街道。该院坐北朝南，一进院落。民国时期建筑。

大门位于院落东南隅，如意大门一间，清水脊，合瓦屋面，脊饰花盘子，梅花形门簪两枚，圆形门墩一对，门扇上有门联（字迹不清）。迎门座山影壁一座，影壁心为方砖心做法。大门西侧倒座房三间半，东侧半间，清水脊，合瓦屋面，脊饰花盘子。院内正房三间，清水脊，合瓦屋面，脊饰花盘子，前出廊。正房两侧耳房各一间，清水脊，合瓦屋面，脊饰花盘子。东、西厢房各三间，清水脊，合瓦屋面，戗檐、墀头作砖雕装饰，院内房屋前檐均装修为现代门窗。

现为居民院。

东新帘子胡同37号

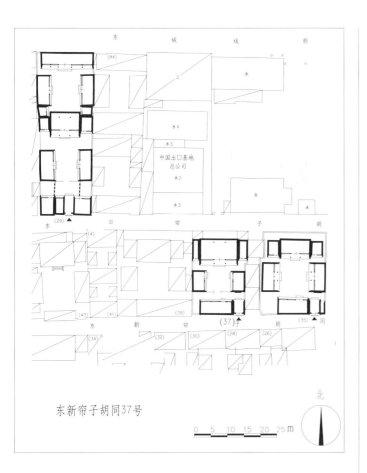

东新帘子胡同37号

0 5 10 15 20 25m

北

大门

二进院正房

二进院厢房

位于西城区西长安街街道。该院坐北朝南，二进院落。民国时期建筑。

大门位于院落东南隅，如意大门一间，经后期改造，过垄脊，合瓦屋面，门钹一对。迎门原有座山影壁一座。大门西侧倒座房四间，过垄脊，合瓦屋面，前檐步步锦棂心夹门窗、支摘窗基本保存，老檐出后檐墙。一进院二门已拆除。

二进院正房三间，清水脊，合瓦屋面，脊饰花盘子，前后廊，前檐明间五抹隔扇风门，次间为支摘窗。正房两侧耳房各一间，清水脊，合瓦屋面。东、西厢房各二间，过垄脊，合瓦屋面，前檐装修为夹门窗、支摘窗，棂心后改。

现为居民院。

东旧帘子胡同21号、东绒线胡同74号

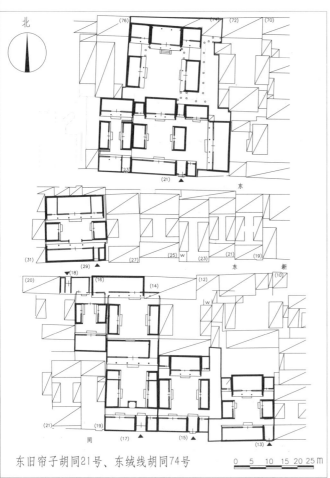

东旧帘子胡同21号、东绒线胡同74号

0 5 10 15 20 25 m

花盘子。大门西侧倒座房四间，东侧一间，后改机瓦屋面。

一进院正房三间，前后廊，清水脊，合瓦屋面，脊饰花盘子，前檐装修为现代门窗。正房两侧耳房各一间，清水脊，合瓦屋面，东耳房为过道。东、西厢房各三间，鞍子脊，合瓦屋面（部分后改机瓦）。东跨院（东绒线胡同74号）内有北房三间，后改水泥机瓦屋面。院内东房五间，鞍子脊，合瓦屋面，前出平廊，檐下有木挂檐板，原支摘窗装修部分保存。

二进院（东绒线胡同74号）正房三间，过垄脊，合瓦屋面，前后廊，前檐明间隔扇风门，次间支摘窗，门前垂带踏跺四级。正

门墩

位于西城区西长安街街道。该院坐北朝南，二进院落。民国时期建筑。

原大门一间，已封堵，方形门墩一对，雕刻暗八仙图案，清水脊，合瓦屋面，脊饰

21号院外景

21号院北房

北京四合院志

74号院大门

74号院北房

房两侧耳房各二间，过垄脊，合瓦屋面，前出廊，前檐装修为现代门窗。东、西厢房各三间，过垄脊，合瓦屋面，前出廊，明间前檐装修为现代门窗，次间支摘窗，明间前出垂带踏跺三级，东厢房后檐开有百叶窗，现仍保存完好。此院内各房间均有平顶游廊相连，东厢房后檐原有游廊，现无存。

　　该院曾为民国时期四大名医之一施今墨的住宅。据说当年施先生就是在这里开设医馆为百姓诊病治病。施今墨（1881—1969），浙江萧山人，原名毓黔，字奖生，中国近代著名的中医临床家、教育家、改革家，早在20世纪30年代已是中国著名的"四大名医"之一。13岁时随舅父李可亭学医，后曾就读于京师法政学堂。受民主革命思潮影响，参加辛亥革命，后弃政从医，更名"今墨"。他一生行医60余载，医德高尚，医术精湛，曾为孙中山、杨虎城、毛泽东、周恩来等领导人诊治。施今墨一生致力于中医的发展与创新，主张中西医结合，最早把西医病名引用到祖国医学领域，并主张借鉴现代科技使

中医药逐步现代化，为中医药的发展开创了新路。民国二十年（1931），中央国医馆成立，施氏出任副馆长，主持学术整理委员会工作。民国二十一年（1932）创办华北国医学院，并办中医院及中药制药厂。门人弟子编著有《施今墨临床经验集》《施今墨对药》等。

　　现为居民院。

74号院南房

东旧帘子胡同23号

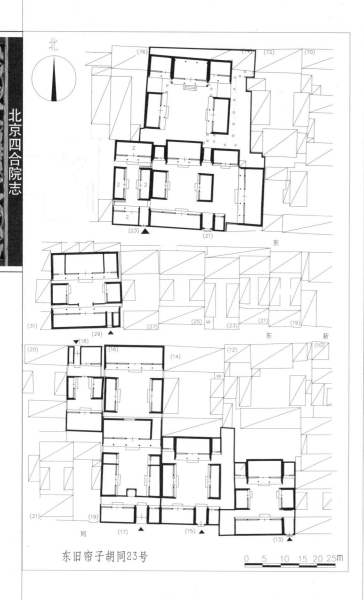

东旧帘子胡同23号

0 5 10 15 20 25m

大门脊饰花盘子

门墩

大门

位于西城区西长安街街道。该院坐北朝南，一进院落。民国时期建筑。

临街南楼三间，二层，鞍子脊，合瓦屋面，封后檐墙，二层南面有三个砖券窗，一层明间及西次间为砖券窗，东次间作砖砌门楼一座，清水脊，筒瓦屋面，脊饰花盘子，梅花形门簪两枚，圆形门墩一对，雕以花卉图案，南楼北侧出廊，柱间有步步锦棂心倒挂楣子、花牙子和木栏杆，二层平座下有木挂檐板，梁架绘箍头彩画，其两侧均有连廊与东、西配楼相接。院内北楼三间，二层，鞍子脊，合瓦屋面，前出廊，柱间有步步锦棂心倒挂楣子、花牙子，二层木栏杆，二层平座下有木挂檐板，梁架绘箍头彩画，封后檐墙。东、西配楼各三间，鞍子脊，合瓦屋面，封后檐墙，二层装修为步步锦支摘窗，柱间有步步锦棂心倒挂楣子、花牙子和木护栏，一层装修部分后改，梁架绘箍头彩画。西配楼的南侧和东配楼的北侧均装有木楼梯。

现为居民院。

北楼

东旧帘子胡同29号、东绒线胡同86号

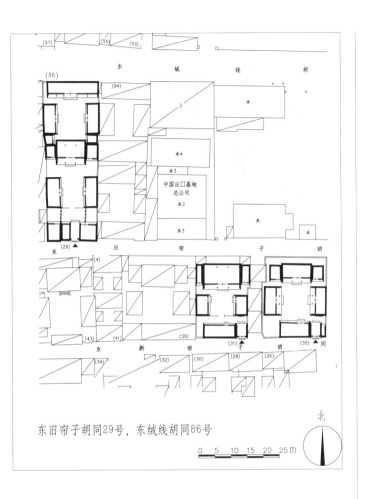

东旧帘子胡同29号、东绒线胡同86号

0 5 10 15 20 25m

北

正房

合瓦屋面，大门西侧半间，再西有南房一间，据说原为供祖宗牌位之地，过垄脊，合瓦屋面，老檐出后檐墙。一进院二门已拆除。

二进院正房三间，清水脊，合瓦屋面，脊饰花盘子，前后廊，老檐出后檐墙。正房两侧耳房各一间，过垄脊，合瓦屋面。东、西厢房各三间，过垄脊，合瓦屋面，封后檐墙。

三进院（东绒线胡同86号）正房五间，东、西厢房各三间，厢房南侧厢、耳房各一间，均为过垄脊，合瓦屋面。院内房屋前檐装修均为现代门窗。

现为居民院。

位于西城区西长安街街道。该院坐北朝南，三进院落。民国时期建筑。

大门位于院落南侧正中，如意大门一间，清水脊，合瓦屋面，脊饰花盘子，戗檐、墀头砖雕已毁。大门东侧有南房二间，过垄脊，

大门外景

西厢房

兴隆街4号

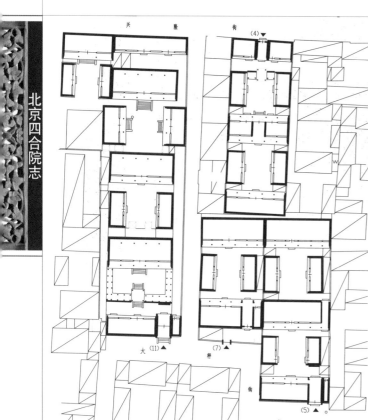

兴隆街4号

北京四合院志

垂花门背立面

披水排山脊，合瓦屋面，梅花形门簪两枚，圆形门墩一对。大门两侧北房各二间，鞍子脊，合瓦屋面，老檐出后檐墙。一进院南侧有一殿一卷式垂花门一座，方形门墩一对。垂花门东西两侧及北侧为看面墙，筒瓦屋面，南侧为平顶廊。

二进院南房（正房）五间（过厅），清水脊，合瓦屋面，脊饰花盘子，前后廊，木构架绘箍头彩画，明间为过厅，次、梢间为支摘窗。东、西厢房各三间，披水排山脊，合瓦屋面，封后檐墙。

三进院南房（正房）五间，清水脊，合瓦屋面，脊饰花盘子，前出廊，前檐装修为现代门窗，封后檐墙。东、西厢房各三间，披水排山脊，合瓦屋面，封后檐墙。

现为居民院。

位于西城区西长安街街道。该院坐南朝北，三进院落。民国时期建筑。

大门位于院落北侧中部，如意大门一间，

大门及倒座房

二进院正房（西房）

大秤钩胡同5号

大秤钩胡同5号

影壁

六角形门簪两枚，圆形门墩一对，大门内墙壁邱门为软心做法，后檐柱间原有倒挂楣子。大门西侧倒座房四间，东侧半间，后改机瓦屋面，前出廊，封后檐墙，前檐支摘窗部分保留。门内迎门座山影壁一座，清水脊，筒瓦屋面。一进院正房五间半，东侧半间为过道，后改机瓦屋面，前出廊，檐柱间有套方棍心倒挂楣子，梳背式砖券门窗，后檐开有券窗。东、西厢房各二间，后改水泥机瓦屋面，前檐砖券门窗，封后檐墙。二进院正房五间半，后改机瓦屋面，前出廊，檐柱间有套方棍心倒挂楣子，前檐梳背式砖券门窗，老檐出后檐墙。东、西厢房各三间，鞍子脊，合瓦屋面，砖券门窗，封后檐墙。

现为居民院。

位于西城区西长安街街道。该院坐北朝南，二进院落。民国时期建筑。

大门位于院落东南隅，蛮子大门一间，进深六檩，清水脊，合瓦屋面，脊饰花盘子，

大门及倒座房

正房

大秤钩胡同7号

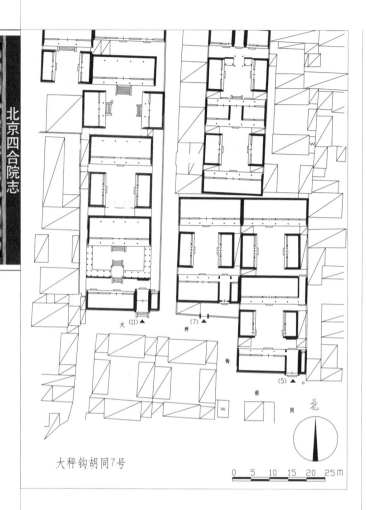

大秤钩胡同7号

0 5 10 15 20 25m

面，前出廊，前檐装修为隔扇风门及支摘窗，菱形棂心，老檐出后檐墙。大门外南侧还保存有栅栏门一座，过垄脊，筒瓦屋面。院内正房五间半，鞍子脊，合瓦屋面，前出廊，檐柱间有倒挂楣子、花牙子，

倒座房装修

前檐装修为现代门窗，封后檐墙。东、西厢房各三间，鞍子脊，合瓦屋面，明间装修夹门窗，次间为支摘窗，封后檐墙。

现为居民院。

正房

位于西城区西长安街街道。该院坐北朝南，一进院落。民国时期建筑。

大门位于院落东南隅，如意大门一间（现已封堵），清水脊，合瓦屋面，脊饰花盘子，门头花瓦装饰。大门西侧倒座房四间，东侧半间（现改为门道），过垄脊，合瓦屋

倒座房前檐

厢房

大秤钩胡同11号

大秤钩胡同11号

房屋砖雕脊饰

大门雀替

圆形门墩一对，戗檐、垫花处砖雕已毁，前檐柱间有雀替，门内墙壁邱门为硬心做法，后柱间有步步锦棂心倒挂楣子、花牙子，大门前出垂带踏跺七级。大门西侧倒座房四间，东侧一间，后改机瓦屋面，封后檐墙，前檐装修为夹门窗、支摘窗。门内迎门一字影壁一座，过垄脊，筒瓦屋面，影壁心为硬心做法。一进院北侧有五檩廊罩式垂花门一座(已封堵)，清水脊，筒瓦屋面，两侧为四檩卷棚顶游廊，筒瓦屋面，游廊南侧为看面墙。

二进院正房五间，鞍子脊，合瓦屋面，前后廊，前檐装修为现代门窗，老檐出后檐墙。

三进院正房五间，后改机瓦屋面，前后廊，前檐装修为现代门窗，老檐出后檐墙。东、西厢房各三间，披水排山脊，合瓦屋面，明间装修夹门窗，次间为支摘窗，封后檐墙。

四进院正房五间，披水排山脊，合瓦屋

位于西城区西长安街街道。该院坐北朝南，五进院落。民国时期建筑。

大门位于院落东南隅，广亮大门一间，铃铛排山脊，合瓦屋面，梅花形门簪四枚，

大门及倒座房

门内一字影壁

二门

廊子

围墙上瓶形门

面，前后廊，带地下室，前廊柱间有步步锦
棂心倒挂楣子、花牙子，前檐平券门窗，明
间前出垂带踏跺五级，戗檐作砖雕装饰，室
内木地板。东、西厢房各三间，披水排山脊，
合瓦屋面，前出廊，廊柱间有步步锦倒挂楣
子、花牙子，下有坐凳楣子，前檐砖券门窗，
封后檐墙。

　　五进院后罩房六间，后改机瓦屋面，封
后檐墙。西跨院内有正房三间，后改机瓦屋
面，前出廊，明间装修夹门窗，次间为支摘窗，
门前垂带踏跺三级。院内有东、西厢房各三
间，鞍子脊，合瓦屋面。院落东侧一条夹道

通各进院，夹道西墙上开有瓶形门。
　　现为居民院。

三进院正房

二进院正房

四进院正房

第五章　大栅栏街道

　　大栅栏街道位于西城区东部，东起前门大街西侧，西至南新华街中心，南起珠市口西大街，北至前门西大街。辖区面积1.26平方千米，街巷114条。大栅栏是北京市著名商业街区，也是北京市历史文化保护区。辖区内有《中华日报》等报馆（社）旧址49处，会馆103处，名人故居10处，寺庙旧址61处。市级文物保护单位有纪晓岚故居、正乙祠戏楼等，区级文物保护单位有德寿堂、东南园49号四合院等。

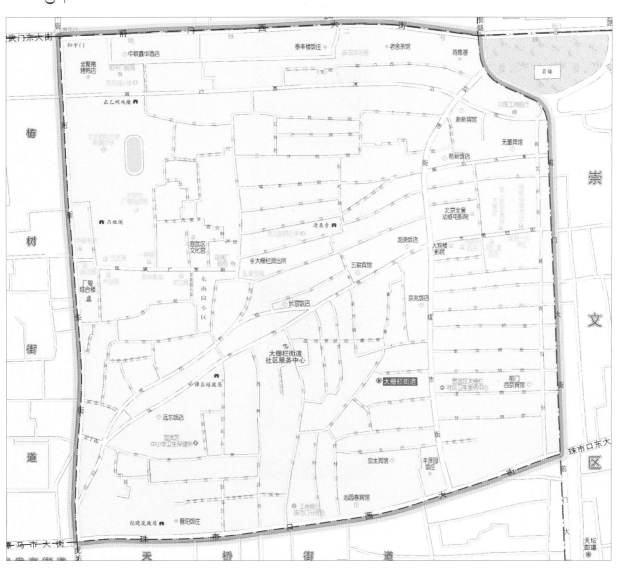

第一节

文保院落

DI-YI JIE　WEN-BAO YUANLUO

珠市口西大街241号（纪晓岚故居）

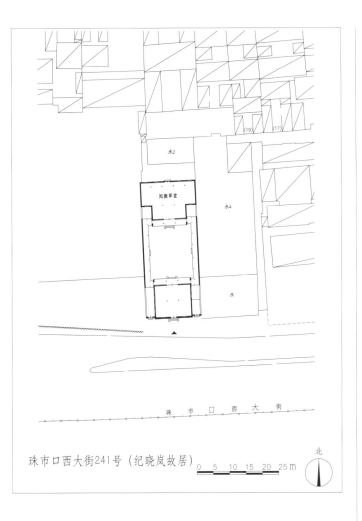

珠市口西大街241号（纪晓岚故居）

0　5　10　15　20　25m

北

位于西城区大栅栏街道。该院坐北朝南，现存二进院落。清代建筑。

原第一进院有广亮大门一间，倒座房三

大门

正房前抱厦明间额枋彩绘

间，现已拆除。现一进院正房（过厅）三间，进深十檩，为两卷勾连搭形式，铃铛排山脊，合瓦屋面，其南檐墙在现代被改为仿欧式风格，上为砖砌镂空女儿墙，拱券门窗形式，上雕精美图案。过厅背立面带前廊，柱间装饰雀替，檐下檩三件绘苏式彩画，戗檐、墀头及博缝头均装饰砖雕；过厅明间为四抹隔扇门四扇，次间为支摘窗装修，各间上均有横披窗，均为灯笼锦棂心，明间前出踏跺两级。过厅两侧山面均装饰十字海棠棂心拱券窗，山尖饰透风山花。过厅两侧各有一间过道门，门前有一株紫藤，已有200年的历史，二进院正房五间，为阅微草堂，铃铛排山脊，合瓦屋面，戗檐、博缝头及墀头装饰砖雕，木构架绘苏式彩画，前檐明、次间出抱厦三间，抱厦明间为五抹套方灯笼锦棂心隔扇门四扇，云头锦裙板，中槛上承托匾额书："阅微草堂"，前廊柱有楹联一副：岁月舒长景，光华浩荡春；次间采用套方灯笼锦棂心支摘窗装修，明间前出垂带踏跺两级。正房梢间及侧立面均装饰拱券窗，十字海棠棂心。正房后檐明间开十字海棠棂心拱券门，次间为十字海棠棂心拱券窗各二扇，后檐墙顶部还装饰砖雕。院内原有东西厢房各三间，现已拆除并改建为四檩卷棚游廊，过垄脊，筒瓦

过厅勾连搭建筑西侧山面

屋面，廊柱间装饰步步锦棂心倒挂楣子、花牙子与坐凳楣子，墙面装饰冰裂纹棂心什锦窗，游廊构架均绘制苏式彩画。该宅院内各房均由游廊贯穿。前院保存有紫藤萝，后院种有海棠，均为纪晓岚亲手所植。

此院原为岳飞第二十一代孙、清雍正时期兵部尚书陕甘总督岳钟琪的住宅。后纪晓岚在此住过两个阶段，分别是11岁到39岁和48岁到82岁，前后共计62年。纪晓岚（1724—1805）是清代著名学者和文学家，曾任礼部尚书和协办大学士。他一生最大的贡献就是总纂了《四库全书》和作了《阅微草堂笔记》。

在此居住期间，纪晓岚担任《四库全书》的总纂官十余年。院门前有一架紫藤萝，这是由纪晓岚亲手栽植的，纪氏对其钟爱有加，

正房拱券装修

正房前抱厦西侧戗檐及墀头砖雕

在《阅微草堂笔记》中做过描述："其荫覆院，其蔓旁引，紫云垂地，香气袭人"。每年五六月间，架下仍绿阴葱郁，紫花如云，与《阅微草堂笔记》所述无二，现可谓北京最古老的紫藤萝。二进院总面积不足200平方米，四角缀有草坪，院的正西方有个绿面红沿的大鱼缸。东北角相传是纪晓岚亲植的海棠树，原先是两株，20世纪60年代砍去一株，剩下的这株也被截去一半。树旁立有一"海棠碑"，碑文记述了纪晓岚与婢女文鸾少时恋情的一段传说。院内还立有三个铜人像，站着的是纪晓岚，坐着弹琴的是文鸾，还有一位拿扇子的女子。西侧原有东西配房，以抄手游廊与南北房相连，已改建。"阅微草堂"前三间中间为门厅，左右二间各以隔扇相隔为"耳室"，办有关于纪晓岚的生平展览。陈列有《景城纪氏家谱》《评〈文心雕龙〉》《纪晓岚故居风光（2）传世文集》《阅微草堂笔记》等书籍及明清瓷器。纪晓岚第六代后人纪清远为院落题写了新的匾额，并为纪氏生平展览撰写了前言。后五间为"草堂"，东西通间，进深二间，共为十间。堂内北面正中设屏风，上边曾悬有"阅微草堂"匾额，后被直隶会馆取走，现上悬"阅微草堂旧址"横匾，为

书法家启功所书。

纪晓岚嘉庆十年（1805）去世后，此院几经转卖，数易其主。20世纪20年代北洋政府议员刘少白曾居住该处，时称"刘公馆"。民国十九年（1930），刘公馆成为在上海的中共中央与河北省委的秘密联络站。民国二十年（1931）梅兰芳、余叔岩、李石曾、张伯驹等在此处成立北京国剧学会。民国

过厅

二十五年（1936），京剧科班富连成购得此宅，作为学员宿舍和练功的场地。1949年后曾为民主建国会、宣武区党校所在地。1958年10月1日，晋阳饭庄在此开业。著名作家老舍、曹禺、臧克家等与此院有着莫大渊源，他们或曾在此祝寿、赋诗，或欣赏美景、品尝佳肴。当年，老舍常来晋阳饭庄品晋风、赏古藤，曾留下七绝一首："驼峰熊掌岂堪夸，猫耳拨鱼实且华，四座风香春几许，庭前十丈紫藤花。"2002年，政府投资对该院进行修缮，同年将此处辟为纪晓岚故居展览馆。原有的格局已难复旧貌，修缮只是复建了院落最西边的一个院子，前后两重，小院东西两侧各修了一条游廊，恢复了前后廊的建筑格局。

2003年12月11日，纪晓岚故居公布为北京市文物保护单位。

现为商业用房。

东侧游廊

东南园胡同49号

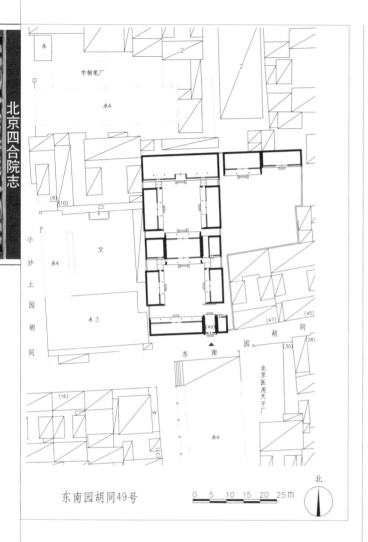

东南园胡同49号

0　5　10　15　20　25m

北

大门

楣、戗檐及博缝头均饰砖雕，双扇红漆板门，上饰梅花形门簪两枚，圆形门墩一对，门前如意踏跺三级。大门东侧门房一间，清水脊，合瓦屋面。西侧倒座房五间，前出廊，清水脊，合瓦屋面，前檐明间隔扇风门，套方棂心，次间十字方格棂心支摘窗。迎门内硬心一字影壁一座，过垄脊，筒瓦屋面，基座为须弥座形式，装饰连珠纹。

位于西城区大栅栏街道。该院坐北朝南，二进院落，东侧有一跨院，原来的花园已经拆改。清代建筑。

大门位于院落东南隅，如意大门一间，清水脊，合瓦屋面，门头装饰素面栏板，门

大门东侧戗檐砖雕　　　大门门头装饰

一字影壁

一进院正房背立面

一进院正房三间为过厅，前后出廊，清水脊，合瓦屋面，前檐明间灯笼锦棂心隔扇风门，次间十字方格棂心支摘窗，鼓镜式柱础，前出垂带踏跺四级，后出如意踏跺四级。正房左右耳房各二间，鞍子脊，合瓦屋面，东耳房东间为灯笼锦支摘窗，西侧东半间为工字卧蚕步步锦棂心隔扇风门一扇。西半间是过道，后檐饰卧蚕步步锦棂心倒挂楣子。西耳房为十字方格棂心支摘窗。东、西厢房各三间，前出廊，鞍子脊，合瓦屋面，前檐明间为套方棂心隔扇风门，次间采用工字卧

蚕步步锦棂心支摘窗装修，出如意踏跺三级。院内正房与东、西厢房之间有窝角廊相连，过垄脊，筒瓦屋面，饰卧蚕步步锦棂心倒挂楣子和坐凳楣子。

二进院有后罩房七间，前出廊，鞍子脊，合瓦屋面，明间吞廊，隔扇风门装修，棂心已改。次、梢、尽间饰工字灯笼锦棂心支摘窗，前出垂带踏跺四级。东、西厢房各三间，前出廊，鞍子脊，合瓦屋面，明间采用隔扇风门装修，棂心已改，次间饰工字灯笼锦心支摘窗，前出踏跺三级。后罩房与东西厢间各接游廊二间，过垄脊，筒瓦屋面，装饰步步锦棂心倒挂楣子和坐凳楣子，其中东侧廊可通花园。东跨院原为花园，现已拆改。院内北房四间，过垄脊，筒瓦屋面，西侧第二间为隔扇风门，井字嵌菱形棂心，其余各间饰工字灯笼锦棂心支摘窗，前出如意踏跺三级。

1990年12月公布为宣武区文物保护单位。现为单位用房。

二进院正房

一进院西厢房南侧耳房

第二节

DI-ER JIE　YIBAN YUANLUO

一般院落

佘家胡同31号

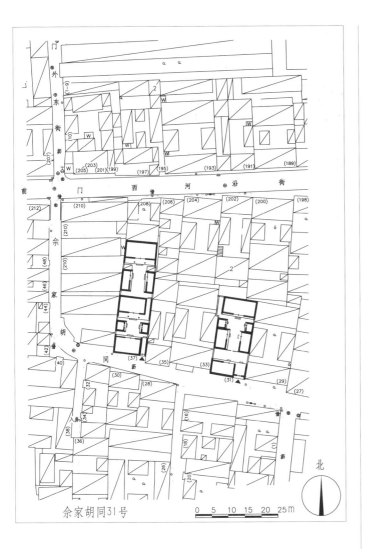

佘家胡同31号

0 5 10 15 20 25m

北

位于西城区大栅栏街道。该院坐北朝南，二进院落。民国时期建筑。

影壁

大门位于院落东南隅，如意门一间，门洞经现代改造，鞍子脊，合瓦屋面，双扇板门，方形门墩一对。大门西侧倒座房二间，鞍子脊，合瓦屋面，前檐部分保存步步锦棂心支摘窗，后檐为老檐出后檐墙。一进院原有二门已无存。

二进院正房三间，花脊（正脊上装饰轱辘钱）合瓦屋面，前檐明间隔扇风门，次间支摘窗。东、西厢房各二间，鞍子脊，合瓦屋面，前檐保存部分步步锦棂心支摘窗。厢房北侧各有厢耳房一间，平顶，檐下带木挂檐板。

现为居民院。

大门及倒座房

正房及厢房

东北园北巷2号

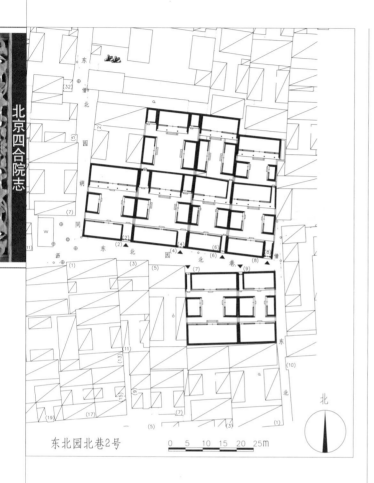

东北园北巷2号

0　5　10　15　20　25m

北

倒座房前檐

门墩

位于西城区大栅栏街道。该院坐北朝南，一进院落。民国时期建筑。

大门位于院落东南隅，蛮子门一间，清水脊，合瓦屋面，脊饰花盘子，双扇黑漆板门，圆形门墩一对。大门西侧倒座房四间，清水

脊，合瓦屋面，脊饰花盘子，老檐出后檐墙。院内正房五间，前出廊，鞍子脊，合瓦屋面，老檐出后檐墙。东、西厢房各二间，鞍子脊，合瓦屋面。此院房屋前檐装修均为现代门窗。

现为居民院。

大门外景

正房及西房

东北园北巷4号

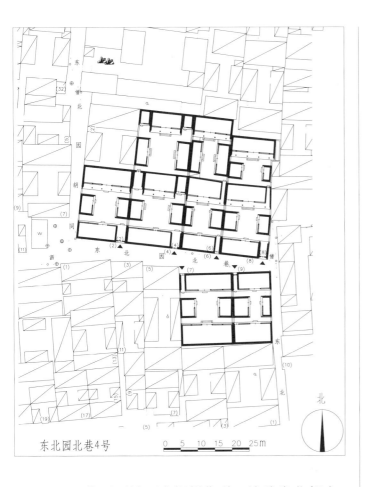

东北园北巷4号

0 5 10 15 20 25m

大门外景

一进院正房三间，前出廊，鞍子脊，合瓦屋面。正房两侧耳房各一间，鞍子脊，合瓦屋面。东、西厢房各二间，后改机瓦屋面。

二进院正房三间，前出廊，清水脊（脊毁），合瓦屋面，正房两侧接耳房各一间，鞍子脊，合瓦屋面。东、西厢房各三间，后改机瓦屋面。院内房屋前檐装修均为现代门窗。

现为居民院。

位于西城区大栅栏街道。该院坐北朝南，二进院落。民国时期建筑。

大门位于院落东南隅，如意门一间后改窄大门形式，清水脊，合瓦屋面，脊饰花盘子，双扇黑漆板门，圆形门墩一对。大门西侧倒座房四间，清水脊，合瓦屋面，脊饰花盘子，老檐出后檐墙。后檐墙处上马石一座。

门墩

上马石

正房

东北园北巷6号

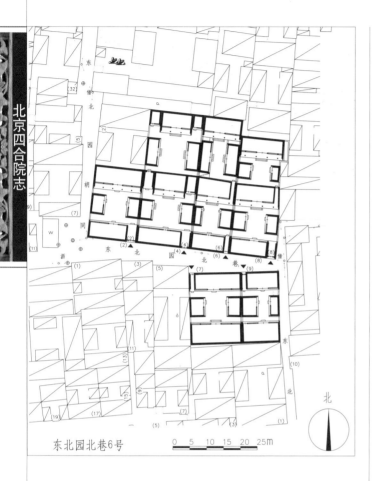

东北园北巷6号

0 5 10 15 20 25m

北

大门

二进院正房

　　位于西城区大栅栏街道。该院坐北朝南，二进院落。民国时期建筑。

　　大门位于院落东南隅，窄大门半间，清水脊，合瓦屋面，脊饰花盘子，黑漆板门两扇，如意门包叶，圆形门墩一对，门内后檐柱间有步步锦棂心倒挂楣子。大门西侧倒座房三间，清水脊，合瓦屋面，脊饰花盘子，老檐出后檐墙。一进院正房三间半，前出廊，后改机瓦屋面，老檐出后檐墙，东侧半间为过道。东、西厢房各二间，后改机瓦屋面。二进院正房三间半，前出廊，清水脊（脊毁），合瓦屋面，老檐出后檐墙。东、西厢房各三间，鞍子脊，合瓦屋面，前檐明间隔扇风门，次间支摘窗。正房与厢房之间有平顶廊相接。

　　现为居民院。

东北园北巷7号

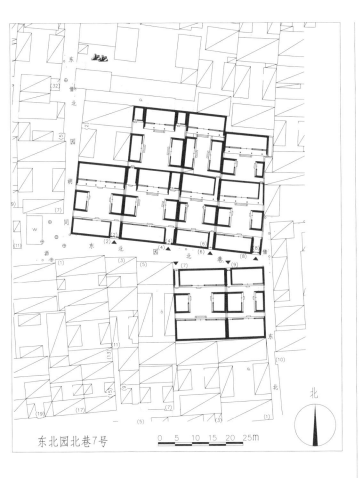

东北园北巷7号

0 5 10 15 20 25m

北房

挂楣子。大门东侧北房四间，鞍子脊，合瓦屋面，老檐出后檐墙。南房（正房）五间，前出廊，鞍子脊，合瓦屋面。东、西厢房各二间，鞍子脊，合瓦屋面。院内房屋前檐装修多为现代门窗，部分保留槛墙，支摘窗，上带横披窗，步步锦棂心。

现为居民院。

位于西城区大栅栏街道。该院坐南朝北，一进院落。民国时期建筑。

大门位于院落西北隅，北向，窄大门一间，鞍子脊，合瓦屋面，黑漆板门两扇，圆形门墩一对，门内后檐柱间有步步锦棂心倒

大门外景

南房

东北园北巷8号

北京四合院志

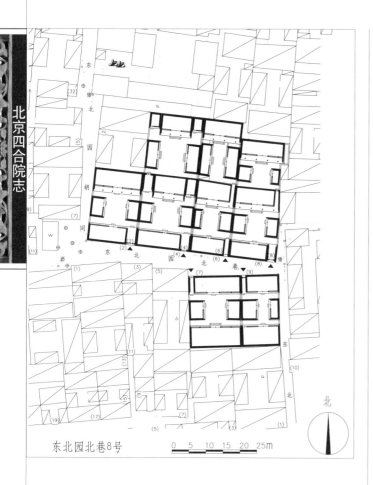

东北园北巷8号

0 5 10 15 20 25m

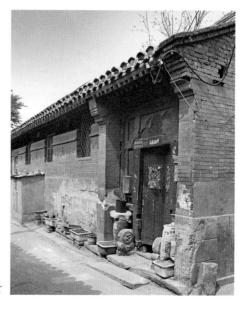

大门外景

位于西城区大栅栏街道。该院坐北朝南，二进院落。民国时期建筑。

大门位于院落东南隅，蛮子大门一间，清水脊，合瓦屋面，脊饰花盘子，圆形门墩一对。大门西侧倒座房四间，清水脊，合瓦

屋面，脊饰花盘子，老檐出后檐墙。一进院正房三间半，前出廊，鞍子脊，合瓦屋面，老檐出后檐墙，东侧有半间为过道。东、西厢房各二间，鞍子脊，合瓦屋面。二进院正房五间（四破五），前出廊，清水脊，合瓦屋面，脊饰花盘子，木构架绘箍头彩画，室内保存落地罩，花砖铺地面。东、西厢房各二间，后改机瓦屋面。院内房屋前檐装修多为现代门窗。

现为居民院。

门墩

上马石

大门象眼

正房

东北园北巷9号

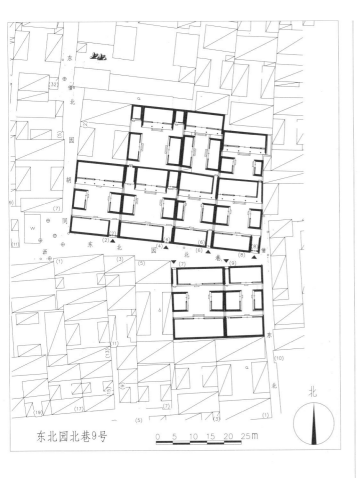

东北园北巷9号

大门

门墩

前垂带踏跺两级。大门东侧北房三间，鞍子脊，合瓦屋面，老檐出后檐墙。院内南房三间半，清水脊，合瓦屋面，脊饰花盘子（残），前檐明间隔扇风门，次间支摘窗。东、西厢房各二间，鞍子脊，合瓦屋面，前檐装修为现代门窗。

现为居民院。

位于西城区大栅栏街道。该院坐南朝北，一进院落。民国时期建筑。

大门位于院落西北隅，窄大门半间，鞍子脊，合瓦屋面，双扇板门上刻有门联"物华民主日，人杰共和时"，圆形门墩一对，门

大门外景

南房

东南园胡同5号

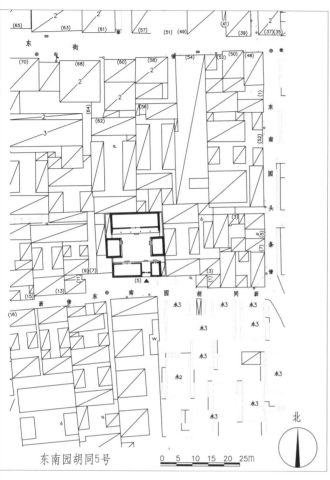

东南园胡同5号

0 5 10 15 20 25m

北

正房

东厢房

位于西城区大栅栏街道。该院坐北朝南，一进院落。民国时期建筑。

大门位于院落东南隅，金柱大门一间，清水脊，合瓦屋面，脊饰花盘子，梁架绘箍头包袱彩画，梅花形门簪两枚，圆形门墩一

大门

对。大门东侧有倒座房一间，西侧三间，鞍子脊，合瓦屋面，前檐装修为现代门窗，封后檐墙。院内正房五间，前出廊，披水排山脊，合瓦屋面，梁架绘箍头包袱彩画，前檐明间隔扇风门，次间槛墙、支摘窗，井字玻璃屉棂心。东、西厢房各二间，披水排山脊，合瓦屋面，前檐装修为现代门窗，封后檐墙。

现为居民院。

门墩

茶儿胡同31号

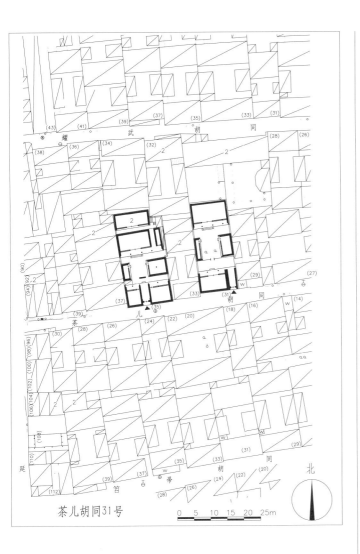

茶儿胡同31号

0 5 10 15 20 25m

北

大门

门墩

房三间，前出廊，清水脊，合瓦屋面，老檐出后檐墙。一进院原有二门已拆。二进院正房三间半，前出廊，清水脊，合瓦屋面，脊饰花盘子，廊柱间有倒挂楣子、花牙子，冰裂纹棂心，五抹隔扇风门，裙板雕博古纹。室内保存有落地罩。正房东侧半间原为过道通往后夹道，现已封堵。东、西厢房各二间，鞍子脊，合瓦屋面，前檐装修部分保存有玻璃屉棂心支摘窗，横披窗为步步锦棂心。

现为居民院。

位于西城区大栅栏街道。该院坐北朝南，二进院落。民国时期建筑。

大门位于院落东南隅，如意门一间，清水脊（脊毁），合瓦屋面，门楣栏板葡萄、福云、万不断图案砖雕，戗檐亦作砖雕装饰，梅花形门簪两枚，方形门墩一对。大门西侧倒座

门楣栏板砖雕

过道倒挂楣子

二进院正房

茶儿胡同35号

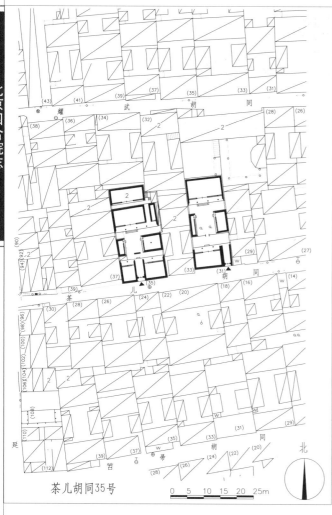

茶儿胡同35号

0　5　10　15　20　25m

北

位于西城区大栅栏街道。该院坐北朝南，二进院落。民国时期建筑。

大门外景

大门

大门位于院落南侧中间，窄大门半间，清水脊，合瓦屋面（脊残），黑漆板门两扇，圆形门墩一对，大门两侧立有拴马桩。门内迎门有一字影壁一座。大门两侧接倒座房各二间，前出廊，鞍子脊，合瓦屋面，老檐出后檐墙。一进院正房四间半，东侧一间，夹有半间为过道，西侧三间，前出廊，清水脊，合瓦屋面，脊饰花盘子。东、西厢房各二间，鞍子脊，合瓦屋面，前檐装修为门连窗及支摘窗。在东厢房东侧接有二间平顶房。二进院有一栋民国时期的二层建筑，坐北朝南，面阔三间，鞍子脊，合瓦屋面，一层檐下有木挂檐板，前檐装修的支摘窗、横披窗为套方锦棂心，楼座东侧为室外楼梯。

现为居民院。

笤帚胡同31号

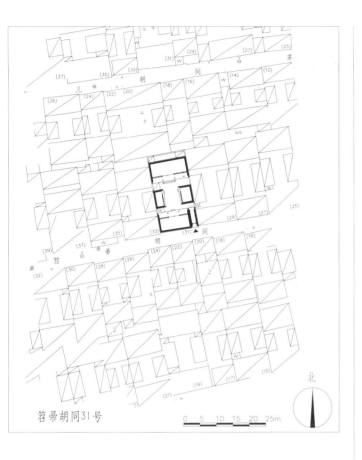

笤帚胡同31号

0 5 10 15 20 25m

北

临街一排泰山石敢当

位于西城区大栅栏街道。该院坐北朝南，二进院落。院落随街势有一定偏角。民国时

期建筑。

大门位于院落东南隅，窄大门半间，鞍子脊，合瓦屋面，门内后檐柱间有倒挂楣子灯笼锦棂心、花牙子。门内迎门座山影壁一座，海棠池影壁心，四岔角雕花。大门西侧倒座房三间，前出廊，前檐次间支摘窗灯笼框棂心，横披窗为步步锦棂心，老檐出后檐墙。后檐墙有一排七个泰山石敢当（护墙石）。一进院原二门已拆。

二进院正房三间半，前出廊，清水脊，合瓦屋面，脊饰花盘子，前檐保存有槛墙、支摘窗带横披窗，套方锦棂心，老檐出后檐墙。东、西厢房各二间，鞍子脊，合瓦屋面，前檐装修为现代门窗。

现为居民院。

大门外景

二进院正房

炭儿胡同24号

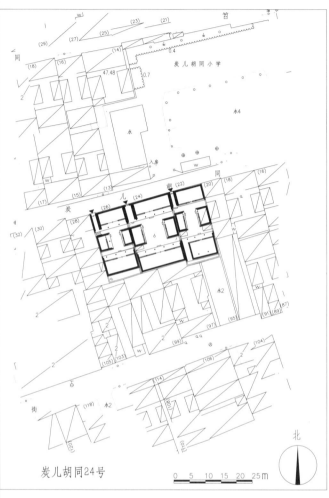

炭儿胡同24号

0 5 10 15 20 25m

北

北房

大门位于院落西北隅，北向，如意门一间，清水脊，合瓦屋面，脊饰花盘子，门楣栏板砖雕已毁，双扇黑漆板门，上带门簪两枚、铺首两个，方形门墩一对，素面刻有海棠线，门前如意踏跺三级。门内迎门座山影壁一座。院内北房四间，前出廊，清水脊，合瓦屋面，脊饰花盘子，木构架绘箍头彩画，原有支摘窗装修部分保留，后檐墙为老檐出。东、西厢房各二间，鞍子脊，合瓦屋面，木构架绘箍头彩画，前檐装修为现代门窗。南房五间，前出廊，清水脊，合瓦屋面，脊饰花盘子，前檐明间隔扇风门，次间槛墙、支摘窗，步步锦棂心，木构架绘箍头彩画。

现为居民院。

位于西城区大栅栏街道。该院坐南朝北，一进院落。院落随街势有一定偏角。民国时期建筑。

大门及倒座房

东厢房

排子胡同36号

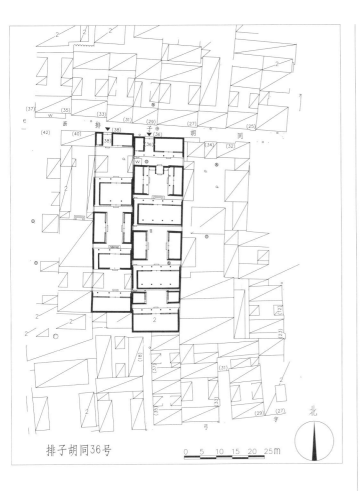

排子胡同36号

0 5 10 15 20 25m

北

位于西城区大栅栏街道。该院坐南朝北，四进院落。民国时期建筑。

大门位于院落西北隅，北向，如意大门一间，清水脊，合瓦屋面，脊饰花盘子，梅花形门簪两枚，方形门墩一对。门内迎门座山影壁一座。大门西侧北房一间，鞍子脊，合瓦屋面，东侧北房三间，清水脊，合瓦屋面，均前出廊。一进院南侧一殿

大门外景

一卷式垂花门一座，檐下带雕花花罩，垂莲柱头，东西两侧连接看面墙。

二进院南房五间，前后廊，西梢间半间为门道，清水脊，合瓦屋面，脊饰花盘子。东、西厢房各三间，前出廊，鞍子脊，合瓦屋面，封后檐墙。

二进院南房

三进院南房五间，前后廊，西梢间有半间为门道，鞍子脊，合瓦屋面，前檐明间五抹隔扇风门，次间支摘窗，封后檐墙。东、西厢房各三间，鞍子脊，合瓦屋面。

四进院南房为一栋二层楼，面阔五间，前出廊，鞍子脊，合瓦屋面，砖券门窗，二层廊间有步步锦棂心倒挂楣子、花牙子，栏杆后改，檐下带木挂檐板。东、西厢房各一间半，平顶，檐下带木挂檐板。此院房屋前檐装修大部分为现代门窗。

现为居民院。

二进院西房

湿井胡同31号

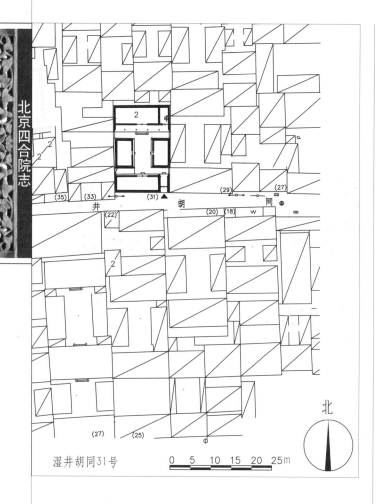

湿井胡同31号

0　5　10　15　20　25m

北

北楼二层

清水脊，合瓦屋面，脊饰花盘子，梅花形门
簪两枚，圆形门墩一对（残），木构架绘箍头
包袱彩画，前檐柱间有雀替，门前如意踏跺
四级。门内迎门座山影壁一座，大门西侧倒
座房四间，清水脊，合瓦屋面，脊饰花盘子，
木构架绘箍头彩画。院内北面有一栋二层小
楼，面阔五间，前出廊，木构架绘箍头彩画，
木制楼梯位于东侧，二层廊间有木栏杆，柱
间有倒挂楣子、花牙子，室内木地板。东、
西厢房各三间，鞍子脊，合瓦屋面，木构架
绘箍头彩画。

　　此院房屋体量较大，磨砖对缝，用料讲
究，院内房屋前檐装修均为现代门窗。

　　现为居民院。

　　位于西城区大栅栏街道。该院坐北朝南，
一进院落。民国时期建筑。

　　大门位于院落东南隅，金柱大门一间，

大门

影壁

北楼

倒座房前檐

甘井胡同15号、17号

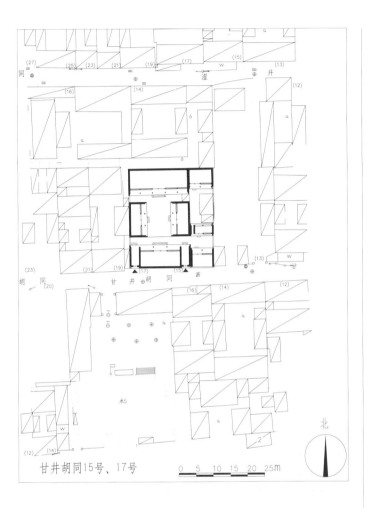

甘井胡同15号、17号

0 5 10 15 20 25m

北

位于西城区大栅栏街道。该院坐北朝南，东西并联二进院落。民国时期建筑。

大门位于院落东南隅，如意门一间，清水脊，合瓦屋面，脊饰花盘子，戗檐砖雕已毁，

大门及倒座房

17号院大门

门楣栏板抹灰，梅花形门簪两枚，圆形门墩一对，雕有梅花鹿图案，门前如意踏跺三级。门内迎门座山影壁一座。大门东侧倒座房二间，西侧四间（西端一间辟为大门，现为17号院），前出廊，均为鞍子脊，合瓦屋面。

西院：正房五间，前出廊，清水脊，合瓦屋面，脊饰花盘子，前檐装修为现代门窗。东、西厢房各三间，前出廊，鞍子脊，合瓦屋面。

东院：一进院有正房二间半，西半间为过道，鞍子脊，合瓦屋面，木构架绘箍头包袱彩画。二进院正房二间，前出廊，鞍子脊，合瓦屋面。院内房屋前檐装修均为现代门窗，院内东房翻建。

现为居民院。

门墩

甘井胡同27号

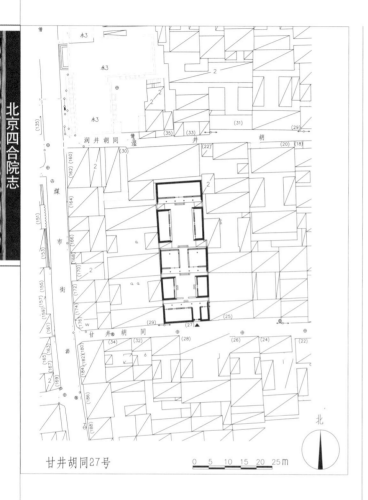

甘井胡同27号

0 5 10 15 20 25m

北

西侧倒座房三间，东侧一间，前出廊，鞍子脊，合瓦屋面，一进院内有随墙门形式二门一座。

二进院正房五间，前后廊，清水脊，合瓦屋面，脊饰花盘子，前檐明间为过道。东、西厢房各三间，鞍子脊，合瓦屋面。三进院正房五间，前出廊，鞍子脊，合瓦屋面。东、西厢房各三间，鞍子脊，合瓦屋面。此院房屋前檐装修均为现代门窗。

现为单位用房。

二门

位于西城区大栅栏街道。该院坐北朝南，三进院落。民国时期建筑。

大门位于院落南侧偏东，如意门一间，鞍子脊，合瓦屋面，门楣栏板素面做法，方形门墩一对。门内迎门座山影壁一座。大门

二进院正房

大门外景

三进院正房

培智胡同15号（培智胡同9号、小椿树胡同8号）

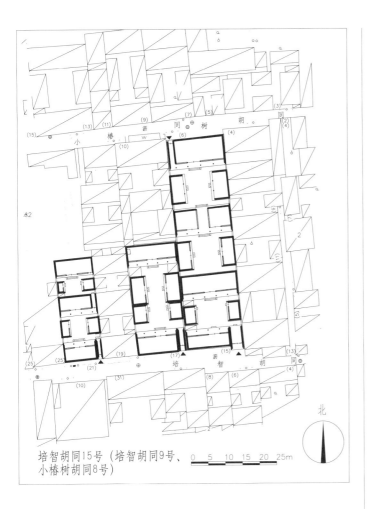

培智胡同15号（培智胡同9号、
小椿树胡同8号）

0 5 10 15 20 25m

北

位于西城区大栅栏街道。该院坐北朝南，三进院落。民国时期建筑。

培智胡同15号为第一进院落，金柱大门一间，清水脊，合瓦屋面，门簪四枚，圆形门墩一对。大门西侧倒座房四间，前出廊，

大门门簪

大门

鞍子脊，合瓦屋面，前檐装修为现代门窗。门内迎门座山影壁一座。院内正房五间，前出廊，清水脊，合瓦屋面，脊饰花盘子，前檐保存有步步锦棂心支摘窗。东、西厢房各二间，鞍子脊，合瓦屋面。培智胡同9号为第二进院落，院内正房五间（原明间为穿堂，现已封堵），前出廊，清水脊，合瓦屋面，脊饰花盘子。东、西厢房各三间，鞍子脊，合瓦屋面，封后檐墙。该院房屋木构架绘箍头彩画，前檐装修为现代门窗。第三进院落现由小椿树胡同8号辟门出入，院内正房五间，前出廊，过垄脊，合瓦屋面，前檐保存有支摘窗，窗上带横披窗，步步锦棂心。东、西厢房各三间，过垄脊，合瓦屋面。前檐装修为现代门窗。

现为居民院。

一进院正房

培智胡同17号

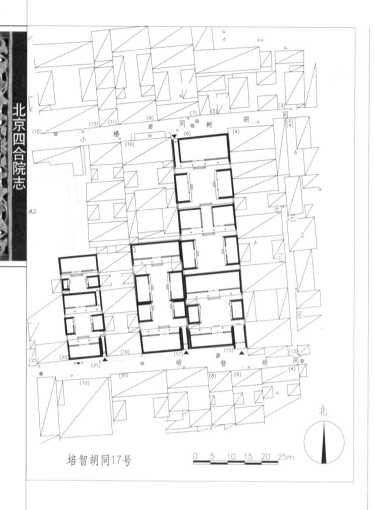

培智胡同17号

0 5 10 15 20 25m

北

位于西城区大栅栏街道。该院坐北朝南，一进院落。民国时期建筑。

大门位于院落东南隅，金柱大门半间，清水脊，合瓦屋面，脊饰花盘子，梅花形门

簪两枚，圆形门墩一对，木构架绘箍头包袱彩画，大门内原有天花板已毁坏。大门西侧倒座房四间，前出廊，清水脊，合瓦屋面，脊饰花盘子，前檐装修为现代门窗，后檐为封后檐墙形式。院内正房五间，前出廊，清水脊，合瓦屋面，脊饰花盘子，木构架绘箍头彩画，前檐装修为现代门窗。东、西厢房各三间，后改水泥机瓦屋面，木构架绘箍头彩画，前檐装修为现代门窗；厢房南侧厢耳房各二间，平顶，前檐装修为现代门窗。

现为居民院。

大门廊心墙

大门外景

正房

培智胡同21号

培智胡同21号

0 5 10 15 20 25m

北

如意形门包叶，圆形门墩一对，后檐柱间饰雀替，木构架绘箍头包袱彩画，戗檐、墀头做砖雕装饰。门内迎门座山影壁一座。大门西侧倒座房三间，前出廊，鞍子脊，合瓦屋面。一进院正房三间半，东侧半

座山影壁

间为过道，前出廊，清水脊，合瓦屋面，脊饰花盘子，木构架绘箍头包袱彩画。东、西厢房各二间，鞍子脊，合瓦屋面，木构架绘箍头彩画。二进院正房三间半，清水脊，合瓦屋面，脊饰花盘子，木构架绘箍头包袱彩画。东、西厢房各一间，鞍子脊，合瓦屋面。院内房屋前檐装修均为现代门窗。

现为居民院。

位于西城区大栅栏街道。该院坐北朝南，二进院落。民国时期建筑。

大门位于院落东南隅，窄大门半间，清水脊，合瓦屋面，梅花形门簪两枚，门板上

大门外景

一进院正房

培智胡同33号

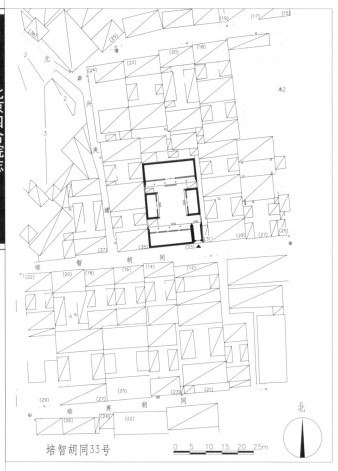

培智胡同33号

0 5 10 15 20 25m

北

大门

合瓦屋面，饧檐处做砖雕装饰，前檐装修为现代门窗，后檐为老檐出后檐墙形式。院内正房五间，前出廊，清水脊，合瓦屋面，脊饰花盘子（残毁），前檐保存有步步锦棂心横披窗，其余装修为现代门窗。东、西厢房各三间，清水脊，合瓦屋面，脊饰花盘子（残毁），前檐装修为现代门窗。

现为居民院。

位于西城区大栅栏街道。该院坐北朝南，一进院落。民国年间建筑。

大门位于院落东南隅，如意门一间，清水脊，合瓦屋面，脊饰花盘子（残毁），门楣栏板雕刻宝瓶、花卉等图案，饧檐处砖雕菊花、万字不断图案，黑漆板门两扇，方形门墩一对。大门西侧倒座房五间，前出廊，清水脊，

门楣栏板砖雕

倒座房正面

大安澜营胡同13号

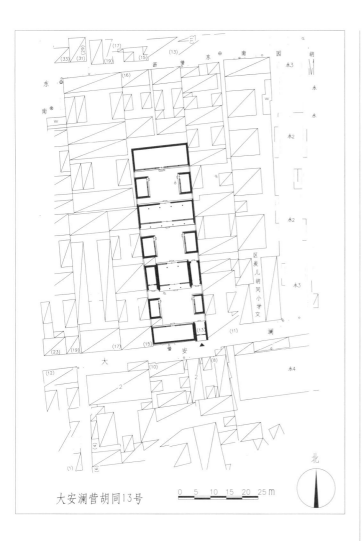

大安澜营胡同13号

0 5 10 15 20 25m

北

位于西城区大栅栏街道。该院坐北朝南，三进院落。民国时期建筑。

大门位于院落东南隅，金柱大门一间，

大门外景

一进院正房

过垄脊，合瓦屋面，梅花形门簪四枚，圆形门墩一对。大门西侧倒座房三间，清水脊，合瓦屋面，前檐装修为现代门窗，封后檐墙。一进院正房三间，前后廊，清水脊，合瓦屋面，脊饰花盘子，前檐装修为现代门窗，后檐明间隔扇风门。正房两侧耳房各一间，过垄脊，合瓦屋面，前出廊，东耳房为过道。东、西厢房各二间，后改机瓦屋面，前檐装修为现代门窗，封后檐墙。

二进院正房五间，前后廊，清水脊，合瓦屋面，脊饰花盘子，前檐明间隔扇风门，次间支摘窗，横披窗为斜方格棂心，戗檐做砖雕装饰，老檐出后檐墙。东、西厢房各二间，后改机瓦屋面，前檐装修为现代门窗，封后檐墙。三进院正房五间，后改机瓦屋面，前檐装修为现代门窗，老檐出后檐墙。东、西厢房各二间，后改机瓦屋面，前檐装修均为现代门窗。

现为单位用房。

大安澜营胡同22号

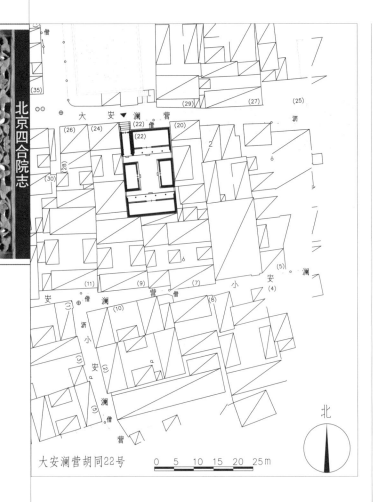

大安澜营胡同22号

座山影壁

面，脊饰花盘子，梅花形门簪两枚，方形门墩一对，后檐柱间盘长如意棂心倒挂楣子。门内座山影壁一座，软影壁心形式。大门东侧北房四间，清水脊，合瓦屋面，脊饰花盘子，前出廊，前檐隔扇风门、支摘窗部分保留，室内花砖地面，老檐出后檐墙。东、西厢房各三间，过垄脊，合瓦屋面，前檐支摘窗，装修部分保留，封后檐墙。南房（正房）五间，前出廊，前檐明间隔扇风门，次、梢间为支摘窗，室内花砖地面，后檐墙老檐出。院西北角存有一株四百年生的古藤。此宅曾为经营皮毛生意的商人住宅。

现为单位用房。

位于西城区大栅栏街道。该院坐南朝北，一进院落。民国时期建筑。

院落建于高台之上。大门位于院落西北隅，北向，蛮子大门一间，清水脊，合瓦屋

大门外景

北房及古紫藤

第六章 椿树街道

DI-LIU ZHANG CHUNSHU JIEDAO

椿树街道位于西城区中部，东起南新华街中心线与大栅栏街道交界，西至宣武门外大街中心线与广安门内街道相邻，南起骡马市大街中心线与陶然亭街道接壤，北至宣武门东大街中心线与西长安街道隔路相望，南北长约1250米，东西宽约900米，区域面积1.09平方千米，有53条街巷。辖区内有以琉璃厂西街为代表的传统文化保护区。市级文物保护单位有安徽会馆、京报馆、湖广会馆、海柏胡同16号朱彝尊故居，区级文物保护单位有林白水故居、荀慧生故居和师范大学旧址。该地区在历史上是梨园界人士聚集的地区，也是会馆集中地，曾有会馆115处。

第一节

文保院落

DI-YI JIE　WEN-BAO YUANLUO

海柏胡同16号（朱彝尊故居）

海柏胡同16号
（朱彝尊故居）

0 5 10 15 20 25m

北

位于西城区椿树街道。该院坐北朝南，分为中、东、西三路。清代与现代建筑。

中路分为东、西两列轴线，大门为三间一启门形式，北向，明间门扉开在金柱位置，

大门

曝书亭内顶

硬山顶，鞍子脊，合瓦屋面，走马板，板门两扇，两侧带余塞板，圆形门墩一对，大门东西两次间均为半间。院内偏东的轴线有正房（北房，与大门东山墙相连接）三间半，前出廊，其中西侧半间开辟为过道形式，前檐明次间均为新作隔扇风门和支摘窗装修，步步锦棂心。南房三间半，前出廊，前檐装修为新作隔扇风门和支摘窗，均为步步锦棂心。偏西路轴线，即正对大门一列，布局改变较大，院内原来进门即有方形亭子一座，现已无存。仅存院落中部坐西朝东的过道门一座，前出廊，后改水泥机瓦屋面。东路为三组南北并联的四合院，每组院落均为由正屋（北房）三间，东、西厢房各三间和南房三间围合而成，均为进深五檩，鞍子脊，合瓦屋面，前檐装修均为现代新作隔扇风门和支摘窗装修。

西路：一进院大门西侧有北房五间，进深六檩，后改水泥机瓦屋面。二进院北房五间，前出廊，脊毁坏，合瓦屋面，前檐装修为现代门窗。三进院北房三间，进深五檩，前后廊，后改水泥机瓦屋面。三进院后仅存四角攒尖顶方形亭子一座，回廊，方宝顶，筒瓦屋面，为现代复建。

海柏胡同以海柏寺得名。《顺天府志》记载海柏寺为海波寺。明代在海波寺街上有个寺庙名为海波寺，倾废久已，但是街名则仍然以寺名流传下来，只到民国时期仍沿用此名，1965 年正式定名为海柏胡同。康熙二十三年（1684）朱彝尊迁居宣武门外海波寺街。朱彝尊迁出后，由顺德籍在京官员温汝适等人集资购买，改为顺德会馆，并拓展了馆舍。

朱彝尊（1629—1709）是清初著名学者、词人。在此院居住期间，他完成了一部关于北京地方史志的巨著《日下旧闻》。他住在故居内一间不甚宽阔的南屋里，因屋前种植着两棵紫藤，每逢春夏之交，紫藤花盛开，故此朱彝尊给这间房子起名为古藤书屋，他的诗中也有不少吟咏紫藤的佳作。书屋的对面，有一座亭子，名为曝书亭，亭子有柱无壁，是专为晒书用的。据《顺天府志》记载，顺德会馆"庭有藤二本，柽柳一株，旁帖湖石三五，可以坐客赋诗"。为此，他还著有《曝书亭集》等书籍。朱彝尊曾邀友人在古藤书屋边饮酒边以藤作诗，王士祯等许多文人墨客常来此访聚。康熙三十一年（1692），朱彝尊归乡，离开了古藤书屋。古藤在民国时

门窗

期就已枯死。曝书亭一直保存到解放以后，在"文化大革命"中被毁，现在古老的亭子砌上围墙，成为一间间的小屋。原有"古藤书屋"字样的匾额亦不复存在，只有它的后窗户还略能找出一些古老的痕迹。2004 年，北京市文物局组织人员设计、施工，复建了曝书亭，复建后亭为筒瓦四角攒尖顶，南北正向。

该院 1984 年公布为北京市文物保护单位。现为居民院。院内的空阔地带已经被分割成若干小院，住有七八十户居民。2000 年，因旧城改造，拆除了一部分故居内的民宅，现故居内建筑布局与原貌差异较大。

曝书亭

山西街甲13号（荀慧生故居）

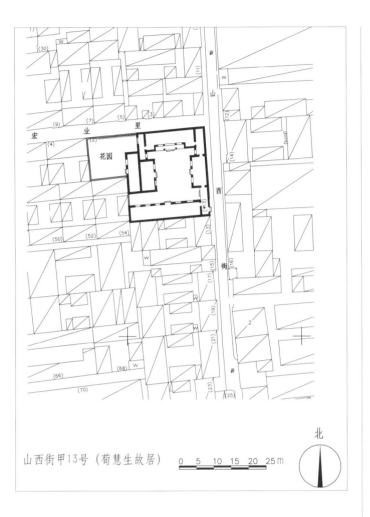

山西街甲13号（荀慧生故居） 0 5 10 15 20 25m 北

位于西城区椿树街道。坐北朝南，一进带花园院落。民国时期建筑。

如意大门一间，东向，位于院落东南，鞍子脊，合瓦屋面，门头栏板作海棠池线脚

大门

倒座房

雕饰。栏板下作须弥座装饰，黑漆板门上饰门包叶，门前两侧有圆形门墩一对。后檐柱间饰盘长如意棵心倒挂楣子和嵌十字灯笼锦棵心倒挂楣子。西侧有绿色屏门一座。大门西侧倒座房原七间，现已翻建仅存六间，机瓦屋面。

院内房屋为中西合璧风格，使用砖柱和承重墙体开门窗代替了传统木结构体系和装修形式。正房五间，明次间吞廊，带嵌菱形倒挂楣子及梅竹纹花牙子雀替，冰盘檐封后檐墙，前檐明间为平券门窗，次、梢间为平券窗。东厢房三间，机瓦屋面，冰盘檐封后檐墙，前檐明间为平券门窗，次间为平券窗。

正房背立面

正房明间

屋内有木隔扇，小花砖铺地。南北两侧各带一间平顶耳房。西厢房三间，机瓦屋面，明间为平券门窗，次间为平券窗。北侧有一间平顶耳房通院西侧花园。

该院原为一位山西籍萧姓木材商人自建。1957年，荀慧生购入此宅后一直居住到去世。荀慧生（1900—1968），京剧四大名旦之一，创立了荀派艺术，对中国京剧艺术的创新与发展做出了贡献。先后担任过中国戏剧家协会艺委会副主任、北京市戏曲研究所所长等职。在此生活期间，他接待过众多文艺界的朋友。

明间与东侧二间无隔断，作为客厅，西侧二间为卧室。正厅迎面挂有"小留香馆"横幅，为著名画家吴昌硕题写。在横幅下，

西厢房

有一大穿衣镜，镜前放一大理石桌面圆桌，每天中午是主人用餐之处。东侧有一组沙发，用来接待来访的客人。东、西两侧各一间平顶耳房。南房（倒座房）正当中迎面是荀慧生夫妇合作的一幅山水画，两旁挂有对联一副，上联为"荀氏诸郎皆俊伟"，下联配"河东小凤最风流"。下面有一张书桌，东头放着一张罗汉床。西头为厨房，再往西为卫生间。荀慧生在这里除了接待亲友外，有时还课徒授艺。

东厢房原有顶箱、立柜，用来存放演出所用的行头（服装）和切末（道具）。西厢房原为荀慧生女儿居住，院子是其平时练功场地。

院西侧原有一花园，现已拆除。花园内原有东房四间，原为荀慧生的书房，名为"留香馆"，现已严重损坏。荀慧生喜欢种树，曾亲自在庭院及花园中手植了梨、柿、枣、杏、李子、山楂、苹果、海棠等四五十株果树，现已无存。

1986年公布为宣武区文物保护单位。1991年3月挂"荀慧生故居"石牌。

现为居民院。

东厢房

第二节

一般院落

DI-ER JIE　YIBAN YUANLUO

万源夹道9号

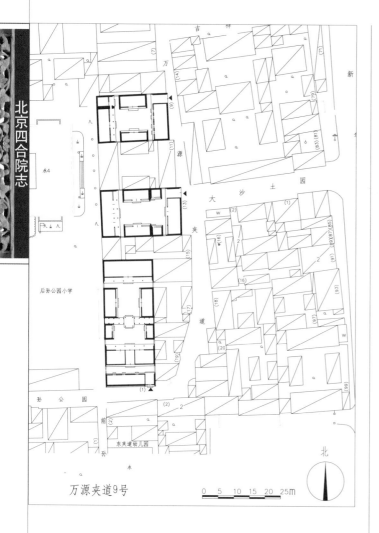

万源夹道9号

0 5 10 15 20 25m

大门

位于西城区椿树街道。该院坐西朝东，一进院落。民国时期建筑。

大门位于院落东北隅，如意大门一间，

清水脊（脊残），合瓦屋面，门楣栏板砖雕毁坏，方形门墩一对。大门南侧东房四间，清水脊，合瓦屋面，老檐出后檐墙。院内西房（正房）五间，前出廊，清水脊（脊残），合瓦屋面。南、北厢房各三间，清水脊（脊残），合瓦屋面，封后檐墙。院内房屋前檐装修均为现代门窗。

现为居民院。

大门栏板砖雕

东房背立面

万源夹道13号

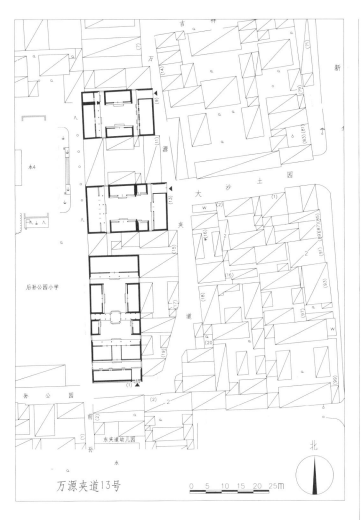

万源夹道13号

门墩　　　　　　大门匾额

意形门包叶，方形门墩一对（雕刻暗八仙），门前如意踏跺两级，后檐柱间步步锦棂心倒挂楣子。大门南侧东房四间，后改机瓦屋面，老檐出后檐墙。院内西房五间，前出廊，后改机瓦屋面，木构架绘箍头包袱彩画，檩头描绘鼎纹，前檐保存部分支摘窗及斜方格棂心横披窗，南、北厢房各三间，鞍子脊，合瓦屋面（部分后改）。厢房东侧耳房各一间，均已翻建。院内房屋前檐装修均为现代门窗。

现为居民院。

大门

位于西城区椿树街道。该院坐西朝东，一进院落。民国时期建筑。

大门位于院落东北隅，如意大门一间，东向，后改机瓦屋面，双扇板门，如

西房

后孙公园胡同1号

后孙公园胡同1号

大门

平顶，梳背券门洞，板门两扇，圆形门墩一对。一进院内原大门西侧倒座房四间，前出廊，清水脊，合瓦屋面，脊饰花盘子，木构架绘籍头彩画。

二进院南房五间，前出廊，清水脊，合瓦屋面，脊饰花盘子，封后檐墙，明间为过道。东、西厢房各二间，翻建，此院北侧原有垂花门及游廊已拆除。

三进院正房五间，前出廊，清水脊，合瓦屋面，脊饰花盘子，老檐出后檐墙。东、西厢房各三间，鞍子脊，合瓦屋面。此院房屋装修均为现代门窗。

现为居民院。

位于西城区椿树街道。该院坐北朝南，三进院落。民国时期建筑。

原大门位于院落东南隅，如意大门一间，清水脊（脊残），合瓦屋面，门楣栏板作砖雕装饰，圆形门墩一对。现大门为西洋式，西向，

栏板砖雕

二进院原大门

后孙公园胡同8号

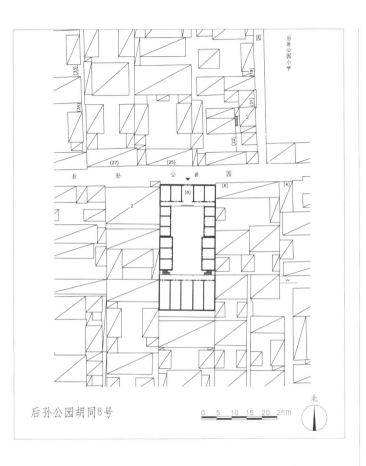

后孙公园胡同8号

位于西城区椿树街道。该院坐南朝北，一进院落。民国时期建筑。

北房明间辟为大门，门洞两侧砖砌方壁柱承托顶部拱券形式，门板分为上下两部分，上部为半圆形，内侧采用多层线脚修饰，中央作雕刻纹样。下部为双扇板门，民国风格样式，并置铜铺首，门道内石膏吊顶，内侧廊檐下有绿屏门四扇，门板上均雕刻有"延年益寿"纹样。大门两侧北房各二间，鞍子

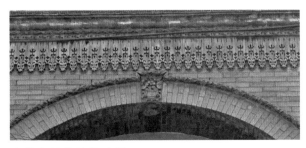

南楼木挂檐板及砖雕

南楼

脊，合瓦屋面，前出平顶廊，檐下带木挂檐板，内檐柱间带斜方格棂心倒挂楣子，半圆形拱券门窗。院内南侧有一座砖木结构的二层洋楼，五间半，灰砖清水墙，上下两层均前出廊，檐下均带木挂檐板，二楼顶部三角山花已残，前檐为砖砌方柱承托顶部拱券，拱心石砖雕花篮图案。一层西侧半间原为旁门，现已弃用。二楼西侧半间为过道。洋楼东、西两侧有木楼梯供上下。院内东、西厢房各三间，东厢房为平顶，檐下带木挂檐板，拱券门窗，拱心石砖雕花篮图案。西厢房为机瓦屋面，拱券门窗，拱心石砖雕花篮图案。东、西厢房北侧各带厢耳房三间，均为平顶，檐口置栏杆式女儿墙，拱券门窗。

现为居民院。

北房及大门南立面

前孙公园胡同25号

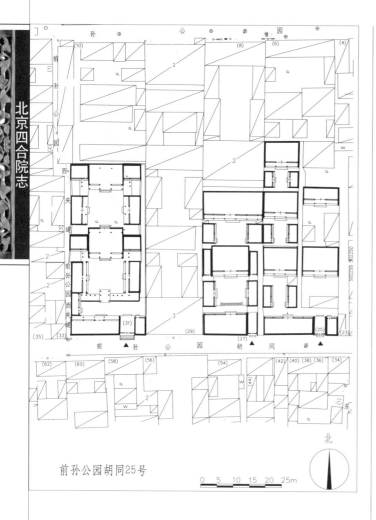

前孙公园胡同25号

0　5　10　15　20　25m

座房一间，西侧五间，清水脊，合瓦屋面，老檐出后檐墙。

西路：一进院正房三间，清水脊，合瓦屋面，脊饰花盘子，前出廊，老檐出后檐墙，东、西厢房各二间，鞍子脊，合瓦屋面（东厢房已翻建）。二进院正房三间，清水脊，合瓦屋面，脊饰花盘子，前出廊，前檐装修为现代门窗。东、西厢房各二间，翻建。三进院正房三间，清水脊，合瓦屋面，前出廊。东、西厢房各三间，后改机瓦屋面。

东路：一进院正房三间，清水脊，合瓦屋面，脊饰花盘子，前出廊。二进院正房三间，前出廊，清水脊（已毁），合瓦屋面，封后檐墙。此院房屋前檐装修均为现代门窗。

现为居民院。

位于西城区椿树街道。该院坐北朝南，两路三进院落。民国时期建筑。

大门位于院落东南隅，蛮子门一间，过垄脊，合瓦屋面，圆形门墩一对，残损，后檐柱间步步锦棂心倒挂楣子。大门东侧倒

大门

西路二进院正房

前孙公园胡同31号

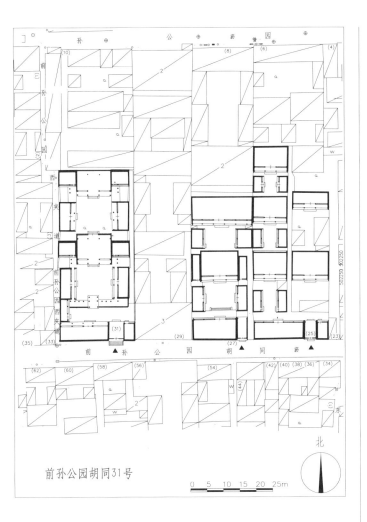

前孙公园胡同31号

0 5 10 15 20 25m

北

位于西城区椿树街道。该院坐北朝南，三进院落。民国时期建筑。

大门位于院落东南隅，如意大门一间，披水排山脊，合瓦屋面，栏板砖雕花中四君子图案，门楣雕寿字图案，戗檐、墀头雕有狮子和花篮图案，梅花形门簪两枚，双扇板

大门门楣栏板砖雕局部

大门

门，素面方形门墩一对，门前出如意踏跺四级。门内一字影壁一座，影壁心四岔角砖雕花中四君子图案。大门东侧倒座房一间，西侧四间，前出廊，披水排山脊，合瓦屋面，前檐装修隔扇风门、支摘窗，上带横披窗。一进院北侧一殿一卷式垂花门

大门戗檐砖雕

一字影壁

垂花门

二进院正房及紫藤

一座，垂莲柱头，花罩透雕水仙花卉，方形门墩一对。垂花门两侧连接看面墙与游廊，廊墙上嵌什锦窗。

二进院正房三间，前后廊，披水排山脊，合瓦屋面，前檐明间隔扇门六扇，次间槛墙、支摘窗。正房两侧耳房各二间，披水排山脊，合瓦屋面。东、西厢房各三间，前出廊，披水排山脊，合瓦屋面，前檐明间隔扇门四扇，次间槛墙、支摘窗。院内各房均有抄手游廊连接。三进院正房三间，前后廊，披水排山脊，合瓦屋面，前檐明间隔扇风门，次间槛墙、支摘窗，上带横披窗。正房两侧耳房各

二间。东、西厢房各三间，前出廊，披水排山脊，合瓦屋面，前檐明间装修为隔扇风门，次间槛墙、支摘窗，上带横披窗。院内房屋均有抄手游廊连接院内各房。

据说原来院内设有假山叠石、雕塑石人及石陈设等，现在仅存石陈设一对在院子角落。

现为居民院。

二进院东厢房

垂花门木雕

二进院西厢房

兴胜胡同12号

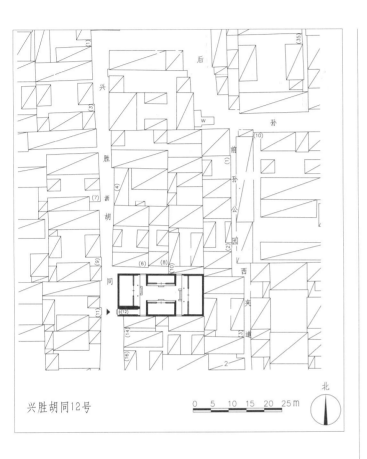

兴胜胡同12号

大门内倒挂楣子

门联书："瑞霭笼仁里，祥云护德门"。方形门墩一对。大门前出如意踏跺三级，后檐柱间带龟背锦棂心倒挂楣子。门内有座山影壁一座。大门北侧有西房三间，前出廊，鞍子脊，合瓦屋面。明间为隔扇风门，

大门门联

位于西城区椿树街道。该院坐东朝西，一进院落。民国时期建筑。

大门位于院落西南隅，西向，清水脊，合瓦屋面，梁架绘苏式彩画，走马板上绘万事如意图案，梅花形门簪两枚。红漆板门两扇，上有带门环铺首一对，如意形门包叶，

次间下为槛墙，上为灯笼锦棂心支摘窗，明间前出如意踏跺两级。院内东房（正房）三间，前出廊，清水脊，合瓦屋面，脊饰花盘子，前檐装修为现代门窗。南、北厢房各三间，过垄脊，合瓦屋面，前檐装修为现代门窗。

现为居民院。

大门外景

一进院西房

红线胡同13号

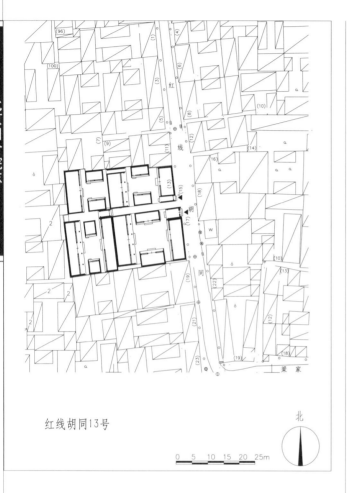

红线胡同13号

0 5 10 15 20 25m

北

大门外景

大门

位于西城区椿树街道。该院坐西朝东，二进院落。民国时期建筑。

大门位于院落东南隅，东向，窄大门半间，鞍子脊，合瓦屋面，门洞两侧砌筑如意门形式门墙，圆形门墩一对，门前如意踏跺四级。大门北侧东房三间半，鞍子脊，合瓦屋面，前檐明间隔扇风门，次间支摘窗，步步锦棂心。一进院西房（正房）五间（四破五），前出廊，清水脊，合瓦屋面，脊饰花盘子。西房北侧半间为过道。南、北厢房各二间，鞍子脊，合瓦屋面。

二进院西房（正房）五间（四破五），鞍子脊，合瓦屋面。南、北厢房各二间，平顶。此院房屋除东房外，其余前檐装修均为现代门窗。

现为居民院。

门墩

红线胡同15号、17号

红线胡同15号、17号

0 5 10 15 20 25m

北

位于西城区椿树街道。该院坐西朝东，二进院落。民国时期建筑。

17号院大门

17号大门象眼砖雕

17号为前院，大门位于院落东北隅，东向，如意门一间，清水脊，合瓦屋面，脊饰花盘子，梅花形门簪两枚，圆形门墩一对，门前如意踏跺四级。门内迎门座山影壁一座（残），清水脊，筒瓦屋面。大门南侧东房四间，清水脊，合瓦屋面，脊饰花盘子。一进院内西房（正房）五间，前出廊，清水脊，合瓦屋面，脊饰花盘子。南、北厢房各三间，鞍子脊，合瓦屋面。此院房屋木构架均绘有箍头彩画，前檐装修均为现代门窗。

二进院为红线胡同15号，原为17号的后院，现另辟门出入，窄大门半间，东向，清水脊，合瓦屋面，脊饰花盘子，梅花形门簪两枚，圆形门墩一对，门前如意踏跺四级。院内西房（正房）五间，前出廊，清水脊，合瓦屋面，脊饰花盘子，南端二间带有半地

17号院座山影壁

17号院影壁花盘子

下室，前檐明间隔扇风门，次间槛墙、支摘窗，横披窗，玻璃屉棂心。东房四间半，鞍子脊，合瓦屋面，前檐隔扇风门、槛墙、支摘窗部分保存，井字玻璃屉棂心。南、北厢房各一间，鞍子脊，合瓦屋面，北厢房带有地下室一间，前檐装修为现代门窗。

红线胡同17号曾由京剧著名老生，杨派创始人杨宝森居住。根据北平梨园公会档案载，民国三十一年（1942）五月二十日，杨宝森在红线胡同17号组建宝华社，在京、津、沪一带演出。杨宝森主演的《空城计》《杨家将》《伍子胥》等剧为内外行所推崇。红线胡同17号作为宝华社的办公地点，较往日更加热闹。其后此处遂成为京剧老生"杨派"的肇始之地。

杨宝森的堂兄杨宝忠、鼓师杭子和常聚

15号院大门

在红线胡同杨宝森的家中一起研究切磋，帮助杨宝森提高唱功。在杨宝森经常演出的剧目中，如《失空斩》《伍子胥》《杨家将》《洪羊洞》《击鼓骂曹》等，从"余派"唱腔变化出的新唱法，得到人们的普遍喜爱。1958年2月，杨宝森与程砚秋合作，灌制《武家坡》唱片，中途突发心梗，卒于红线胡同17号。

现为居民院。

17号院正房

15号院东房

梁家园胡同11号

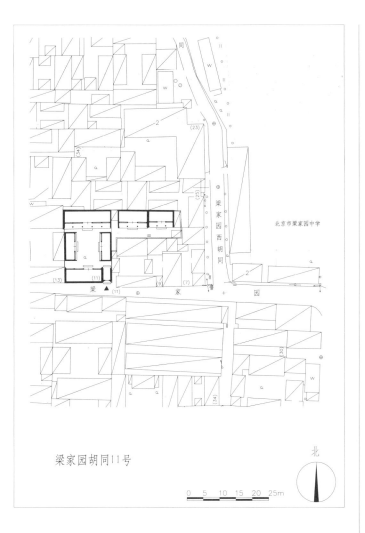

梁家园胡同11号

北

0 5 10 15 20 25m

大门

雕花卉图案，戗檐、墀头处作砖雕装饰，方形门墩一对，雕刻菊花图案，黑漆板门两扇，门前如意踏跺两级。大门西侧倒座房四间，后改机瓦屋面，封后檐墙。院内正房五间，前出廊，后改机瓦屋面。东、西厢房各三间，后改机瓦屋面。东跨院内并联北房两座，每座三间，共六间，前出廊，后改机瓦屋面。此院房屋前檐装修均为现代门窗。

现为居民院。

位于西城区椿树街道。该院坐北朝南，一进院落，带有东跨院。民国时期建筑。

大门位于院落东南隅，如意门一间，清水脊，合瓦屋面，脊饰花盘子，门楣栏板砖

大门门楣栏板砖雕

门墩

魏染胡同11号

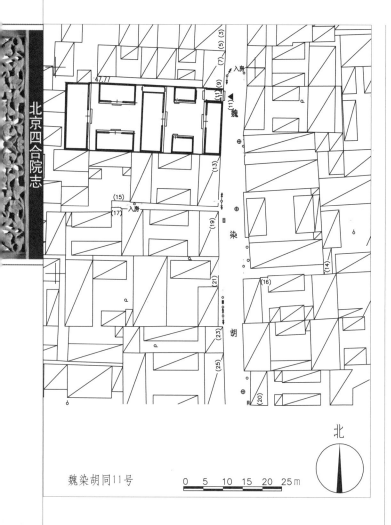

魏染胡同11号

0 5 10 15 20 25m

北

大门

为过道，清水脊，合瓦屋面，脊饰花盘子，老檐出后檐墙。南、北厢房各二间，后改机瓦屋面。

二进院西房（正房）五间，清水脊，合瓦屋面，脊饰花盘子，老檐出后檐墙。南、北厢房各三间，鞍子脊，合瓦屋面。院内房屋前檐装修均为现代门窗。

现为居民院。

位于西城区椿树街道。该院坐西朝东，二进院落。民国时期建筑。

大门位于院落东北隅，东向，蛮子大门一间，清水脊，合瓦屋面，脊饰花盘子，梅花形门簪两枚，黑漆板门两扇，圆形门墩一对。门内迎门座山影壁一座，清水脊，筒瓦屋面。大门南侧东房四间，清水脊，合瓦屋面，脊饰花盘子，老檐出后檐墙。

一进院西房（正房）五间，北侧半间

门墩

二进院正房

魏染胡同27号

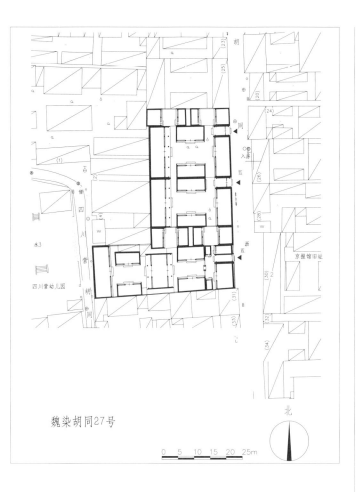

魏染胡同27号

0 5 10 15 20 25m

北

位于西城区椿树街道。该院坐西朝东，南北两座院落，均为一进院落并各带跨院。民国时期建筑。

南院：大门位于院落东北隅，东向，金柱大门一间，清水脊，合瓦屋面，脊饰花盘子，圆形门墩一对。门内迎门座山影壁一座，清水脊，筒瓦屋面，脊饰花盘子。大门南侧东房四间，鞍子脊，合瓦屋面，冰盘檐封后檐墙。院内西房（正房）五间，前出廊，清水脊，合瓦屋面，脊饰花盘子。南、北厢房各三间，鞍子脊，合瓦屋面。院落南侧跨院两座，

门墩

每座跨院各有东、西房二间，均为后改机瓦屋面。

北院：原大门位于院落东北隅，东向，现已封堵，清水脊，合瓦屋面，脊饰花盘子。大门南侧东

座山影壁

房四间，后改机瓦屋面，冰盘檐封后檐墙。院内西房（正房）五间，前出廊，清水脊，合瓦屋面，脊饰花盘子。南、北厢房各三间，鞍子脊，合瓦屋面（屋面部分后改机瓦）。此院北侧带有两座跨院，每座跨院有东、西房各二间，鞍子脊，合瓦屋面（屋面部分后改机瓦）。南北院内房屋前檐装修均为现代门窗。

现为居民院。

南院西房

魏染胡同29号

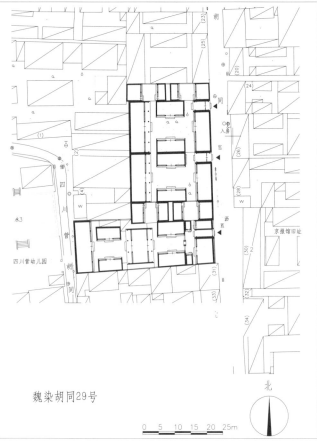

魏染胡同29号

0　5　10　15　20　25m

北

四川营幼儿园

位于西城区椿树街道。该院坐西朝东，二进院落。民国时期建筑。

大门

一进院西房

大门位于院落东北隅，东向，蛮子大门一间，清水脊，合瓦屋面，脊饰花盘子，梅花形门簪四枚，圆形门墩一对。大门北侧有东房一间，南侧东房三间，清水脊，合瓦屋面，脊饰花盘子（毁坏），老檐出后檐墙。一进院西房（正房）三间，前后出廊，清水脊，合瓦屋面，脊饰花盘子（毁坏）。南、北厢房各三间，鞍子脊，合瓦屋面。厢房东侧厢耳房各一间，鞍子脊，合瓦屋面。二进院西房（正房）五间，鞍子脊，合瓦屋面。南、北厢房各三间，鞍子脊，合瓦屋面。此院房屋前檐装修均为现代门窗。

现为居民院。

通往二进院的过道

魏染胡同51号

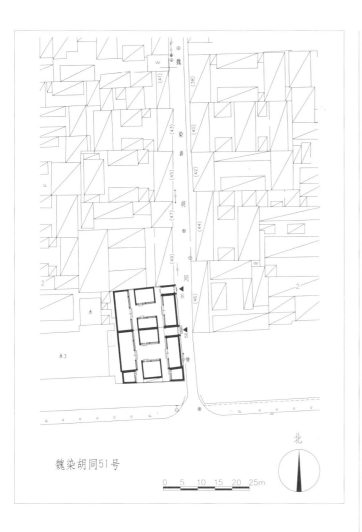

魏染胡同51号

0 5 10 15 20 25m

北

大门

　　位于西城区椿树街道。该院坐西朝东，一进院落。民国时期建筑。

　　大门位于院落东北隅，东向，窄大门半间，鞍子脊，合瓦屋面，戗檐砖雕花卉，方

形门墩一对（已残缺）。大门南侧倒座东房三间，鞍子脊，合瓦屋面，老檐出后檐墙。院内西房（正房）三间半，清水脊，合瓦屋面，脊饰花盘子。南、北厢房各二间，鞍子脊，合瓦屋面。此院房屋前檐装修均为现代门窗。

　　现为居民院。

倒座房

门墩

大门戗檐砖雕

魏染胡同53号

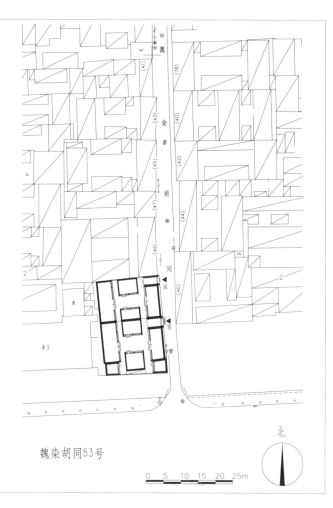

魏染胡同53号

0 5 10 15 20 25m

北

大门

四间，清水脊，合瓦屋面，脊饰花盘子。正房南侧耳房一间。南、北厢房各二间，鞍子脊，合瓦屋面。此院房屋前檐装修均为现代门窗。

现为居民院。

位于西城区椿树街道。该院坐西朝东，一进院落。民国时期建筑。

大门位于院落东北隅，东向，窄大门半间，鞍子脊，合瓦屋面，方形门墩一对，素面海棠线，门前出如意踏跺三级。大门南侧临街东房三间，鞍子脊，合瓦屋面，老檐出后檐墙。东房南侧耳房一间。院内西房（正房）

门墩

饯檐砖雕

第七章 陶然亭街道

DI-QI ZHANG TAORANTING JIEDAO

　　陶然亭街道位于西城区东南部，东起太平街、虎坊路一线，西至菜市口大街中心线，南至护城河中心线，北至骡马市大街中心线。辖区面积2.14平方千米，有街巷63条。辖区内有陶然亭公园和慈悲庵、龙泉寺等古刹，南海会馆、蒲阳会馆等100余座会馆。市级文物保护单位有米市胡同43号康有为故居、珠朝街5号中山会馆等。

北京四合院志

文保院落

WEN-BAO YUANLUO

米市胡同43号（康有为故居）

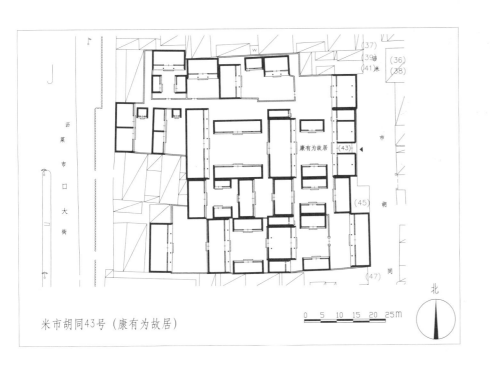

米市胡同43号（康有为故居）

位于西城区陶然亭街道。该院坐西朝东，由四组院落组成，可以分为南侧和北侧两部分。清代中期建筑。

南侧部分由北、中、南三组东西向院落组成。北路：临街东房五间，清水脊，合瓦屋面，脊饰花盘子。明间为门道，金柱大门形式，门扉带走马板，梅花形门簪四枚，板门两扇，两侧带余塞板，圆形门墩一对。临街东房北侧接耳房一间，过垄脊，合瓦屋面。

大门

耳房北侧再接临街东房三间，水泥机瓦屋面。一进院内正房（西房）七间，前出廊，过垄脊，合瓦屋面（后改水泥机瓦屋面），前檐装修为现代门窗。正房北侧接耳房一间。南、北厢房各三间，后改水泥机瓦屋面。二进院正房（西房）五间，前出廊，后改水泥机瓦屋面，前檐装修为现代门窗。南、北厢房各五间。二进院正房后有两进小院，一进小院有西房四间，北厢房一间。二进小院有西房四间，北厢房一间。

中路：一进院有临街东房三间，正房（西房）三间，南、北厢房各三间。二进院正房（西房）三间。三进院南、北厢房各二间。

南路：一进院临街东房五间，前出廊；正房（西房）三间，前出廊；正房南北两侧耳房各一间；南、北厢房各三间。二进院正房（西房）五间，前出廊；南、北厢房各三间。第三进院正房（西房）五间，前出廊；

大门南侧戗檐椽子

北厢房二间。

北侧部分是康有为居住时期的居所，位于整组院落的北侧偏西，由东西并联的三组院落组成。东侧第一组院落的正房为西房，即康有为的住房"七树堂"，前后廊，过垄脊，合瓦屋面。七树堂原院门的门楣上挂着由叶公绰题写的"七树堂"匾额。院内有北房四间，是康有为的书房，因早在清代就全部装上了玻璃窗，形似画舫，故名"汗漫舫"，鞍子脊，合瓦屋面。原来院内北、东两面有游廊、小轩，园中有石砌假山，山上有一座凉亭和七棵老国槐，故名"七树堂"，现已不存。中间的第二组院落正房为北房，三间，前出廊，鞍子脊，合瓦屋面。西侧的第三组院落正房为北房，三间，前出廊，鞍子脊，合瓦屋面。东、西厢房各二间，过垄脊，合瓦屋面。

该院为原南海会馆，康有为曾在此居住。南海会馆创于清道光四年（1824）。据载，自清朝开科至道光初年，广东举人中进士者凡72名，其中南海县便占四分之一。该县每次来京参加会试者不下百人，却苦于没有地方居住，只好就市为舍，于是一些在京为官的南海籍人士便捐资在米市胡同现址购置房舍，建立南海会馆，以应进京举子之需。

光绪六年（1880），由于南海赴京应试举人越来越多，原有房屋不敷使用，便在会馆南再购一处房舍，使其和原有宅院连接起来，形成一个大院。南海会馆遂具规模，有平房146间。会馆大院分13个小院，七树堂在东北面，因植有七棵古槐，故而得名，尔后闻名遐迩。

康有为（1858—1927），又名祖诒，字广厦，号长素，又号明夷、更甡、西樵山人、游存叟，晚年别署天游化人，广东省南海县丹灶苏村人，人称"康南海"，清光绪年间进士，官授工部主事。出身于仕宦家庭，乃广东望族，世代为儒，以理学传家。近代著名政治家、思想家、社会改革家、书法家和学者，信奉孔子儒家学说，并致力于将儒家学说改造为可以适应现代社会的国教，曾担任孔教会会长。著有《康子篇》《新学伪经考》等。

康氏于光绪八年（1882）首次到京会试，即住在七树堂的汗漫舫。该舫在七树堂西面，坐西朝东。因北边紧靠"老便宜坊"二层小楼，从七树堂北望，那小楼酷似一只画舫，漂浮在七树堂之北。康氏想象以会馆为海，以小楼为舫，做漫漫无边际游，故名自己的居室为汗漫舫。其后，康有为每次来京应试和向皇帝上书，都住在汗漫舫。

光绪二十一年（1895），清政府在甲午战争中惨败，康有为再度进京。5月2日，他联络各省举子1300余人于松筠庵聚会，发起赫赫有名的"公车上书"，提出变法纲要。三个月后，他在会馆多次和维新派人士集会，决定成立强学会。同年8月17日，康又在会

七树堂

馆创办《中外纪闻》报,每期发行2000多份。因为会馆既是康的居所,又是《中外纪闻》报的办公地,维新人士和强学会便常在此出入和集会,一时群英荟萃,门庭若市。其间,康写了130首诗,生动地反映了"公车上书"和强学会的战斗历程。这些诗多在会馆所写,故题名《汗漫舫诗集》。

光绪二十四年(1898)六月十一日,在康有为、梁启超等维新派推动下,光绪发布"明定国是"诏,掀起维新变法运动。当时会馆成了维新派的活动中心,车水马龙,冠盖如云,为建馆以来之鼎盛时期。

戊戌变法失败后,会馆人去楼空,寂寞冷落。在北洋军阀、日伪和国民党统治时期,会馆几经劫难,诸多房舍因年久失修而满目疮痍。

新中国成立后,北京市人民政府成立筹委会负责会馆的修复工作,并于1953年修好房屋135间。同年,叶恭绰先生题写了"康有为故居"匾额及"七树堂"匾额,此时的会馆已基本恢复当年的原貌。

"文化大革命"中,会馆住进居民百余户,假山、凉亭、走廊等随即荡然无存。汗漫舫也住上了人家,遗物石碑无一幸存。

该院1984年5月24日公布为北京市文物保护单位。

康有为故居保护标志

珠朝街5号（中山会馆）

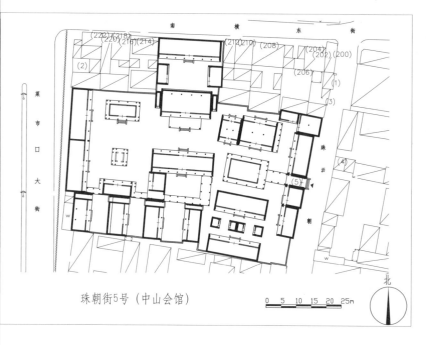

珠朝街5号（中山会馆）

0　5　10　15　20　25m

北

游廊一角

位于西城区陶然亭街道。该院坐北朝南，分为东、中、西三路。

西院现存方亭、敞轩，原是会馆花园的一部分。

东路：会馆大门位于东院东侧的中部，东向，为广亮大门形式，进深五檩，清水脊，合瓦屋面，前檐柱间有雀替，圆形门墩一对。第一进院，南、北房各五间，均为进深五檩，前出廊，清水脊，合瓦屋面；院内有两两相对的厢房四座，其中两座厢房后檐墙相连接，

前后出廊

每座厢房均面阔一间。二进院内花厅东西面阔三间，南北进深八檩，歇山卷棚顶，筒瓦屋面，四面加回廊，梁架绘苏式彩画，东立面明间有游廊与院落大门的后檐相连接。游廊三间，四檩卷棚顶，筒瓦屋面，通至大门。花厅北侧建有北房三间，进深八檩，前出廊，硬山顶，两卷勾连搭形式，前檐门窗装修为步步锦棂心。北房西侧有耳房二间。第三进院内有北房三间，进深五檩，前出廊。北房西侧连接北房三间。

中路：院落一进院内南房七间，进深五檩，前出廊，清水脊，合瓦屋面。南房后有游廊一组。北房五间，进深七檩，硬山顶，清水脊，合瓦屋面，墀头装饰砖雕图案。北房前檐明、次间抱厦三间，悬山顶，过垄脊，筒瓦屋面。二进院北房七间，前出廊，清水脊，合瓦屋面。东、西厢房各二间，均为进深五檩，清水脊，合瓦屋面。

西路：西路原为会馆花园，西部临官菜园胡同建有西房一排两座，每座五间，共十

间，均为进深五檩，前出廊，清水脊，合瓦屋面。院内有北房五间，回廊，歇山卷棚顶，筒瓦屋面。南房三间，回廊，歇山顶，筒瓦屋面；南、北房之间建有一座四方亭，四角攒尖，方宝顶，筒瓦屋面。会馆中路和西路南侧建有一座坐西朝东的三进院落。一进院东房三间，前出廊，南侧接半间门道。西房三间，前出廊，南侧接半间门道。二进院西房三间，前出廊，南侧带门道半间，北厢房一间。三进院西房三间，前出廊，南侧接耳房半间，北厢房一间。院落北侧通过游廊与中院、西院（原花园）建筑连为一个整体。

该院由广东省香山县乡友于清嘉庆年间筹建，称香山会馆。

清光绪二十一年（1895），在朝鲜任职的广东香山籍重要官员唐绍仪回京寓居此处，并筹资扩建香山会馆。三年之后，建成有戏台、花园、假山、回廊等建筑的大型会馆。后因香山县改为中山县，香山会馆更名为中山会馆。

民国元年（1912）夏孙中山来京时，曾在会馆花厅会客。孙中山逝世后花厅曾作为展室，陈列孙中山在花厅外的留影以及《总理遗嘱》等纪念物。中山会馆还曾作为中共地下联络站，地点位于五间过厅的西头一间。民国二十二年（1933）唐绍仪再次筹资，对中山会馆加以维修。中华人民共和国成立之

西院四方亭

后，北京市人民政府成立了会馆管理委员会。在1950年至1955年这五年中，包括中山会馆在内的会馆被移交给北京的房管部门。1951年中山会馆由北京广东省会馆财产管理委员会接管。

"文化大革命"之中，中山会馆遭到破坏。之后，馆内私搭乱建，杂居甚众，已和民居无别。其中魁星楼、戏台已拆除，太湖石假山已移他处，只有花厅、过厅等保存较好。1984年5月24日，中山会馆被北京市人民政府公布为北京市第三批文物保护单位。1987年，中山会馆被公布为划定保护范围及建筑控制地带，保护范围东、南分别至珠朝街5号院东、南围墙，西、北至规划红线。

进入新世纪，为了改变中山会馆的旧有环境，北京市政府和宣武区（现西城区）政府做了大量的努力。2006年，宣武区（现西城区）政府将中山会馆周边环境整治纳入了当年的城中村整治项目，花费3500万元人民币。2008年，北京市文物局会同宣武区政府开始搬迁腾退工作，将院内100余户居民迁出，并投入1000余万元对中山会馆进行了修缮。现为单位用房。

花厅内景

第八章 广安门内街道

DI-BA ZHANG GUANG'ANMENNEI JIEDAO

广安门内街道（简称广内街道）位于西城区中部，东至宣武门外大街与椿树街道毗邻，西隔广安门北护城河与广外街道相连，南枕广安门内大街，北依金融街，东西最长处2130米，南北最宽处1200米，面积2.43平方千米，有一类大街5条，二类大街6条，胡同59条。辖区内有报国寺、长椿寺等寺庙45座，列入市级文物保护单位的四合院有达智桥胡同12号、校场三条2号杨椒山祠，区级文物保护单位有金井胡同1号沈家本故居等。

第一节

文保院落

DI-YI JIE　WEN-BAO YUANLUO

达智桥胡同12号、校场三条2号（杨椒山祠）

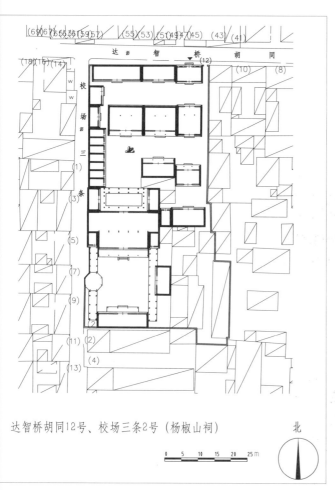

达智桥胡同12号、校场三条2号（杨椒山祠）

北

0 5 10 15 20 25m

位于西城区广安门内街道。总体布局可分为东、中、西三路。明、清时期建筑。

东路：大门北向，面阔三间，进深五檩，硬山顶，铃铛排山脊，筒瓦屋面，木构架绘旋子彩画，明间开券门，门上有石刻匾额，原刻"杨椒山先生故居"等字，现被青灰涂抹；次间开券窗。现正门已改作住房，其东侧另开一座砖砌小门楼供出入，清水脊，筒瓦屋面。一进院南殿（景贤堂），面阔三间，进深六檩，硬山顶，调大脊，筒瓦屋面，前檐明、次间接四檩悬山卷棚顶抱厦三间，殿内原供奉杨椒山彩色泥塑像，像两侧原有对联一副："不与炎黄同一辈，独留清白永千年"，现已

无存，后檐为现代门窗。二进院南房面阔三间，进深五檩，前出廊，披水排山脊，筒瓦屋面，前檐装修为现代门窗。三进院南房面阔三间，进深五檩，披水排山脊，筒瓦屋面。再往南部分已改建。

中路：一进院内北房与东路大门相连接，三间，后改现代机瓦屋面，前檐装修为现代门窗，封后檐墙。二进院北房三间，进深九檩，两卷勾连搭形式，前出廊，后改现代水泥机瓦屋面，前檐装修为现代门窗，老檐出后檐墙。南房三间，前出廊，后改现代机瓦屋面。

西路为花园部分，一进院北房五间，后改水泥机瓦屋面，前檐装修为现代门窗，封后檐墙。西厢房二间，后改水泥机瓦屋面。二进院北房三间，两卷勾连搭形式，前出廊，筒瓦屋面（大部分屋面改为水泥机瓦），前

谏草堂前檐明间装修

檐装修为现代门窗，老檐出后檐墙。院内有假山石。西厢房七间，后改水泥机瓦屋面，前檐装修为现代门窗，老檐出后檐墙。该房北侧与一进院西厢房南侧之间有西房三间，后改水泥机瓦屋面。二进院南侧为一组回廊围成一个小院，廊子为四檩卷棚顶筒瓦屋面，廊柱间保存有冰裂纹倒挂楣子。东、西回廊两侧各连接东、西厢房三间，后改水泥机瓦屋面。南侧回廊连接三进院北房后檐。三进院北房（即谏草堂）为三卷勾连搭形式，南侧第一卷为抱厦，硬山四檩卷棚顶，披水排山脊，筒瓦屋面，第二卷面阔五间，进深五檩，硬山顶，铃铛排山脊，筒瓦屋面；第二卷两侧连接耳房各一间，过垄脊，筒瓦屋面；第三卷面阔七间，铃铛排山脊，筒瓦屋面。该房屋明间为过道，前檐明间五抹隔扇门四扇，前带帘架，均为步步锦棂心，后檐冰裂纹棂心倒挂楣子。谏草堂院内西侧为谏草亭，八角攒尖顶，筒瓦屋面，圆形宝顶，八条垂脊，檐下木构架绘以箍头彩画，现已封堵为住房。院内南侧有花厅五间，进深六檩，硬山顶，

八角攒尖顶

披水排山脊，筒瓦屋面，前出四檩悬山抱厦三间，前檐装修为现代门窗。院落东侧与谏草亭相对位置有东配房三间，进深六檩，硬山顶，披水排山脊，筒瓦屋面。谏草堂、谏草亭、花厅、东配房通过四檩卷棚顶游廊相连接，筒瓦屋面，木构架绘制有箍头彩画。

该院为明朝谏臣杨继盛故居。杨继盛（1516—1555），字仲芳，号椒山，追谥忠愍，直隶容城（今河北省容城县）人，嘉靖年间进士，官至兵部员外郎。因弹劾严嵩被迫害致死，著有《杨忠愍文集》。此处最早为城隍庙，清初改为松筠庵。清乾隆五十二年（1787），刑部一些官员访得此庵是杨继盛的故居，遂将其正屋辟为杨祠，名景贤堂。

道光二十七年（1847），僧人心泉请镌石名手张受之将杨继盛弹劾严嵩的谏章刻石嵌于扩建的大厅内，大书法家何绍基题名"谏草堂"。次年心泉又在堂之西南建八角谏草亭，并修筑回廊，布置假山庭园。从此祠寺合一，成为士大夫集会议论时政的场所。

1984年公布为北京市文物保护单位。保护范围以院墙为界，南北75米，东西40米，总占地为3000余平方米。目前，松筠庵整体格局基本保持原貌。谏草堂后部的花园部分受损严重，假山、树木均被推倒，谏草堂两侧的走廊和谏草亭已改作住宅。

谏草堂梁架

金井胡同1号（沈家本故居）

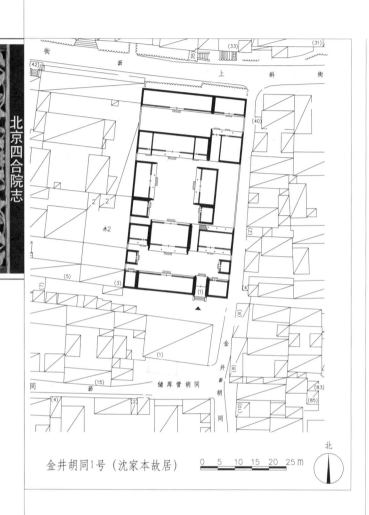

金井胡同1号（沈家本故居）

0 5 10 15 20 25 m

北

大门

位于西城区广安门内街道。该院坐北朝南，三进院落。清代末期建筑。

大门位于院落东南隅，广亮大门一间，清水脊，合瓦屋面，板门两扇，前檐有彩画痕迹。大门东侧有倒座房二间，西侧六间，清水脊，合瓦屋面。一进院北侧有正房三间，前出廊，清水脊，合瓦屋面，脊饰花盘子。正房西侧有耳房二间，后改机瓦屋面。正房东侧有一座二层楼，五间，前后出廊，合瓦屋面，一层东侧一间开为过道，楼北侧有木制楼梯。一进院东、西两侧各有平顶厢房一间。二进院正房三间，前出廊，清水脊，合瓦屋面，脊饰花盘子。正房东、西两侧各有耳房一间，清水脊，合瓦屋面，脊饰花盘子。

二进院内东、西厢房各三间，前出廊，清水脊，合瓦屋面，其中西厢房保存有工字卧蚕步步锦棂心支摘窗，其余装修为现代门窗。厢房南侧各带厢耳房二间，合瓦屋面。正房东侧有南房三间，前出廊，原为合瓦屋面，现部分改为机瓦，西侧一间开为过道通往三进院，前后檐有步步锦棂心倒挂楣子。三进院有后罩房八间，过垄脊，合瓦屋面。

沈家本自光绪二十六年（1900）迁居到此，直到民国二年（1913）逝世，一共在此生活了13年。沈家本（1840—1913），浙江归安（今吴兴）人，清光绪年间进士，历任刑部左侍郎、大理寺正卿、法部右侍郎、资政院副总裁等职，是清末修订法律的主持人和代表者。沈家本自幼研习法律，撰写了《刺字集》《秋

枕碧楼楼梯

二进院内景

谳须知》《律例偶笺》《律例杂说》等十余部书稿,对中国古代法律资料进行了系统的整理和研究,对中国古代法制发展的源流和利弊进行了详细的考证。

院内由东西耳房扩建成的二层小楼,沈家本自题名为"枕碧楼"。该楼为沈之藏书楼,曾藏书五万余卷。沈家本从清廷退职之后,就是在这个楼内客厅接见了梁启超、沈钧儒等民国风云人物,包括袁世凯当大总统时派人请他出任司法总长而被他坚辞不就,也是在这客厅里。楼上的书房,既是他藏书的地方,也是他写作的地方。他的多部著作如《枕碧楼偶存稿》《枕碧楼丛书》《枕碧楼日记》等浩瀚的著作都是在这里写成的。

光绪二十八年(1902),清政府下达修律诏书。沈家本与伍廷芳一起成为修订法律的总纂官,参与清末立法改革。沈家本主持立法改革工作后,用了十年的时间完成了《大清新刑律》的修订,取消了"凌迟""枭首""戮尸"等酷刑,并将《旧律》中不合时宜的禁令尽数废除。沈家本在修订《刑律》的同时十分重视对东西方各国法律的翻译,他认为"参酌各国法律,首重翻译"。在他的主持和督促之下,修订法律馆翻译了十几个国家的几十种法律和著述,引入了大量的法律名词和法律概念。他曾建议开办中国第一所近代新式法律学堂——京师法律学堂,为国家培养了大批法律人才。沈家本还主持和参与编订了《刑事诉讼法草案》《民事诉讼法草案》《大清民律草案》《大清商律草案》等,在这十年的工作中,他开创了中国现代法制的先河。民国二年(1913)六月九日,沈家本在北京金井胡同1号逝世,享年73岁。

如今的沈家本故居,已成为一个居住着60余户人家的大杂院,故居里原有的高大老房子,构现出了原来四合院的面貌和布局。

1990年,沈家本故居公布为宣武区文物保护单位。

现为居民院。

北京四合院志

第二节 一般院落

DI-ER JIE　YIBAN YUANLUO

1048

校场头条17号（山左会馆）

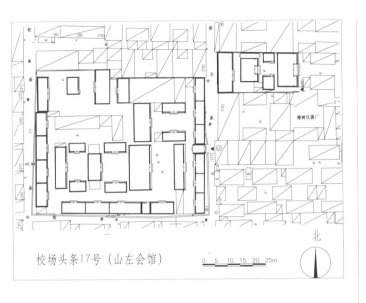

校场头条17号（山左会馆）
0　5　10　15　20　25m
北

位于西城区广安门内街道。该院坐西朝东，全院共分为南北两路，南北并联多进院落组合。南路为主要建筑部分，共五进院落。清代中期建筑。

大门位于院落东侧中部，东向，蛮子大门一间，过垄脊，合瓦屋面，方形门墩一对。大门两侧各建有东房九间，现均已翻建。

南路：一进院西房五间，过垄脊，合瓦屋面，前檐装修为现代门窗。二进院西房五间，披水排山脊，合瓦屋面，前檐装修为现代门窗。三进院西房三间，过垄脊，合瓦屋面，前檐装修为现代门窗。南、北耳房各一间。南、北厢房各三间，过垄脊，合瓦屋面，前檐装修为现代门窗。四进院西房五间，过垄脊，合瓦屋面，前檐装修为现代门窗。南、北厢

大门

房各三间，过垄脊，合瓦屋面，前檐装修为现代门窗。五进院后罩房共十二间，过垄脊，合瓦屋面，前檐装修为现代门窗。南墙处共有南庑房十四间，过垄脊，合瓦屋面，前檐装修为现代门窗。

南路二进正房

北路：一进院西房五间，披水排山脊，合瓦屋面，前檐保存部分槛墙、支摘窗，步步锦棂心。南、北厢房各三间，过垄脊，合瓦屋面，前檐装修为现代门窗。后几进院建筑难以分辨原格局，保存有后罩房八间，过垄脊，合瓦屋面，前檐装修为现代门窗。北路北侧另有跨院一座，一进院东房三间。二进院东、西房各三间，西房为过垄脊，合瓦屋面，前檐装修为现代门窗。东、西厢房之间另建西房二间。

该院原为山左会馆①，原有建筑一百零八间，寓意为山东一百零八县。道光年间以前，山左会馆面积不大，与青州会馆为邻。道光咸丰年间，山东籍在京官员实力大增，合并了原青州会馆（青州会馆迁到了门楼巷）。咸丰年间，山左会馆开始举行其他会馆不可比拟的隆重的祭孔大礼，使之显赫一时。民国时期，逐渐衰落。20世纪30年代，中共北平市委区委的同志居住于此，开展党的地下工作。

该院建筑后经翻建。现为居民院。

_____

①因山东在太行山以东，故北京的山东会馆命名为山左会馆。

校场头条32号

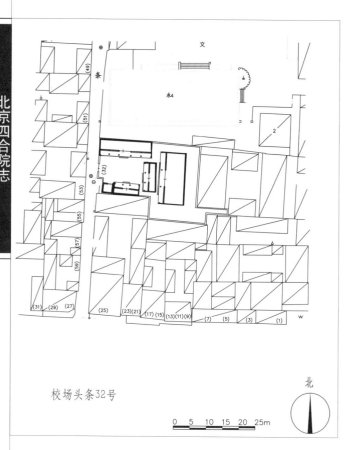

校场头条32号

北

0 5 10 15 20 25m

一进院东房

廊，过垄脊，合瓦屋面，前檐装修为现代门窗。第二进院正房三间，前出廊，清水脊，合瓦屋面，前檐建筑的门窗近似近代建筑的形式。此院与宣武门外大街139号院应同属一院。

现为居民院。

一进院北房窗棂心

位于西城区广安门内街道。该院坐东朝西，二进院落。清代末期至民国初年建筑。

大门位于院落西侧中部，西向，后开随墙门一间，第一进院东房三间，前出廊，过垄脊，合瓦屋面，前檐装修为现代门窗。南厢房三间，前出廊，过垄脊，合瓦屋面，前檐装修为现代门窗。南厢房的西侧建有平顶耳房一间，檐下木挂檐板。北厢房五间，前出

大门

二进院东房

北京四合院志

1050

校场二条5号

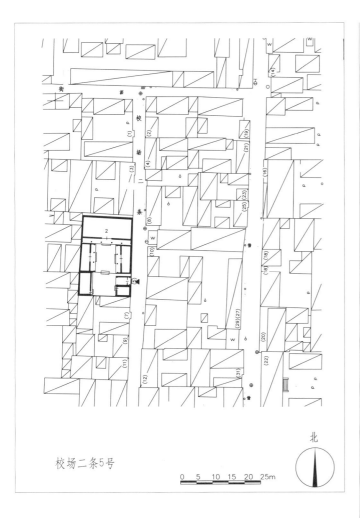

校场二条5号

0 5 10 15 20 25m

北

院西厢房二间半，鞍子脊，合瓦屋面。一进院北侧原有二门已拆，二进院内正房为一栋二层楼房，五间，前出廊，披水排山脊，合瓦屋面，砖砌平券门窗，二层有木栏杆，东侧为楼梯间，木楼梯通往二层。东、西厢房各三间，前出廊，平顶，前檐装修为现代门窗。该院曾为京剧和昆曲著名演员言慧珠住宅。

现为居民院。

院内小楼

位于西城区广安门内街道。该院坐北朝南，二进院落。民国时期建筑。

大门位于院落东南隅，金柱大门一间，东向，披水排山脊，合瓦屋面，前檐柱间带雀替，梁架绘苏式彩画。大门南侧门房一间，后改机瓦屋面。一进

大门

校场三条41号

校场三条41号

0　5　10　15　20　25m

北

位于西城区广安门内街道。该院坐西朝东，一进院落。民国时期建筑。

大门

大门位于院落东北隅，东向，蛮子门形式，清水脊，合瓦屋面，脊饰花盘子。门内座山影壁一座，清水脊，筒瓦屋面。大门南侧东房三间，清水脊，合瓦屋面，脊饰花盘子，

前檐装修为现代门窗。西房（正房）五间，清水脊，合瓦屋面，脊饰花盘子，前檐装修为现代门窗。南、北厢房各三间，过垄脊，合瓦屋面，前檐装修为现代门窗。

现为居民院。

座山影壁

北房

西房

北京四合院志

1052

校场五条53号

校场五条53号

0 5 10 15 20 25m

北

位于西城区广安门内街道。该院坐北朝南，东西并联两路一进院落。清代后期建筑。

大门位于院落东南隅，蛮子大门一间，南向，过垄脊，合瓦屋面，装修无存。

东院：大门内座山影壁一座，现已残坏。大门西侧南房四间，过垄脊，合瓦屋面，前檐装修为现代门窗。北房（正房）五间，过垄脊，合瓦屋面，前带平顶廊，廊檐下有木质挂檐板，前檐装修为现代门窗。东、西厢房各三间，

挂檐板

大门

过垄脊，合瓦屋面，前带平顶廊，廊檐下有木质挂檐板，前檐装修为现代门窗。

西院：北房四间，过垄脊，合瓦屋面，前檐装修为现代门窗。南房四间，过垄脊，合瓦屋面，前带平顶廊，廊檐下有木质挂檐板，前檐装修为现代门窗。东、西厢房各三间，过垄脊，合瓦屋面，前带平顶廊，廊檐下有木质挂檐板，前檐装修为现代门窗。

现为居民院。

东院北房

校场五条54号、56号

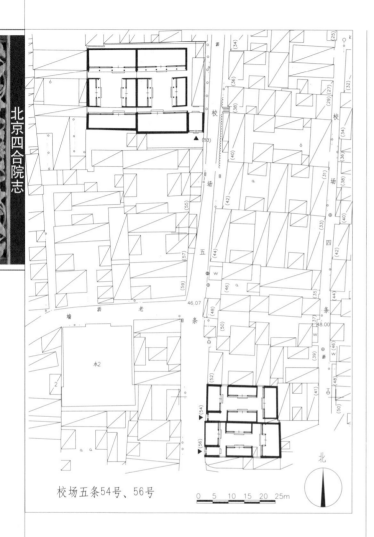

校场五条54号、56号

0　5　10 15 20 25m

北

56号院大门

南房

东房

位于西城区广安门内街道。该院坐东朝西，两组并联一进院落。民国时期建筑。

54号院：大门位于院落西南隅，小蛮子门一间，西向，过垄脊，合瓦屋面，黑漆板门两扇，方形门墩一对。大门北侧西房三间，过垄脊，合瓦屋面，前檐装修为现代门窗，封后檐墙。院内东房（正房）三间，清水脊，合瓦屋面，前檐装修为现代门窗。南北配房各三间，箍头脊合瓦屋面，前檐装修为现代门窗。

56号院除东房（正房）前檐明间吞廊外，其余建筑形制与54号院相同。

现为居民院。

校场大六条13号

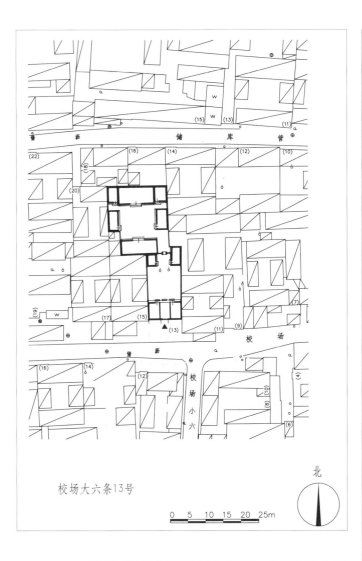

校场大六条13号

0　5　10　15　20　25m

北

大门

瓦屋面。南房三间，过垄脊，合瓦屋面，前檐装修为现代门窗。东、西厢房各二间，过垄脊，合瓦屋面，前檐装修为现代门窗。

现为居民院。

位于西城区广安门内街道。该院坐北朝南，二进院落。民国时期建筑。

西洋式门一间，位于倒座房中间，大门两侧倒座房各一间，后改机瓦屋面。二门为随墙门一座，门内座山影壁一座。二进院内北房（正房）三间，过垄脊，合瓦屋面，前檐装修为现代门窗，正房两侧耳房各一间，过垄脊，合

门墩

二门

达智桥胡同8号

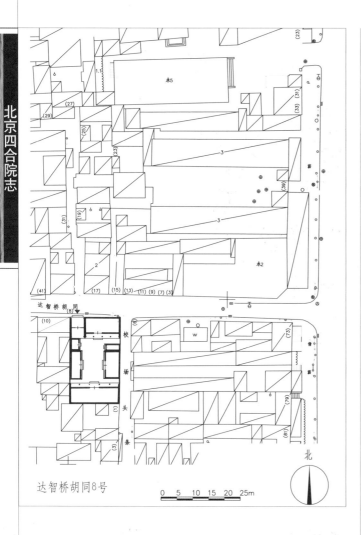

达智桥胡同8号

0 5 10 15 20 25m

北

位于西城区广安门内街道。该院坐南朝北，一进院落。民国时期建筑。

大门位于院落西北隅，北向，广亮大门一间，披水排山脊，合瓦屋面，梅花形门簪两枚，雕刻花卉图案，圆形门墩仅存一只。大门东侧北房四间，前出廊，鞍子脊，合瓦屋面，前檐装修为现代门窗，老檐出后檐墙。

大门雀替　　　　门簪

大门

南房（正房）五间，前出廊，披水排山脊，合瓦屋面，前檐装修为现代门窗。东、西厢房各三间，后改机瓦屋面，前檐明间隔扇风门，次间支摘窗，步步锦棂心部分保存。厢房北侧各有厢耳房一间，后改机瓦屋面。

现为居民院。

南房

老墙根街41号（商山会馆）

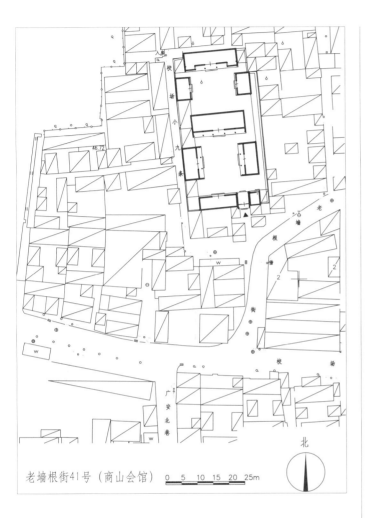

老墙根街41号（商山会馆）　　0　5　10　15　20　25m　北

位于西城区广安门内街道。该院坐北朝南，二进院落。清代末期至民国初期建筑。

大门位于院落东南隅，金柱大门一间，过垄脊，合瓦屋面，前檐柱间带雀替，板门两扇，圆形门墩仅存一只，门内西墙之上嵌有石碑一块，碑文介绍了该院即商山会馆的筹建情况。大门东侧倒座房一间，西侧三间，

大门墙壁上镶嵌的石碑

大门

清水脊，合瓦屋面，前檐装修为现代门窗。

一进院正房五间，前出廊，清水脊，合瓦屋面，脊饰花盘子，前檐装修为现代门窗。东、西厢房各三间，前出廊，清水脊，合瓦屋面，脊饰花盘子，前檐装修为现代门窗。

二进院正房五间，清水脊，合瓦屋面，脊饰花盘子，明次间吞廊，明、次间隔扇风门，梢间槛墙、支摘窗，步步锦棂心。东、西厢房各三间，翻建。此院曾为陕西商山会馆。

现为居民院。

一进院正房

第九章 牛街街道

DI-JIU ZHANG NIUJIE JIEDAO

　　牛街街道位于西城区南部，东起菜市口大街，西至广安门南街，南起南横西街、枣林前街，北至广安门内大街，辖区面积1.41平方千米，主要大街6条、胡同22条，是北京市回族人口最为集中的地区之一。辖区内有名人故居、会馆50余处。全国重点文物保护单位有牛街礼拜寺和法源寺，市级文物保护单位有北半截胡同41号谭嗣同故居、南半截胡同7号绍兴会馆等。

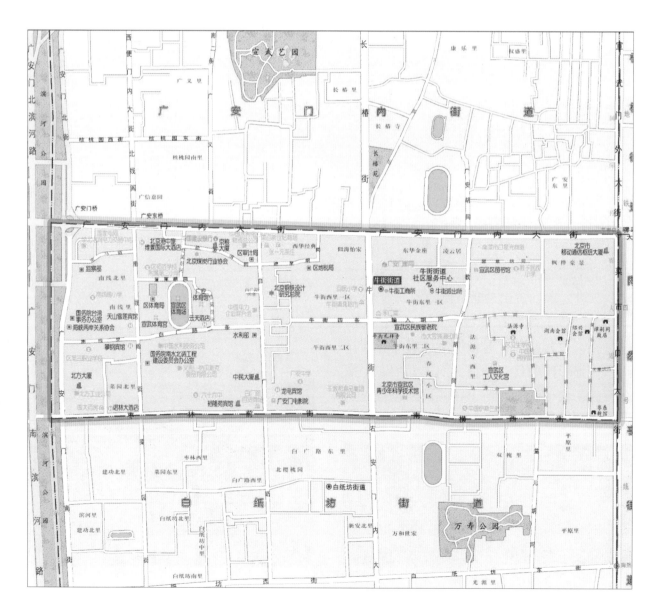

第一节

文保院落

DI-YI JIE WEN-BAO YUANLUO

北半截胡同41号（谭嗣同故居、浏阳会馆）

北半截胡同41号（谭嗣同故居、浏阳会馆）

0 5 10 15 20 25m

北

位于西城区牛街街道。该院坐西朝东，三进院落带南跨院。清代后期建筑。

大门位于院落东北隅，广亮大门形式，清水脊，合瓦屋面（现在已经封堵为房间）。

大门北侧门房一间（现改为大门），翻建。大门南侧有东房（倒座房）五间，清水脊，合瓦屋面。一进院正房（西房）五间（谭嗣同居住时的莽苍苍斋），清水脊，合瓦屋面，明间前出垂带踏跺四级。南、北厢房各二间，清水脊，合瓦屋面。二进院有正房（西房）三间，清水脊，合瓦屋面，前檐装修为现代门窗。南、北厢房各三间，清水脊，合瓦屋面。三进院（南半截胡同8号）后罩房三间，后翻建，鞍子脊，合瓦屋面。南侧连接窄大门一间，后翻建。南跨院有西房三间，后改水泥机瓦屋面。北房二间，清水脊，合瓦屋面，这座北房与主院南厢房形成两卷勾连搭形式。该院房屋前檐装修均为现代门窗。

该院是晚清时戊戌维新运动六君子之一——谭嗣同的在京寓所。是其父谭继洵的宅第，后改为浏阳会馆。谭嗣同十岁时，全家由烂缦胡同迁往北半截胡同，谭嗣同在此就学于浏阳学者欧阳中鹄，受到进步思想熏陶。谭嗣同就住在浏阳会馆的一进正房（东向）内。北侧套间是他的卧室，南套间是书房，中间一间是会客厅。该房由谭嗣同自题室名"莽苍苍斋"。当时谭嗣同还为莽苍苍斋写过一副门联，上联是"家无儋石"，下联"气

大门及倒座房

一进院西房（正房）

院落鸟瞰

南厢房

雄万夫"。康有为看到这副对联，认为他锋芒太露，容易招祸，劝他改作。因而谭嗣同又写了一副，上联："视尔梦梦，天胡此醉"。下联："于是处处，人亦有言"。据说在20世纪50年代，莽苍苍斋的横匾还在，门楹为"云声雁天夕，雨梦蚁秋堂"。这也是谭嗣同亲笔撰写的，谭嗣同在此还作有《莽苍苍斋诗》二卷、补遗一卷，共收入谭嗣同近体诗130首。

光绪二年（1876），京城流行白喉病，谭嗣同的母亲、大哥、二姐相继染病，先后亡故于浏阳会馆。谭嗣同昏迷了三天，大难不死，遂以"复生"为字。次年谭嗣同离京南下，从此游历各地，增长见闻，了解民间疾苦。光绪十五年（1889）、十九年（1893），谭嗣同两次回京参加乡试，均住在浏阳会馆。光绪二十一年（1895），谭嗣同第三次进京，会见梁启超等人商讨变法图存问题。随后，他回湖南建立起实务学堂、武备学堂、南学会，创办了《湘学新报》《湘报》等刊物，开始走上维新救国的道路。

光绪二十四年四月（1898年6月），光绪皇帝召谭嗣同进京参与变法。谭嗣同于七月五日（8月21日）抵京，住进浏阳会馆的莽苍苍斋。康有为、梁启超等维新人士经常来此商讨国事，浏阳会馆从而成为维新运动的一个活动中心。谭嗣同的很多诗文、信札

都成于此地。

光绪二十四年八月六日（1898年9月21日），维新失败后，谭嗣同在浏阳会馆被捕。谭嗣同等"戊戌六君子"被害于菜市口刑场后，他的尸体被运回浏阳会馆成殓，人们又在他的故居莽苍苍斋内设立灵堂。自光绪二十四年（1898）后，每年的正月初二，湖南籍的旅京人士都到莽苍苍斋来举行隆重的悼念活动，这一活动一直持续到民国二十六年（1937）。

中华人民共和国成立以后，浏阳会馆移交人民政府，成为普通民宅。一度由湖南省会馆财产管理委员会管理，1951年湖南省会馆委员会下属会馆房屋及出租情况一览表显示：浏阳会馆瓦房29间半，灰房16间半。合计46间。出租房屋39间半，未出租房屋6间半，倒塌二间，其他系门道、厕所等。1955年根据北京市统一部署，会馆财产一律交由市房管局统一管理。现浏阳会馆仍存，房屋建筑虽有破损，但基本格局尚且保留。

浏阳会馆于1986年12月被定为宣武区文物保护单位。2000年拓宽菜市口大街时，因浏阳会馆在规划之大道的便道红线内，区政府在修建道路时将便道尺度缩小，避开浏阳会馆，使会馆得以保存。2011年公布为北京市文物保护单位。

现为居民院。

南半截胡同7号（绍兴会馆）

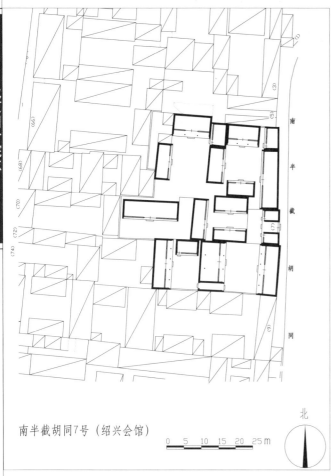

南半截胡同7号（绍兴会馆）

北

0 5 10 15 20 25m

位于西城区牛街街道。该院坐西朝东，由南、中、北三路二进院落组成。清代建筑。

大门位于中路，为三间一启门形式，清

大门

水脊，合瓦屋面，门扉开在明间前檐位置，蛮子大门装修式样，走马板，梅花形门簪四枚，红漆板门两扇，两侧带余塞板，圆形门墩一对。一进院内西房三间，过垄脊，合瓦屋面。南、北厢房各三间，过垄脊，合瓦屋面。二进院北房五间，后改水泥机瓦屋面。南路一进院倒座东房五间，进深五檩，前出廊，清水脊，合瓦屋面，老檐出后檐墙。西房（正房）三间，进深七檩，前后廊，过垄脊，合瓦屋面。二进院西房（正房）五间，前出廊，过垄脊，合瓦屋面。北厢房二间，过垄脊，合瓦屋面。北路一进院倒座东房一排两座，共八间。南侧五间，北侧三间，清水脊，合瓦屋面，老檐出后檐墙。北房三间，前出廊，过垄脊，合瓦屋面。南房三间，过垄脊，合瓦屋面。西房三间，过垄脊，合瓦屋面。二进院北房三间，前出廊，后改水泥机瓦屋面。西房三间，过垄脊，合瓦屋面。一进院西房北侧另接东房二间。该院房屋前檐装修均为现代门窗。

据记载，绍兴会馆始建于清道光六年（1826），由浙江省山阴、会稽两地民众凑资5000金购置房产建成。道光九年（1829），定名为"山阴会稽两邑会馆"，简称山会邑馆，为崇祀山阴、会稽两地先贤先儒，并为两地赴京应试的举子提供居所而设。

道光二十一年（1841）至道光二十六年（1846），会馆不断扩建，先后于烂缦胡同、长巷上四条胡同、香炉营头条胡同增置房产，又承租上斜街官房为北馆。光绪二年（1876），会馆收购了其东北侧的张氏旧居。两年后，修葺改建完成，使会馆的规模进一步增大。民国元年（1912），山、会两邑合并为绍兴县，会馆改名为绍兴县馆。

从清代中后期以来，这里聚集了绍兴地区的历代文化名人，如史学家章学诚，以治理运河闻名的钱德承，翰林庶吉士朱赓潮，革命党人徐锡麟、秋瑾，文学家鲁迅、许寿裳等人。

旧时在会馆敬贤堂内悬挂着 11 块称为"科名录"的匾额，记录了清代绍兴地区历届科举中试者的名字，其中有金石学家赵之谦、文史学家李慈铭、近代著名教育家蔡元培等。

民国元年（1912）五月六日，鲁迅住进绍兴会馆。起初住在院内西北面的藤花馆，藤花馆因院内有座藤萝架而得名。这里原有三间正房，东、西各三间厢房，东边有座藤花池。据说鲁迅住在藤花馆的西屋，后移居至朝南的二间小北屋。藤花馆的居住环境十分恶劣，床板缝里臭虫成群，邻居半夜经常喧哗，有时甚至聚众赌博，吵得鲁迅彻夜不眠，往往在遭到鲁迅痛斥之后，他们才不得不稍加收敛。在这里鲁迅一住就是四年，他白天去教育部上班，晚上就在这里抄录古碑、校勘古籍。民国五年（1916），鲁迅为躲避喧闹移到西南面一个院落里的补树书屋。院内最初长着一株大楝树，因其被大风刮倒而补种了槐树，故名"补树书屋"。鲁迅住在补树书屋南面这间房里，屋顶是纸糊顶棚，窗户用冷布做成卷窗，窗户没有玻璃，光线较暗。第二年搬到靠北的房间。鲁迅在绍兴会馆居

北院一进院东房

住了近八年，这里是他在北京居住最久的地方。在绍兴会馆居住期间，鲁迅的朋友经常到补树书屋与其交谈，使补树书屋成为接待五四时期新文化运动代表人物的场所。著名学者钱玄同经常到补树书屋邀请周氏兄弟为《新青年》撰稿。补树书屋不仅是鲁迅生活的地方，也是会客、交友及谈天论地的沙龙，更是他创作的阵地。在此居住期间，鲁迅先后创作了《狂人日记》《孔乙己》《药》等著名小说和《我之节烈观》《我们应怎样做父亲》等重要杂文，还有 27 篇随感录和 50 多篇译作，为中国文学史留下了宝贵的篇章。民国八年（1919）十一月二十一日，鲁迅离开绍兴会馆，迁往新街口八道湾胡同居住。

中华人民共和国成立以后，绍兴会馆成为普通民宅。"文化大革命"期间，"科名录"石匾被损毁，房屋建筑多有改动。1990 年 12 月，绍兴会馆公布为宣武区文物保护单位，2011 年公布为北京市文物保护单位。

南院二进院西房"补树书屋"

第二节

一般院落

DI-ER JIE YIBAN YUANLUO

法源寺后街25号

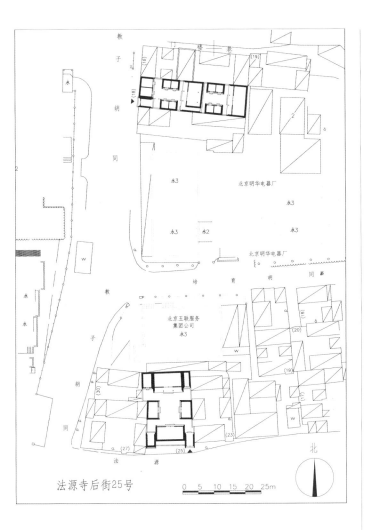

法源寺后街25号

0 5 10 15 20 25m

大门

鞍子脊，合瓦屋面，其西侧原另有大车门一间，现已封堵。此院曾为某金店老板宅院。现为居民院。

大门内倒挂楣子

南房

位于西城区牛街街道。该院坐北朝南，一进院落。民国时期建筑。

大门位于院落东南隅，如意门一间，鞍子脊，合瓦屋面，博缝头砖雕万事如意图案，门楣花瓦作轱辘钱装饰，方形门墩一对（残），门前如意踏跺两级，门内象眼处灰塑轱辘钱图案，后檐柱间步步锦棂心倒挂楣子。院内正房三间，前出廊，鞍子脊，合瓦屋面，圆瓦当篆字，椽头寿字，前檐明间六抹隔扇风门，次间槛墙、支摘窗，步步锦棂心。正房西北角，原建有一间地下库房。正房两侧有耳房各一间，鞍子脊，合瓦屋面。东、西厢房各三间，鞍子脊，合瓦屋面。南房三间，

教子胡同18号

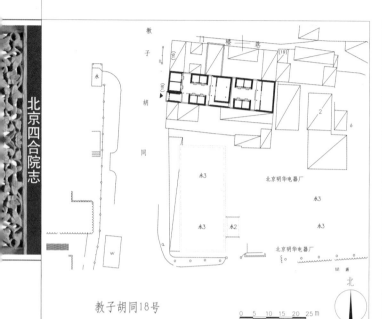

教子胡同18号

位于西城区牛街街道。该院坐东朝西，二进院落。民国时期建筑。

大门位于院落西南隅，如意门一间，西向，清水脊，合瓦屋面，清水脊花盘子砖为立盘子，雕刻松树，门楣栏板什锦框内花卉

大门

砖雕部分已毁，梅花形门簪两枚，方形门墩一对，雕刻"暗八仙"，门内象眼处灰塑龟背锦纹饰，后檐柱间倒挂楣子。门内迎门有一字影壁一座，左侧有屏门一座，大门北侧西房二间，鞍子脊，合瓦屋面，木构架绘箍头包袱彩画，前檐隔扇风门及支摘窗装修，封

一进院东房

后檐墙。一进院东房（正房）三间，前后廊，鞍子脊，合瓦屋面，木构架绘箍头包袱彩画，前檐明间隔扇风门，次间槛墙、支摘窗带横披窗，盘长如意棂心，明间前出如意踏跺两级。室内保存有落地罩，灯笼框棂心。南、北厢房各二间，北厢房鞍子脊，合瓦屋面，木构架绘箍头包袱彩画，前檐装修同正房，南厢房翻建。东房南侧有过道通往二进院。

二进院东房三间，前出廊，清水脊，合瓦屋面，前檐明间隔扇风门，次间槛墙、支摘窗，室内保存有落地罩，灯笼锦棂心。南、北厢房各二间，北厢房为鞍子脊，合瓦屋面，前檐装修为隔扇风门、支摘窗，南厢房后改机瓦屋面，前檐装修为现代门窗。一、二进院正房的室内用花砖铺地，山墙顶部均有圆形砖雕——透雕箍头包袱彩画。此院落为穆斯林家族建造的宅院。

现为居民院。

北京郊区县指的是内城、外城区域外，朝阳、海淀、丰台、石景山区以及门头沟、房山、通州、顺义、大兴、昌平、平谷、怀柔、密云、延庆等区县。北京各郊区县过去都分布有四合院以及类四合院的北方民居。据初步统计，现保存较为完好的有近200座，西部的门头沟、房山和北部的延庆、密云地区院落数量较为集中。

康雍乾三朝以后，清代皇帝常在京城西北的三山五园消夏理政，王公权臣们为方便朝务政事，很多在海淀修建园邸，现存较著名的有礼亲王花园、僧王邸园、李连英宅园、萨利宅院、范长喜宅院等。

西部石景山、丰台受明清以来京西古道煤炭、商旅等商贸活动影响，四合院多为富商和山陕外来移民类型，以模式口、长辛店等为代表。东部通州等地在明清时期则地处京杭漕运的终点，富商类型四合院也具有一定代表性。

远郊区县的四合院与城中院落既同根同源，又各有分支。在民居建筑范畴，北京远郊区县四合院与北京城的四合院同属于典型的北方四合院式建筑，建筑功能也区别于宫殿祠庙，而主要是民居。主要不同之一是院落类型，远郊区县院落类型主要可分为移民、军屯、富商家宅等几种，建筑时间一般晚于城中院落。元明清时期，北京作为全国政治中心的地位最终确立，国都的中心效应才逐步向周边地区辐射开来，戍边军屯、迁居移民、陆路经商等生产活动在北京北部、西部等地区成规模发展起来。现在保存较完整的有延庆县县城老城区、永宁镇、双营古城，门头沟区爨底下村、灵水村，房山水峪村等一些院落。不同之二是建筑等级，远郊区县院落建筑规制等级与城中院落存在差距。公侯、品官等级规制的四合院在远郊区县中较难寻见。不同之三是院落形制和建筑构件的差别。城中四合院大多坐北朝南，东南巽位开门，青砖和木结构，具有建筑要素齐全、装饰技法考究等特点。远郊区县不少四合院开门位置不一，房屋有的为不甚考究的青砖和木结构，有的兼用泥和石砌墙，影壁、倒座房等建筑结构也有省略，砖、石、木的装饰雕法较朴素。

郊区（县）四合院文物保护单位一览表

名称	地址	保护级别	年代	公布时间
张义祠堂（曾为张义住宅）	朝阳区豆各庄乡豆各庄村西	区级文物保护单位	清	1986
海淀镇彩和坊24号四合院	海淀区海淀街道中关村西区，彩和坊路24号	区级文物保护单位	清	1999
香山八旗高等小学	海淀区香山街道	区级文物保护单位		1999
长辛店二七革命遗址（刘铁铺四合院）	丰台区长辛店街道大街174号	全国重点文物保护单位	民国	2013
歙州阳宅	丰台区南苑乡双庙村	区级文物保护单位		1986*
爨底下古村落（包含几座四合院）	门头沟区斋堂镇爨底下村	全国重点文物保护单位	明清	2006
碣石村56号民居	门头沟区雁翅镇碣石村	区级文物保护单位	清末民初	2005
天利煤厂	门头沟区三家店村中街73号、75号、77号	市级文物保护单位		2001
三家店村中街59号院	门头沟区龙泉镇三家店村	区级文物保护单位	清	1998
三家店村东街78号院	门头沟区龙泉镇三家店村	区级文物保护单位	清	1998
挺进军十团团部	门头沟区斋堂镇马栏村	区级文物保护单位	民国	1998
灵水村6号民居	门头沟区斋堂镇灵水村	区级文物保护单位	清末民初	2005
灵水村142号民居	门头沟区斋堂镇灵水村	区级文物保护单位	清末民初	2005
清工部琉璃渠办事公所	门头沟区龙泉镇琉璃渠村	市级文物保护单位	清	2011*
灵水村92号院	门头沟区斋堂镇灵水村	区级文物保护单位	清末民初	2005*
庄士敦"乐静山斋"别墅	门头沟区妙峰山镇樱桃沟村	区级文物保护单位	清末	1981*
挺进军司令部塔河旧址	门头沟区清水镇塔河村	区级文物保护单位	清末民初	1996*
刘鸿瑞北宅院	门头沟区永定镇石门营村	区级文物保护单位	民国	1985*
灵水村78号院门楼	门头沟区斋堂镇灵水村	区级文物保护单位	清末民初	2005*
灵水村98号民居	门头沟区斋堂镇灵水村	区级文物保护单位	清末民初	2005*
灵水村177号民居	门头沟区斋堂镇灵水村	区级文物保护单位	清末民初	2005*
灵水村114号民居	门头沟区斋堂镇灵水村	区级文物保护单位	清末民初	2005*
灵水村65号民居	门头沟区斋堂镇灵水村	区级文物保护单位	清末民初	2005*
水峪村杨家大院	房山区南窖乡水峪村	区级文物保护单位	清	2013
平津战役指挥部旧址	通州区宋庄镇宋庄村中街北侧	区级文物保护单位	民国	2001
中仓街道西大街9号（万字会馆）	通州区中仓街道	区级文物保护单位	清	1985
王芝祥故居	通州区北苑街道新城南街9号	区级文物保护单位	清	2001*

注：标注*院落本书未收录

第一章 朝阳区四合院

DI-YI ZHANG CHAOYANG QU SIHEYUAN

　　朝阳区位于北京城东部。明清时，受北京城南移阻断漕运水路的影响，漕船无法抵达西北积水潭而只能集结于东南的大通桥（今东便门外），带动了城东东便门至朝阳门外、通惠河沿岸一带的商贸经营，商家富贾也在此兴宅建院。清末民初至今，朝阳区传统四合院逐渐消亡，因此本志收录的部分现存院落，有豆各庄乡张义祠堂、呼家楼山东会馆等，已超出一般意义的四合院民居。本志收录的原为二进院，现存一进院的乐家花园，发现于2009年，在通惠河南岸的双井地区双花园村，区文物部门接报查证为同仁堂乐家在京东郊外的一处宅院。改革开放以来，朝阳区还涌现出一批新建仿古四合院，在院落结构、建筑布局，以及清水脊，合瓦，干摆丝缝墙等部分装修做法按照传统四合院建造，以蟹岛绿色农庄20余处院落为代表。

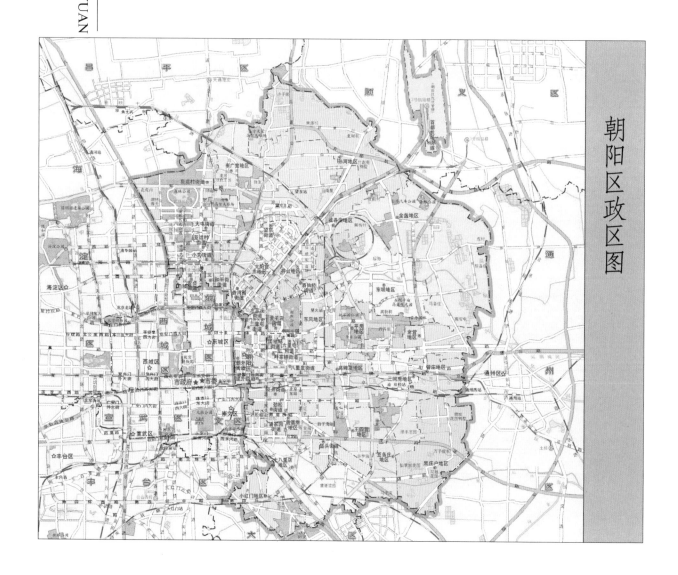

朝阳区政区图

北京四合院志

张义祠堂

位于朝阳区豆各庄乡豆各庄村西。该院坐北朝南，二进院落，东西宽 30 米，南北长 56 米，占地面积 1680 平方米。清光绪年间建筑。

现有古建筑七座，由南及北依次为大门、一进院正殿及东西配殿、二进院后殿及东西配殿；四周围有规制等级很高的院墙，南面大门两侧院墙与影壁合为一体并高出其他三面院墙，其做法有明显不同。

大门面阔三间，三间一启门形式，通面阔 11.16 米；进深五檩，通进深 6.66 米。硬山顶，过垄脊，筒瓦屋面，铃铛排山，前檐戗檐雕刻麒麟图案，现已残。后檐戗檐雕刻狮子图案。明间为广亮大门，檩、枋、梁架施以墨线小点金旋子彩画，枋心分别绘有金龙、夔龙、黑叶子花。梅花形门簪四枚，其上悬挂匾额，上书"张义祠堂"，红漆板门两扇，两侧带余塞板，圆形门墩一对，前后各出垂带踏跺六级。东、西次间为倒座房，前檐明间为五抹隔扇门四扇，工字卧蚕步步锦棂心，裙板饰福寿图案，上饰步步锦棂心横披窗，后檐为老檐出形式。

一进院正殿五间，前出廊，硬山顶，过

张义祠堂大门

一进院

垄脊，筒瓦屋面，铃铛排山，戗檐、墀头砖雕精美，前廊内梁架绘有墨线小点金旋子彩画。前檐明间、次间为五抹隔扇门四扇，两梢间下为槛窗、上为隔扇窗四扇，均为工字卧蚕步步锦棂心，上带步步锦棂心横披窗。明间前出垂带踏跺五级，后檐为老檐出形式。东、西配殿各三间，前出廊，硬山顶，过垄脊，筒瓦屋面，铃铛排山，前檐戗檐砖雕博古图案、墀头砖雕暗八仙图案，前檐明间为五抹隔扇门四扇，两次间下为槛窗、上为隔扇窗四扇，均为工字卧蚕步步锦棂心，上带步步锦棂心横披窗。明间前出垂带踏跺五级，后檐为老檐出形式。二进院正殿五间，东西配殿各三间，形制同一进院。

张义祠堂建于清光绪年间（无碑记，确切年代无考），该院原为张氏宗祠。张义（1852—1915），清末大臣。光绪时，任工部侍郎，多次为清朝放粮，也曾主持慈禧太后修墓事宜，因此而致富，修建祠堂。

张义祠堂原属通县管辖，1958 年划归朝阳区，1996 年朝阳区政府出资修缮。1986 年公布为朝阳区文物保护单位。2014 年 4 月进行过保护修缮。

现为单位用房。

海阳义园

位于朝阳门外东五里许，朝阳路北侧呼家楼东里楼群内，坐北朝南，带跨院式院落，占地1200余平方米，清道光年间建筑。

大门为蛮子大门形式，披水排山脊，合瓦屋面，前檐为仿蛮子门的门扉装修，圆形门墩一对，门前出如意踏跺四级，后檐接一座新建的仿悬山抱厦建筑，抱厦后檐为四扇红漆三交六碗菱花棂心隔扇门。大门面宽3.9米，进深4.4米。大门东、西两侧各接倒座房三间，进深五檩，过垄脊，合瓦屋面，前檐为拐子锦棂心玻璃门窗，明间前出如意踏跺两级，后檐均为老檐出后檐墙；正房三间，七檩，前后廊，面宽10.4米，进深7.3米，为硬山过垄脊，合瓦屋面；墙面淌白做法砌筑，墙腿子部分为丝缝做法砌筑，前檐为后改现代玻璃门窗，槛墙下身为干摆做法砌筑，屋内方砖细墁，明间门前出如意踏跺三级；正房两侧耳房各二间，面宽均为7.3米，进深5米，硬山顶，过垄脊，合瓦屋面，前檐为拐子锦纹玻璃门窗，屋内方砖墁地，门前如意踏跺两级；东、西厢房各三间，进深五檩，面宽10.4米，进深4米，为硬山过垄脊，合瓦屋面，前檐为拐子锦棂心玻璃门窗，明间前出如意踏跺两级；院中东厢房南山南侧

大门

大门后檐

立"乐善好施"石碑一通，碑高2.2米，宽0.8米，厚0.3米，青白石质；院中正房西侧有古柏一棵，东、西厢房前各有丁香树一株。东跨院北房五间，进深五檩，面宽16.5米，进深5米，硬山顶，过垄脊，合瓦屋面，前檐装修为拐子锦棂心玻璃门窗，屋内方砖墁地，明间门前出踏跺两级；东、西厢房各三间，进深五檩，面宽10.5米，进深4米，硬山顶，过垄脊，合瓦屋面，前檐装修为拐子锦棂心玻璃门窗，屋内方砖墁地，明间门前出踏跺两级；倒座房五间，进深五檩，硬山顶，过垄脊，合瓦屋面，前檐装修为拐子锦棂心玻璃门窗，屋内方砖墁地，明间前出踏跺两级。

该院是清末民国时期山东海阳籍商贾在北京建立的会馆，其名为海阳义园，是专为在京的山东海阳地区商人提供善事的场所，从重修碑记的首题便可看出，碑文首题为"重修海邑义园碑记"："京师朝阳门外大桥东三里许，旧有山东海邑义园，专为邑人之客都者……"意思是山东海阳地区（商）人在京都不幸去世，客死他乡，尸体及相关后事在此处办理，包括停尸成棺入殓运回原籍等，此处义园是在京的山东海阳地区商人共同出资，购地建造的会所。

新中国成立后，一直为单位用房至今。

乐家花园

位于朝阳区双井街道办事处通惠河南岸双花园村，坐东朝西，原为二进院落，现存一进院落，已经不是四合院格局。

如意大门一间，进深五檩，西向，硬山顶，合瓦屋面，六角形门簪四枚，大门内侧象眼对称绘有几何、万字、如意纹图案，干摆做法砌筑墙面，门前出如意踏跺三级；院内正房五间，前后出廊，进深七檩，硬山顶，过垄脊，合瓦屋面，前檐明间装修为夹门窗，前出垂带踏跺五级，次间、梢间上为菱形双套棂心，下为加杆条玻璃屉窗，下槛墙为方砖镶嵌墙心，前后廊柱间装饰步步锦棂心倒挂楣子和坐凳楣子，后檐明间接卷棚抱厦一间，前出垂带踏跺五级，次间和梢间装修同前檐，南、北山墙各开两券顶随墙玻璃窗，双开玻璃窗扇，为典型的民国时代风格。室内地面为尺四方砖细墁。四周院墙为软心抹白花墙，上开什锦花窗。

该院为同仁堂乐氏家族一处郊外花园，因该地原为元代都水监张经历的花园，时名双清亭，后亦称张家花园。1993年出版的《北京市朝阳区地名志》记载："清代在此建庙，名双林庵，现存大殿和北房数间。另据传，该地除有张家花园外，另有乐家同仁堂花园，故称双花园。"2009年国庆城市环境整治中，在双井地区通惠河南岸，该处老式传统宅院被发现，当地街道办事处请文物部门到现场鉴别，经过对现场传统建筑的勘验与走访，得知确实是北京老字号同仁堂乐家的花园所在地。但是遗憾的是当时原二进院五间正房在文物部门赶到时已经拆毁，只存遗址。文物管理部门当即责令停止拆迁，迅速与拆迁单位联系，同时向区政府上报调整拆迁方案，建议对该处建筑进行保留，并列入第三次全国文物普查新发现项目。

乐家花园

勤武会馆（蟹岛农家院51号）

位于朝阳区首都机场辅路南侧蟹岛绿色生态度假村内。该院为一进院落，以青砖、灰瓦、白墙壁为主色调，清水脊、阴阳瓦、干摆丝缝墙等为主要建筑风格。

小门楼开在中轴线上，清水脊，筒瓦顶，淌白墙。小门楼里正对面是正房。该院正房为上下两层楼，上为卧室，配有仿明式架子床等家具，是主人的卧室。下为会客厅，配有会客用的方桌、条案等仿明式家具。位于正房两侧成90度的房屋为东、西厢房，各二

正房

大门

厢房

间，档次又比耳房低，是子孙们的住房。耳房与厢房之间是天井，种有各种花竹或盆景假山。该院整体以红绿色调为主。

该院以学武之人身份为文化背景配置相关装饰。

勤武会馆外景

万盏金（蟹岛农家院53号）

位于朝阳区首都机场辅路南侧蟹岛绿色生态度假村内。该院为二进院落，以青砖、灰瓦、白墙壁为主色调。采用清水脊，阴阳瓦，干摆丝缝墙等为主要建筑风格。

大门属中柱门，台名七级，为四合院中的最高等级，显现院主人是武官出身。抱鼓门墩一对，门腿子垫花，贴金软硬卡子，金钱枋心等砖雕彩绘。大门里正对面是座山影

影壁

壁，清水脊，筒瓦屋面。壁心雕刻牡丹花，寓意"富贵吉祥"。从花门进入是外院的倒座房，门朝北开，后墙临街，是子孙读书的"私塾"或仆人、长工居住之房。

外院与内院之间是垂花门，进入垂花门

万盏金院外景观

庭院

是内院。庭院用灰色方砖铺成。内院正房为上下两层楼，上为卧室，配有仿清式架子床等家具，是最高长辈的卧室。下为厅堂，配有会客之用八仙桌、条案、大烟床等仿明清式家具。地铺玉石，墙挂仿名人字画，古朴典雅。正房两端是耳房，为妾或长子、长孙居住之所，房子比正房略低。位于正房两侧成90度的房屋为东、西厢房，各三间。档次又比耳房低，是子孙们的住房。耳房与厢房之间是天井，种有画竹或盆景假山。院内各房有回廊相连统一。

该院按照达官贵人的身份背景为主题进行装饰。

正房

溪香茶舍
（蟹岛农家院52号）

位于朝阳区首都机场辅路南侧蟹岛绿色生态度假村内。该院为一进院落，以青砖、灰瓦、白墙壁为主色调，正房采用清水脊、侧房过垄脊和阴阳瓦屋面，干摆丝缝墙等建筑风格。

小门楼开在中轴线上，过垄脊，合瓦顶。该院正房为上下两层楼，上为卧室，配有仿古典架子床等家具，下为厅堂，配有会客之用的八仙桌、罗汉床、圆桌秀墩等仿清明式家具。正房两端是耳房，房子比正房略低。位于正房两侧成90度的房屋为东、西厢房，各二间。耳房与厢房之间是天井，种有花竹或盆景假山。

该院以茶文化为主题背景配置相关装饰。

闲雅书斋
（蟹岛农家院55号）

位于朝阳区首都机场辅路南侧蟹岛绿色生态度假村内。该院为一进院落，以青砖、灰瓦、白墙壁为主色调，正房采用清水脊、厢房过垄脊和阴阳瓦屋面，干摆丝缝墙等建筑风格。

小门楼开在中轴线上，清水脊，筒瓦屋面。该院正房为上下两层楼，上为卧室，配有仿古典家具架子床等家具；下为厅堂，配有会客之用的八仙桌、书案、书架、圆桌秀墩等仿明清式家具。正房两端是耳房，房子比正房略低。位于正房两侧成90度的房屋为东、西厢房,各二间。耳房与厢房之间是天井，种有花竹或盆景假山。

该院以文人身份为主题背景配置相关装饰。

普济堂
（蟹岛农家院56号）

位于朝阳区首都机场辅路南侧蟹岛绿色生态度假村内。该院为一进院落，以青砖、灰瓦、白墙壁为主色调，正房采用清水脊、厢房过垄脊和阴阳瓦屋面，干摆丝缝墙等建筑风格。

小门楼开在中轴线上，元宝脊，筒瓦屋面。该院正房为上下两层楼，上为卧室，配有仿古典架子床等家具，下为厅堂，配有会客之用的八仙桌、罗汉床、圆桌秀墩等仿明清式家具。正房两端是耳房，房子比正房略低。位于正房两侧成90度的房屋为东、西厢房，各二间。耳房与厢房之间是天井，种有花竹或盆景假山。

该院以郎中身份为主题背景配置相关装饰。

金玉阁
（蟹岛农家院58号）

位于朝阳区首都机场辅路南侧蟹岛绿色生态度假村内。该院为一进院落，以青砖、灰瓦、白墙壁为主色调，清水脊、阴阳瓦、干摆丝缝墙等为主要建筑风格。

大门属如意门，清水脊、筒瓦屋顶，台明五级、方门墩，门口无任何砖雕彩绘，大门里边的影壁也无砖雕图案，与大门形成协调统一。院子设有垂花门和回廊。该院正房为上下两层楼，上为卧室，配有仿古典架子床等家具，下为厅堂，配有会客之用的八仙桌、条案、大烟床等仿明清式家具。地铺冰花玉石，墙挂仿名人字画，典雅高贵。正房两端是耳房，房子比正房略低。位于院子东西两侧的房屋为东、西厢房，各二间。倒座房即南房，门朝北开，后墙临街。

该院以民间婚礼文化为主题配置相关装饰。

郝年景
（蟹岛农家院62号）

位于朝阳区首都机场辅路南侧蟹岛绿色生态度假村内。该院为一进院落，以青砖、灰瓦、白墙壁为主色调，清水脊、阴阳瓦、干摆丝缝墙等为主要建筑风格。

大门属如意门，台明五级、门墩一对。大门里的影壁装饰砖雕图案，庭院由灰色方砖铺墁。该院正房为上下两层楼，上为卧室，配有仿明式架子床等家具，下为厅堂，配有会客用的八仙桌、条案、大烟床等仿明清式家具。地铺大理石，墙挂仿名人字画，古朴典雅。正房两端是耳房，倒座房即南房，门朝北开，后墙临街。

该院以庆祝丰收文化为主题配置相关装饰。

村公所
（蟹岛农家院75号）

位于朝阳区首都机场辅路南侧蟹岛绿色生态度假村内。该院为二进院落，以青砖、灰瓦、白墙壁为主色调。采用清水脊，阴阳瓦，干摆丝缝墙等为主要建筑风格。该院以村公所文化为主题配置相关装饰，设坐北朝南戏台一座。

润福堂
（蟹岛农家院59号）

位于朝阳区首都机场辅路南侧蟹岛绿色生态度假村内。该院为一进院落，以青砖、灰瓦、白墙壁为主色调，清水脊、阴阳瓦、干摆丝缝墙等为主要建筑风格。

大门属金柱门，台明五级，方门墩，门腿子垫花，贴金软硬卡子，福寿枋心等饰砖雕彩绘，底色以黑色为主。大门里座山影壁，清水脊，阴阳瓦屋面。壁心雕刻寿字，寓意"福寿延年"。庭院由灰色方砖铺墁。该院正房一层为会客厅，会客厅两边为耳房，房子比正房略低。位于院子东西两侧的房屋为东、西厢房，各二间。倒座房即南房，门朝北开，

润福堂大门

回廊

润福堂外景

大烟床

后墙临街。耳房和厢房之间是天井，种有花竹或盆景假山。院内各房由抄手回廊相连。

该院以福、禄、寿等吉祥文化为主题配置相关装饰。

施家班
（蟹岛农家院63号）

位于朝阳区首都机场辅路南侧蟹岛绿色生态度假村内。该院为一进院落，以青砖、灰瓦、白墙壁为主色调，采用清水脊、过垄脊，合瓦屋面，干摆丝缝墙等建筑风格。

大门属随墙门，过垄脊，筒瓦屋面，淌水墙。该院正房一层，为会客厅，配有会客之用的八仙桌等家具。正房两端是耳房，房子比正房略低。位于正房两侧成90度的房屋为东、西厢房，各二间。耳房与厢房之间是天井，种有花竹或盆景假山。

该院以戏班子文化为背景而配置相关装饰。

正房

阁楼

聚缘居
（蟹岛农家院57号）

位于朝阳区首都机场辅路南侧蟹岛绿色生态度假村内。该院按照老北京四合院的一进四院、四厅、四卧格局而设计，分两排，以青砖、灰瓦、白墙壁为主色调，采用清水脊、过垄脊，合瓦屋面，干摆丝缝墙等建筑风格。

大门属穿厅门，两侧是青砖灰瓦的厅院，四院门青石板台阶，过道两边对称的墙是麻刀白灰抹面和砖墙。

该院以传统老北京生活居住文化为背景进行装饰。

巧手凤家
（蟹岛农家院60号）

位于朝阳区首都机场辅路南侧蟹岛绿色生态度假村内。该院按照老北京京郊贫农居住的民宅风格而设计，由正房、偏房、会客厅组合而成。按照老北京建筑民俗，院子取背阴朝阳的南北坐向，装修简陋，采用棋盘瓦，过垄脊，淌水墙等建筑风格。庭院种满四时果蔬，用篱笆围墙，并搭有天棚和瓜架。

该院以刺绣文化为主题背景进行装饰。

柳条湾
（蟹岛农家院61号）

位于朝阳区首都机场辅路南侧蟹岛绿色生态度假村内。该院按照老北京京郊贫农居住的民宅风格而设计，由正房、偏房、会客厅组合而成。按照老北京建筑民俗，院子取背阴朝阳的南北坐向，装修简陋，采用片石瓦，过垄脊，淌水墙等建筑风格。庭院种满四时果蔬，用篱笆围墙，并搭有天棚和葡萄架。

该院以柳编文化为主题背景进行装饰。

常猎户家
（蟹岛农家院64号）

位于朝阳区首都机场辅路南侧蟹岛绿色生态度假村内。该院按照老北京京郊贫农居住的民宅风格而设计，由正房、偏房、会客厅组合而成。按照老北京建筑民俗，院子取背阴朝阳的南北坐向，装修简陋，采用灰梗瓦，过垄脊，淌水墙等建筑风格。庭院种满四时果蔬，用篱笆围墙，并搭有天棚和瓜架。

该院以猎户人家的生活为文化背景进行装饰。

蒲渔翁家
（蟹岛农家院65号）

位于朝阳区首都机场辅路南侧蟹岛绿色生态度假村内。该院按照老北京京郊贫农居住的民宅风格而设计，由正房、偏房、会客厅组合而成。按照老北京建筑民俗，院子取背阴朝阳的南北坐向，装修简陋，采用灰梗瓦，过垄脊，淌水墙等建筑风格。庭院种满四时果蔬，用篱笆围墙，并搭有天棚和瓜架。

该院以捕鱼翁人家的生活为文化背景进行装饰。

仝铁匠家
（蟹岛农家院66号）

位于朝阳区首都机场辅路南侧蟹岛绿色生态度假村内。该院按照老北京京郊雇农居住的民宅风格而设计，由正房、偏房、柴锅厨房组合而成。厨房摆设躺柜、方桌、柴灶、风箱等旧式家具。卧室全部是土炕。装修简陋，屋顶使用茅草和灰梗瓦，皮条脊，土泥巴墙。庭院种满四时果蔬，用篱笆围墙，并搭有天棚和瓜架。

该院以打铁农居生活为主题背景进行装饰。

缘聚园
（蟹岛农家院67号）

位于朝阳区首都机场辅路南侧蟹岛绿色生态度假村内。该院按照老北京京郊大户人家围起居住的民宅风格而设计，由六户正房组合而成，六户人家各走各的门，南北各一住户门，东西各两住户门。室内标间和客厅相连，各院都有温泉泡池，装修简陋，屋顶使用灰片瓦，皮条脊，砖墙。庭院种满四时果蔬，泡池用篱笆围墙遮挡。

梦笔庄
（蟹岛农家院68号）

位于朝阳区首都机场辅路南侧蟹岛绿色生态度假村内。该院为一进院落，以青砖、灰瓦、白墙壁为主色调，采用清水脊、过垄脊，合瓦屋面，干摆丝缝墙等建筑风格。

大门属随墙门，过垄脊，筒瓦屋面，淌水墙。该院正房一层，设有会客厅，配有会客之用的八仙桌等家具。正房两端是耳房，房子比正房略低。位于正房两侧成90度的房屋为东、西厢房，各二间。耳房与厢房之间是天井，种有花竹或盆景假山。

该院以笔匠家居生活文化为背景进行装饰。

杨货郎家
（蟹岛农家院69号）

位于朝阳区首都机场辅路南侧蟹岛绿色生态度假村内。该院按照老北京京郊雇农居住的民宅风格而设计，由正房、偏房、柴锅厨房组合而成。按照老北京建筑民俗，院子取背阴朝阳的南北坐向，装修简陋，采用棋盘瓦，过垄脊，淌水墙等建筑风格。庭院种满四时果蔬，用篱笆围墙，并搭有天棚和瓜架。

该院以卖货郎农家的生活为文化背景进行装饰。

车把式家
（蟹岛农家院70号）

位于朝阳区首都机场辅路南侧蟹岛绿色生态度假村内。该院按照老北京京郊雇农居住的民宅风格而设计，由正房、偏房、柴锅厨房组合而成。按照老北京建筑民俗，院子取背阴朝阳的南北坐向，装修简陋，采用棋盘瓦，过垄脊，淌水墙等建筑风格。庭院种满四时果蔬，用篱笆围墙，并搭有天棚和瓜架。

该院以车夫农家的生活为文化背景进行装饰。

车把式家大门

小院子、正房

阮石匠家
（蟹岛农家院71号）

位于朝阳区首都机场辅路南侧蟹岛绿色生态度假村内。该院按照老北京京郊雇农居住的民宅风格而设计，由正房、偏房、柴锅厨房、四铺炕组合而成。厨房摆设躺柜、方桌、柴灶、风箱等旧式家具。卧室全部是土炕。装修简陋，屋顶使用茅草和灰梗瓦，皮条脊，土泥巴墙。庭院种满四时果蔬，用篱笆围墙，并搭有天棚和瓜架。

该院以长工石匠农家生活为主题背景进行装饰。

甄木匠家
（蟹岛农家院72号）

位于朝阳区首都机场辅路南侧蟹岛绿色生态度假村内。该院按照老北京京郊雇农居住的民宅风格而设计，由正房、偏房、柴锅厨房组合而成。厨房摆设躺柜、方桌、柴灶、风箱等旧式家具。卧室全部是土炕。装修简陋，屋顶使用茅草和灰梗瓦，皮条脊，土泥巴墙。庭院种满四时果蔬，用篱笆围墙，并搭有天棚和瓜架。

该院以长工木匠农家生活为主题背景进行装饰。

大门

甄木匠家景观

露天温泉池

阁楼

贾半仙院
（蟹岛农家院73号）

位于朝阳区首都机场辅路南侧蟹岛绿色生态度假村内。该院为一进院落，以青砖、灰瓦、白墙壁为主色调，正房采用清水脊、厢房过垄脊和阴阳瓦屋面，干摆丝缝墙等建筑风格。

大门属随墙门，过垄脊，筒瓦面，淌水墙。该院正房一层，设有会客厅，配有会客之用的八仙桌等家具。正房两端是耳房，房子比正房略低。位于正房两侧成90度的房屋为东、西厢房，各二间。耳房与厢房之间是天井，种有花竹或盆景假山。

该院以堪舆文化为背景配置相关装饰。

厢房

訾善人家
（蟹岛农家院74号）

位于朝阳区首都机场辅路南侧蟹岛绿色生态度假村内。该院为一进院落，以青砖、灰瓦、白墙壁为主色调，采用清水脊、过垄脊，和瓦屋面，干摆丝缝墙等建筑风格。

大门属随墙门，过垄脊，筒瓦屋面，淌水墙。该院正房一层，设有会客厅，配有会客之用的八仙桌等家具。正房两端是耳房，房子比正房略低。位于正房两侧成90度的房屋为东、西厢房，各二间，耳房与厢房之间是天井，种有花竹或盆景假山。

该院以善事乐的名人典故为主题文化背景进行装饰。

贾半仙院大门

第二章 海淀区四合院

DI-ER ZHANG HAIDIAN QU SIHEYUAN

海淀区位于北京城区西北部。古时这里曾有大片水草丛生的浅湖水淀故称"海淀"。金、元以来达官显贵多在此置园建宅。《帝京景物略》记载，明代武清侯李伟建清华园（畅春园前身）、太仆少卿米万钟建勺园（亦称米园）。清代康熙年间以后，皇帝每年要在海淀的皇家园林居住半年有余。据《天咫偶闻》记载："海淀一大镇也，自康熙以后，御驾岁岁幸园（畅春园、静明园），而此地益富，王公大臣亦均有园。"朝臣为了便于政务，纷纷从城内至此修建王府和四合院，比较著名的有礼王园、僧格林沁邸园、德贝子花园、李连英宅院、萨利宅院、鸡鸭佟宅院等。清咸丰十年（1860）英法联军火烧圆明园，海淀镇的王府、四合院也诸多被毁。清末民初，海淀府邸院落大规模修建趋于停滞。北平解放后，遗存较完整的宅院只有礼亲王邸园、德贝子花园、灯笼库桂崇宅院、李连英宅院、萨利宅院。现存较完整四合院有李连英宅院、萨利宅院、范长喜宅院等。本志共收录海淀区四合院八处。

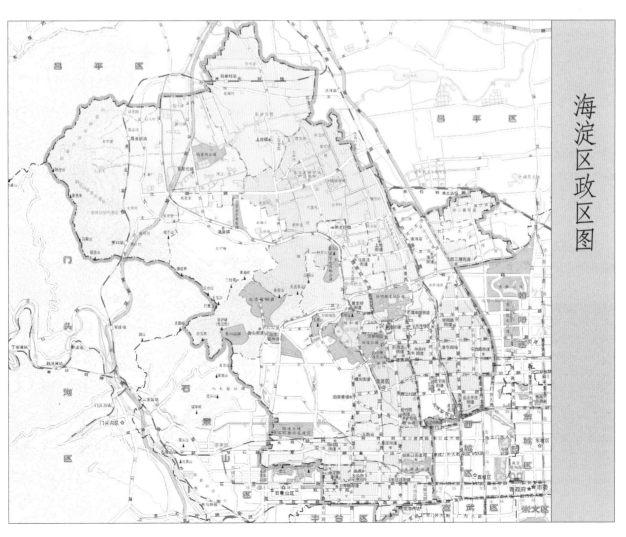

海淀区政区图

海淀镇彩和坊24号

海淀镇彩和坊24号

位于海淀区彩和坊南端。该院坐北朝南，三进院落。清光绪年间建筑。

原广亮大门坐东朝西，进门后南侧为车马房（现已无存）。一进院有门楼，上饰以精美的人物故事砖雕。进门后有青砖悬山式影壁，影壁西侧为屏门。一进院有三间倒座南房及东、西配房，正北为垂花门一座。二进院有北房五间及东、西配房，皆有抄手廊连通。三进院有后罩房五间及东、西配房，皆以廊连通。

该院为清末太监李连英在海淀镇修建的三处宅院之一。李连英（1847—1911），历经咸丰、同治、光绪、宣统四朝，由小太监迁升至大总管，成为慈禧太后的心腹。其在海淀曾建有三处宅院：一处位于军机处胡同，一处位于碓房居，这两处今已无存，现存的就是这处彩和坊24号院。此宅后由李连英胞

大门

大门象眼砖雕

影壁砖雕

垂花门花罩及垂柱头

弟之孙李瀛洲居住。李瀛洲开办"民生月刊社",从事新闻报业,抨击时弊,很受中下层人士欢迎,社址即在此外院。

　　1999年,该院公布为海淀区文物保护单位。

彩和坊花园

院内建筑

香山八旗高等小学

位于海淀区香山街道，坐西朝东，三进院落。现存房屋94间。

一进院东房21间，其中门楼九间、门楼南11间。门楼为合瓦屋面，箍头脊，滴水排山，苏式彩绘，南北配房各四间，合瓦屋面。

二进院门楼一间，西房19间，配房四排，由北向南依次为四间、三间、三间、四间，以北房正房及垂花门为中轴对称。正房中间五间为合瓦屋面，箍头脊，垂带踏跺，无彩绘。

三进院西房17间，以正房为中轴，北三排配房，南两排配房，各三间。所有建筑皆为合瓦屋面，门窗样式皆为现代样式，布局规整。

该院前身是始建于清乾隆十五年（1750）的西山健锐营八旗官学，（光绪）《顺天府志》中有记载。光绪二十七年（1901）为健锐营

大门

两翼知方学社，光绪三十一年（1905）改为健锐营八旗高等小学堂。民国至新中国成立期间校名几经变更，现为香山小学。1999年，该院公布为海淀区文物保护单位。

房屋门窗

萨利宅院

原位于海淀镇太平庄胡同，现位于中关村大街15-3号。三进院落，八栋房屋。清咸丰年间建筑。

该院格局为前宅后园，规模很大，各院有曲廊相通。后园中有亭、花厅，园西北角叠置假山一座，东北处建有戏台一座，景致幽雅。大门及垂花门为搭包袱苏式彩画，其余彩画为箍头硬卡子，上金线。柱及装修均为铁红油饰，椽飞红帮绿肚，连檐瓦口银朱红。

萨利原为满洲镶黄旗人，祖上系皇家亲戚，随顺治帝入关，开国有功，故享有一定特权。乾隆十五年（1750）修建清漪园，萨利祖上获得特许经营，三湖（西湖、养水湖、高水湖）土地全部归萨利租种，每年收入十几万两白银，当时萨家财势很大，驰名京师内外。

戊戌变法前夕，袁世凯曾居于此。光绪二十六年（1900）八国联军侵占北京，颐和园遭受严重破坏。《辛丑条约》签订后，慈禧太后决定修复颐和园，降旨不许萨利家继续经营，院内外土地统归内务府经营。萨利不

大门

服，截轿上告获罪，幸得李连英相救才免于一死，被充军云南。为报答李连英的救命之恩，萨家从此不供神，专供李连英的牌位。

新中国成立后，海淀区政府曾设于此处。20世纪80年代为海淀区老干部活动站。

2004年，在中关村西区开发建设中，对萨利宅院进行了迁址复建。

外景

大有庄小学四合院

位于海淀区青龙桥街道大有庄村北上坡15号。该院坐北朝南，二进院落。民国建筑。

小式硬山，一进院有正门，正房，东、西配房，进正门后西侧有一通道通二进院。正门有抱鼓石一对，门前另有抱鼓石一对。

据说此处在清代归给慈禧管钱的一家大户。民国时期为学校，新中国成立后曾为大有庄小学，现在合并为北宫门小学。现为单位用房。

大有庄小学四合院大门

门头新村甲8号

位于海淀区四季青镇。二进院落，自东向西排列。

一进院正房坐西朝东，两侧有南、北房。一进院东房、正房均面阔五间，卷棚筒瓦硬山。南、北房面阔三间，硬山合瓦。

二进院门为垂花门，门口有两个青石质门鼓石。正房面阔五间，南、北房面阔三间，均为硬山合瓦。

据当地群众介绍，该处院落新中国成立前为一地主家宅院，新中国成立后先归部队

门头新村甲8号垂花门

使用，后被第四十五中学用作教室。"文化大革命"后归四季青乡政府，乡政府将二进院（西院）出租给香山助剂厂。

现为单位用房。

吴家花园

位于海淀区青龙桥街道挂甲屯社区。西距佛香阁2000米。在雍正时期，曾为果亲王允礼的赐园。自道光、咸丰年间，溥仪将此分为两园，东为承泽园（圆明园属园之一，道光间曾赐给皇八女寿思公主，咸丰九年（1859）收归内务府，光绪中时赐给庆亲王奕劻作为宅园。新中国成立后归北京大学），西为庆亲王之子载振的庭园。民国十年（1921）末代庆亲王将园子卖给了浙江人吴鼎昌，从此易名吴家花园。吴鼎昌（1884—1950），浙江吴兴人，字达铨，曾任中国银行正监督、大公报社社长，民国二十七年（1938）至民国三十四年（1945）任贵州省政府主席，1949年逃往香港。1959年至1965年期间，彭德怀元帅一直居住在这里。

现为单位用房。

范长喜宅院

位于海淀区北安河镇北安河村47中学内。该院坐北朝南，三路二进院落。民国时期和现代建筑。

大门位于院落东南隅，广亮大门形式，披水排山脊，合瓦屋面，前檐柱间装饰雀替，六角形门簪四枚，后补配圆形门墩一对，汉白玉材质，后檐柱间步步锦棂心倒挂楣子。大门东侧门房一间，西侧倒座房五间，均为过垄脊，石板瓦和合瓦组成的棋盘心屋面，前檐为门连窗和槛墙、支摘窗，后檐为冰盘檐形式后檐墙，后檐墙上开拱券窗。大门内为砖砌一字影壁一座，硬山过垄脊，合瓦屋面。

一进院内正房三间，前出廊，披水排山脊，合瓦屋面，前檐明间隔扇门四扇，次间槛墙、支摘窗，均为步步锦棂心，老檐出后檐墙。正房两侧东、西耳房各二间，过垄脊，

中路一进院正房

棋盘心屋面。东、西厢房各三间，前出廊，过垄脊，棋盘心屋面，前檐明间隔扇门四扇，次间槛墙、支摘窗，均为步步锦棂心，老檐出后檐墙。厢房南侧厢耳房各三间，过垄脊，棋盘心屋面。

二进院位于第一进院落后的高台上。有中、东、西三组东西并联的院落。一进院与二进院之间留有窄长庭院一块。中院前有独立柱担梁式垂花门一座（复建），垂莲柱头，

大门及倒座房

中路垂花门

前后垂柱头间均装饰雀替，滚墩石为汉白玉材质，这种材质的滚墩石与传统不相符。院内正房三间，前出廊，披水排山脊，合瓦屋面，前檐明间隔扇风门，次间槛墙、支摘窗，均为步步锦棂心，老檐出后檐墙。正房两侧东、西耳房各二间，披水排山脊，合瓦屋面。东、西厢房各三间，前出廊，披水排山脊，合瓦屋面，前檐明间隔扇风门，次间槛墙、支摘窗，均为步步锦棂心，老檐出后檐墙。厢房南侧厢耳房各一间，披水排山脊，合瓦屋面。东

院内正房三间，正房东侧耳房三间，均为披水排山脊，合瓦屋面。西院正房三间，披水排山脊，合瓦屋面。在整个院落的东西两侧各建造有东、西配房，一进院两侧为东、西配房各七间，一、二进院之间的庭院东、西配房各三间，二进院东配房五间，西配房六间，均为过垄脊，合瓦屋面，配房与院落南、北侧的院墙相连起到院落两侧的围房作用。

此宅院最早为清代醇亲王府总管范长喜所建。李大钊同志被捕前，曾在这里暂住。后改为中法大学温泉中学校址。现为单位用房。

中路二进院东配房背立面

中路二进院正房

蒋家胡同四合院

位于海淀区北京大学校医院南侧。该院坐北朝南，三进院落。民国时期建筑。

大门位于院落东南隅，如意大门形式，清水脊，合瓦屋面，脊饰花盘子砖，栏板砖

大门

雕松树、鹿、梅花、猴子、印章等吉祥图案，栏板下的须弥座雕刻蕃草纹、宝珠和万不断图案，门楣砖雕万不断图案，象鼻枭及两侧砖雕蕃草花卉图案。梅花形门簪两枚，雕刻荷花图案。方形门墩一对，上部雕刻蹲狮，大门内梁架象眼处雕刻轱辘钱，后檐柱间装饰步步锦棂心倒挂楣子、花牙子。大门东侧门房半间，西侧倒座房六间，均为清水脊，合瓦屋面，脊饰花盘子砖，前檐均为门连窗和槛墙、支摘窗，十字方格棂心，冰盘檐形

大门砖雕

式后檐墙。大门内迎门砖砌座山影壁一座，硬山顶过垄脊，筒瓦屋面。

一进院北侧一殿一卷式垂花门一座，垂莲柱头，花罩和花板均雕刻缠枝花卉，梅花形门簪两枚，雕刻花卉图案，梁架绘制苏式彩画，后檐柱间四扇绿色屏门，方形门墩一对，上部雕刻蹲狮，前出如意踏跺四级，后出垂带踏跺三级。垂花门两侧连接抄手游廊，四檩卷棚顶，筒瓦屋面，绿色梅花方柱，柱间装饰倒挂楣子、花牙子和坐凳楣子，均为步步锦棂心。

二进院内正房三间，进深七檩，前后廊，清水脊，合瓦屋面，脊饰花盘子，前檐明间隔扇风门，前出垂带踏跺五级，次间槛墙、支摘窗。前檐柱间装饰步步锦棂心倒挂楣子、

垂花门

垂花门花罩

一进院全景

二进院抄手游廊

花牙子。正房两侧耳房各二间，过垄脊，合瓦屋面。东、西厢房各三间，前出廊，前檐明间隔扇风门，前出如意踏跺三级，次间槛墙、支摘窗，前檐柱间装饰倒挂楣子、花牙子，均为步步锦棂心。东、西厢房南北两侧各有厢耳房一间，均为过垄脊面。

三进院正房三间，进深七檩，前后廊，清水脊，合瓦屋面，脊饰花盘子，前檐明间隔扇风门，前出垂带踏跺五级，次间槛墙、支摘窗。前檐柱间装饰步步锦棂心倒挂楣子、花牙子。正房两侧耳房各二间，过垄脊，合瓦屋面。东、西厢房各三间，前出廊，前檐明间隔扇风门，前出如意踏跺三级，次间槛

墙、支摘窗，前檐柱间装饰倒挂楣子、花牙子，均为步步锦棂心。西厢房北侧有厢耳房一间，均为过垄脊面。院内游廊与一进院游廊相连。

该院原系天利木厂安联魁修建的宅院。安联魁，直隶（今河北省）东安县人。天利木厂因清同治年间重修九州清晏工程而闻名。光绪年间慈禧太后兴建颐和园，天利木厂承包佛香阁等多项工程，将部分木料、砖瓦等运出，建造了蒋家胡同四合院。抗战时期，北平陷落，安家将宅院转卖给一姓王的伪县长，后又转卖给燕京大学，著名学者顾颉刚先生曾在此编纂《禹贡》杂志。

现为单位用房。

二进院正房

垂花门门墩

第三章 丰台区四合院

DI-SAN ZHANG FENGTAI QU SIHEYUAN

丰台区位于北京城区西南隅，自古便是陆路交通咽喉要地。春秋战国以来，自中原沿太行山东麓北上驰道、驿道，均在今卢沟桥一带途经和集结，因此此地陆路商贸极为发达。清代为外城西部、宛平、大兴、良乡的交会处，雍正年间修建了自广安门经卢沟桥至长辛店的"九省御路"西路石道，南行御路出永定门经大红门南下中原。丰台历史上是北京蔬菜和花卉的种植基地，清末还是北京铁路的枢纽所在，所以富商院落在这里较为典型。旧城改造和新城区建设使得丰台区现存四合院数量较少，据文物部门资料，四合院以长辛店镇为代表。该地曾作为京西古道进京的必经要道，商贾云集，酒肆林立，车水马龙。镇上曾有胡同六七十条，多以"口""里"命名，形成纵横交错的网格。院落散落在这些纵横网络之间。本志共收录丰台区四合院两处。

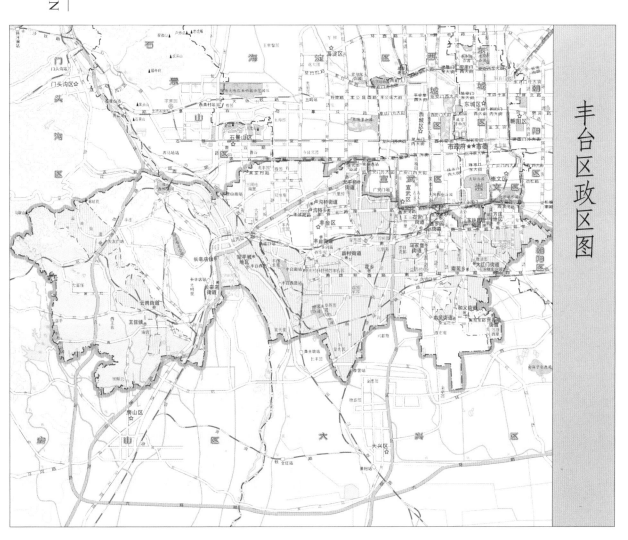

丰台区政区图

第四篇

郊区（县）四合院

1093

长辛店工人俱乐部旧址
——刘铁铺

位于丰台区长辛店大街 174 号。该院坐东朝西，近代建筑。

大门一间，两侧倒座房各二间，上房（东房）五间，南、北厢房各三间。

该院是"二七"大罢工旧址的一部分，原为刘姓铁匠铺，故又名刘铁铺。民国十年（1921）10月，长辛店京汉铁路工会迁到此地，并改名为京汉铁路长辛店工人俱乐部。民国十一年（1922）4月9日，在此召开了京汉铁路总工会第一次筹备会，并组织了工人纠察队、调查团、讲演团等组织，在大罢工期

正房及厢房

间作为"二七"大罢工的指挥部。民国十二年（1923）"二七"大罢工失败后，该工人俱乐部被军警封闭。1949年后刘铁铺成为居民住宅。1979年8月作为"二七"革命遗址公布为市级文物保护单位。1983年2月在此兴建北京长辛店"二七"纪念馆，1991年对社会开放。

2013年该院作为长辛店"二七革命"遗址的一部分被公布为全国重点文物保护单位。

长辛店大街49号、53号

位于丰台区长辛店大街。该院坐西朝东，二进院落。

临街东房五间，北侧一间为门道，进深

大门

七檩，如意门形式，石板瓦做底瓦的合瓦屋面，双层方椽。院门上槛置梅花形门簪两枚，门前如意踏跺三级，门墩一对。院门内两侧做廊心墙，象眼处原有雕花图样，现存痕迹可辨，檐下冰裂纹倒挂楣子装饰。迎门原有座山影壁一座，现无存。

一进院（现49号院）过厅五间，石板瓦做底瓦的合瓦屋面，明间前出垂带踏跺四级；南、北厢房各三间，石板瓦"棋盘心"屋面。

二进院（现53号院）正房五间，南、北厢房各三间，形制同一进院。

据现场走访调查，此院原为一位冯姓商人的宅院。院内原有地窖，现已封堵。

大门内象眼处雕饰

第四章 石景山区四合院

DI-SI ZHANG　SHIJINGSHAN QU SIHEYUAN

　　石景山区位于北京城区西部，明清时期已成为北京煤炭为主的陆路商贸门户，模式口、古城、鲁谷等地区商贸活动发达。四合院以富商院落为代表，现存代表院落以模式口最为集中。模式口村明清时期为门头沟煤炭进京要道，因受山西移民、商贸影响，当地四合院建筑形制除带有北方民居风格外，建筑格局、装修陈设与城区四合院有别，体现在建筑要素、开门、油漆彩绘等方面。据文物部门掌握的资料，石景山区现保存较好的四合院有模式口 69 号院、71 号院，82 号仲家大院，89 号院，178 号院，以及黑石头村 32 号钱家宅院等。本志共收录石景山区传统四合院七处。

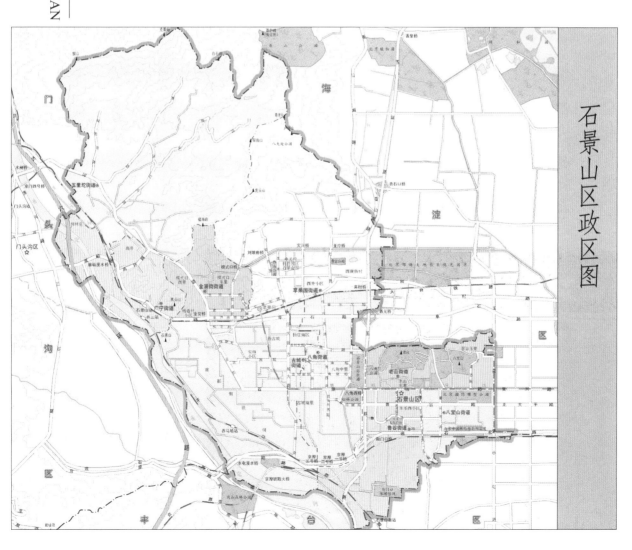

石景山区政区图

黑石头村32号（钱家宅院）

位于石景山区黑石头村中街路北，背靠黑石山和黑陈路，前临大街。该院为东、西两个平行的二进院落，占地面积约600平方米。东院建于清光绪十六年（1890）。西院建于清嘉庆年间。

东院前有古槐两株，临街院前有泊岸台，砖石砌筑颇精良，地面用碎石嵌成花卉状，保留完好。院内四周被房屋包围，计有倒座房、正房、东厢房、西厢房各三间。倒座房三间房屋，东南一间为院门，如意门楼，左右有门墩，双扇板门。大门内设置木隔扇门，墨书："蹈""和"两个大字。

一进院内房屋为木构架，砖石墙体，青石台明台阶，顶子为石望板上加铺板瓦垄，麦穗垄，清水脊，建造精细。两厢配房，青砖砌筑，青石台明，石板顶覆板瓦垄，鞍子脊。山墙开窗冰裂纹窗棂，外有护窗板，极为精良。正房地势高且宽大，室内格局完整，有火炕、落地隔扇和旧时家具等。院内植枣树、柿子树各一株。一进院正房后为二进院。

二进院有砖墙屏门与前院分隔，并有西屏门与西院相通。屏门为砖垛戗檐，檐下连珠带挂落板的小圆宝顶形式。屏门内两厢配房各三间，青石台明青砖砌筑，石板顶板瓦麦穗垄。北部正房三间，清水脊，板瓦顶覆盖板瓦麦垄，出檐，木梁架，青石台明，石阶带垂带三级。

西院前后院间有门楼分隔，为砖垛挂落板花辘轳钱平顶门楼。格局与东院相同。

西院为钱家始祖钱永在嘉庆年间迁居此村后所建造。钱永，清初从浙江绍兴迁到北京，自嘉庆年间以来在北京以经营煤铺为业。同治初年，钱家高祖钱长玉、钱长玺时期经营土地和煤厂，主要是收煤往北京城里发运，后来逐渐在城里开设了煤铺，供应商户，也供应老百姓。钱家的煤铺多数经营到抗战前后，仅有一两家坚持到1956年公私合营时期。

目前，东院保存较好，西院清末民初以来一直得到不断维修，至今虽60多年未进行大的维修，但房屋格局保存依旧完好。

2010年，钱家迁走，但钱家的两个宅院未被拆毁。石景山区文物部门将在一定时期内整体将其迁移到五里坨王家大院附近，供后人参观游览。

大门

模式口大街14号

位于石景山区模式口大街。该院坐北朝南，一进院落。

台阶五级，三间倒座房东南角开屋宇式清水脊小门楼，脊头蝎子尾无存，无门墩与门簪。如意门门楼内两侧有壁画，笔法细腻，线条精美。走过门道，迎面为在东厢房南墙的跨山墙影壁，影壁顶硬山正脊，脊头蝎子尾齐全，影壁顶损毁，仅残存部分瓦当。影壁身全部素作，无须弥座。院内有倒座房三间，正房三间，清水脊，脊头有蝎子尾。东、西厢房各二间。

该院为比较典型的小型四合院。

正房

如意门及倒座房

壁画

座山影壁

模式口大街71号、69号

位于石景山区模式口大街中段路北。原为坐北朝南的三进院，占地面积约800平方米，建于民国初期，现格局已不完整，前院现为71号，后院为69号。

71号院，原有南、北房各五间，东、西房各三间。五间南房的整个后墙身，都用整砖砌筑。屋脊共起四翘，皆作蝎子尾状。中有盘长纹的分脊花。

在五间南房的东面第一间开有屋宇式如意门一间。四梁八柱，为五架抬梁式建筑。青砖砌筑墙体，用双桶排架起门廊顶部，门额上图案为桥栏状浅雕，雕镂简古，色彩平和，显得简洁、凝重。街门下部，镶有密钉如意瓶式铁质花饰。门枕石上有精致雕饰，刻瑞树花卉。该门的门联为隶书体墨书"家祥世衍无疆庆，国泰天香不老春"。

沿门道前行，有跨山式雕花影壁一座。由此西行而北折的中轴线上有一屏门，将本

座山影壁

来是一进的院落，分割成内外两个小院落。外院只有五间南房及一个条状院落。进入屏门，就是主人的内院。院内的东、西房，皆在北山墙上开有风窗。风窗呈上圆下方状，上部用青砖起券，下部为方形，寓意"天圆地方"。主人居住的西屋，保存着盘长纹的窗棂。在盘长纹的窗棂四角，雕有四只"蝙蝠"。

五间北房在挑檐处起飞子，因而使前廊显得较为宽大。正脊的两端，各雕三个巨大的向日葵。正房前踏跺五级，顶部，是条石铺砌的"丹墀"。

影壁用磨砖做出梁、枋、柱等模拟木构架的形式。顶部硬山垂脊式屋顶状，脊花向日葵图形，每边脊头上各雕两个，雕刻精巧。影壁顶的瓦当上铸有篆写寿字图形，滴水刻有花叶或花瓣状纹饰。下方砖桶头上刻有田字形花饰。戗檐之下，为串珠状装饰。下雕兰花、仙桃、山菊花、葫芦、石榴、荔枝、梅花等，皆伴以卷草图形。两边各有一个立体花瓶，在两个花瓶外边，各镶有一朵卷草纹饰。

影壁身的四角各有角刻一幅，刻有牡丹富贵图。影壁由18块大方砖斜摆而成，中心

如意门

71号院东小门

留有一片空白。

中轴线上的屏门两边，各有一个如意头。如意头的后面，有两个卷草图案。卷草中，两个柿子隐现其间，谐音为"事事如意"。

在屋宇式门道西侧墀头上方的屋脊上，有一个盘长纹的镂雕脊花。在五间北房正脊的两头，各镂雕出三个巨大的向日葵。

69号院的五间北房，实际上是原来整个四合院的第三进院正房，是模式口最为宏丽的居室。

北房雄踞群舍之中，前出廊后出厦，前后皆为重檐。前檐柱距屋身前柱90厘米宽，檐柱下满铺条石，为一片宽阔的"丹墀"。"丹墀"下有五级踏跺，皆条石砌筑。两侧的博缝板异常宽大，且皆是用大青砖磨制镶嵌而成的。可见建筑此房时的规格之高，用料之精。

在廊柱中间，一面旧时封门保留着原始的格局。这里用长隔式户隔棂板，将整个墙面分隔成四部分：即左右固定板墙部分，两侧可开启半固定板墙部分，外部封门部分和上亮子部分。封门设为内外二层，外层为一单扇可开启式板门。为平时进出时用，门两旁为两块可以上下锁定的半固定式长式户棂板，下部是有着简易木雕的板壁，上部为井字变杂花的镂空棂式板壁；内部为四折井字变杂花的棂式屏门，平时只开启中间的两扇，而两边的两扇平时为锁定状。

室内地面，原铺以"金砖"，上涂桐油。擦拭干净时，地上可映出人影。

模式口71号、69号院原为民国时期直隶河北省议员李堪的私宅。李堪，号雅轩。兄弟六人，他排行第五。民国初年在宣武门外开设"顺泰煤栈"，颇具资本，可将门头沟及坨里煤矿的煤炭用火车直接运到煤场。此外，其家里还养着40多只骆驼，用其盘脚。李堪因学识渊博，聪敏笃实，通达事理，被推选为河北省议员和永定河水利会会长，威信很高，成为颇具影响的人物。民国十一年（1922），李堪认为磨石口历史悠久，又有电厂、铁厂、煤业为依托，有条件将它办成一个模范村。遂将这一想法写成呈子，报请宛平县县长汤小秋，并建议将磨石口改名为"模式口"。第二年春，经宛平县政府批准，磨石口易名为模式口。李堪也因经营煤炭和支持铁、电建厂等多种业绩得到北洋政府奖励，并被授予"嘉禾勋章"。

模式口71号、69号院现为居民院，多代混居，房屋面貌较好。石景山区文物部门已将两院登记造册，作为恢复模式口原貌的民居之一。

模式口大街82号

位于石景山区模式口大街西段路北,南临模式口大街,东邻北京市文保单位田义墓。该院地势上高出村路近八米,四围石墙,三进院落,30间房,东开院门,占地面积约900平方米,始建于清宣统二年(1910)左右。

全院东南角开院门。房屋为大木构架,片石盖顶,瓦垄覆盖,阶条石为基,基上四梁八柱,最高的正房屋脊高出地面5.4米。全院房屋的石作、木作、瓦作、油漆作和彩画作的工艺水平在民间匠人中当数较高水准。院落布局仿京城样式,错落有致。由于地势限制,后罩房变成了一进院。

大门

该院的院门,正对田义墓西院墙,门枕石高,双体门扇宽大,可以开进一辆北京130型汽车。门洞里原放有两条长凳,用来待客和纳凉。如意大门门框和门心有木刻填墨门联各一副,都是隶书。门框联:"东鲁雅言诗书执礼,西京明训孝悌力田"。门心联:"箕裘世业,耕读家声"。

一进院占全院面积的一半,与二进院和三进院平行,院落空旷,有东房十间,木构梁柱为杂木,房屋地基低于二进院一步台阶,屋脊比大门洞脊低二至三尺。其中最北三间依次为磨房、牲口棚和碾房;中间三间为下

人居室或一般人休息室;南边二间为全院的厨房,厨房南边一间作为门房,门房紧靠东南角的大门洞。院内有百年老槐树一棵,春夏秋三季枝叶繁茂,浓荫罩地。正对大门的西墙

大门象眼彩绘

大门廊心墙泥塑

北侧有个二道门,通往二进院。

二进院里有房九间,其中倒座南房五间,东、西厢房各二间,为卷棚顶。南房堂屋正对三进院的门楼。二进院地基明显比北门楼低二步台阶的高度。东、西厢房因紧靠三进院的东、西厢房,可明显看出房脊比三进院厢房低二尺。但西厢房南墙的照壁为软心泥塑,还是显出比一进院的档次高,更不用说房屋用料和彩绘了。二进院的庭院里原摆放有硕大的金鱼缸。二进院北面为三进院。

三进院北房与东、西厢房之间的过道两头,原有两扇铁门,隔开院墙和一进院。门楼基座高四步台阶,门墙宽阔稳重,门枕石带一对雕刻精美的石雕兽,门楼清水脊,脊上蝎子尾齐全。门簪上刻"福、鹿、吉、羊"四字。门楼墙垛上原有木制对联一副,今已不存。门楼两侧的照壁墙原有彩画,一为老寿星,一为仙鹤,槛墙下为琉璃瓷砖。进了门楼,这才到了该四合院的核心——三进院。

原门楼前有一木屏风，两旁为过道。

三进院正房五间，坐北朝南，前廊后厦，双层屋檐，一楹两窗，高大敞亮。槛墙下瓷砖绿地黄心，十分华丽，堂屋开门，各房间用隔扇或

屏门

落地罩隔开。堂屋东二间原住全院最尊长辈，最东屋一铺火炕，现还使用，地炉上有温罐。堂屋原为佛堂，供佛一尊。堂屋西是祖先堂，最西一间原来住着院中尊者幼子，也是一铺火炕，热源为小炉子，加热后塞入炕洞，火口与炕洞相通。

西厢房三间，卷棚顶，中屋开门，隔扇分开屋室，有火炕一铺，原住院中次子。东厢房三间，与西厢房规制一致，原堆放农具。

三进院与二进院的房屋建造质量高，砖是磨砖对缝儿，砖缝儿间灌白灰浆米汤。四梁八柱、落地罩、隔扇、门窗皆为上等松木，脊上砖雕精美，东、西厢房外墙壁均有软心泥塑照壁，塑松竹梅兰四君子和清风明月等图案。

二进院西墙壁泥塑

三进院正房

现二进院西墙壁泥塑保存最好，塑有连绵的藤蔓植物，一根老藤从岩石间挺出，拖向四边，藤中间悬挂着一只只葫芦，寄托着院主人子孙繁衍的希望。二进院和三进院的房间内，家具档次也高，屋内青灰大方砖墁地，建造时桐油抹灰勾缝儿，砖面上打蜡。

82号院的营造者为在村西开煤窑的商人仲桂芳。仲桂芳，号月村，祖籍山东省。来北京后曾在门头沟的煤窑上当过账房先生，因此具备一定的煤窑开采知识。清末民初，仲桂芳在村西山上自家地里发现矿苗，便邀请太监出资，仲桂芳当"作头"开出一座煤窑，村民称为"西窑"。窑址在今村西隘口上旗杆座后边的敬老院内。窑为斜井，窑工背煤或用大筐往上拉煤。有煤块儿和煤末，煤质好，属于无烟煤，出煤量也大。当时煤价为一吨煤抵一袋面钱左右。西窑出煤后，仲家盖房置地，成为模式口富户。

此院已有100年左右的历史，未进行过大修，主体建筑坚固，院落布局保存了原貌。此院的排水设计巧妙，房屋四周有散水设施，墙下、过道门石下、大门洞儿前渗井形成了一个完整系统，且石雕排水构件保存完好。

现为居民院。石景山区文物部门对该院已经登记造册，列为恢复模式口旧街面貌的重要民居之一。

模式口89号

位于石景山区模式口大街村西路北。该院坐北朝南，三进院落。

南房东南角开设屋宇式街门，为蛮子门，有隶书楹联："忠厚传家久，诗书继世长"，红底黑字。大门下部，铁饰遍布铆钉，组成如意图形。街门有精美抱鼓石一对，鼓心雕有麒麟瑞树、五蝠捧寿等吉祥图案。走进门廊，东西山墙有壁画四幅，绘八仙过海的故事。在二道檩与檐檩之间，有彩绘四幅。

走出门廊，是一座精美的跨山式砖雕影壁，分为影壁顶、影壁身以及须弥座三个部分。影壁顶作硬山垂脊的屋顶状。上部以重檐砖椽出现。下面为一前倾的雕花饰带，内

大门壁画

雕鹊梅图。

影壁身为影壁的主雕花区。整个雕花区，以篆书寿字为主要构图。影壁的底座，模仿独立式影壁的须弥座。共有三幅雕刻，两边雕有卷草花饰，中间两道束腰，将两条卷草花纹束了起来。在束腰中，有一刚刚绽开的花蕾，两边各有一个石鼓，石鼓上下皆雕叶状花饰。整个影壁，高3.25米，宽2.38米，花饰高度1.95米，宽度1.42米，用13块大型方砖45度斜摆的方式拼接而成。

影壁东面有座屏门，屏门上部，有南北方向的条饰带，檐上部位已经毁损，檐下作菊花山水状，内有一些瓜状物，屏门上雕有松梅不到头的花饰带。下雕渔、樵、耕、读故事。雕塑只残留南北两块。屏门左右，各有如意头一个，取事事（或万事）如意之意。下方南北各有一个独立的砖雕，为两个"五（蝠）福捧寿"，顶部正中已坏，旁雕云状纹饰。五个蝙蝠，将一头顶着四只角的巨兽"捧"在中间。在北京的四合院砖雕中，一般都是五个蝙蝠捧一个寿字或是捧一个寿星，但此处却用一个四角兽代替了寿字，可谓别出心裁。再下为锦穗，丝状条纹清晰可辨。

由影壁西行数步为一进院。一进院倒座

蛮子门

房三间，西首二间为会客室。东厢房二间，里面的一间是主人的书房。西厢房二间。进入二进院的屏门为硬山垂脊门楼，年久失修，顶部雕塑皆无存，仅残留过木，上面瓦片散乱。屏门设踏跺四级。

二进院内，正房三间，大式硬山，清水脊，东、西厢房各三间。正房东侧，为屋宇式过道门，直通三进院落。三进院沿山势而建，须拾级而上。后院有后罩房五间。二进院屏门东侧，为一大型雕塑区。边框处为卷草纹饰，四角雕有福、禄、寿、喜等故事图案。中心区为一硕大盛开的牡丹图，寓意"花开富贵"。屏门西面是六朵盛开的菊花，四周为卷草边框，上有串珠状装饰物。上为类似额枋的花草雕塑区，内雕松、竹、梅"岁寒三友"图。砖桷的桷头雕万字吉祥符号。在屏门的上部，左右戗檐部位，为两个大的花篮。花篮上编织的纹路清晰可辨。篮里盛开着五朵菊花，花、叶舒展自然。花篮下为锦穗，条纹清晰可辨。院墙背后，是四朵盛开的牡丹花，形似现代的扶桑牡丹。四周绕以卷草

看面墙砖雕

花边，上部雕有松、菊等花饰。

影壁与宅门的东墙开有小门，小门檐部严重损毁，檐下砖雕只残留南北砖雕两块。小门的木门扇已无存。走进小门，为东跨院，东跨院有西房五间、牲口棚二间。

座山影壁

东小门

模式口178号

位于石景山区模式口大街中段路南，临街对面为69号院李雅轩后人的宅院。该院坐北朝南，一进院落。面积约300平方米。全院16间半房屋，硬山起脊，石板顶，木构架，砖石结构。建于民国二十四年（1935）。

门洞左右各有倒座北房二间，原东头有半间。院内南有正房五间，中间为堂屋，祭祖专用，两旁住人。东西各有厢房三间，卷棚顶。西厢房为存粮的仓房，旧有粮囤。东厢房为厨房。现庭院中地震棚和小房挤满，房屋内部只有正房五间保存了旧时格局。

如意门，朱漆木门的门心上墨书"为善最乐，读书便佳"的门联。大门上部的砖桥形式是难得一见的建筑精品。桥栏柱子七个，下部铁红色，柱头湖蓝色，上有红色的双蝙蝠形象。桥栏板长方形，湖蓝色。按古建人说，这叫天桥，也叫幸福桥。门洞儿左右山墙上部还有彩绘兰花等，有一定观赏价值。脊上的朝天笏、分脊花已毁。

进入院门，迎面原有木屏风四扇，上有墨书"福、禄、祯、祥"四字。此院的木料多为松木，粗大结实。室内多用木隔扇或落地罩间隔房间。

正房东面三间，旧时的窗棂隔扇俱全，窗棂上糊旧时窗纸，南墙上还有山花墙洞，新颖别致。屋内火炕一铺，床护精美。床下地炉旁有温罐。室内民国时期八仙桌、太师椅、杌凳、二屉桌、条案、橱柜、大衣柜、小圆凳、梳妆台等家具古色古香，保存了旧京民宅的室内生活特色。

该宅的山花墙洞很有特色。南房东屋东墙上有一圆洞似的小窗，宅主称为"山花"。它的中心正对屋脊，直径69厘米，进深40厘米，进深中间有栅栏式木隔，上糊窗纸。其上沿距屋脊约1.8米，下沿距地表2.2米，成人站在炕上洞与肩齐。据宅主说南房西屋西墙上同样位置也有同样大小一个，已用砖石堵塞。院里东、西厢房南墙各有一同样直径的山花，但形式上一为十字形，一为六角形。这种山花墙的作用，一是通风以防房橼腐烂，二为采光，三是打破了室内空间方窗、方门、方炕、方桌、方箱、方柜的沉闷，活跃了空间气氛。它在模式口的民居中不多见，比起司空见惯的方窗来显得美观古朴。

该院是薛铎（人称薛六）的故宅。建房主人薛才义幼时卖糖和拉骆驼往京城运煤为生。传说他在卸煤时发现了一大块沉甸甸、金灿灿的矿石，觉得稀奇，就拿到一个珠宝店里请人鉴定。店老板认出是罕见的"狗头金"，当时就给了他一大笔钱，并告诉他以后盖房买地用钱时尽管来拿。薛才义从此发家，盖房置地，成了村中富户。此院即是那时的建筑之一。

正房东面的三间住着薛润海老伴李蕴慧，民国二十五年（1936）她从长辛店嫁到此地，已90多岁。

由于该院布局精巧，自建成后房屋没有大修，外貌依旧。现为居民院。但已被石景山区文物部门登记造册，列为恢复模式口旧貌的民居之一。

古城村前街25号

位于石景山区古城村前街西侧路北，坐北朝南，三进院落。占地约0.1公顷，呈不规则的方形封闭式组合。

临街南房八间，从东往西第三间为大门道，第四间为小门道。大门道在建筑上简易，但宽阔规矩，适合大车或骡马出入。

一进院长方形，有跨山影壁。砖瓦仿木结构，从上往下分为影壁顶、影壁身和影壁座三部分。影壁顶筒瓦头上的瓦当塑如意纹饰，青砖雕出向日葵，檐下砖雕成菱形连珠。影壁身为正方形，四岔角为牡丹花，正中偏上装饰成带提梁的画框形式，内部阳刻繁体的"鸿禧"大字。影壁座为须弥座。一进院建筑粗疏宽阔，适于摆放大型生活用具，如碾子、磨等。南房二间放农具，东侧为石头院墙，东侧北部有三间房，最北就紧贴后街，也是八间房，与临街南房对称。一进院其西侧有门分别通往二进院和三进院。

二进院是院落的主体和中心部分，16间房屋围成一个相对完整的四合院落。计有南房和北房各五间，东、西厢房各三间。南房的东南角，挨着大门道西侧的小门道占了一间房，是院落的出入口。院落的东南开门，前脸是个小门楼，门垛子中间是如意门，双扇门开合自如。门楣子上有砖雕和青瓦拼成钱币式装饰，门框上六角形门簪刻楷书体"如意"二字。小门道正对着东厢房的跨山影壁。转过影壁往西沿着青砖墁成的甬路可到正院。正院南房是厨房，东、西厢房各三间，互相对称。厢房与南房和北房之间各空出一间房的空间。北房是院落的正房，三级台阶。北房中间为佛堂，两边住家庭的主人。

三进院有五间正房和六间厢房。三进院进出门走东厢房南面，出门后北行，走与东厢房北山墙对应的大门道，可到后街。

该院除院落规整外，院内石雕、砖雕、影壁也非常精美。小门楼口的门墩，顶上雕有蹲伏着逗人喜爱的狮子狗，三面雕刻民俗吉祥图案。正面为一只喜鹊登在梅花枝条上鸣叫，下为一只蝙蝠叼着古钱币；左侧面上部刻画一只猴子用棍子扑打蜜蜂，猴子头顶的松树枝上挂着包裹着的印鉴；右侧面刻彩带缠绕一管笛箫。房屋墙体装饰多用砖雕，门楼、影壁、房顶脊背两侧的压砖，浮雕牡丹、向日葵、卷草纹、海棠等，房脊上的分脊花则透雕"吉""星""福""禄"等字。

该院具有100多年的历史，属于古城村为数不多保护得比较完整的四合院。

第五章 门头沟区四合院

DI-WU ZHANG MENTOUGOU QU SIHEYUAN

门头沟区位于北京城区西部山区，据文物部门资料统计，全区现存传统四合院式民居建筑160余处，保存较完整院落120余处，明清时期，门头沟境内东西贯穿山西移民和煤炭商路的运输古道，因此，院落类型以迁移平民院落和富商院落为主，分别以爨底下村和门头口村四合院为代表。另外，门头沟境域狭长多山，是北京地区受战争、政局、城市扩张等因素影响最小的地带，地理环境为传统四合院的保护提供了理想的天然屏障，四合院的分布主要集中在永定河流域沿岸的镇村，依太行山山势，自高而低呈伞状向永定河方向散射建造，以爨底下村和灵水村最为典型。现存传统四合院主要集中在清水镇燕家台村、张家庄村，斋堂镇马栏村、爨底下村、黄岭西村、西胡林村、灵水村、沿河城村，雁翅镇碣石村、苇子水村，王平镇东、西王平村，军庄镇灰峪村，龙泉镇三家店村，以及潭柘寺镇等村。据文物部门踏勘调研，已收集整理出门头沟区近百处传统四合院的图文资料，本志共收录较完好院落74处。

门头沟区政区图

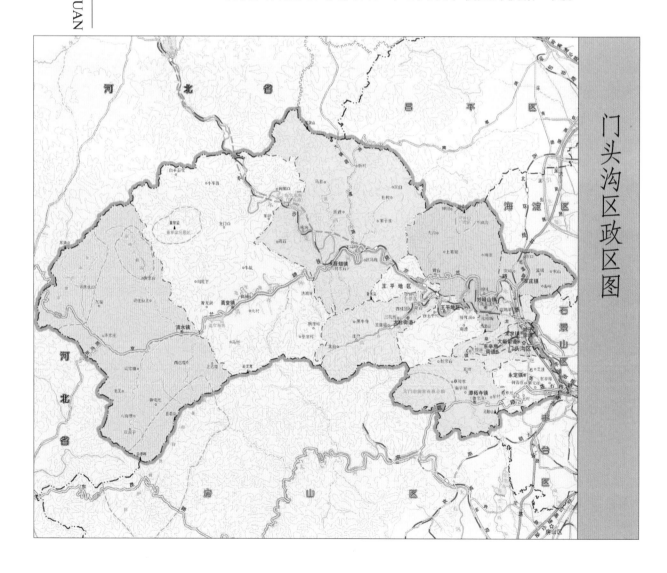

爨底下村石甬居

位于门头沟区斋堂镇爨底下村上部东侧的尽头，前邻人工垒砌的高大石墙。由三组坐北朝南的三合院构成，共有房屋 22 间。

院落青砖铺地，布瓦覆顶，小巧玲珑，布局严谨。三组院落西侧入口处原有大门，将三个小院构成严谨的整体院落。墙垣式门楼开在院子正中，北房台基高大，东西两厢较低，形成强烈的反差。墙垣式门楼磨砖对缝，木抱框上嵌雕刻精细的门簪，有"福寿""平安"等吉语。门簪为阳文，去地起凸。正对门楼是借着逶迤的护墙修成的影壁。小院外墙绘有水墨画幽兰、翠竹，笔意深邃，墨韵十足，显示了当年房主人高雅的情趣。院内墙白灰壁上题有满幅行书墨迹，内容是家庭卫生公约，透着浓浓的文化气息。

石甬居最东侧院落的房屋已倒塌，2006年公布为全国重点文物保护单位。

石甬居外景

石甬居

爨底下村双店院

位于门头沟区斋堂镇，爨底下村古道旁。为一组并排的二进四合院，有房 36 间，门楼七座，连接六个院落。

大门前有一字影壁，通宽 4.05 米，影壁上嵌拴马桩。影壁北侧的一组建筑即双店院，村民称其为板搭门。临街房正中开四扇黑漆大门，与其他民居的小门楼截然不同。此院落是清代店铺，为过往商旅提供食宿。爨底下村在康乾时期有八家买卖铺子，三四家骡马店。

门楼设置巧妙，有专门供人出入使用的，还有专供牲口进出的。一进院的正房为一明两暗结构，前后各有四扇大门，便于商旅出入。二进院正房后面是高 18.2 米的大墙，砌有凸出墙体的条石，以便于山洪突发时，人们可以由石梯迅速爬到上边。双店院的民居

双店院大门

建筑均为硬山，清水脊，板瓦合瓦，门楼砖雕精美。临街的高大院墙内有两个牲口棚。放置拌料槽子的石砌台基长 12 米，现长满了野草，静静地横卧在地上。

该院民宅保存较好，2006 年公布为全国重点文物保护单位。

双店院

爨底下村广亮院

位于门头沟区爨底下村，地势最高，并位居中轴线上。此院北高南低，高低差约五米。南北二进，东西分为三个独立的院落。共有房45间，院外有围墙。

东路

门楼为广亮大门，门前出踏跺九级，箱形门墩石。左侧门墩石箱形，青石质，基座直方，线刻外框，内阳刻行楷"祥"字，四角岔花。上部面刻"暗八仙"，箱顶为卧狮，已残。内侧基座面刻"跪鹿回首"，右上出祥云。箱部面刻"宝瓶荷花"两朵，线刻外框。右侧门墩石基座直方，线刻外框，内阳刻行楷"迎"字，四角岔花。倒挂门楣硬木透雕的"富贵荣华"。廊心墙素面龟背锦。下碱干摆砖砌。门楼墀头整砖上身，下碱为墙腿石。

两侧戗檐砖雕"荷笙（生）贵子、花开富贵"，左侧墙腿石浅浮雕刻"山石兰花、喜鹊登梅"，压面石上刻如意纹饰，青石质，右侧剥落。

正房已塌，院内方砖墁地。

倒座房三间，进深一间，东侧开门楼。清水脊，蝎子尾，跨草砖雕，合瓦屋面。明间开五抹两扇隔扇门，外有帘架，裙板上格心为工字步步锦样式，夹门窗为工字步步锦样式。西侧槛墙窗为支摘窗，两侧为工字步步锦，中间上部为套方灯笼锦，下部两侧为套方灯笼框，中间为木板。倒座房前出三级如意踏跺，青石铺砌。后檐墙为漏檐，下碱丝缝砖砌，台基为块石和泥垒砌，白灰抹面。后墙抹灰上身，软心，上有红漆宋体标语，从左向右读"用毛泽东思想武装我们的头脑"，

广亮院外院

后檐东侧开窗,工字步步锦窗棂样式,窗内凹,出进深,两侧起砖砌墙柱。后墙东侧墀头戗檐砖雕"竹鸟"。倒座房后墙西侧墙脚墙腿石面刻"山石清泉、莲生并蒂、喜鹊登梅"。

东、西厢房各二间,进深一间,清水脊,蝎子尾,平草砖雕,板门,门头板内为工字步步锦,槛墙窗为支摘窗,外有护窗,为四扇落地明造灯笼框样式。

内进后院位于山坡台基上,高出前院5米,正房坐北朝南,面阔三间,进深一间。屋顶重修,为皮条脊,合瓦屋面,前檐为漏檐。重做勾头滴水。明间开六抹两扇隔扇门,裙板上格心为正交斜搭方眼样式,夹门窗亦然。槛墙为丝缝砖砌,槛墙窗为四扇落地明造正交斜搭方眼窗。西厢房二间,鞍子脊,合瓦屋面,无勾头滴水。明间开双扇板门,夹门窗为一码三箭。槛墙窗为四扇落地明造一码三箭窗。墀头整砖上身,戗檐砖素砌,正房亦如此。东厢房塌毁,仅存南侧山墙,抹灰上身。硬山式。东厢房下出随墙门,连通二进院落。倒座房塌毁,仅存后墙西侧部分台基,高约一米。随墙门向西为块石垒砌石墙,上砌镂空花墙分开前后进院落。东路院落略高于中路,西厢房与中路东厢房隔墙相连。

中路（临70号）

在东路西侧。大门楼在东南角。东厢房南侧设门与东路相通。西厢房为过厅,通西路。此院在抗战时期被日军烧毁。现已由区文物部门按原样修缮完毕。

门楼为金柱门,漏檐,五架梁。廊心墙为素面龟背锦。倒挂楣子(工字步步锦),花牙子雕草龙。门楼右侧墙柱上有门神龛,莲花基座,上为穹庐花顶长方形内凹神龛,两边框浅雕蔓草纹饰,上部砖雕荷叶。门楼内铺鹅卵石甬道,方砖海墁。第一块为青石,两边为紫石,寓意"位极青紫"。

正房三间,进深一间,清水脊,合瓦屋

面,门窗重修,均为方眼样式。门前出踏跺七级。东、西厢房各二间,进深一间,清水脊,合瓦屋面,无勾头滴水。门窗均为后修,方眼样式。倒座房三间,进深一间,清水脊,蝎子尾,平草砖雕。合瓦屋面,无勾头滴水。门窗后改,为方眼样式。院内方砖墁地。院内四周有一圈柱石窝,应为搭架用,东西南北各两个。

东厢房南山墙出座山影壁,假脊假檐墙帽(后改),清水脊,平草砖雕。前檐为五层冰盘檐,出仿木飞椽。影壁为方砖心素面。门楼与东厢房以西洋门相连,门上为砖雕镂空花墙墙帽。该西洋门应为民国时改造。

西路（25号）

大门楼开在东南角,五架梁。木质圆形门簪两个,倒挂门楣为卧蚕工字步步锦样式,花牙子为草龙。门前踏跺五级,长条紫石铺砌。方形门墩石,面刻牡丹花卉。门头板分三部分,左为牡丹,中为兰草,右为荷花,应为后来重画。天花板空缺露明。门楼内鹅卵石甬道,青石方砖海墁。门楼内侧墙有壁画、题诗。壁画采用白描技法,东画"望子成龙",西画"福禄寿喜"。墙面抹灰上身。现用玻璃罩住。

东厢房南山墙影壁后改,现为软心,上题《春夜喜雨》等唐诗两首,字迹潦草。门楼与东厢房以镂空砖雕花墙相连。门楼内侧门罩为工字步步锦及灯笼框样式,花牙子亦为草龙。

外进院落方砖墁地。院内有柱石窝,青石质,搭架用。

正房三间,进深一间,门前出踏跺七级,旁无垂带。明间开隔扇木门,格心及夹门窗均为方眼样式。次间槛墙窗为支摘窗,两边为方眼,中间上部为大方眼,下部为玻璃。槛墙为丝缝砖砌。台基高约一米,块石和泥垒砌,青灰走面。清水脊,蝎子尾,跨草砖雕，合瓦屋面，无勾头滴水。正房西建走廊，通后院。后院地势陡峭。

东、西厢房各二间，进深一间，脊后修，合瓦屋面，无勾头滴水，筒瓦起垂脊，顶端有兽首圆形瓦当，墀头整砖上身，戗檐砖素砌。明间开双扇板门，夹门窗为方眼，门头板为拐子锦样式。槛墙窗为支摘窗，两边为方眼，中间为大方眼，下部分两边为工字步步锦，中间为玻璃。

倒座房三间，进深一间，形制与正房相同。

据《文物志》载："在中路西侧。大门楼在东南角。北房、南房各三间，西房二间。北房西山尖以下曾重修，墙皮有明显的接痕。修过的下半部在墙皮未干之际，有刻画的文字'大清光绪元年二月五日'。另有多条短弧纹组成的福、禄二字，像是用指甲戳出的纹；还有一个由小圆点组成的福字。在北房后墙壁一米处建有坚固的石墙，墙体高于北房。

石墙北侧原有陡坡同东路后院地势相同，但采用了不同的处理手法，全部填平夯实。用意非常明显：保障主体建筑前有相对宽敞的院子。院内方砖铺地，无东厢房。"可知现在的东厢房为后来重新建造。

后进院落正房位居中路。此房是爨底下村地势最高、体量最大、居中轴线最北端的建筑，是民宅呈扇面状的交会点。正房五间，面阔15米，进深一间5米。台基高1.3米，踏跺在明间东西两侧各五级，明间门口用条石砌成平台，便于出入。平台下有高、宽各0.6米的洞。室内三明两暗，青砖铺地。梢间有雕花壁纱罩，现仅存东侧。窗下有棋盘炕。东山墙正中有山柱，西山墙无柱，做法独特。其他形制同东路后院正房。明间开隔扇木门，格心及夹门窗、次间支摘窗、梢间支摘窗均为工字步步锦样式。此院在清晚期及民国时期有过不同程度的修缮。

2006年公布为全国重点文物保护单位。

碣石村56号

位于门头沟区雁翅镇。二进四合院。

门楼为五架梁大门楼，门楼与倒座（倒座无）之间的院墙做成一字影壁，软心，上题墨书竖写，从右到左有数十行，行草，部分剥落，漫漶不清。影壁脊后改，二层直檐。样式简陋。

正房面阔三间，进深一间，清水脊，合瓦屋面，明间开双扇五抹木门，格心为方眼，夹门窗为卧蚕工字锦，外有帘架。坐凳门楣内刻正交斜搭方眼纹饰。次间槛墙窗为支摘窗，两边为套方，中间亦为套方，外护窗为龟背锦。门前出台阶五级，旁有垂带。台基为块石和土垒砌，左侧槛墙用青砖砌成须弥座，磨砖对缝。右侧槛墙为砖砌，丝缝。左侧应为后改。墀头整砖上身，戗檐砖素砌。

东厢房三间，南侧一间为门楼。皮条脊，合瓦屋面，无勾头滴水，前檐端部分已残。明间开双扇木门，夹门窗为一码三箭，槛墙窗为支摘窗，两侧死窗，中间向内开，外有护窗，内四扇为落地明造一码三箭，外护窗为大方眼。东厢房五架梁，明间、次间内以大方眼样式隔扇分开。

二进院，正房面阔三间，进深一间，清水脊，合瓦屋面，无勾头滴水，明间开五抹隔扇门双扇，夹门窗为方眼，门裙板上格心为方眼。槛墙窗为支摘窗，两边为方眼，中间上部为套方灯笼框，下部为玻璃。槛墙为砖砌，丝缝。

东、西厢房各二间，进深一间，清水脊，合瓦屋面，无勾头滴水。明间开双扇木门，夹门窗为一码三箭，门头板为套方灯笼框，槛墙窗为四扇落地明造隔扇窗，一码三箭样式。槛墙为砖砌，丝缝。

该院2005年公布为门头沟区文物保护单位。

正房

三家店村中街73号、75号、77号

位于门头沟区龙泉镇。该院坐北朝南，由东院、中院、西院三组院落（共计72间房、14座大门）组成，外围有高大的围墙。占地面积3508平方米，建筑面积1048平方米，清道光年间建筑。

东院（73号）：大门面阔一间，两旁是左右门房，为便于运煤牲驮及车辆出入，大门没有门槛，亦无踏跺。正对大门向北是一大片空场，当时煤就储存在这里。

大门两侧有一组二进四合院。正房及倒座房皆五间，两厢各六间，皆为硬山，清水脊。全院方砖铺地，条石砌甬路。前后院之间有墙相隔，正中是清水脊门楼。此院在储煤厂大院内，是煤厂的办公机构。

距该院十余米的西南角，有一处独立的小跨院。正房三间，东厢房六间，木制大门镌刻"元亨利贞"四个大字。东院是办公、储煤、结账所在地。

中院（75号）：由36间房构成主次分明的三进四合院。大门开在西南角，门与倒座房相连，占一间房的面积，门前有雕刻精细的门墩石一对。黑漆板门，刻楹联"孝友征家庆，诗书启世昌"。

天利煤厂

西房有精美的随墙影壁，东房亦有造型典雅的随墙影壁。东房旁原有通往73号院的门。同一院内东、西厢房均有随墙影壁，这种处理手法在京西是不多见的。全院方砖铺地，东、西厢房各二间，硬山，卷棚顶，石望板，灰筒瓦。

二进院与前院之间正中有大门楼一间，清水脊，戗檐砖雕精美。全院条石铺甬路，青砖墁地。东西两厢配房各三间，正房五间，原为一明两暗结构。明间为穿堂屋，可通往后院南房。

三进院房屋较前二进院更为精细、讲究，青石台基，墙体磨砖对缝。此院是家中长者居住的院落。在院的东南角有通往煤厂、账房的大门。此门楼砖雕繁复、华丽，为本地所仅见。整座门楼使用质地细腻的水磨青砖，采用高浮雕技法，刀法简练，具有浓重的装饰性，构图饱满富有夸张性，在方不盈尺的砖面上，透雕出几个层次。前景人物采用圆雕技法，背景部分镂空。内容为传统的渔樵耕读图，人物雕琢细致入微。在院的西北角有通往后院的便门，正房、倒座房各五间，东、西厢房各三间。此院既是第三进院，又可看成是独立的院落。中院为居住院。

西院（77号）：为一组二进跨院。全院无东房，大门开在西南角。整体建筑较中院低矮。全院房仅12间，其中后院三间已倒塌。西院为煤厂工人居住使用。

73号、75号、77号院为天利煤厂所在地，由祖籍山东青州府的殷姓家族创建，同治、光绪时期达到鼎盛。天利煤厂曾有过百年的辉煌业绩，因交通发展而结束了历史使命。作为门头沟区唯一的煤厂实物遗存，2001年公布为北京市文物保护单位。

三家店村中街59号

位于门头沟区龙泉镇。该院坐北朝南，二进院落，占地面积612平方米，建筑面积396平方米。清中期建筑。院落布局严整，有精美的靠山影壁及细致入微的砖雕，共有房21间，是门头沟区保存较好的二进四合院之一。1998年公布为门头沟区文物保护单位。

三家店村中街59号院大门

三家店村东街78号

位于门头沟区龙泉镇。该院坐北朝南，二进院落。占地面积576平方米，建筑面积416平方米，清中期建筑。大门砖雕异常精美。

正房三间，面阔12米，进深五米，硬山，清水脊，蝎子尾带盘花，合瓦顶。二进东、西厢房各三间，硬山，清水脊。垂花门一间，进深三米，面阔三米。一进院东、西厢房各三间，面阔十米，进深四米，硬山，清水脊。倒座房加门楼共三间。北平解放时这里是人民解放军攻城指挥部，人民解放军一些重要领导人曾在此居住。1998年公布为门头沟区文物保护单位。

三家店村东街78号院大门

挺进军十团团部

位于门头沟区斋堂镇马栏村。该院坐北朝南，二进院落。大门在东南角，墙体均磨砖对缝。该院为重修。民国时期建筑。

门朝西开，两边挂牌，左为"北京市青少年教育基地"，右为"冀热察挺进军司令部旧址陈列馆"。清水脊，蝎子尾，平草砖雕。筒瓦起垄，仰瓦铺顶，圆形勾头上刻草叶纹饰，滴水刻花卉纹饰。前檐为三层直檐。板门形制，开双扇木门，上黑漆。门前如意台阶两级，青石拼砌。门楼内甬道铺水泥，为后改，甬道两侧建有迎宾室，面阔三间，进深一间，明间开双扇木门，夹门窗为工字步步锦，门裙板上窗为卧蚕工字锦。匾额上题"冀热察挺进军驻地"，落款为萧克。匾为黄色底，木质。次间槛墙窗为支摘窗，卧蚕工字锦，外护窗为套方。楼梯下拐向南，可见一门楼，清水脊，灰梗起垄，合瓦屋面，出门楼东侧可见西洋门，可以判断该院落建筑为民国时所修建。门楼廊心墙为素砖线刻水波纹饰。倒挂门楣镂空木雕牡丹花枝，墀头整砖上身，戗檐砖有垫花砖雕凤穿牡丹，荷叶墩部位刻花卉，包袱角内刻花卉。

挺进军十团团部大门

左侧墙腿石面刻清水荷花，外边框饰万字不到头，压面石上刻蝶舞花丛，边框及压面石均染黑，呈拓印效果。清水荷花面素白，颇清雅。上部同右侧。右侧墙腿石面刻牡丹富贵，外边框及压面石形制画面同左侧。牡丹饱满，素面大方。门楼两侧门墩石为正方形，左侧正面刻跪乳（牛）回首，上出云朵，线刻出外框，呈印章样。内侧刻山石牡丹，线刻出外框，呈印章样。右侧正面刻牝马回首，上出云朵。线刻出外框，呈印章样。内侧刻梅花山石，线刻出外框，呈印章样。两侧门墩石上部均刻织锦席纹。

门楼对面房屋（应为倒座房）北山墙上出座山影壁，假脊假檐墙帽，清水脊，蝎子尾，

平草砖雕，小号筒瓦起垄，小号青瓦铺顶，圆形勾头上刻兽面，滴水上刻花卉。前檐为九层冰盘檐，飞椽头上刻万字，圆椽头上刻五角梅花。下出连珠混装饰檐面，影壁心为硬心四角岔花，方砖素面，中间竖题砖雕行楷鸿禧二字。基座为须弥座。

南厢房二间，进深一间，清水脊，蝎子尾，平草砖雕，明间开双扇木门，裙板上窗为工字步步锦样式。门上题匾额"第五展室"，匾额为黄色木质。西山墙抹灰上身，起一西洋门并立一字影壁，清水脊，蝎子尾，平草砖雕，小号筒瓦起垄，小号青瓦铺顶，圆形勾头上刻团寿，滴水上刻花卉。前檐为五层冰盘檐，出飞椽。影壁心为软心，白灰抹面，上题写"八路军冀热察挺进军司令部旧址陈列馆捐款名录"。北厢房形制与南厢房一致，大门上匾额题写"第四展室"，东面耳房一间，进深一间，脊低于厢房脊。开双扇木门，门窗为工字步步锦样式。

该院原是村中地主于成章家的宅院，后作为冀热察挺进军十团团部。挺进军十团前身为"冀东人民抗日联军"和"抗日先锋队"，合编后白乙化任团长。

1998年公布为门头沟区文物保护单位。

挺进军司令部旧址

灵水村6号

位于门头沟区斋堂镇。院落面阔20米，进深八米。清末至民国初期建筑。

门楼形制有改动，为三檩架构，硬山顶，清水脊，合瓦屋面，无勾头滴水。板门形制，门框两侧立墙后来重砌，停泥砖淌白缝十字缝墙体，无墀头砖雕，为不规范三层直檐，整砖到顶。门框上两个圆形门簪，无任何装饰。门楼内两侧墙面破损，局部剥落。甬道为块石随意铺砌。门楼前出如意踏跺五级，用长条青白块石铺砌，上基石和中基石由不规则块石铺砌，疑是后来添补。门楼与西厢房以院墙相合，此处院墙开小门楼，下为木板门，上为合瓦卷棚顶，手法简陋，院墙形制被改动。

倒座房原为五间，进深一间，形制已改，东三间已坍塌，西二间应为后建，房屋脊已改，披水用盖瓦起垄饰边；脊用水泥堆抹成鞍形，屋面用红机瓦铺顶。后檐为单层直檐墙，檐口砖雕水波纹。后墙开窗，手法粗劣。明间开双扇木门，裙板上为龟背锦；次间槛墙上开三扇支摘窗，上下分为两部，下面使用玻璃，上面两边为工字步步锦样式，中间为套方四叶菱花锦，重新上白漆。

正房面阔五间，进深一间，硬山顶，清水脊，脊端已残；合瓦屋面，勾头滴水无存。漏檐墙廊柱外檐椽头上瓦件脱落，残破露光。内为三架梁，可见蜀柱，脊角背及随梁枋隐约有线刻蔓草纹饰。前出廊，廊罩花板镂空木雕花草。檐柱下圆形柱顶石露明。明间、次间开五抹隔扇门，为正搭正交方眼窗；左侧次间窗为正搭正交方眼，右侧次间窗为正搭正交方眼，门裙板上窗为工字步步锦样式；两边梢间位置前廊封闭单成一屋，廊内开一扇木门，裙板上窗为工字步步锦，门头板为大正搭正交方眼样式。正房门前有踏跺五级，无垂带，为长条青石铺砌。

东、西厢房各二间，进深一间。山墙檐柱均为后改。东厢房屋脊为后改，披水用盖瓦起垄饰边；脊用水泥堆抹，屋面用红机瓦铺顶，形制已改。明间开门，双扇木板门，门裙板上窗后改，使用玻璃；夹门窗为龟背锦，表面上白漆，为重刷，与原来风貌不协调。次间槛墙上开支摘窗，分两部分，下面用玻璃，上面为工字步步锦、套方四叶菱花锦，重刷白漆。

西厢房屋顶形制稍有改变，为硬山顶，清水脊，蝎子尾（脊与尾均使用水泥加固），合瓦屋面，无勾头滴水。明间开门，双扇木门，裙板上为正搭正交万字窗样式，门头板为灯笼框样式；夹门窗为一码三箭样式。次间窗分为三部分，中间开支摘窗，下面使用玻璃，上面为大正搭正交方眼，两边为大正搭正交方眼样式。

该院2005年公布为门头沟区文物保护单位。

正房

灵水村142号

位于门头沟区斋堂镇。该院落与南向民居之间自然形成一条东西向的小巷，小巷西砌一板门，形制简单。该院东西长22.1米，南北宽20米。清末至民国初期建筑。

门楼为蛮子门，檐口为三层直檐，开在东北角，硬山顶，清水脊，两端蝎子尾已残，合瓦起垄铺面，勾头滴水俱全，有重修痕迹，圆形兽首勾头一边一个，其余则为冠状勾头，滴水上刻蔓草纹饰。

倒座房三间，进深一间，明间开双扇木门，门簪两枚做成莲花状；门头板为套方卧蚕灯笼锦样式，夹门窗为正搭正交方眼样式。次间南侧槛墙窗分三部分，两边为正搭正交方眼样式，中间下部为后改，用玻璃，玻璃两侧为简易工字锦样式，上部为大正搭正交方眼样式。东侧槛墙窗均改动，下用玻璃，上为正搭正交方眼样式。槛墙用停泥砖砌，有淌白缝及十字缝。

正房三间，进深一间，坐东朝西，硬山顶，清水脊，蝎子尾，平草砖雕，合瓦屋面，冠状勾头，滴水上刻蔓草纹。明间开双扇木门，裙板上窗为工字步步锦，两边配有灯笼框，

门头板为工字步步锦。门夹窗为工字步步锦。次间槛墙窗分三部分，两侧为工字步步锦，中间下部为玻璃窗，上部为龟背锦。大门前出如意踏跺五级，为长条青石铺砌。两侧前檐墙墀头砖雕残损，戗檐砖墙柱头上包嵌的砖雕十分精美，北端外侧面西向为戏凤、牡丹、花瓶纹饰，边饰卷草纹；北端内侧面为瑞兽、花草纹饰，南端内侧北向为仙猴献桃、花草纹饰，外侧西向为凤穿牡丹纹饰，周边饰卷草纹。正房后檐墙为三层菱角封护檐墙，合瓦屋面，无勾头滴水。靠北上开一长方形窗（大正搭正交方眼样式）。后墙用水泥抹面。

南厢房二间，进深一间，硬山顶，清水脊，蝎子尾，合瓦屋面，冠状勾头，滴水上刻蔓草纹饰。明间开双扇木门，夹门窗为正搭正交方眼样式；次间槛墙窗分三部分，两侧为正搭正交方眼，中间为龟背锦。槛墙用停泥砖砌，有淌白缝及十字缝。

北厢房二间，进深一间，硬山四檩卷棚顶，元宝脊，为后改。合瓦屋面，冠状勾头，滴水上刻蔓草纹饰。明间开双扇木门，门头板已坏，未修理，为工字步步锦，夹门窗为正搭正交方眼；次间槛墙窗为支摘窗，分三部分，中间为龟背锦，两侧为正搭正交方眼。北厢房东山墙出座山影壁，假脊假檐墙帽，清水脊，蝎子尾，合瓦铺面形制，勾头滴水俱全，檐墙为三层直檐，影壁为软心，白灰抹面。

该院2005年公布为门头沟区文物保护单位。

倒座房

碣石村李国平院

位于门头沟区雁翅镇。院内方砖墁地。院落内形制已改。三合院，坐北朝南。

正房三间，脊后改，为皮条脊，合瓦屋面，明间开隔扇木门，格心为方眼样式，门头板内为灯笼框样式，夹门窗为方眼。次间槛墙窗为一码三箭式。槛墙重修，右侧槛墙窗为四扇支摘窗，下为玻璃，上为套方灯笼框。

西厢房二间，皮条脊，合瓦屋面，明间开双扇板门，夹门窗为一码三箭。槛墙窗为四扇隔扇窗，一码三箭样式。

厢房为石板瓦铺顶，夹门窗为大方眼样式，门裙板上格心为工字步步锦。槛墙窗为支摘窗，工字步步锦。

碣石村2号

位于门头沟区雁翅镇。简易板门，顶已残，合瓦屋面。门前台阶七级，无垂带，用水泥重新卡缝，青石质及砂岩石铺砌。

倒座房三间，清水脊，脊饰蝎子尾，平草砖雕，有勾头滴水。明间开双扇木门，夹门窗为方眼，次间槛墙窗为支摘窗，两侧为工字步步锦，中间改用玻璃。右侧槛墙窗两侧为卧蚕工字步步锦，中间亦改用玻璃。

正房三间，坐北朝南，顶已改，用机瓦铺顶。门窗形制稍有改动，夹门窗为工字步步锦样式，槛墙窗为支摘窗，两侧为方眼，中间上部为套方灯笼锦。东、西厢房各二间，皮条脊，合瓦屋面，无勾头滴水。明间开板门，夹门窗为一码三箭。槛墙窗为支摘窗，两边为一码三箭，中间为大方眼样式。

倒座房门前如意台阶两级，长条青石铺

砌。正房前台阶后改，五级，用水泥砌筑。院内方砖墁地。院墙为镂空花墙。

碣石村2号院大门

碣石村5号

位于门头沟区雁翅镇。门楼开在东南角，朝东开门，皮条脊，合瓦屋面，两旁各有两个滴水，上刻花卉，中间无勾头滴水，墀头整砖上身，无戗檐砖。前后檐均为三层直檐。门前出台阶五级，无垂带，长条青石、砂岩石铺砌。简易木板门，两个木质方形门簪。

倒座房五间，进深一间，清水脊，合瓦屋面，明间开双扇木门，夹门窗后改，上部为大方眼样式，下部用玻璃。门头板为工字锦。次间、梢间槛墙窗均为支摘窗，上部为大方眼，下部用玻璃，槛墙砖砌，丝缝。门窗有后来重修痕迹。门前出台阶三级，长条青石一块，院

碣石村5号院大门

面与倒座房台明合成三级。

正房四间（应为五间），后改，进深一间，坐北朝南，清水脊，脊饰蝎子尾，平草砖雕，合瓦屋面，无勾头滴水。正房两明两暗，东边第二间开正门，双扇木门，夹门窗为套方灯笼框，下为玻璃窗，应为后改。紧邻西侧明间开单扇木门，原应为槛墙窗，两侧槛墙窗为一码三箭，门头板为方眼。西梢间槛墙窗为支摘窗，两侧为一码三箭，中间上部为大方眼，下部两侧为工字锦，中间用玻璃。形制比较独特，两门前均出台阶五级，无垂带，长条青石铺砌，东台阶比西台阶要长。

院内方砖墁地。西厢房二间，皮条脊，合瓦屋面，无勾头滴水。明间开双扇木门，夹门窗为一码三箭，槛墙砖砌，丝缝，淌白。槛墙窗为四扇，中间可内外开，两边为死窗，均为一码三箭样式。西厢房门窗样式为后改，屋面亦为后改，用红机瓦铺顶，棋盘心样式。两侧为盖瓦起垄，槛墙亦为后修，砖砌，丝缝。

正房、倒座房均为三架梁。东厢房后墙面裸露，为块石和黄泥填心堆砌，后墙开一窗，内凹，两边用砖砌窗框，样式简陋。正房东山墙为抹灰上身，砖砌博缝。倒座房东山墙为五进五出样式，软心，抹灰上身。脊端有圆形盘头，上面雕刻纹饰不明。砖砌博缝。

碣石村13号

位于门头沟区雁翅镇。蛮子门楼，开双扇木板门，木质圆形门簪两枚，右刻"福"字，左刻"禄"字。门前出台阶九级，长条青石铺砌，无垂带。门楼为清水脊，脊饰蝎子尾，平草砖雕，前檐为五层冰盘檐。门楼墀头为整砖上身，无戗檐砖，两边下碱为墙腿石。左侧直方形门墩石，应为后加，如意云纹刻外框，内阳刻"福"字，右侧为木制门墩。右侧廊心墙内有门神龛，为长方形内凹，上部线刻出宝瓶顶状。

倒座房三间，进深一间，清水脊，脊饰蝎子尾，平草砖雕，合瓦屋面，无勾头滴水。门窗已改。门前出台阶三级，长条青石铺砌。

院内正房屋顶、门脸已改，门前有台阶五级，无垂带，为长条砂岩石铺砌。西厢房二间，清水脊，脊饰蝎子尾，平草砖雕，合

碣石村13号院大门

瓦屋面，无勾头滴水。明间开双扇木门，夹门窗为一码三箭，门头板为正交斜搭菱形方眼。槛墙窗为四扇落地明造隔扇窗，一码三箭样式，外有护窗，亦为一码三箭样式。墀头整砖上身，饯檐砖素砌。

院内块石墁地。倒座房后檐为三层菱角檐，后墙开两窗，形制为后改。可见腰线石，后墙为五进五出软心，抹灰上身。

碣石村57号

位于门头沟区雁翅镇。该院坐北朝南。南北长 8.3 米。门楼为金柱门，开双扇板门，样式简陋。正房三间，面阔九米，硬山，皮条脊，踏跺五级，东、西厢房各三间（西厢房已改），门楼开在东厢房南端一间，东厢房进深 6.3 米。后檐为二层直檐，抹灰上身。倒座房无，该位置为一字影壁。倒座后墙从东向西有墨题行楷"秀水"二字，西段被水泥抹面上身后无存。

碣石村57号院大门

碣石村刘云院

位于门头沟区雁翅镇。门楼开在东南角，与倒座房连为一体，为金柱门。两侧墀头整砖上身，墙体磨砖对缝，饯檐砖雕牡丹。廊心墙为素面线刻龟背锦。原有精美的木雕门罩，门楣上有传统的工笔重彩花鸟画，以石

碣石村刘云院门楼彩绘

青衬底，色泽浓艳，与淡粉色的荷花、牡丹、菊花形成鲜明对比，衬托花卉更加妩媚娇艳，栩栩如生。双扇板门，门联右为"勤俭为世本"，左为"耕读治家风"。东厢房南山墙出座山影壁，中间书"鸿禧"。

正房三间，进深一间，东、西厢房各二间，进深一间。清水脊，板瓦合瓦屋面，带勾头滴水，梁架用材粗壮，倒座房与正房形制一样。

碣石村刘云院内景

北京四合院志

苇子水村35号

位于门头沟区雁翅镇。该院坐南朝北，院落南北长19.2米，东西宽11米，门开在东北角。正房三间，硬山，皮条脊，带蝎尾，阴瓦铺顶，合瓦间隔压垫，踏跺五级。东、西厢房各二间，西厢房石板顶，倒座房三间，踏跺三级。

苇子水村54号

位于门头沟区雁翅镇。该院坐北朝南，院落长14.3米，面阔8.2米，块石铺地。正房三间，屋顶已改，倒座房三间，门窗已改，厢房各二间，形制没变。

苇子水村54号院

苇子水村132号

位于门头沟区雁翅镇。该院坐东朝西，正房三间面阔8.2米，进深六米，踏跺七级，硬山，皮条脊，南侧有耳房二间面阔四米，进深三米，倒座房三间，面阔8.2米，进深六米，南、北厢房各二间，面阔七米，进深

五米。南厢房东侧有耳房二间，面阔四米，进深三米。紫条石铺地。

苇子水村132号院

苇子水村高丰官院

位于门头沟区雁翅镇。该院为三合院。门楼开在西北角，鞍子脊，干槎瓦屋面。正房坐北朝南，面阔三间，进深一间，门前出踏跺五级，长条砂岩石铺砌。明间开双扇板门，夹门窗为一码三箭。槛墙窗为支摘窗，两边为一码三箭，中间上部为灯笼框，下面为玻璃窗。皮条脊，合瓦屋面，无勾头滴水。东厢房三间，鞍子脊，灰梗起脊垄，红机瓦铺面。盖瓦做垂脊。明间开双扇板门，门头板为大方眼，夹门窗为一码三箭。槛墙窗为支摘窗，两边为一码三箭，中间为大方眼，下为玻璃窗。西厢房二间,脊后改,合瓦屋面,门脸后改。

苇子水村高永天宅院

位于门头沟区雁翅镇。该院坐东朝西，院落进深 20.2 米，面阔 15 米，块石铺地。正房三间，合瓦，硬山，皮条脊，踏跺五级，北侧有厨房二间。南厢房三间，瓦已换。北厢房二间带一门楼，均为三级踏跺。倒座房三间已坍塌。

苇子水村高连玉宅院

位于门头沟区雁翅镇。门楼开在东北角，门前出七级台阶，斜上。门楼前出一字影壁，馒头顶，软心，白灰抹面，墨题字，漫漶不清。正房三间，坐西北朝东南，屋面后改。门前出如意踏跺五级。明间开双扇木门，夹门窗上部为工字锦，下部为玻璃窗。槛墙窗为支摘窗，两侧上部为方眼，下部为玻璃窗，中间上部为方眼，下部为玻璃窗。院内长条青石、紫石墁地。

倒座房三间，坐东南朝西北，顶已改，屋面用红机瓦。门前出踏跺三级，无垂带。明间开双扇木板门，夹门窗为一码三箭，次间槛墙窗为支摘窗，两边为一码三箭，中间上部为方眼，下部为玻璃窗。倒座房后檐为三层菱角檐，后墙软心，抹灰上身，开一窗。后墙台基为块石和土垒砌，高约二米。

北厢房二间，皮条脊，干槎瓦屋面，盖瓦起垄隔间，西段用红机瓦。明间开双扇木板门，夹门窗为大方眼，门头板为大方眼。槛墙窗为支摘窗，两边为一码三箭，中间上部为大方眼，下部为一码三箭。槛墙砖砌，白灰勾缝。南厢房二间，顶已改，用红机瓦铺顶。棋盘心屋面。明间开双扇木门，

夹门窗为一码三箭。槛墙窗已改。

苇子水村高增顺宅院

位于门头沟区雁翅镇。门楼开在西南侧。皮条脊，合瓦屋面，部分坍塌，急需修缮。门楼内侧墙面上题写毛主席语录。

正房三间，坐北朝南，进深一间，皮条脊，合瓦屋面，明间开双扇木板门，夹门窗为工字步步锦，槛墙窗为支摘窗，两边为工字步步锦，中间为大方眼。槛墙砖砌，面做方池，内饰正交斜搭万字不到头。门前出踏跺五级，长条青石铺砌，无垂带。

倒座房三间，皮条脊，合瓦屋面，门脸已改。门前出踏跺三级。长条青石铺砌。东厢房二间，皮条脊，合瓦屋面，明间开双扇木板门，夹门窗为一码三箭，门头板为方眼。夹门窗为支摘窗，落地明造，工字步步锦，外护窗为大方眼。

西厢房二间，皮条脊，合瓦屋面，明间木门后加，形制改动，夹门窗为一码三箭。槛墙窗为支摘窗，两侧为一码三箭，中间上部为盘长，下为玻璃窗。墀头整砖上身，戗檐砖素砌。

灰峪村中街16号、17号（孙家老宅）

位于门头沟区军庄镇。分为相邻的两个单独院落，共有32间房，故当地称之为"三十二间房"。清末建筑。

16号院坐北朝南，正房五间，东、西厢房各三间，倒座房五间，均为小布瓦互压顶，清水脊。室内柁檩有柁方檩方，正房、倒座房内均有雕花木隔扇相隔。前脸柁檩均有油漆彩绘。院内青砖墁地，院墙高大。

孙家老宅

17号院位于16号院东侧，形制与其相同。唯其进大门后的东侧有一个侧院，有房为磨坊、工役用房、储物用房等。

两院为清末本村的大地主孙万善所建，至今已有120多年。

灰峪村范家老宅

位于门头沟区军庄镇，与孙家老宅只一院之隔。该院坐东朝西，清代中期建筑。

倒座房加门楼共五间，清水脊带蝎子尾。

范家老宅

门楼两侧的对联是"忠厚传家久，诗书继世长"。老门牌号是"宛平县第五区七号"。院内方砖墁地，保存完好。

正房五间，硬山，清水脊，脊饰蝎子尾，板瓦铺顶，垂带踏跺五级，原有镇宅兽，现已无存。南北厢房各三间，鞍子脊，卷棚顶，其中南厢房明间为过道。

孟悟村97号

位于门头沟区军庄镇。该院坐北朝南，清末民初建筑。

门楼一间，开在东南角，面阔2.5米，进深三米，硬山，清水脊，筒瓦，勾头滴水。

倒座房三间，面阔10.5米，进深三米，硬山，皮条脊，石板瓦铺顶。

正房三间，面阔10.5米，进深三米，硬山，清水脊，蝎子尾已毁，东西两侧各有一间耳房。东、西厢房各二间，面阔五米，进深三米，卷棚顶，鞍子脊，石板铺面，棋盘格形制。

军庄村北大街47号

位于门头沟区军庄镇。该院坐南朝北，始建年代不详，从形制上看应不晚于民国时期。

门楼一间，开在东北角，面阔2.5米，进深三米，硬山，清水脊，板瓦合瓦，勾头滴水。

倒座房三间，面阔九米，进深三米，硬山，皮条脊，板瓦铺顶。院内块石铺地，现保存较好。

正房三间，面阔九米，进深三米，皮条脊，板瓦铺顶，棋盘格形制。东、西厢房各二间，面阔五米，进深三米，方格窗，硬山，皮条脊，石板瓦顶。

军庄村北大街47号院

西店村24号院

位于门头沟区龙泉镇三店村。该院坐北朝南，清末建筑。院落整体进深14.6米，面阔17.3米。门楼一间，开在东南角，硬山，皮条脊，七架梁，上铺石望板。

正房五间，进深五米，面阔13米，硬山，皮条脊，棋盘格，有踏跺五级，旁有垂带。东、西厢房各三间，硬山，清水脊，带蝎子尾，

有踏跺三级，东厢房瓦面已无。倒座加门楼共五间，硬山，皮条脊。

西店村24号院

门头口村37号

位于门头沟区龙泉镇。院落坐东朝西，二进院落。

正房三间，面阔七米，进深五米，石板瓦铺顶，板瓦压垄，硬山调大脊。

二进南北厢房各三间，中间原有月亮门，现无存，前进院有南北厢房各二间，倒座房和门楼共三间。形制均与正房相同。院落整体进深20.2米，面阔四米。南北厢房通面阔20米，进深四米；倒座房加门楼面阔共七米，进深五米。现厢房东西两侧皆盖有耳房，整体建筑保存较好。

门头口村37号院

北京四合院志

岳家坡村焦家大院

位于门头沟区龙泉镇。该院为三套平行院落，进深16.5米，面阔16.4米。清道光年间建筑。

焦家大院

门楼一间，开在东南角，面阔2.5米，进深五米，硬山，清水脊，蝎子尾带盘花，筒瓦顶。正房五间，面阔16米，进深五米，硬山，清水脊，合瓦顶，蝎子尾已残，七级踏跺有垂带。西厢房三间，面阔8.8米，进深四米，硬山，清水脊，带蝎子尾，有平草砖雕，棋盘格顶。东厢房南山墙有软心靠山影壁，有三级如意踏跺，形制与西厢房相同。倒座房五间，踏跺三级，旁有垂带。民国时期，在院落东西又各建院落，西院为三合，东院为四合。

该院建筑精良，距今已有100多年的历史，是圈门地区为数不多的保存至今的古民居之一。

担礼村6号

位于门头沟区妙峰山镇。该院坐北朝南，清末民初建筑。

正房五间，面阔16米，进深五米，硬山，清水脊，脊饰蝎子尾，石板顶，板瓦，踏跺五级，带垂踏。东、西厢房各三间，面阔十米，进深四米，硬山，清水脊，脊饰蝎子尾，石板顶，踏跺三级，东厢房墙壁有通气孔。倒座房四间，面阔13米，进深四米，硬山，清水脊，石板顶，踏跺三级。院内砖石铺地。

院落整体保存完好。

担礼村6号院正房及厢房

草甸水村南街44号

位于门头沟区潭柘寺镇。该院坐南朝北，清末民初建筑。

正房三间，面阔13米，进深四米，石板瓦铺顶，筒瓦压垄，窗为菱形纹，踏跺四级；东厢房三间面阔十米，进深三米，石板瓦铺顶。倒座房、西厢房均已无存，仅剩地基。

草甸水村南街44号院

贾沟村11号

位于门头沟区潭柘寺镇。该院坐北朝南，清代晚期建筑。

门楼一间，开在东南角，面阔三米，进深三米，硬山，清水脊，筒瓦顶，勾头滴水，木质大门两扇。正房三间，面阔11米，进深三米，硬山，皮条脊，带蝎子尾，板瓦铺顶，筒瓦压垄，踏跺三级。东、西厢房各三间，面阔九米，进深2.5米，石板瓦铺顶。倒座房三间，面阔11米，进深三米，硬山，清水脊，带蝎子尾，板瓦铺顶，筒瓦收垄。

贾沟村11号院正房及厢房

北村北街24号

位于门头沟区潭柘寺镇。该院坐北朝南，清代晚期建筑。

正房五间，面阔16米，进深五米，硬山，清水脊，蝎子尾，石板顶，板瓦隔间压垄，四级踏跺。东、西厢房各三间，面阔八米，进深四米，棋盘格形制。倒座房加门楼五间，硬山，皮条脊，石板顶，门楼为蛮子门。院内条石墁地。

北村北街24号院房屋

赵家台村四合院

位于门头沟区潭柘寺镇。该院坐南朝北，二进院落。明崇祯年间建筑。

门楼一间，门前有抱鼓石一对。一进院二间，为东厢房，供下人们居住，南山墙有靠山影壁，上写有"一寸光阴一寸金，寸金难买寸光阴，光阴失掉无处寻"的劝诫语，提示后人要"珍惜时间，勤劳致富"。二进院正房五间，面阔16米，进深五米，硬山，清水脊，仰瓦扣瓦合瓦，带勾头滴水，滴水檐瓦的图案为狮子头和富字，另有制作精美的墙腿石。东、西厢房各三间，面阔八米，进深三米，硬山，清水脊，仰瓦扣瓦合瓦，带勾头滴水。院内方砖墁地，因无人居住，院内生有杂草。

赵家台村四合院大门

西马各庄24号

位于门头沟区王平镇。清末民初建筑。

门楼一间，开在东南角，硬山，清水脊，筒瓦，带勾头滴水，木质门两扇。正房三间，面阔九米，进深四米，硬山，清水脊，板瓦

西马各庄24号院

铺顶压垄，蝎子尾带盘花，踏跺三级。东、西厢房各二间，硬山，清水脊，板瓦铺顶压垄。倒座房三间，硬山，清水脊，石板顶，棋盘心，蝎子尾。院内为沙土地，有石板路一条，宽约一米。该民居整体保存较好。

色树坟村34号

位于门头沟区王平镇色树坟村。该院坐北朝南，清末建筑。正房五间，面阔13米，进深四米，硬山，皮条脊，板瓦铺顶压垄，四梁八柱，踏跺三级。倒座房五间，硬山，皮条脊，板瓦铺顶压垄，踏跺三级。东、西厢房无存，院内方砖墁地。

南涧村刘氏院

位于门头沟区王平镇。该院坐西朝东，清代建筑。正房五间，面阔 16 米，进深五米，硬山，清水脊，带蝎子尾，石板瓦铺顶，方格窗。南、北厢房各三间，面阔九米，进深 4.3 米，硬山，清水脊，板瓦，门窗保存完好。倒座房已毁。院落现无人居住。

南涧村刘氏宅院

东石古岩村客店

位于门头沟区王平镇。包括北店、下店和南店。

北店位于村北。始建年代不详，主人家姓张，现为民居，已分为多户。包括东石古岩村 38 号院等四套院落。38 号院坐北朝南，由二套二进四合院组成，正房与倒座房形制相同，面阔均为十米，进深为五米。东、西厢房面阔均为八米，进深四米。其东边有一套院落，院落整体南北长 32 米，东西长十米。西边一套四合院，正房面阔十米，进深五米；东、西厢房面阔十米，进深五米；倒座房面阔十米，进深五米；整座四合院南北长 32 米，东西长十米。

下店位于村东，一进四合院形制，坐北朝南，正房三间，面阔五米，进深 3.5 米，硬山，清水脊，带蝎子尾，板瓦铺顶压垄。东、西厢房各三间，面阔五米，进深 2.5 米，硬山，清水脊，带蝎子尾，板瓦铺顶压垄。倒座房三间，硬山，清水脊，带蝎子尾，板瓦铺顶压垄。

南店位于村南，二进四合院形制，坐南朝北。正房一间，面阔 6.4 米，进深五米，硬山，清水脊，带蝎子尾，板瓦铺顶压垄。东、西厢房各五间，面阔 13 米，进深四米，硬山，清水脊。垂花门一间，面阔二米，进深二米。倒座房五间，面阔 18 米，进深五米，硬山，现整体保存完整。

东石古岩村后有石佛岭古道，古时来往行人车辆众多，为方便赶路人休息，清朝末期，在村中开设了数处客店。北店、下店和南店为现存的三处客店。

东石古岩村南店

东石古岩村北店

东王平村8号

位于门头沟区王平镇。该院坐北朝南，二进院落。清末民初建筑。

一进院东、西厢房各三间，面阔8.8米，进深四米，硬山，皮条脊，板瓦铺顶。倒座含门楼共三间，面阔十米，进深四米。二进院，正房三间，面阔十米，进深四米，硬山，皮条脊，石板瓦铺顶，隔间压垄。东、西厢房

东王平村8号

各三间，面阔8.8米，进深四米。倒座房三间，东一间为垂花门。院内碎石铺地。现已无人居住。

西王平村41号

位于门头沟区王平镇。该院坐西朝东，清末民初建筑。门楼一间，开在东北角，硬山，清水脊，板瓦，蝎子尾带盘花，勾头滴水。正房三间，面阔十米，进深五米，硬山，皮条脊，蝎子尾，石板铺顶，板瓦间隔压垄，踏跺三级。南、北厢房各二间，面阔6.2米，进深4.3米，门窗已改，鞍子脊。北厢房前接有一间砖砌小房。倒座房三间，面阔十米，

西王平村41号院

进深五米，硬山，皮条脊，板瓦铺顶。院内方砖墁地。

西王平村46号

位于门头沟区王平镇。该院坐北朝南，清末民初建筑。门楼一间，开在东南角，硬山，清水脊，板瓦铺顶。正房三间，硬山，皮条脊，石板瓦铺顶，隔间压垄。东、西厢房各三间，硬山，皮条脊，板瓦顶。倒座房三间，硬山，皮条脊。后山墙有民国时期的宣传广告，长90厘米，宽70厘米，现保存较好。

西王平村46号院

王锦龙宅

位于门头沟区王平镇西王平村下街中部。该院坐北朝南,二进院落。清代末期建筑。

东南角为广亮大门,五架梁,两搭椽。有影壁一座,上有"鸿禧"二字。一进院厢房已毁,仅剩东、西耳房各一间,倒座房门脸房三间。经垂花门进入内院,正房五间,

王锦龙宅

清水脊,蝎子尾带盘花,有踏跺五级,东、西厢房各五间。院内方砖墁地。整座院落共计21间,除一进院厢房外,其余皆保存完好。

该院为西王平村人王锦龙老宅。王锦龙曾于清光绪二十年(1894)在参加中日甲午战争中两次立功,分别被授予五品顶戴和六品顶戴,其军功牌至今仍存。

该院现无人居住。

马栏村226号

位于门头沟区斋堂镇。该院为二进院落。门楼改为简易板门。南院低,北院高,之间有台阶七级连接,中间后安铁丝门。

南院倒座房三间,坐南朝北,清水脊,蝎子尾,合瓦屋面。明间开双扇木门,门裙

板上为拐子锦,门头板为万字不到头,夹门窗分三部分,下为木裙板,中间用玻璃,上部为龟背锦。右侧槛墙窗为四扇一码三箭样式,左侧分三部分,两边为一码三箭,中间为龟背锦。

东厢房三间,进深一间,门窗形制已改。清水脊,合瓦屋面,前檐处屋面上红机瓦铺顶防漏。明间开双扇木门,夹门窗改用玻璃。两侧槛墙窗亦改用玻璃。

西厢房三间,进深一间,北侧一间改为门楼过道,明间开双扇木门,夹门窗为方眼,门头板为灯笼框,次间槛墙窗为方眼及一码三箭。大门框上可见两个木制栓斗,清水脊,合瓦屋面。

北院正房三间,进深一间,坐北朝南,清水脊,合瓦屋面。明间开四扇五抹木门,裙板上窗为套方灯笼框,门头板为卧蚕工字锦。槛墙窗为支摘窗,方眼样式,外护窗为龟背锦,右侧护窗不见。

西厢房无存。东厢房三间,进深一间,屋顶形制与正房同,明间开双扇木门,夹门窗为一码三箭,门头板为套方。次间北侧槛墙已毁,后改用青砖堆砌,上面窗户为支摘窗,两边为一码三箭,中间为大方眼。南侧槛墙窗与北侧一致。南侧西厢房后檐墙几近坍塌,为块石和泥垒砌,抹灰上身。单层直檐。

马栏村226号院大门

北京四合院志

黄岭西村5号

位于门头沟区斋堂镇。门前石阶后改，上水泥。东西向，三级台阶。简易双扇板门，上有门牌号。门前两级台阶为原有风貌，长条青石铺砌。门楼顶一半已塌毁。院内格局未变，但倒座房外表做了保温，改变了原来风貌。

正房三间坐北朝南，进深一间，清水脊，合瓦屋面，无勾头滴水。明间开双扇木门，夹门窗为方眼样式，门头板为工字步步锦样式。右侧槛墙窗为支摘窗，两边为方眼，中间部分改作玻璃，形制改动；左侧槛墙窗未变，中间下部为玻璃，其他部位均为方眼样式。

黄岭西村5号院大门

西厢房无存，变作菜地。东厢房二间，进深一间，鞍子脊，灰梗起脊垄，屋面为仰瓦干槎，两边用合瓦两行出垂脊样式。明间开双扇木门，门窗形制已改。正房前出青石台阶五级，旁出垂带。

黄岭西村8号

位于门头沟区斋堂镇。门楼前檐为二层菱角檐，菱角用红机砖，改变原来风貌，门楼顶用灰梗（上水泥）起脊垄，合瓦屋面，

黄岭西村8号院屋面

无勾头滴水。倒座房西侧山墙亦用水泥重新抹面上身，改变原来风貌。门楼对面向北有一字影壁，形制改变，后来重修，未按原貌修缮。门楼前台阶用水泥重修，改变原来风貌。门楼为简易板门，前出两个木质圆形门簪，面刻向日葵纹饰。

西厢房座山影壁形制改变，重新抹灰，上写"福、寿、禄、禧、财"字样。西厢房北山墙用水泥上身，改变原来风貌。

倒座房二间，进深一间，清水脊，脊端蝎子尾已残，合瓦屋面，无勾头滴水，东侧蝎子尾尚存，下有平草砖雕。明间开双扇木门，夹门窗为一码三箭，槛墙窗为支摘窗，两边为一码三箭，中间外护窗为大方眼，内层支摘窗无存。正房门前出踏跺三级，长条青石铺砌，旁无垂带。

正房三间，进深一间，坐南朝北，清水脊，合瓦屋面，无勾头滴水。明间开双扇木门，门窗形制已改。东厢房二间，鞍子脊，合瓦屋面，明间开双扇木门，形制改动，重新上红漆。南侧槛墙窗形制已改，北侧槛墙窗为支摘窗，两边为一码三箭，中间上部为方眼，下部用玻璃，重新上红漆，改变原来风貌。

黄岭西村8号院外影壁

黄岭西村11号

位于门头沟区斋堂镇。坐西朝东，门楼开在西北角。倒座房为清水脊，合瓦屋面，无勾头滴水。门楼外有一字影壁。影壁后墙上墨迹"厚德载物"为重新粉刷题写，改变原来风貌。

黄岭西村11号院门楼

影壁上出砖雕两叶一花镂空花墙。倒座房北山墙为抹灰上身，与影壁之间用院墙相连，上部出镂空花墙，下出海棠池抹灰，题写"国富民强"（从右往左），为重新粉刷题写。倒座房北侧开门，上有门牌号"11"。门重新上红漆，圆形木质门簪两枚。门枕石

黄岭西村11号院门外影壁

正方形，左侧门枕石正面刻"鸿"，右侧刻"禧"，两块门枕石上部均刻六交菱花，青石质。倒座房后檐墙为三层菱角檐。后墙重新用水泥抹面，改变原来风貌。

正房三间，进深一间，坐东朝西，清水脊，合瓦屋面。正房与倒座房之间用院墙相连，上出砖雕两叶一花镂空花墙。

黄岭西村31号

位于门头沟区斋堂镇。院墙为花墙。门楼为简易板门，上有门牌号"31"，合瓦屋面，前檐为单层直檐，开双扇木门，门裙板上部为直棂窗样式。门前出两级青石台阶。门楼朝北开门，门楼内甬道为青砖墁地，东西向，东侧又有一门楼连接，进入后为二合院，该院落形制改动较大，正房形制全改，倒座房二间，进深一间，坐西朝东，鞍子脊，合瓦屋面，无勾头滴水。明间开双扇木门，门窗形制已改，门前如意踏跺两级用水泥铺砌，改变原来风貌。院内青砖墁地，为后来重铺，亦改变原来风貌。倒座房北山墙连接的门楼形制亦为后改。倒座房后檐为二层直檐，头层檐做成水波状。后墙抹灰上身。

黄岭西村31号院门楼

黄岭西村32号

外景

　　位于门头沟区斋堂镇。坐西朝东，二进院落。倒座房北侧山墙为门楼，脊低于倒座房，清水脊，脊饰蝎子尾，南端有修补痕迹，平草砖雕尚存。合瓦屋面，墀头上身重新修缮，戗檐砖素砌，门楼前出踏跺七级，为长条青石铺砌。北侧立柱没入另一房屋，山墙齐平，应为后来搭建。无座山影壁。门楼内与北厢房相连的院墙为镂空花墙。

　　南厢房门脸被毁，鞍子脊，合瓦屋面，无勾头滴水。南厢房与倒座房之间以一小门相连，上砌屋面，脊低于倒座房戗檐砖部位，合瓦屋面，应为后来改建。

　　北厢房二间，进深一间，清水脊，两端蝎子尾已残，明间开双扇木门，夹门窗为正交正搭万字窗，门头板为套方灯笼锦。次间槛墙窗为四扇工字步步锦窗，无勾头滴水。墀头整砖上身，戗檐砖素砌。

　　倒座房三间，进深一间，坐东朝西，清水脊，两端蝎子尾均残，合瓦屋面，无勾头滴水。明间开隔扇木门，外有风门，帘架框上有两个荷花栓斗，格心为拐子锦，夹门窗亦为拐子锦。门头板内为灯笼框，檐下坐凳楣子均分三部分，为灯笼框样式。次间槛墙窗为支摘窗，均为工字锦，檐下坐凳楣子均分三部分，为万字不到头纹饰。后檐墙二层直檐，头层檐做成砖砌水波纹饰。北侧开窗，窗框为青砖起券，应为民国时修造，窗户为套方锦样式。北侧山墙为抹灰上身，后墙亦然。

　　西向与内进院落以门楼连接，门楼前出踏跺九级，长条青石铺砌，旁无垂带。门楼开在内进院倒座房北侧山墙处，单起脊，与倒座房脊以菱形砖雕相连，上刻福字，另一面刻如意纹饰。清水脊，合瓦屋面，无勾头滴水。双扇木门，重新上红漆。墀头整砖上身，戗檐砖素砌。

　　二进院倒座房后檐墙形制与外进院倒座房一致。二进院正房三间，进深一间，屋顶已改，用红机瓦铺顶，门窗形制已改。南厢房二间，进深一间，皮条脊，合瓦屋面，无勾头滴水，明间开双扇木门，夹门窗为工字步步锦，门头板为菱花样式。槛墙窗为支摘窗，两侧为工字步步锦，门窗均重新上红漆，形制似为后改。北侧厢房二间，皮条脊，合瓦屋面，无勾头滴水，明间开双扇木门，夹门窗为工字步步锦，门头板为盘长样式。亦重新上红漆，形制似为后改。二进院落格局未变，但改动较多。倒座房三间（门楼占一间），进深一间，门窗形制已改。倒座房与南厢房之间另起一水泥砌平顶屋，改变院落原来风貌。院内方砖墁地，形制未变。

门头装饰

黄岭西村60号

位于门头沟区斋堂镇。门楼向东开，门前有一字影壁，清水脊，合瓦屋面，影壁为软心，形制为后改。门楼前出踏跺两级，长条青石铺砌。右侧墙柱上有长方形门神龛。门楼形制为如意门。墀头整砖上身，戗檐砖为素砌。北侧厢房东山墙出座山影壁，清水脊，筒瓦屋面，勾头滴水已残，影壁心为软心，白灰抹面，墨线勾勒大框，中心竖写"鸿禧"，应为后改。门楼内倒挂楣子、花牙子为蔓草纹饰。门楼与北厢房以镂空砖雕花墙相连。

正房三间，进深一间，坐西朝东，清水脊，北端蝎子尾已残，两侧平草砖雕尚存。合瓦屋面，冠状勾头，上刻蔓草纹饰，滴水上刻花卉纹饰。明间开双扇六抹木制隔扇门，格心为方眼样式。次间槛墙窗为三扇方眼窗。门前出踏跺五级，长条青石铺砌，旁出垂带。

南厢房二间，进深一间，鞍子脊，合瓦屋面，无勾头滴水。板门两扇，夹门窗为一码三箭样式，门头板内为方眼，次间槛墙窗为支摘窗，两侧为一码三箭，中间为龟背锦，

厢房

下框内两侧为工字锦，用白纸糊面。

北侧厢房二间，进深一间，鞍子脊，合瓦屋面。明间开双扇木门，夹门窗为套方灯笼锦样式，门头板内为灯笼框样式，槛墙窗为套方灯笼锦样式。槛墙重做，磨砖对缝，淌白。倒座房三间，进深一间，清水脊，合瓦屋面，无勾头滴水。明间开双扇五抹隔扇木门，方眼样式。槛墙窗左侧为三扇方眼窗，右侧为支摘窗，方眼样式，外护窗为龟背锦样式。门前出如意踏跺两级。

正房

黄岭西村72号

位于门头沟区斋堂镇。门楼为金柱门样式，门前出踏跺三级，长条青石铺砌。左侧墀头戗檐砖部位后改，右侧墀头整砖上身，戗檐砖部位素砌。门前一对抱鼓石，青石质，

黄岭西村72号院

基座为须弥座，基座圭角正面刻"工王云"，下枋刻莲瓣纹饰，束腰为连珠，包袱角内刻正交斜搭万字，中间为盘长纹。小鼓架正面刻卷云，大鼓正面两边出鼓钉，中间刻牡丹花卉。内侧抱鼓石基座部分，包袱角内刻麒麟。小鼓架两侧刻卷云，中间为两朵盘长中加宝鼎纹饰。大鼓面圆边框，内刻正、倒两个麒麟，连线穿两个铜钱，寓意似为"福瑞寿（兽）临门"。

黄岭西村72号院正房

黄岭西村73号

位于门头沟区斋堂镇。门前两块抱鼓石，为青石质，基座为直方，包袱角内刻六交菱花，小鼓架正面刻如意，大鼓正面两侧出鼓钉，内刻牡丹花卉。内侧基座线刻外框，四角岔花，内刻鹿回首，小鼓架内侧面刻蔓草纹饰，大鼓面刻六朵梅花。

黄岭西村73号院外景

黄岭西村73号院门楼砖雕

西胡林村22号

位于门头沟区斋堂镇。

门楼外侧有门神龛，砖砌，内凹，进深一砖宽，长一砖，素面。上端砖磨内凹起券。

西胡林村22号院大门

正房三间，进深一间，清水脊，蝎子尾，平草，合瓦屋面，漏檐。明间开双扇木门，夹门窗为六抹，已改用玻璃。次间槛墙窗形制已改，用玻璃。如意踏跺两级，青石铺砌。窗形制未变，为一码三箭。

西厢房二间，进深一间，硬山顶，皮条脊，合瓦屋面，无勾头滴水，南山墙上开一窗，砖砌博缝，墀头整砖上身，戗檐砖无雕刻。明间开双扇木门，门头板为工字步步锦，槛墙窗为一码三箭。

东厢房二间，进深一间，皮条脊，合瓦屋面。明间开双扇木门，裙板上窗为工字步步锦，夹门窗为一码三箭。次间槛墙窗为一码三箭。墀头整砖上身，戗檐砖素砌，无砖雕。

东厢房南山墙出座山影壁，假脊假檐，清水脊，蝎子尾，平草砖雕，靠西部位脊已残，东端平草已残。合瓦屋面，三层直檐，软心，白灰抹面，下端已残，露出内部结构形式，为鹅卵石、块石和灰土添心。院内方砖墁地。

西胡林村27号

位于门头沟区斋堂镇。

门楼脊低于倒座房脊，清水脊，跨草，合瓦屋面，冠状勾头上刻花卉，滴水上刻蔓

西胡林村27号院大门

草纹饰。门楼墀头整砖上身，戗檐砖素面无砖雕。

倒座房三间，进深一间，明间开双扇木门，夹门窗为大方眼，槛墙窗为支摘窗，大方眼。槛墙窗已改。檐檩为粗大圆木，檐枋为长方体形粗大木板，屋架极其牢固。

正房三间，进深一间，皮条脊，屋面已改，用红机瓦铺顶。漏檐，五架梁，明间开双扇木门，门头板为大方眼。

东厢房二间，进深一间，皮条脊，合瓦屋面，明间开双扇木门，夹门窗为大方眼，槛墙窗为支摘窗，大方眼样式。门头板为灯笼框样式。南山墙座山影壁为清水脊，筒瓦起垄，板瓦铺顶，勾头为圆形，上刻行楷福字。前檐出七层冰盘檐，飞椽、圆椽排列整齐，圆椽残缺。影壁为方砖心素面。影壁左侧撞头上有砖雕方孔圆钱，钱面上下左右分别刻"民国九年"字样，充分说明该院落为民国九年修造。

西胡林村64号

位于门头沟区斋堂镇。

门楼脊低于倒座房脊，清水脊，跨草。筒瓦起垄，仰瓦铺顶，勾头兽面，滴水荷花。前檐出飞椽，上压木垫板。右侧墀头砖雕花开富贵，头层盘头上刻万字不到头。寓意"永远富贵"。左侧墀头砖雕与右侧一样，同为牡丹花开，富贵如意。

门楼前出三级长条青石台阶。门楼右侧墙腿石正面浅浮雕刻山石牡丹，下碱压面石上刻芍药花枝纹饰。左侧墙腿石为素面，疑为后补。箱形门墩石两个，青石质。右侧门墩基座为须弥座，下底正面刻蔓草，包袱角刻转角莲，基座上正面刻牡丹花开。左侧基

西胡林村64号院大门

座亦为须弥座，底层刻蔓草，包袱角刻子孙万代。基座上正面刻松鼠、葡萄。右侧向内一面刻书、笙，包袱角刻鹿，左侧向内一面刻书、画，包袱角刻麒麟。两侧门墩石上部均刻牡丹花开。门楼外两侧廊心墙为素砖龟背锦。双扇木门。圆形木质门簪两枚。木门槛，高约0.25米。门头板均分成三部分，上画民国时期钟表、笔筒、书本、折扇等彩绘。阑额绘草龙，檐枋绘牡丹花枝。天花板部位均分为三，上绘图案不明。

门楼为三架梁，砌上明造。门楼内墙壁上画水墨山石、牡丹花卉，右题"牡丹花之富贵者也"。另一侧画水墨莲荷，上立翠鸟，右题"莲花之君子者也"。内侧门头板上亦有蓝底彩绘，右侧为果盘，左侧为宝瓶花卉。门楼内墀头整砖上身，戗檐砖雕右侧为翠竹青鸟，左侧为喜鹊登梅。

东院墙为镂空砖砌花墙。

座山影壁假脊假檐墙帽，清水脊，蝎子尾，

平草。下缀铃铛。筒瓦起垄，仰瓦铺顶，前檐为七层冰盘檐，飞椽、圆椽排列整齐，影壁心砖雕富贵如意，四角岔花，方砖心素面。

西胡林村71号

位于门头沟区斋堂镇。

门楼清水脊，蝎子尾，跨草。合瓦屋面，冠状勾头刻花卉，滴水刻荷花纹饰，双扇木门，门头板均分为三，上刻宝瓶彩绘。天花板均分为三，蓝底彩绘，内容不明。两侧墀头砖雕为牡丹富贵。

廊心墙为素砖龟背锦，另一侧墙心已残。

门前五级长条青石台阶，燕窝石为鹅卵石海墁。两侧各一块墙腿石，均为牡丹花开浅浮雕。两边门墩石形制一样，正面刻芍药花开，基座为须弥座，须弥座中间缀以连珠，包袱角为荷花。侧刻山石牡丹，包

袱角刻兰草。

座山影壁假脊假檐墙帽，清水脊，蝎子尾，平草。筒瓦起垄，仰瓦铺顶。勾头上刻兽面，纹饰不清。无滴水。前檐为七层冰盘檐。飞椽上刻万字。圆椽已残。影壁为方砖心素面。

西胡林村129号

位于门头沟区斋堂镇。

现门楼应为后修，原门楼破旧，几近坍塌，两侧山墙尚存，两侧墀头砖雕均为牡丹富贵，门楼顶无存。门楼前有五级长条青石台阶。两侧廊心墙为素砖龟背锦样式。

正房三间，进深一间，皮条脊，合瓦屋面，冠状勾头，滴水上刻花卉。前檐为漏檐，明间开双扇木门，夹门窗为卧蚕工字锦，门裙板上窗为灯笼框。门头板为灯笼框。门上有栓斗可挂帘。次间槛墙窗分为三部分，两边

西胡林村71号院大门

西胡林村129号院座山影壁

为卧蚕工字锦。中间为支摘窗，上为大方眼，下部玻璃两边为工字锦。门前出五级长条青石台阶，无垂带。

东、西厢房各二间，进深一间，顶已改，红机瓦铺屋面，门窗均为大方眼样式。

倒座房三间，进深一间，屋顶后改，为过垄脊，上用红机瓦铺面。前檐为漏檐，明间开双扇木门，夹门窗为大方眼，门裙板上为大方眼，门头板为灯笼框。次间槛墙窗为支摘窗，大方眼。

东厢房南山墙上出座山影壁，假脊假檐，清水脊，蝎子尾，跨草砖雕，脊下饰砖雕水滴一排。筒瓦起垄，小号青瓦铺顶，勾头滴水已残。前檐为七层冰盘檐。影壁心四角岔花，中心刻字，漫漶不清。基座为须弥座。

杨家峪村1号

位于门头沟区斋堂镇。院门朝北，有一条甬道南通，勾穿各个小院。右行有一小门，进院北、西、东均有老房，西侧一高门楼，从其砖瓦及式样分析要早于清代。

进门楼南房三间，似是后代增建，东房二间，西房二间，规范典雅，似仍有这户人家当年的一派华贵富庶景象。院墙约高六尺，墙之上方有两尺许由瓦片拼成四瓣花纹装饰，似铜钱状的花格，外圆内方。墙的下边为砖条围边的白壁，或许当年曾绘以花鸟，现已难辨。门楼通高三米，宽1.5米，门扇、门楼木料均上乘，涂以红色，由于雨雪风霜的洗礼现已变成粉红色。门外一影壁，上以条砖布砌十字格，砖包石块建筑。门楼顶、脊及脊头均以瓦装饰，瓦垄阴七阳八，并配以散水瓦，花纹精美，是座考究的门楼。据考证，这座小院是大户杨的至尊长者所居，

他的子孙们有的迁到双塘涧、大三里、洪水口、塔河、涞水等地，留在村中居住的已不足十户了。

杨家峪村1号院大门

杨家峪村5号

位于门头沟区斋堂镇。

门楼开在东南角，清水脊，低于倒座房脊，合瓦屋面，开双扇板门，门前出如意踏跺两级，长条青石铺砌。山墙硬山顶，五进五出，四角硬、软心抹灰。台基为块石垒砌，墀头整砖上身，钺檐砖素砌。门楼右侧墙柱上有门神龛，呈长方形穹庐顶，外框三道，中间出连珠纹饰。

倒座房三间，进深一间，清水脊，蝎子尾，平草，带如意盘子。明间开隔扇门，门形制略有改动，格心为一码三箭，夹门窗为工字步步锦，门头板内为灯笼框，檐下坐凳门楣内为工字步步锦，槛墙窗为支摘窗，两边为工字步步锦，中间上部分为大方眼，下部分两边为万字纹饰，中间用玻璃。门前出踏跺三级，长条青石铺砌，无垂带。槛墙为丝缝砖砌，倒座房后檐为单层直檐，后墙抹灰上身。

东厢房南山墙出座山影壁，假脊假檐墙

帽，清水脊，蝎子尾，平草砖雕精美，脊下饰一排铃铛砖雕，筒瓦起垄，小号青瓦铺顶样式，已残损。前檐为五层冰盘檐，出飞椽。软心，白灰抹面，墨绘四角岔花。直方形基座。

正房三间，进深一间，坐北朝南，清水脊，蝎子尾，平草砖雕，合瓦屋面，无勾头滴水。明间开五抹隔扇木门，格心及夹门窗皆为工字步步锦，门头板内为灯笼框样式，檐下坐凳门楣内刻万字不到头纹饰。次间槛墙窗为支摘窗，两边为工字步步锦，中间上部为套方灯笼锦，下部分两侧为灯笼框，中间用玻璃。左右两侧槛墙窗形制一样。门前出踏跺五级，无垂带，长条砂岩铺砌。院内方砖墁地。

东、西厢房各二间，进深一间，形制相同，清水脊，蝎子尾，平草砖雕，屋面为棋盘心，明间开双扇板门，夹门窗为工字步步锦，门头板内为工字步步锦。槛墙窗为支摘窗，两边为工字步步锦，中间上部为大方眼样式，下部分两边为灯笼框，中间用白纸糊面。

杨家峪村临11号

位于门头沟区斋堂镇。蛮子门，开双扇板门，墀头整砖上身，戗檐砖为素砌。屋面为棋盘心。

门楼右侧墙柱上有门神龛，基座浅雕牡丹，长方形穹庐顶，边框刻蔓草纹饰。

倒座房三间，进深一间，中间开门楼，清水脊，合瓦屋面，只在门楼处做出棋盘心样式。

东厢房南山墙出座山影壁，形制改动，可见前檐为五层冰盘檐，出飞椽。软心，白灰抹面。合瓦屋面。

正房三间，进深一间，坐北朝南，清水脊，合瓦屋面，无勾头滴水。明间开双扇木门，

杨家峪村临11号院倒座房

夹门窗为卧蚕工字步步锦。檐下坐凳门楣内为灯笼框、万字样式。次间槛墙窗为支摘窗，两边为方眼。

东、西厢房各二间，进深一间，皮条脊，棋盘心屋面，明间开双扇木门，格心为大方眼，门头板为工字步步锦，夹门窗为一码三箭。槛墙窗为支摘窗，两边上部为一码三箭，下部为玻璃，中间上部为大方眼，下部为玻璃。槛墙为丝缝砖砌。门前如意踏跺三级，长条青石铺砌。院内方砖墁地。

东厢房槛墙可见雕花腰线石。门窗形制已改。仍可见夹门窗有工字步步锦样式。门楼内侧墙壁上有墨题，字迹漫漶不清。据《门头沟村落文化志》载可知为"学业捷报"。

杨家峪村临11号院大门

沿河城村145号

位于门头沟区斋堂镇。该院坐北朝南,二进院落。清代末期建筑。

大门位于院落东南隅,金柱大门半间,进深五檩,清水脊,合瓦屋面,脊饰花草砖,圆形门簪两枚,雕刻花卉,走马板平均分为三块,黑漆板门两扇。方形门墩一对,基座为须弥座,包袱角刻花卉纹饰。基座下层刻葡萄纹饰。箱形上部正面刻麦穗纹饰,侧面刻山石牡丹,包袱角刻蔓草(不知何名)纹饰。木质门槛一道;大门天花为三部分,象眼处有抹灰彩绘,应为渔、樵、耕、读。门楼内侧墙各挂相同的五幅长方形水墨条幅,外饰蔓草边框,亦为线描。每个条幅上均有一句唐诗,如"松下问童子""清明时节雨纷纷""言师采药去""路上行人欲断魂""只在此山中""借问酒家何处有""牧童遥指杏花村"等。大门台基为砖石台基,门前出如意踏跺三级。门内迎门座山影壁一座,清水脊,筒瓦屋面,脊饰花草砖,影壁心为方砖砌筑的菱形图案,中心砖雕鸿禧二字。

一进院内大门东侧连接倒座房三间,清水脊,合瓦屋面,脊饰花草砖,前檐装修为现代门窗,后檐为老檐出后檐墙形式,砖石台基。北房三间,清水脊,合瓦屋面,脊饰花草砖,前檐明间隔扇风门,灯笼框棂心,次间为槛墙、支摘窗,灯笼框棂心,门窗上横披窗为灯笼框棂心,砖

座山影壁

石台基,前檐明间前出垂带踏跺五级。东、西厢房各二间,清水脊,合瓦屋面,脊饰花草砖,前檐南次间为隔扇风门,北次间为槛

一进院西厢房清水脊花草砖

一进院西厢房

大门

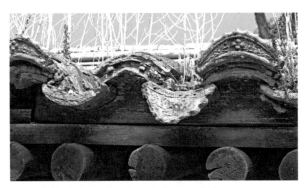

沿河城村145号一进院西厢房瓦当滴水

墙、槛窗，均为正十字方格棂心，砖石台基。

二进院位于一进院西侧，南房三间，翻建。东厢房二间，清水脊，合瓦屋面，前檐装修为现代门窗。西厢房北山墙南侧有较为矮小的北房二间，清水脊，合瓦屋面，前檐装修为现代门窗。

沿河城村145号二进院西厢房

沿河城村147号

位于门头沟区斋堂镇。南、北二进院落。门牌号立在重新开出的门上，原为院墙处。

北面一进正房三间，进深一间，清水脊，蝎子尾，平草砖雕，合瓦屋面，冠状勾头，上刻蔓草纹饰，滴水刻花卉纹饰。明间开双扇木门，夹门窗为大方眼样式。门头板亦然。次间右侧槛墙窗重改，左侧为大方眼样式。大门前出五级长条砂岩石台阶，有垂带。

东厢房二间，进深一间，清水脊，蝎子尾，平草砖雕，合瓦屋面，勾头滴水与正房形制一样，已残损。明间开双扇木门，夹门窗及门头板均为大方眼样式。墀头整砖上身，戗檐砖素砌。次间槛墙窗分三部分，中间为支摘窗，两侧为大方眼样式。

倒座房三间，进深一间，清水脊，蝎子尾，平草砖雕，合瓦屋面，冠状勾头滴水，形制与前面描述一样。门窗已改，门脸用红机砖重修。门窗用铝合金重修。

东厢房南山墙出座山影壁，影壁心满雕花，已残损，现仍可见山石、盘长、兰草、荷花、梅花、翠竹、牡丹等纹饰，似为"四季春"题材。假脊假檐墙帽亦残损。脊下砖挂落板为七朵盛开的牡丹砖雕，甚为饱满。筒瓦起垄，仰瓦铺顶，前檐为三层直檐。基座为须弥座。

南面一进正房三间，进深一间，清水脊，蝎子尾，平草砖雕，合瓦屋面，冠状勾头滴水，形制与前面描述一样。明间开双扇木门，夹门窗为大方眼样式。

东厢房门窗形制已改。

西厢房二间，明间开双扇木门，夹门窗及槛墙窗均为大方眼样式，门头板为小方眼样式。槛墙窗为支摘窗。

沿河城村147号院正房及厢房

沿河城村151号

位于门头沟区斋堂镇。内外二进院落。

门牌立在重开的门上，原来此处应为院墙。进门南向可见一随墙西洋门，开一扇木门，形制粗简。西向有一小门楼，清水脊，蝎子尾（翘起角度略大，显得很神气），平草砖雕。合瓦屋面，冠状勾头，上刻蔓草，滴水刻花卉。前檐为三层直檐。门楼形制为板门。上门框出两个木质圆形门簪，上刻福禄二字。进去后，中间随墙门前出长条砂岩石台阶四级，旁出垂带。随墙门清水脊，蝎子尾，左侧已残，右侧下有平草砖雕，脊下有一排砖雕铃铛装饰，筒瓦起垄，小号青瓦铺顶，圆形勾头上刻福字，滴水上刻花卉纹饰。前檐为五层连珠混冰盘檐。

外院倒座房三间，进深一间，坐北朝南，脊后改，用灰梗起一脊垄，屋面用仰瓦干槎，明间开双扇木门，夹门窗为大方眼，次间槛墙窗为支摘窗，下部做玻璃，上部分为大方眼样式。门前出如意踏跺两级。西厢房二间，进深一间，皮条脊，合瓦屋面，无勾头滴水，明间开双扇木门，夹门窗为大方眼样式，槛墙窗为支摘窗，两边为一码三箭，中间为大方眼样式。东厢房二间，进深一间，皮条脊，合瓦屋面，明间开一扇木门，夹门窗为大方眼样式，槛墙窗为支摘窗，大方眼样式。西厢房与倒座房之间连接一门楼。院内青砖海墁。东厢房南山墙出座山影壁，假脊假檐墙帽，清水脊，蝎子尾，平草砖雕牡丹，右侧平草已残。脊下饰一排砖雕铃铛，筒瓦起垄，上抹灰梗，仰瓦铺顶，圆形勾头上刻宝瓶荷花（疑似）。滴水已残损，上刻花草纹饰。前檐为鸡嗦檐，影壁心为软心，墨勒四边框，四角岔花，上有卷草、铜钱纹饰；中心花已剥落不清。白灰抹面。

随墙门

内院正房三间，进深一间，坐南朝北，清水脊，蝎子尾，平草砖雕，无勾头滴水。明间开双扇木门，夹门窗及大门裙板上窗、门头板皆饰工字步步锦。次间槛墙窗为拐子锦样式。东厢房二间，屋顶后改，皮条脊，灰梗水泥起一脊垄，合瓦屋面，明间开双扇木门，大方眼样式。次间槛墙窗下为套方，上为方眼。槛墙后改，白灰抹面，做海棠池。西厢房二间，进深一间，屋顶脊已改，合瓦屋面，冠状勾头，上刻蔓草纹饰，滴水刻花卉纹饰。明间开双扇木门，大方眼样式。次间槛墙窗亦为大方眼样式。内进院落正房与西厢房之间的墙台上摆放一块汉白玉石质的吉石，竖刻三行，从右至左为："至清□摄气；敕令（下为道符）；天蓬□□（下残损两字）"。

倒座房西南处地面上还有白玉石质的方形镂空散水。

沿河城村152号

位于门头沟区斋堂镇。门楼为金柱门，两侧柱顶石为汉白玉石质，上有蔓草纹饰。

门楼为清水脊，蝎子尾，平草砖雕，筒瓦起垄，仰瓦铺面，圆形勾头上刻兽面，滴水刻花卉。圆椽头刻草龙彩绘。檐枋刻万字不到头，檐垫板刻蓝底牡丹蔓草彩绘。门头板均分为三部分，上有彩绘鱼戏莲荷，蓝底粉彩。天花分三部分，均为井口天花样式，蓝底粉彩，上刻百鸟朝凤草龙纹饰。两侧廊心墙素面线刻鱼纹。右侧墀头整砖上身，戗檐砖刻荷笙（生）贵子、（牡丹）花开富贵，左侧同形。头层盘头刻草龙纹饰，荷叶墩刻万字不到头。开双扇木门，抱框上出圆形木质门簪两枚。

门楼两侧墀头下碱各有一墙腿石，青石

沿河城村152号院大门

质，右面刻山石牡丹，左为水波莲荷。压面石为两朵盘长浅浮雕，内侧面刻盘长，四角岔花。门楼两侧门墩石为汉白玉石质，箱形，须弥座。基座面刻卷云，包袱角面刻荷花，上部正面刻花瓶牡丹；侧面基座面刻卷云花卉，包袱角面刻箫与丝带，上部刻山石牡丹；右侧门墩石正面与左侧相同，内侧基座刻卷云花卉，包袱角面刻葫芦丝带，上部刻山石牡丹。

前出三级长条砂岩石台阶，门楼右侧临街道旁有一红砂岩上马石，须弥座，上、下枋隐约可见浅雕荷叶纹。

燕家台村158号

位于门头沟区清水镇。

门楼山墙为硬山式，盘子为圆形砖雕，上刻花卉蔓草纹饰。用砖砌成博缝板。东山墙表面剥落严重，裸露内部结构，为鹅卵石和泥砌筑，外抹白灰。门楼前出五级长条青石台阶，门枕石为长方体青石，右边正面外刻长方形边框，内有四角岔花，中间为仙鹤舞回首图饰；左侧亦刻长方形边框，内有四角岔花，中间刻梅花鹿回首图饰。寓意"鹿鹤延年"。右边侧面刻长方形边框，内刻牡丹花瓶纹饰。左边侧面亦刻长方形边框，内刻芍药花瓶纹饰。寓意"花开富贵"。两边枕石上面均刻米字相连花纹，寓意"连绵不断"。门楼内进深很长，结构似有改动。倒座房前出。门楼与倒座房于进深处另起一门，单立一院。该门为典型民国样式，青砖起券，极为简陋随意。可以断定该院落建造于民国或于民国时改建。

迎门座山影壁上出假脊假檐，清水脊，蝎子尾，两端尾下有跨草砖雕芍药纹饰。勾头滴水已残，仅存两三个滴水，上刻荷花

燕家台村158号院大门

蔓草纹饰。影壁为软心，白灰抹面，四角岔花，中间水墨画凤穿牡丹纹饰，寓意"花开富贵"。

正房三间，进深一间，坐北朝南，清水脊，蝎子尾，平草砖雕，合瓦起垄铺面，勾头滴水俱全，勾头呈冠状，上刻蔓草纹饰，滴水上刻荷花纹饰。门窗似有改动，两边窗户均为方眼。明间开双扇木门，大门裙板上部为工字步步锦，夹门窗均为方眼。

东、西厢房各二间，进深一间。清水脊，已重修，用水泥涂抹。屋顶为棋盘格样式。西厢房门窗改动较大。东厢房为清水脊，蝎子尾，平草，合瓦屋面，无勾头滴水。夹门窗为方眼样式。

燕家台村177号

位于门头沟区清水镇。该院为内外二进院落。

门楼清水脊，蝎子尾，平草，有勾头，为冠状，上刻花枝蔓草纹饰。合瓦屋面。门楼前出踏跺三级，两边门枕石为箱形，右刻荷花（正面）与牡丹（侧面），左刻牡丹（正面）与百合（侧面），寓意"花开富贵""和和美美"。门楼内甬道中分两半，左侧两行青石方砖墁地，右侧为鹅卵石墁地。门内座山影壁起假脊假檐墙帽，清水脊，蝎子尾，平草，勾头滴水俱全，勾头圆形兽首纹饰，滴水刻荷花纹饰。下出一排仿木飞椽，相当规整。影壁为方砖心。

外院东、西厢房各二间，进深一间，形制相同，顶为棋盘心，夹门窗是一码三箭式，大门裙板上半窗为方眼。保存较好，门脸朴素。

中有随墙门，门上清水脊，蝎子尾，两端有平草砖雕，左为牡丹花卉纹饰，右为芍药花卉纹饰。合瓦屋面，勾头滴水，勾头雕成冠状，上刻水云纹，滴水刻荷花纹饰。前檐为五层冰盘檐，下出仿木飞椽一排，非常整齐。随墙门下立墙两边素面墙腿石为汉白玉石质。内院房屋已改。

燕家台村177号院西厢房

燕家台村178号

位于门头沟区清水镇。该院为内外二进院落。

门楼一间，右边门枕石正面刻平字，方框内四角岔花。汉白玉石质。右侧刻安字，方形边框内四角岔花。寓意"出入平安"。右侧门枕石内侧刻牡丹花枝纹饰。左侧门枕石内侧刻芍药花卉纹饰，寓意"花开富贵"。右侧廊心墙上有门神龛，下刻浅浮雕荷花纹饰，上端刻牡丹花卉纹饰，寓意"富贵"。门楼前出长条青石台阶五级。

门内座山影壁起假脊假檐墙帽，清水脊，蝎子尾，两端下均有平草芍药纹饰。勾头滴水俱全，勾头上刻兽首纹饰，滴水刻荷叶花卉纹饰。前檐为五层冰盘檐，下出仿木飞椽，排列整齐。影壁为方砖心，上边框处雕刻花枝蔓草、倒挂蝙蝠纹饰，寓意"到福"。

外院倒座房清水脊，蝎子尾，两端平草刻牡丹纹饰。合瓦屋顶，勾头尚全，滴水大部分已残。倒座房三间，进深一间，明间开

燕家台村178号院大门

双扇木门，夹门窗与次间槛墙窗均为方眼窗样式。倒座房后檐墙三层菱角直檐，后墙面抹灰，上有"文化大革命"时期的红色标语。

中有随墙门，立墙已改，随墙门上为清水脊，蝎子尾，两端下有平草砖雕牡丹花卉纹饰，寓意"花开富贵"。合瓦屋面，勾头滴水俱全，勾头呈冠状，上刻云水纹饰，滴水刻荷花纹饰。

内院落房屋门脸均已改动，屋顶保存尚好，清水脊，蝎子尾，下有平草砖雕牡丹花卉纹饰。合瓦屋面，勾头滴水俱全，勾头呈冠状，上刻云水纹饰，滴水上刻荷花纹饰。东、西厢房屋顶形制与正房一样。正房三间，进深一间；东、西厢房各二间，进深一间，勾头滴水无存。

燕家台村179号

位于门头沟区清水镇。该院为二进院落。

外院左右两个倒座，左侧为三间，右侧为二间，均为清水脊，蝎子尾。左侧倒座门窗保存较好，窗户样式主要为一码三箭、工字锦、方格纹饰。中间门楼一间，单起清水脊，用菱形砖雕相连，右侧砖雕无存。门楼前出五级踏跺，长条青石铺砌，第二阶右侧有出水口。门枕石为青石质，长方体状，上写"平安"二字。

座山影壁一座，假脊假檐墙帽，清水脊，蝎子尾，两端均有平草砖雕牡丹花卉纹饰。勾头滴水无存。前檐为五层冰盘檐，下出仿木飞椽，保存完好整齐。影壁为方砖心。影壁旁各有随墙门一座，均为清水脊，蝎子尾，两端下有平草砖雕牡丹花卉纹饰。合瓦屋面，左侧无勾头滴水，右侧保存完好。右侧随墙门下门枕石为箱形青石，右刻"鸿"，左刻"禧"。

燕家台村179号院大门

内进右侧正房与东厢房整个形制已改。西厢房残损。厢房格局形制未变，合瓦屋面，清水脊，蝎子尾，勾头滴水无存。门窗简陋，为方眼窗样式。

左侧内进院落格局未变，正房三间，进深一间，清水脊，蝎子尾，两端有平草砖雕牡丹花卉纹饰。合瓦屋面，无勾头滴水。门窗为方眼窗样式，大门门头板为万字锦样式。如意踏跺五级，长条砂岩石铺砌。

东、西厢房形制未变。均为二间，进深一间，合瓦屋面，无勾头滴水。门窗样式稍有改动，西厢房窗户有一码三箭样式。

张家庄村44号

位于门头沟区清水镇。

门楼廊心墙软心，上描墙画，外用较粗黑墨画框示裱，内用细墨画勾栏示面。高约二米，宽约一米。从右向左为黑墨画花瓶菊花、斜开三枝竹枝、兰草。竖题两行诗"菊竹䀾岁寒三有，仙岛蓬莱问姓名"。题款存"时在辛……"等字，后残。题诗中有用同音字（用䀾代替梅），有错字（有，应为友），整幅画面构图随意，用笔简陋，但粗具文人画意蕴，应为村中或就近文人所画。

门楼坐凳门罩均分有三个镂空木雕，均为蔓草花枝图案。门楼墀头整砖上身，柱门嵌在墙中。檐口出圆橼，上压瓦片，前出勾头滴水，勾头上雕花朵云纹，滴水雕有荷花纹饰。门楼为清水脊，蝎子尾，下有平草砖雕。门楼单起脊，与倒座房脊分开，中间没有连接。但屋顶瓦面却是连成一体，以示门楼单出一间。

倒座房门窗破旧不堪，窗户饰以正搭正交方眼纹饰、灯笼锦纹饰。

正房与厢房内部构造均为三架梁，砌上明造。正房窗台上搁置一块平草砖雕，应为正房屋脊上所有。砖雕为牡丹花纹样式。长约一米，宽约0.25米，厚约0.1米。该院落中间分跨出两院。中间隔墙局部上出墙帽，呈一块梯形样式，由此可判断此院落为民国年间建造或修建。隔墙高约1.5米，墙帽高约0.3米，梯形底长约一米，上端长约0.8米。该处隔墙用白灰抹面，分为墙帽与下墙两个部分，其表面现已残损剥落，内部裸露，可见隔墙内部构造形制为块石和泥砌筑。

厢房三间，进深一间，门窗破损严重，可见门窗纹饰为工字锦，也有方眼样式。槛墙为停泥砖淌白缝、十字缝，高约一米，窗户高约一米。厢房为合瓦屋面，清水脊，蝎子尾，下有平草砖雕。勾头滴水俱全，滴水上雕有荷花纹饰，较精致。

张家庄村46号

位于门头沟区清水镇。

门楼前有坐凳门楣，为镂空木雕工字锦纹饰。阑额为较粗大横木。木门簪两枚，圆形，分别刻"福""寿"二字。门头板均分为三部分，素木板，无任何装饰。

倒座房三间，进深一间，坐南朝北，清水脊，蝎子尾，门楼单成脊，中间没有砖雕相隔，屋顶为合瓦屋面，门楼与倒座屋面连成整体。门窗木制，有一码三箭样式（左侧窗、门两侧窗、右侧近门处窗）、工字锦（右侧窗）、灯笼锦（大门裙板上部窗户）。内部屋架为三架梁。

正房坐北朝南，面阔三间，进深一间，清水脊，蝎子尾，合瓦屋面，勾头滴水上刻荷花纹饰，门窗重漆上白，木窗饰工字锦样式。

东、西厢房各二间，进深一间，结构相同，合瓦屋面，清水脊，蝎子尾。东厢房座山影壁为软心，白灰抹面，上用墨书毛主席语录竖写九行，影壁下部已残损，内部裸露，可见其结构形式为块石和泥砌筑。影壁上端砌出墙帽，上有勾头滴水（上雕荷花纹饰）与圆形瓦当（上刻福字）。墙帽右侧已残，假脊为清水样式，起蝎子尾，下有平草雕花。

张家庄村48号

位于门头沟区清水镇。该院坐西朝东，一进院落。民国时期建筑。

大门位于院落东北隅，金柱大门半间，清水脊，合瓦屋面，脊饰花盘子（花草砖）。大门左侧戗檐砖雕，四周刻水波纹，中间浅浮雕荷花莲子纹饰，寓意"连生多子"。右

侧戗檐外饰水波纹，内雕牡丹花篮纹饰，寓意"花开富贵"。前檐柱间的倒挂楣子为木雕花卉图案，圆形门簪两枚，黑漆板门两扇；圆形门墩一对，四周雕

张家庄村48号院大门

刻花纹，青石质。分成三部分，鼓座为直方体，中间为小鼓，上部为大鼓，下层长方体座侧面包袱角内刻14朵菊花，角外两边有对称的梅花与水纹。小鼓前雕刻浅浮雕荷叶。大鼓前雕刻花枝蔓草纹饰，两边凸起浮雕对称鼓钉20余个。门墩石正面下部底座包袱角内有菊花11朵，两边对称刻有仙桃三个（上一，下二）。小鼓正面浅浮雕为荷叶纹，大鼓子

张家庄村48号院大门前檐木雕倒挂楣子

张家庄村48号院大门圆形门簪

张家庄村48号院大门后檐柱间花牙子

张家庄村48号院西房（上房）

心雕刻转角莲图案。图案外刻一同心圆；木质门槛一道，后檐柱间装饰灯笼锦棂心倒挂楣子、花牙子，花牙子雕刻为鱼龙幻化图案，大门外墙上有门神龛，长方形，高0.5米，宽0.25米，进深0.15米，四周砖刻浅浮雕，饰以蔓草花卉纹。砖石台基，门前出如意踏跺两级。

门内迎门座山影壁一座，清水脊，筒瓦屋面，脊饰花草砖。座山影壁为方砖心，四角岔花，砖雕蔓草图案。影壁左侧有仿木砖砌博缝板，下端刻有一朵芍药砖雕纹饰。影壁前檐为五层冰盘檐，滴水瓦当上刻福字，横成一排，稍有残损。滴水刻荷花纹饰，不甚明显。

大门南侧连接东房三间，清水脊合瓦屋面，前檐明间隔扇风门，步步锦棂心，次间槛墙、槛窗，正十字方格棂心，门窗上带横披窗，灯笼框棂心，后檐为老檐出后檐墙形式，砖石台基。

西房（上房）三间，清水脊，合瓦屋面，脊饰花草砖，前檐明间隔扇风门，工字卧蚕步步锦棂心，门上亮子窗为灯笼锦棂心。门框上有栓斗，可挂珠帘。次间槛墙，两扇槛窗夹一扇支摘窗，正十字方格棂心，门窗上均带有横披窗，步步锦棂心，砖石台基。前檐明间前出垂带踏跺三级。

南、北厢房各二间，清水脊，合瓦屋面，脊饰花草砖，前檐西次间门连窗，东次间两扇槛窗夹一扇支摘窗，均为步步锦棂心，砖石台基。

张家庄村48号院院内种植的葫芦

张家庄村48号院东房前檐明间装修

张家庄村49号

位于门头沟区清水镇。该院坐北朝南，一进院落。民国时期建筑。

大门位于院落东南隅。金柱大门半间，清水脊合瓦屋面，脊饰花草砖。前檐柱间的倒挂楣子为木雕牡丹花卉图案。圆形门簪两枚，黑漆板门两扇，方形门墩一对。左侧门墩石基座正面下部刻万字不到头纹饰，上部为兰花翠竹枝叶纹饰，寓意为"节节高升，清贵不断"。侧面下刻四朵云彩，上刻牡丹花卉，寓意"花开富贵，连绵不绝"。右侧门墩石正面纹饰同左；侧面刻荷花莲子纹饰，寓意"多子多福，连绵不绝"；上面趴狮残损。木质门槛一道。后檐柱间装饰灯笼框棂心倒挂楣子。砖石台基。门前出如意踏跺三级。

门内迎门座山影壁一座，清水脊，筒瓦屋面，脊饰花草砖。大门西侧连接倒座房三间，清水脊，合瓦屋面，前檐明间隔扇风门，次间槛墙、支摘窗，步步锦棂心，后檐为老檐出后檐墙形式，砖石台基。

正房三间，清水脊，合瓦屋面，脊饰花草砖，前檐明间隔扇风门，步步锦棂心，门上亮子窗为步步锦棂心。次间槛墙，两扇槛窗夹一扇支摘窗，类似套方锦棂心，砖石台基，前檐明间前出垂带踏跺三级。

大门廊心墙

东、西厢房各二间，清水脊，合瓦屋面，脊饰花草砖。东厢房前檐装修为现代门窗。西厢房前檐北次间隔扇风门，南次间为两扇槛窗夹一扇支摘窗，均为步步锦棂心，砖石台基。

座山影壁清水脊花草砖雕

金柱大门

正房及东、西厢房

张家庄村52号

位于门头沟区清水镇。该院坐北朝南，一进院落。民国时期建筑。

大门位于院落东南隅。金柱大门一间，进深五檩，清水脊，合瓦屋面，脊饰花草砖，前檐柱间装饰步步锦棂心倒挂楣子。圆形门簪两枚，黑漆板门两扇，圆形门墩一对。门墩分三层，基座为直方体，侧面包袱角内刻双翅蝴蝶，寓意"成双成对"之意。小鼓刻浅浮雕荷叶纹饰，寓意"清贵"。大鼓侧面刻凤鸟，两边出30多个鼓钉，寓意"凤鸟翔贵"。

大门

门墩石正面包袱角内为花瓣形十字纹。小鼓为花卉蔓草纹饰，大鼓鼓子心为转角莲图案，外刻同心圆。门罩为木雕疏朗万字不到头样式，简单明了，寓意"连绵不断"。木质门槛一道，砖石台基，门前出如意踏跺四级。

门内迎门座山影壁一座，清水脊，筒瓦屋面，脊饰花草砖，勾头上刻兽首纹，滴水刻荷花纹饰。影壁心砖雕福字，四岔砖雕牡丹花卉图案。

大门西侧连接倒座房四间，清水脊，合瓦屋面，前檐明间隔扇风门，次、梢间槛墙、支摘窗，步步锦棂心，后檐为老檐出后檐墙形式，砖石台基。

正房

正房五间，清水脊，合瓦屋面，脊饰花草砖，前檐明间隔扇门四扇，工字卧蚕步步锦棂心。次、梢间槛墙、支摘窗，套方锦棂心，室内次、梢间之间各有落地罩一樘，灯笼锦棂心，砖石台基，前檐明间前出垂带踏跺五级。

东、西厢房各三间，清水脊，合瓦屋面，脊饰花草砖，东厢房前檐明间隔扇风门，正十字方格棂心，亮子窗为灯笼框棂心，次间为两扇槛窗夹一扇支摘窗，步步锦棂心和龟背锦棂心，西厢房前檐明间为隔扇门四扇，正十字方格棂心。次间为两扇槛窗夹一扇支摘窗，步步锦棂心，砖石台基。明间前出垂带踏跺一级。

西厢房

张家庄村66号

位于门头沟区清水镇。该院坐北朝南，一进院落。民国时期建筑。

大门位于院落东南隅。金柱大门一间，清水脊，合瓦屋面，脊饰花草砖，前檐柱间残存部分木雕花卉图案。圆形门簪两枚。右边廊心墙外侧有门神龛，已残。廊心墙素砖硬心，线刻龟背锦。黑漆板门两扇。方形门墩一对，门墩正面浅浮雕刻，四周为万字不到头纹饰；中间正方形内刻牡丹花卉，寓意"花开富贵"。右侧门墩石内侧面四周刻万字不到头纹饰，中间正方形内浮雕凸起刻瑞鹤嗅梅图案，象征"长寿吉祥"；左侧门墩石则刻仙鹤望月，辅以灵芝图案，象征"长寿吉祥"。门墩石上部四周均环刻云纹、圆形内浮雕转角莲图案，象征"清贵转运"。木质门槛一道，砖石台基，门前出如意踏跺三级。

门墩

门内迎门座山影壁一座，清水脊，筒瓦屋面，脊饰花草砖，跨草砖雕，左侧为梅花，右侧为牡丹，寓意"富贵双全"。勾头滴水俱全，勾头上刻福字，滴水上刻荷花纹饰，寓意"花开富贵"。影壁前檐为七层冰盘檐，仿木飞椽上刻万字，寓意连绵不断。圆椽头刻五瓣梅花图案，寓意"清贵"。影壁心上端有两组万字不到头图案。影壁中心砖雕"鸿禧"二字，四岔砖雕花卉图案。

大门西侧连接倒座房三间，清水脊，合瓦屋面，脊饰花草砖，大门正脊和倒座房正脊之间有菱形福字砖雕一块。前檐明间隔扇风门，隔扇及亮子窗为灯笼框棂心，风门为

大门

座山影壁

影壁中心砖雕

影壁心岔角砖雕

步步锦棂心。次间为两扇槛窗夹一扇支摘窗，灯笼框棂心，后檐为老檐出后檐墙形式，砖石台基。

正房三间，清水脊，合瓦屋面，脊饰花草砖，前檐明间隔扇风门，工字卧蚕步步锦棂心，门上亮子窗为灯笼框棂心。东次间槛墙，槛墙上为两扇槛窗夹一扇支摘窗，灯笼框棂心；西次间改为现代门窗。砖石台基。前檐明间前出垂带踏跺三级。

东、西厢房各二间，清水脊，合瓦屋面，脊饰花草砖，东厢房前檐北次间为隔扇风门，南次间为槛墙、槛窗，均为正十字方格棂心；西厢房前檐北次间为两扇槛窗夹一扇支摘窗、门连窗形式，均为步步锦棂心，砖石台基。

东厢房

正房

西厢房

第六章　房山区四合院

DI-LIU ZHANG　FANGSHAN QU SIHEYUAN

北京四合院志

　　房山区位于北京城区西南，是人类文明的发祥地之一，也是北京城市文明的起源地。房山的西周燕都遗址，经考古发掘有半地穴的民居遗迹，这也是目前北京地区作为都城所发现最早的民居建筑。明清时期，部分迁京的山西移民陆续在房山地区落地生根，于今拒马河、大石河流域沿岸繁衍生息。在现今大石河河谷两岸、太行山下的众多村镇，如南窖乡水峪村、上英水村，佛子庄乡黑龙关村，河北镇檀木港村等，都现存有数量不等的传统四合院民居。这些院落大多依山势而建，向河谷两岸辐射蔓延，具有山区四合院的典型特点：首先，院落随山势由高往低，由少至多散射开来，呈伞状分布。其次，院落的建筑形制也有当地特点，受地形限制多为一进院，大门也多不是开在四合院轴线方位，而是从侧边开，坐北朝南的院子开在东边，坐东朝西的院子开在南边，因而入院进门都是向右拐。再次，建筑就地取材，因大石河出产体轻质坚的青石，故青石板覆顶成为当地建筑的又一显著特色。值得一提的是，水峪村以保存较好的 100 余套 600 余间传统民居及其他传统遗存，2014 年入选由建设部、国家文物局联合评选的第六批中国历史文化名村。本志共收录房山区水峪村、黑龙关村等传统四合院 13 处。

房山区政区图

1154

水峪村杨家大院

位于房山区南窖乡水峪村。该院坐南朝北，四进院落。从一进到四进随地势层层升高，房屋 36 间。清代建筑。

大门位于院落北侧正中，如意大门形式，门扉开在金柱位置，清水脊，石板瓦屋面，脊饰花草砖，大门戗檐墀头砖雕牡丹花篮图案，博缝头砖雕富贵牡丹图案，栏板为五组牡丹砖雕图，门楣冰盘檐为缠枝莲花砖雕，圆形门簪两枚，门簪外四周雕四瓣莲花瓣，前部右边雕福字，左边雕禄字。黑漆板门两扇。圆形门墩一对，门墩上部雕刻缠枝纹和龙鱼海斗图案；门墩的鼓心雕刻狮子图案；下部为须弥座式底座。大门象眼处有几何纹砖雕（大部分彩绘图案已剥落，依稀能辨的有回字纹）。门楼两山墙有寿字砖雕。台基高约一米，用青白石条石铺面，前出垂带踏跺六级，左侧有一龛形排水石槽，雕三孔镂空式。大门东西两侧北房各一间，均为清水脊，石板瓦屋面，脊饰花草砖，前檐为门连窗，灯笼锦棂心，窗下槛墙为虎皮石墙，后檐各开一扇十字方格棂心窗。

一进院内正对大门口的为二门一座，小门楼形式，清水脊，合瓦屋面，墙体为丝缝砌法，墙腿石选用质地坚硬的汉白玉石。木

二门

质板门两扇，虎皮石台基，前出如意踏跺四级。二门两侧看面墙的墙身上有雕花图案，即在清一色的墙皮上，用白灰勾缝成几何图，中间为一大朵牡丹花图案。

二进院内东、西厢房各三间，清水脊，石板瓦屋面，前檐装修为现代门窗，砖石台基，明间前出如意踏跺两级。

三进院北房五间，硬山顶，清水脊，石板瓦屋面。墙体做法为基础和墙裙及山墙均采用块石，墙面抹灰。明间为门道形式，连通二、三进院。前檐次、梢间为门连窗和槛墙、槛窗，灯笼锦棂心，后檐为老檐出后檐墙形式，后檐明间前出垂带踏跺五级。

正对三进院北房过道的是一座独立一字

大门

二进院厢房

三进院影壁

四进院南房

影壁，虎皮石台基，无墙帽，白灰影壁心。三进院原有南房五间，现仅存左边二间，右边二间和明间门厅已塌毁，石板顶，前出垂带踏跺五级，槛窗为灯笼锦棂心。东、西厢房各三间，清水脊，石板瓦屋面，窗为套方及正十字方格（即正搭正交方眼）棂心，虎皮石台基，其中南房与东厢房之间开有一侧门，东厢房与三进北房之间开有一侧门。

三进院厢房

四进院占据地势最高的位置，南房五间，前出廊，清水脊，合瓦屋面，石板瓦做底，脊饰花草砖，砖博缝。廊柱间饰灯笼锦棂心倒挂楣子，花牙子雕刻镂空式梅竹图案。廊心墙象眼部位有木雕花，右侧雕飘带，左侧雕鱼结、宝瓶和牡丹图案。戗檐墀头砖雕梅花鹿与兰花图案。前檐明间隔扇门六扇，次、梢间槛墙、槛窗，门窗上带横披窗，均为灯笼锦棂心。墙体上身、下碱和台基均为块石垒砌，黄土和白灰抹面。南房前檐明间出垂

带踏跺八级。隔扇门左右两边圆形门墩一对，小巧精致。右抱鼓石上面雕缠枝莲花纹，侧面雕山石水莲图，下面为须弥座式底座，底部雕牵牛花；左侧抱鼓石上部雕缠枝莲花纹图案，侧面雕山石菊图案，下部为须弥座式底座。东、西厢房各三间，清水脊，合瓦屋面，石板瓦做底，檐角有垂云砖雕，瓦当有莲花图案。东厢房与西厢房的屋顶上各有两个亭式排烟口。前檐明间夹门窗，步步锦棂心，次间槛墙、槛窗，灯笼锦棂心，砖石台基，明间前出垂带踏跺三级。东厢房左侧和西厢房右侧开一道门，踏跺四级，其中正房与两厢房相连的墙体采用传统手工砖单层直檐花瓦顶做法。

该院为水峪村杨氏宅院。乾隆年间，水峪村开始大量开窑挖煤，其间杨玉堂和其父开了八座煤矿而成为村中巨富。他雇用了30多名匠人，经三年的时间才建成了这座杨家大院。杨家大院后面的岭脉叫将军沟。杨家后人早年参加革命，加入共产党，在抗日战争中英勇善战，不幸壮烈牺牲。据说，杨家还曾出过新疆军区政委等重要人物。目前，杨家大院里面还有老人居住，据说在这里居住的老人都很长寿。2013年，杨家大院公布为房山区文物保护单位。

水峪村中街31号

位于房山区南窖乡水峪村。该院坐北朝南，二进院落。清代后期建筑。

大门位于院落南侧中部，金柱大门一间，前檐柱间饰骑马雀替，黑漆板门两扇，两侧带余塞板，上部走马板横向分为三块，每块各绘制一幅人物山水画彩绘，圆形门簪四枚，大门下部墙腿石阳刻"居仁山义"四字，寓意内怀仁爱之心，行事遵循义理。《孟子·尽心上》解释为："居仁山义，大人之事备矣。"宋陆游《老学庵笔记·卷三》："居仁由义吾之素，处顺安时理则然，有内心存仁行事循义之义。"

大门走马板彩绘

大门墙腿石

大门两侧倒座房各二间，清水脊，石板瓦屋面。前檐靠近大门一侧次间各开夹门窗，步步锦棂心；靠近山墙次间为虎皮石槛墙、槛窗，一码三箭棂心；后檐为封后檐墙形式，后檐墙上每间各开一扇窗，正十字方格棂心。

一进院门内砖砌独立一字影壁一座，无墙帽。东、西厢房各三间，西厢房仅存一间，石板瓦屋面。西厢房前檐南次间为隔扇风门，隔扇门为一码三箭棂心，亮子窗为步步锦棂心；明间和北次间为槛墙、槛窗，大部分为一码三箭

大门

棂心，一扇窗为步步锦棂心。东厢房前檐为夹门窗，步步锦棂心。西厢房与倒座房相连处有一座小侧门。院内北侧有小门楼形式二门一座，清水脊，筒瓦屋面，石板瓦做底。门洞为如意门形式，上槛处圆形门簪两枚，砖石台基，前出如意踏跺三级。

二进院正房五间，石板瓦屋面，脊毁坏，前檐装修为现代门窗，虎皮石槛墙，前檐明间出垂带踏跺五级。东、西厢房各三间，清

倒座房前檐

水脊，石板瓦屋面。东厢房前檐明间为夹门窗，次间为槛墙、槛窗，均为一码三箭棂心；西厢房明间为夹门窗装修，次间为槛墙、支摘窗，盘长如意棂心。前檐明间各出如意踏跺三级。

该院房主姓王。因临街而建，即为当地人所称"街屋"。该院"文化大革命"时期被毁，仅门楼保存完好。

二门

影壁

二进院正房

一进院东厢房

二进院东厢房

一进院西厢房

二进院西厢房

水峪村东街25号院（祥和农家院）

位于房山区南窖乡水峪村。该院坐东朝西，清乾隆时期建筑。

大门开在院落西侧倒座房的中间，金柱大门形式，石板瓦屋面，圆形门簪两枚，雕刻"福禄"二字，黑漆板门两扇，走马板上绘制有人物故事彩画，门前出如意踏跺七级。大门南北两侧倒座房各二间，石板瓦屋面，前檐均为门连窗和槛墙、槛窗装修，一码三箭棂心，后檐为老檐出后檐墙。门内迎门一字影壁一座，清水脊，筒瓦屋面，院内正房（东房）三间，石板瓦屋面，前檐明间隔扇风门，次间槛墙、支摘窗，盘长如意棂心和万不断棂心交替使用，明间前出

影壁

正房隔扇门
裙板彩绘

大门及倒座房

如意踏跺五级。南侧耳房一间。南、北厢房各二间，石板瓦屋面，前檐门连窗，槛墙、槛窗，盘长如意棂心和万不断棂心交替使用，东厢房前出如意踏跺三级，西厢房两级。院内石砖墁地。

走马板彩画

正房

水峪村古王家大院

位于房山区南窖乡水峪村。该院坐北朝南，一进院落。清乾隆时期建筑。

大门位于院落南侧正中，金柱大门形式，石板瓦屋面，黑漆板门两扇，梅花形门簪四枚，走马板横向分为三块，绘制有石板画，中间为荷花，木质门槛一块，门前出如意踏

正房及厢房

跺八级。门口铺有石板。大门两侧倒座房各二间，石板瓦屋面，老檐出后檐墙。院内正房五间，依山势而建，石板瓦屋面，前檐装修保存槛窗，明间前出如意踏跺七级。东、西厢房各二间，石板瓦屋面，西厢房中间有佛龛，前檐装修保存部分一码三箭棂心门窗。

大门及倒座房

大门

厢房佛龛

水峪村西街11号

　　位于房山区南窖乡水峪村。该院坐北朝南，三进院落。

　　大门被拆，已无存。倒座房五间。院内有影壁。正房五间，规制完整。中间为门厅。

大门　　　　　　　　院内

院内

院内

水峪村西街21号

　　位于房山区南窖乡水峪村。该院坐西朝东，一进院落，清代建筑。

　　院落位于高台上，登七级青石台阶，即为大门，大门为如意门形式，门前出两级台阶，方形门墩一对。大门北侧倒座东房四间，皮条脊，石板瓦屋面，墙体下碱为虎皮石墙，上身为块石砌筑，前檐窗为步步锦和一码三

正房及厢房

箭棂心，房屋中间一道门为双扇对开式，左边一道为单扇门。院内正房（西房）四间，四级踏跺。皮条脊，石板瓦屋面，前檐最右和最左侧各开一道门，门为木质两扇对开，窗为步步锦和拐子锦棂心。南、北厢房各二间，均为石板顶，前后四个顺水脊，前檐为门连窗和槛窗装修，均为一码三箭棂心，墙下碱为虎皮石墙，上身墙体为块石垒砌。

　　该院原为王氏所有。现无人居住。

厢房

水峪村西街22号

位于房山区南窖乡水峪村。该院坐西朝东，二进院落。

倒座房五间，右侧一间为如意门楼，保存较好。门楼墙壁上王羲之的《兰亭集序》为本村秀才王书民的墨迹，清晰可辨。

登八级青石台阶，过门楼为一进院，现存南北耳房各二间，石板顶（已改建）。

登四级垂踏式台阶，即为二进院，一素面影壁墙矗立在眼前，黄土和块石垒砌，磨砖对缝包框。正房五间，垂带踏跺七级，南、北厢房各三间，如意踏跺。院内长条石铺地，有桃树、李树、樱桃树。

该院为王书民所有，水峪村人尊他"王

大门栏板刻画

影壁

大先生"，大先生字子安，乃通州女子学校首任校长，大名鼎鼎的少帅张学良是其门生。其长子王延灵保卫延安时英勇牺牲。

大门

廊心墙　　　　护墙石

南窨村果家大院

位于房山区南窨乡南窨村。该院坐北朝南，三进院落，带跨院。据传为清康熙年间建筑。

大门外有影壁墙，原有字，现辨识不清。门前原有石鼓，后无存。七级台阶，中间开

大门

门，倒座房五间。中间有垂花门，上有梅花、仙鹤纹样，后面有一幅藏头画，为唐朝诗人贾岛诗词的写照："松下问童子，言师采药去，只在此山中，云深不知处。"东、西厢房各三间。

三进院，七级台阶，东、西厢房，寿字窗帘。正房五间。山榆木柱，柱基无柱础。院内石墁地。院内房屋规制严格，方向略有偏差。

该院还有东跨院。南面开门，门口有石刻：忠厚传家久，诗书继世长。门簪为三阳开泰。三间，门厅占一间。北房五间，东厢房三间。南房五间。该院西边为夹道，原有老宅已拆。

该院为董氏所有。

院内

垂花门

院内

南窨村南街一区11号院

　　位于房山区南窨乡南窨村。二进院落。

　　三级台阶进入一进院。院内东、西厢房各二间。五级台阶进入二进院，倒座房三间，中间有门厅，原有正房无存，现正房四间，格局变化。该院为标准四合院，原格局非常讲究。

　　该院为刘家所有。

南窨村南街一区11号院大门

南窨村南街一区11号院院内

南窨村杨家大院

　　位于房山区南窨乡南窨村。

　　大门前有风化石鼓两只，青石材质。进院后有影壁，倒座房五间，有门神。正房五间，东、西厢房各三间。七级台阶。木头浮雕为牡丹图样。墙的隔板为木隔板，四梁八柱，梁有万字符彩绘贴纸。该院已年久失修。

　　据说，该院最早主人为一名首饰匠。

南窨村杨家大院大门

南窨村杨家大院院内

檀木港村郝家大院

位于房山区河北镇檀木港村的中心,坐北朝南,随山就势。三层院落,步步登高,每层院落都要登十余级台阶而上,共有台阶54级。长方形院落,总面积为1301平方米,房屋44间,全部为砖石结构,歇山顶,青石板,灰瓦铺就。清末建筑。

中院比前院虽小,但极为讲究。腰房后上七层石阶两侧是花墙,形成门状,与垂花门楼相对应。中院左右各有厢房二间。院门和窗装饰很精美。

再登八级台阶,即进三层院的垂花门楼,此院为主院。上房有五大间,进深宽大。前出一步廊。左右各有三大间厢房,厢房正间为双层门,进外门迎面是屏风,前门与屏风两侧是门,通向左右房间。

正中的垂花门楼是全院的经典之作,为典型的亭式建筑。外侧大木门,上出两步廊,梁出探头,下有垂柱,垂柱间及两侧有精美的木质花鸟透雕图案。亭内两侧为隔扇门,东西北各有四扇门窗。窗棂及明柁上浮雕蝙蝠图案,意为福禄吉祥。梁和柱上下有人物花鸟彩绘,色彩鲜明。垂花门亭的大门,横梁上有精美的图案,门下两边有门墩,石鼓座,鼓上卧小石狮,石鼓面上浮雕一为麒麟,一为梅花鹿。刻工十分细腻。此门耗资多、用时长。据知情者讲,修建亭门时光雕刻工匠吃掉黄豆(酒菜)就有三石多,可见工程之繁。

垂花门与厢房南山间两侧各有一堵花墙,墙的四周有青石雕刻图案,如马、鹿、梅、竹、兰、菊等,还有笛、剑、葫芦等八仙之用具,花墙的边框一律砖雕喜字图案,墙中心各用四块方砖拼成菱形,上雕刻知音、七夕会大型古代人物故事图画。

该院为清光绪六年(1880)由郝洪慈、郝洪文兄弟在其父的主持下,历时三年建成的。郝洪慈、郝洪文兄弟二人继承父辈的传统观念,受"万般皆下品,唯有读书高"的思想影响,郝家的五个子女,乡亲们都以"大学生""二学生"相称。郝洪慈之子郝玉庚毕业于北京政法大学,乡邻称"大学生",曾有当地乡绅、八贡等文人为他家挂匾。郝家五个子女及他们的后代于新中国成立前后都学业有成,其中"四学生"郝醒民之子曾任天津市民政局局长之职。

该院部分建筑从20世纪二三十年代几易其主。土改后后院被占用当作办公室、库房、加工厂等。前两层院分给多户村民入住,由于年久失修,加上"文化大革命"破坏,内部毁损严重,尤其是砖石木雕刻图案等工艺建筑破坏更甚。

黑龙关村李宅

位于房山区佛子庄乡黑龙关村。二进院落。

一进院倒座房三间，厢房三间。二进院倒座房五间，正房五间，西厢房三间，东厢

黑龙关村李宅大门

房原为三间，现已损坏。中间有过厅。该院依山就势，正房靠山根。

该院为李家所有。

黑龙关村李宅院内

黑龙关村李家大院

位于房山区佛子庄乡黑龙关村。该院为一进院落。

外墙虎皮墙，磨砖对缝。开门福字影壁，有砖雕。东、西厢房各三间，五级台阶，正房五间，前出廊。窗棂倒挂，梅花纹样。有柱础。条石墁地。该院格局非常规整。

黑龙关村李家大院大门

黑龙关村李家大院门内花牙子

黑龙关村李家大院座山影壁

第七章 通州区四合院

DI-QI ZHANG TONGZHOU QU SIHEYUAN

通州区位于北京城区东部，为京东水路要道，温榆河、通惠河、小中河、北运河、运潮减河五河交汇。自元以来，在通州设置漕运衙署，明清两代重兵屯田守卫。通州成为漕运、仓储、京东行政中心，经济、贸易、文化随之繁荣，因有"一京二卫（天津）三通州"之誉。通州自西汉始建置，历史文化悠久，人文渊薮汇聚，因此富商和士族院落曾在这里较为典型，中仓、张家湾、宋庄等街乡都曾有为数众多的四合院民居。由于通州区在全市郊区县中优越的交通、区位优势，因而辖内传统四合院随着快速发展的城市化进程，特别是北京城功能重心东移而日渐消失，现存传统院落数量较少。本志共收录通州区现存四合院两处。

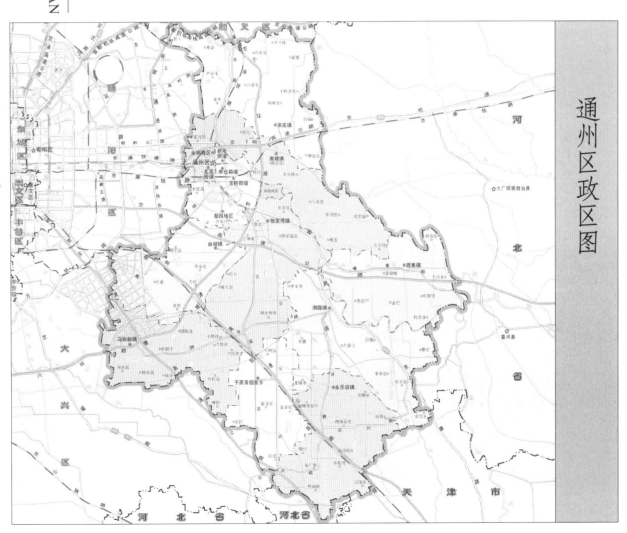

通州区政区图

第四篇

郊区（县）四合院

1167

平津战役前线司令部旧址

位于通州城东北约 6.8 千米处的宋庄村中心。该院为东向三合院，二进院落，面积约为 700 平方米，属典型华北乡间民居子母院。民国时期建筑。

街门开在院墙当中，对扇门，门左外侧设有石制拴马桩，门内左右各设二间露顶。

二进院有正房五间，南北厢房各三间。门楼与两厢房东山相连。全部建筑为砖木结构，石基瓦顶满装修。

该院原属该村王姓私宅。民国三十八年

（1949）1 月 12 日，由中国人民解放军东北野战军与华北野战军组成的平津战役前线司令部作战办公室由天津蓟县移驻此地。新中国成立之后，此院归公，做生产队办公之用。1971 年，中国人民解放军北京卫戍区拟在此建平津战役纪念馆，拆除街门和门楼，并对主体建筑进行修复。同年 9 月后建馆工作停止。现为单位用房。2001 年，此处被通州区人民政府列为文物保护单位。

平津战役前线司令部旧址

中仓街道西大街 9 号（万字会馆）

位于通州区中仓街道。该院坐北朝南，二进院落。原为明代建筑，清康熙十二年（1673）修。

大门三间，明间为通道。硬山，筒瓦，过垄脊，墀头高浮雕折枝花，中间大万字是本院标志性构件；前后设垂带踏跺五级。次间后檐墙嵌六角形三交六碗棂窗。耳房各二间，硬山合瓦，过垄脊。前殿五间，墀头仍如前雕万字。东、西耳房各一间，东、西配殿各三间，次间前吞廊，步步锦棂上下合窗。后殿及其耳房、配殿均与前殿同。院中间设青砂岩制圆形花坛，由数块拼砌。顶面浮雕二龙戏珠纹，为清代遗物，坛中有古白丁香一株。

该院最早称"三官庙"，后为万字会活动场所。"万字会"全称"北京万国道德会"，以万字为标识。民国十一年（1922）通州分会在古代三官庙遗址上建活动场所而名万字会院。抗日战争时期，该会沦为日本特务外围组织。日本投降后，该组织消亡。1949年8月，此处为通州市政府机关所在地。1963年，易为北京市"四清"运动总指挥部，北京市委贾星五、赵凡等领导在此坐镇指导工作。1965年"四清"运动结束，此院改为东颐饭店。"文化大革命"开始后，"造反派"以此院曾是"黑市委"窝点为由，关闭饭店。"文化大革命"后，此院为通县老干部管理处。1985年公布为通县文物保护单位。1991年，此院辟为通州区博物馆，临新华大街新辟北门，并于后殿明、次间后接建抱厦三间，砌筑弯道石阶，尔后布陈展览，并定为青少年教育基地。

大门

第八章 昌平区四合院

DI-BA ZHANG CHANGPING QU SIHEYUAN

　　昌平区位于北京城区西北部，历史悠久，位置险要，《吕氏春秋·有始览》记载，春秋时期居庸为"山有九塞"之一。建置始于西汉，武帝元封元年（前110）设昌平、军都二县，坐守北京西北门户。明代迁都北京后，将皇陵选址于昌平的天寿山下。明景泰二年（1451）迁县治所于今天的昌平县城，正德元年（1506）升为昌平州，统辖怀柔、密云、顺义三县。从皇陵的兴建和建置的擢升表明，昌平自明代起开始发展成为京畿重镇。昌平县兼具军事防御和州县管辖职能，因此四合院建筑按功能也可分为军屯和民居两种类型。军屯类型四合院的兴建与关口塞防和戍守皇陵相关，位置集中在居庸关南沟口和十三陵陵寝周边，即现在的南口镇与十三陵一带，以延寿镇院落为代表。民居类型院落在昌平县城较为集中，以现今昌平城区城北街道院落为代表。本志共收录昌平区传统四合院六处。

昌平区政区图

染靛坑胡同4号

位于昌平区城北街道六街。该院坐北朝南,一进院落。清末时期建筑。

大门及倒座房

楹联上联　　　　　楹联下联

南侧为倒座房,面阔五间,进深一间,硬山,仰瓦,清水脊,老檐出做法,门窗已改为玻璃窗,其中最东侧一间为过道,过道临街为蛮子门。二道门面阔、进深均为一间,硬山筒瓦,清水脊,砖仿木结构,如意踏跺三级,门框上槛有门簪两枚,门两侧看面墙"落膛心"做法,作为进大门后的一种装饰。

进院后为一座影壁,院内正房为硬山,仰瓦,清水脊,面阔五间,进深一间,门窗已改为玻璃窗,台明为花岗岩阶条石,明间有垂带踏跺三级,在明间两侧前檐柱上挂有一副楹联,上联"庭余花色披文藻",下联"座有兰言惬素心"。院内东西两侧为厢房,面阔三间,进深一间,硬山,仰瓦,清水脊,明间有如意踏跺一级。此四合院的布局、台明及梁架均为原物,但台明之上山墙已被翻建,使用蓝机砖,水泥缝,属后改建,大门、二道门为原作。

该院原为昌平老中医张德全的私宅。张德全之父张荫棠,13岁在昌平南街"前元堂"学习中医,15岁时开始行医治病。张德全出生在这所宅院中,自幼受父亲影响,走进中医的大门,子承父业,行医问诊。

该院现由张德全后人居住使用。

该院所在的染靛坑胡同因旧时曾有染房的排水坑得名。在20世纪60年代之前地势较低,每到雨季,胡同则成为一条水道,北城县医院方向的雨水沿和平街、顺市街、三步两庙胡同东折经染靛坑胡同流入鼓楼南大街,再泄向南城方向。染靛坑胡同的东口称为"水簸箕",是一条自然水道。以后经逐步垫高后,胡同内引入了地下雨水管道,避免了雨水冲刷。

正房

献陵卫胡同16号

位于昌平区城北街道六街。该院坐北朝南，一进院落。清末时期建筑。

该院现仅正房及东厢房为原建筑。正房面阔五间，进深一间，前出廊，硬山，仰瓦灰梗，清水脊，门窗已改为现代玻璃窗，梁架为原装，抱头梁、穿插枋均为原物。前檐檩为一檩一枋结构，明间上槛上留有安装风门的栓斗，前有垂带踏跺两级，垂带石、阶条石均为花岗岩石料。

东厢房面阔三间，进深一间，硬山，仰瓦灰梗，清水脊，梁架为原装，山墙已改为红机砖，门窗已改为现代玻璃窗。明间前有垂带踏跺两级，垂带石、台明阶条石均为花岗岩石料。在东厢房南山墙外有一株柿子树。

该院现使用者为北京市昌平区中医医院鼓楼分院（原昌平镇医院）。该院原走南门，后因归属原因，改走正房与原有西厢房之间的通道，向西与医院的门诊用房连通，成为该医院的组成部分，现为单位用房。

正房

正房抱头梁、穿插枋结构

院内全景

东厢房

鸡鸭市胡同3号

位于昌平区城北街道二街。该院坐北朝南,一进院落,原为三合布局,1976年唐山大地震将东、西厢房震坏并拆除,在正房与门楼之间新建一排平房,改变了三合院的布局,所以现存正房及门楼。清末时期建筑。

门楼面阔、进深均为一间,硬山,筒瓦,清水脊,砖仿木结构,砖雕檐椽加飞椽,为

大门

冰盘檐样式,冰盘檐下挂落板为浮雕万字不到头,加牡丹纹。门楼墀头上身为三破中丝缝做法,下碱已被覆盖。门楼的上槛有门簪两枚,下槛外两侧各置一件幞头鼓子(方形门鼓石),为艾叶青石质,浮雕荷花纹。

正房面阔三间,进深一间,前出廊,硬山,仰瓦,清水脊,前檐带飞椽,明间为四扇隔扇门,次间有槛墙,槛墙上为上支下摘窗,灯笼框窗棂,木质窗台板。明间四扇隔扇门为了进出方便,将中间二扇摘除,使用外风门作为进出门户。室内为"二明一暗"格局,明间与东次间在东一缝柁下置落地花罩作为分隔,花罩为灯笼框式窗棂,在"文化大革命"中为了避嫌,将窗棂上的卡子花剔除。明间与西次间之间原为木板隔断,后因地震的影响,使西一缝大柁有走闪,为了加固将木隔板更换为槛墙加窗。前檐檩为"檩三件",即檩、

廊部结构

垫板及檩枋,檩枋下原有雀替,"文化大革命"时都予以剔除,前檐檩与金檩之间为抱头梁,下有穿插枋。两山墙墀头上身为三破中丝缝做法,下碱已被覆盖。明间前有垂带踏跺三级,垂带石、台明阶条石均为花岗岩石料。1976年地震后曾多次对屋面做过修缮。

该院为海宁全私宅。在正房明间内陈设的条案上,有一幅民国时期的老照片,照片上的文字为"昌平县城内子弟开路会全体会员摄影,中华民国二十八年二月二日"。照片中众会员手持三股叉,人数有20余人。据房主人说,照片上其中一人为其父。"开路会"是民间花会形式的一种,是民间的一种组织形式,开路会以耍三股叉为主,是习武的一种表演形式,人员多来自昌平县城内的年轻人,且多以回族为主。

正房明间门窗

长峪城村123号

位于昌平区流村镇长峪城村新城内。该院坐北朝南,原为四合布局,20世纪80年代将南房拆除,现为三合布局。民国时期建筑。

大门位于院落的东南角,与原有的南房并联为过道,南房拆除后,现仅存一间大门,南房的位置现为院墙。大门为硬山,合瓦,清水脊,面阔、进深均为一间,墀头上身、

牲畜房

看面上身、下碱为狗子咬淌白做法,门上槛有门簪两枚,双扇木门,大门两侧为卡子墙,连接东、西厢房的南侧山墙。

进门后为一座青砖一字影壁,硬山,筒瓦,清水脊,滴水下为冰盘檐,影壁上身为方砖影壁心,四周仿木做出边框,两端撞头,侧面为三破中丝缝做法,影壁下碱为须弥座式,束腰部分有砖雕四幅,中间两个为盘长,

大门

下碱为狗子咬丝缝做法,形制为广亮大门式,门槛框安装在脊檩的位置。门外两侧为砖砌廊心墙,门内两侧为壁画,但内容已脱落。大门上槛有门簪两枚,大门东侧有一段院墙,墙顶下有沙锅套式的花瓦装饰。

进大门后为牲畜房,坐东朝西,山墙与大门相对,面阔、进深均为一间,硬山,仰瓦,扁担脊,靠北侧有一双扇木门,两侧有槛墙,窗棂为直棂窗。二道门面阔、进深均为一间,硬山筒瓦,清水脊,滴水下为冰盘檐,墀头

二道门

一字影壁

正房

两边为轱辘钱。

过影壁后为东、西厢房,面阔三间,进深一间,硬山,仰瓦,清水脊,墀头上身、下碱为狗子咬涎白做法,明间为木质门窗,中间为双扇木门,门两侧为五抹隔扇窗,上为步步锦窗棂,下为绦环板及裙板,素面无装饰,两次间均有槛墙,均为步步锦式窗棂,整间窗棂被二间柱分为中间大扇、两侧小扇的样式。台明采用本地的山料毛石,明间有如意踏跺两级。

正房面阔三间、进深一间,硬山,仰瓦,清水脊,墀头上身、下碱为狗子咬涎白做法,明间为木质门窗,中间为双扇木门,两侧为五抹隔扇窗,隔扇窗上为步步锦窗棂加玻璃,下为绦环板加裙板,两次间均有槛墙,为上支下摘式,上为步步锦窗棂,下为玻璃窗。台明使用本地山料毛石,明间前有垂带踏跺四级,垂带为青砖陡砌,踏跺为山料毛石。整座院落保持了北方四合院的格局,但在具体材料、工艺细节的处理上又带有地方民间做法。

该院为村民宋国才的私宅,是长峪城村保存最完整的一处宅院。

东厢房

百合村古院落

位于昌平区延寿镇百合村，坐北朝南，院内只存正房，其余建筑无存。此院落始建年代不详，现存建筑为清式建筑。

临街的大门两侧各有一只圆形门鼓石，汉白玉石质，基本完整。出大门街道两侧各有一只上马石，青白石质，素面无纹饰。再两侧各有一件夹杆石，其作用是加固牌楼的立柱，但其余部分已无存，原状不详。

大门外石构件

现存的正房面阔五间，进深一间，硬山，仰瓦，清水脊，门窗为步步锦窗棂，明间大门两侧有余塞板，其余各间均有槛墙，明间前有垂带踏跺七级，台明较高。槛墙和台明斗板都使用本地的天然石材，踏跺也未加过细的雕凿，极具北方农村特点。

正房

正房明间为中堂布置，靠北墙有一个六联橱柜，橱柜上有一隔板，外缘雕有仰覆莲瓣，似为佛龛。两侧为灯笼框式棂窗，内糊窗户纸，东西次间、梢间为主人居住。

堂屋东北隅

该院为山区农村古代典型民居样式，院落之建筑及构件，在昌平区已极为少见。

堂屋六联橱柜及隔板

堂屋两侧窗棂

太清宫大街13号

位于昌平区沙河巩华城内太清宫大街路北侧，坐北朝南。现存倒座房（南房）三间及一间大门、影壁一座、二道门一座、正房五间，东、西厢房无存。清代建筑。

大门外景

倒座房（南房）面阔三间，进深一间，硬山，合瓦，清水脊，后檐滴水下为冰盘檐，砖仿木椽与飞椽，山墙为十字缝砌法，门窗已改，后山墙临街。与之相连的是进出院落的大门，位于院落的东南角，面阔一间，进深一间，硬山，合瓦，清水脊，大门为北京地区传统的蛮子门，木装修，大门前左右两侧各有一个圆形门鼓石，上卧圆雕石兽，鼓子两侧浮雕石兽，门上槛有一对门簪，门后为过道。进门后为一座一字影壁，悬山，筒瓦，过垄脊，砖仿木椽和飞椽，椽下为冰盘檐，影壁心为方砖干摆，两侧撞头为丝缝做法。

影壁后为二道门及两侧看面墙，墙顶做法同影壁，均为悬山，筒瓦，过垄脊，砖仿木椽及飞椽，下有冰盘檐。门两侧看面墙施优材、用精工，保持传统的影壁心做法，四角及中央均为砖雕花饰，与门前的影壁相对应。

二道门

进院后为正房，面阔五间，进深一间，硬山，合瓦，清水脊，门窗已改为现代式。从院落的东侧，可见大门、影壁、二道门及正房的前后排序，是一处典型民居的传统做法。目前巩华城内处于拆迁状态，院主人为保护门楼建筑，用建筑材料将大门外立面包裹，起到保护的作用。此院落为一户私宅，因老房不便居住，在院内建新房用于居住。

巩华城是明代始建的一座皇城，南拱卫京城，北护皇陵，兼守居庸关和古北口，清代在此设管理衙门，负责统领京北几州县。此院落建成于清朝时期，代表了院主人的身份，是本地区较为突出的古典民居建筑。

大门内影壁

第九章 顺义区四合院

DI-JIU ZHANG SHUNYI QU SIHEYUAN

　　顺义区位于北京城的东北部，西汉时期曾设置狐奴、安乐两县，唐代以后一直称为顺州。明代洪武年间将其降为顺义县。中华人民共和国成立后，先后归属河北省和北京市，1998年改为顺义区。其区域内主要以平原为主，且有大型河流潮白河，适宜居住，因此历史上这里曾建有大量的四合院建筑。但是，近年来由于经济飞速发展，加之未能很好地重视这一历史建筑类型，古代的四合院在这一区域迅速消亡，目前已经很难发现古代四合院建筑了。鉴于此，该区收录了一座现代仿建的四合院建筑，该建筑虽与传统四合院有一定区别，但是具备了四合院的基本格局和建筑要素。

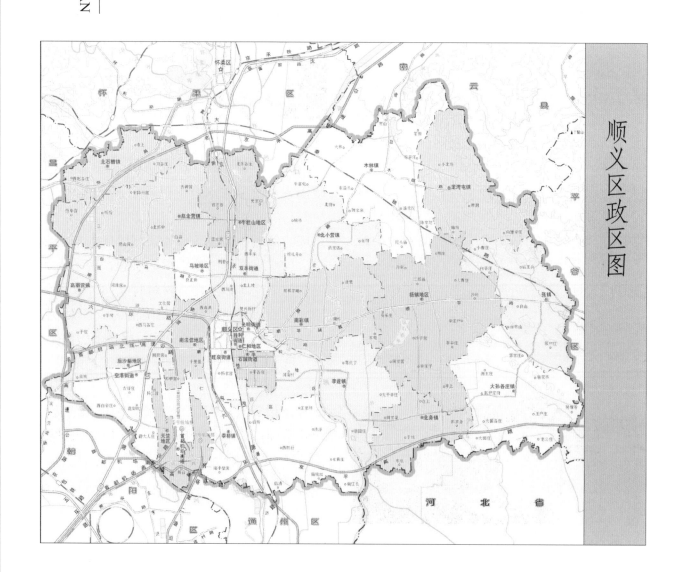

顺义区政区图

木林镇茶棚村四合院

　　位于顺义区木林镇茶棚村。该院坐北朝南，一进院落。建造于20世纪80年代。

　　倒座房七间，仿大式正脊，仿排山脊垂脊，筒瓦屋面，前出廊，墙体为仿古青砖砌筑。倒座房明间开辟为宅院大门，木质门扇，门前接门廊一座。倒座房两侧接耳房各一间。院内迎门有一字砖砌影壁一座。正房七间，仿大式正脊，仿排山脊垂脊，筒瓦屋面，前出廊，墙体为仿古青砖砌筑。正房两侧接耳房各一间，为仿排山脊垂脊，筒瓦屋面。东、西厢房各五间，仿大式正脊，仿排山脊垂脊，筒瓦屋面，前出廊，仿古青砖砌筑墙体。该院落各房屋均较传统四合院体量高大，廊柱均用水泥浇筑为方柱形式，门窗装修均为现代门窗形式，与传统四合院有一定的差异，表现出了现代新建四合院的变异性。

正房及影壁

西厢房

大门及倒座房

第十章 大兴区四合院

DI-SHI ZHANG DAXING QU SIHEYUAN

大兴区位于北京城区南部，历史悠久，自金代始用今名，明清时为顺天府南隅重镇，素有"京南门户"之称。南海子地区元明清时期为皇家苑囿，清末成为京师驻军重地。县城黄村明清时期为古驿道上的驿站之一，后逐渐发展成为京南重镇。辖内古村镇众多，黄村、榆垡、瀛海、采育、青云店等镇曾建有大量传统院落。由于区位优势而快速发展的城镇化建设使传统四合院保存至今的已经很难找到实例，因此本志仅收录了一座现代仿建的四合院建筑，该建筑虽与传统四合院有一定区别，但是具备了四合院的基本格局和建筑要素。

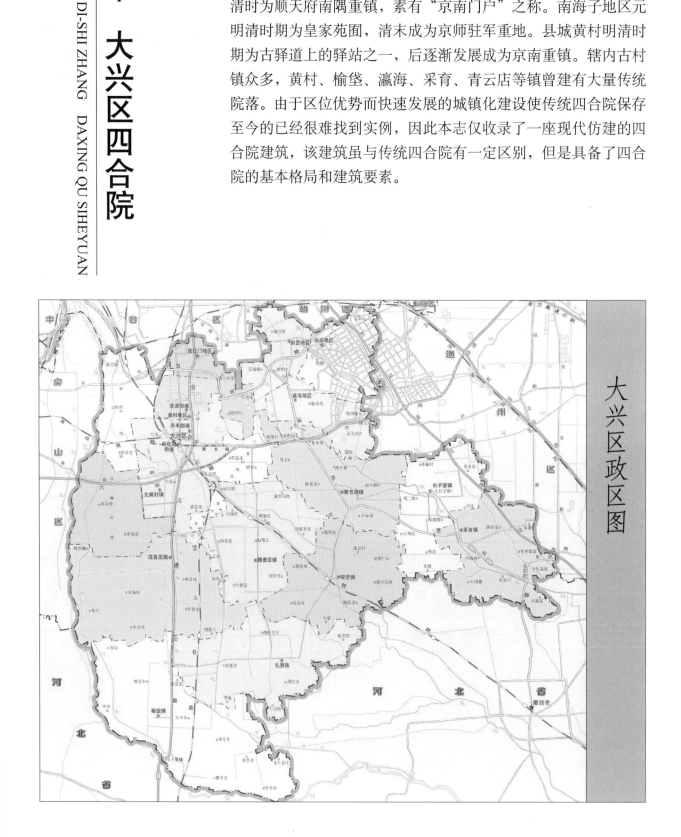

大兴区政区图

礼贤四合院

位于大兴区礼贤镇东北部，礼贤镇民族中学西侧200米，建成于2005年。该院落坐北朝南，二进院落，平面呈长方形，占地面积1300平方米。

大门坐西朝东，为仿单卷棚式垂花门形式。门内为一进院，院内有南房五间，左右有耳房各一间。一进院北侧有一座月亮门与垂花门相结合形式的二门，垂花门的屋顶形式，门正中为一月亮门洞，门内正对着四扇山水画屏风。二门两侧看面墙上各有扇形什锦窗一扇。二进院正房五间，前出廊；东、西厢房各三间。此院的南房、正房和厢房的屋面均为仿大式建筑形式但又掺杂了小式做法，正脊为瓦花组成的小式花脊，正脊两侧用的却是大式的正吻，垂脊使用的是仿排山脊形式，瓦面则采用了中间部分用筒瓦、两侧用合瓦的形式，前檐装修则采用了仿隔扇门和支摘窗的样式。

该院整体面貌与北京传统四合院有较大差异，反映了新建四合院在现代条件下的巨大变化。

二进院前垂花门

厢房

二进院正房

院内

第十一章 平谷区四合院

DI-SHIYI ZHANG PINGGU QU SIHEYUAN

平谷区位于北京城区东北部。距今6500~7000年前，平谷已经有先民定居生活，北埝头村出土有十余处带柱洞的半地穴房屋遗址，也是北京地区发现最早的民居房屋遗迹。平谷始于西汉高祖元年（前206）设县，明初为抵御蒙古鞑靼，先后在县域内修建长城，并调集营州中屯卫入县内驻扎，军屯促进平谷县城发展。永乐年间从山西、山东迁来大量移民，士农工商活动兴盛也带动民居建筑规模扩张。新中国成立前，平谷民居房屋多为歇山式，富户多为四合院（本地多称四合套），一进四合院居多，亦有二进四合院。如东高村镇南埝头村刘长祥祖宅；峪口镇北杨家桥村张志村祖宅，为两套连体二进四合院。还有三进大型四合院，如平谷镇和平街王家祖宅等。这些传统四合院大多于新中国成立前后损毁或拆除，资料和图片保留极少。20世纪90年代新农村建设和城镇化推进以来，平谷新建仿古四合院日渐增多，据初步统计已有80余处，建筑格局在保留传统的基础上有所改进，多采用新型建筑材料，主要分布在城区和金海湖、南独乐河、黄松峪、镇罗营、山东庄、夏各庄、王辛庄、峪口等镇乡的数十个村庄。本志共收录平谷区四合院十处。

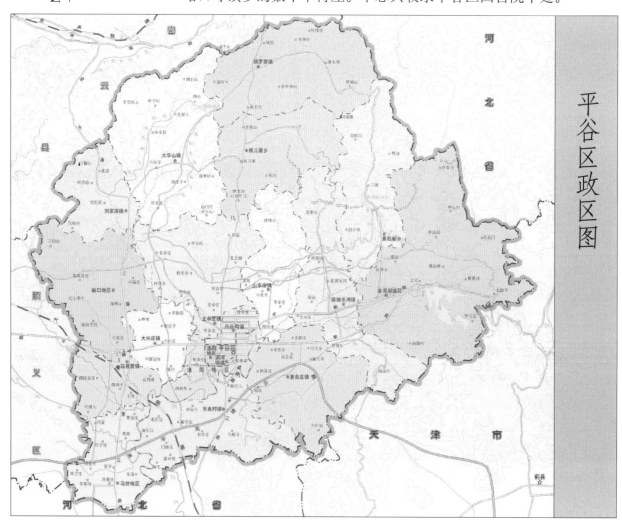

平谷区政区图

"东大厅"四合院

位于平谷区峪口镇条子市大街路西,南北长20米,东西宽20米。明代建筑。

大门设在东北方向,东开,为艮门艮宅。院落东北角是滚脊垂花门,踏跺三级。门两边有方墩凸刻垂角方巾,上有圆形石鼓,过门有一尺高门槛,两扇朱漆大门,门上有衔环铺首。

进门迎面是一砖雕靠山影壁,砖雕以一福字为中心,由圆形四弦纹向四周以凸雕、透雕相结合的花鸟争春祝寿图向四边延伸,最后归于方形,展示内圆外方的理念。壁前,立砖铺砌的甬路向南拐去。路东是六间带走廊的大厅,五根明柱擎起双插扉厅檐,棂格窗子嵌于木框中,安一对顶天木门,两扇前山马头磨砖到顶,山脸镶嵌砖雕。该院名称即源于这六间会客厅。路西是一面上带花窗的墙,墙的南部有一扇门,上三级踏跺后,即可进到内院。

内院北正房七间,带前廊,窗户为大方格支摘窗,一级踏跺。南倒座房格局亦如北正房,但房子高度低于北正房,西厢房也是带廊子的住屋。院子满墁砖,房脊高大,只有北正房屋脊在东西各距一间房的距离处设有两个用四块瓦合叠而成的透空花孔,据说为屋脊这条"龙"的两个鼻孔。

该院建筑突出了防御功能,一旦兵匪攻进大门,将暴露在东大厅和西花墙里守卫人的夹缝之中。民国二十二年(1933),长城抗战进行时,参战的国民党军第四十四师驻在峪口。师长肖之楚曾在此暂住,也就在这个四合院里,他晋升为第二十六军军长。

康家大院

位于平谷区峪口镇东大街中部与条子市街北出口偏西路北,南北长40米,东西宽22米,为非典型的四合套格局。清中期建筑。

北正房七间,正房两侧各三间厢房,厢房南边是横贯东西的花厅。花厅的建筑风格类似北京颐和园长廊,紧靠长廊东西各有三间盝顶(即比东、西厢房露水窄67厘米的厢房),最南边又是七间南倒座客厅。南客厅与东盝顶间有两米距离,与两房东齐设有大门。门外有三级踏跺,门两旁设有一对石狮门墩。

前后院相隔的是开放式的花厅。从门进到前院即可北望到后院的全景。所有的房基和房墙四角全是凿出浅线的出自二十里长山的料子石。砖石间对缝密不容针。所有墙体不分里外,均是磨砖对缝。墙里用白灰膏浆浇粘,墙砖缝不见灰痕,从墙外泼水不渗。所有窗子、门,屋中隔扇全部用较为名贵的木料做成,窗子式样各自不同。建设用木料都是松柏木,用料粗大,雕梁画栋。北正房和南大厅屋设藻井,厢房、盝顶、露椽漆画。北正房和南大厅屋脊皆为砖雕,大尺寸合瓦满带羊尾巴滴水和垄头瓦当。厢房、盝顶为滚脊筒瓦,院子及屋内都用澄泥方砖铺地。尤其豪华气派的是两院相隔的花厅,垂花飞檐,所有两木相接处皆有雕刻精致的龙或杠角,彩绘绚丽,金碧辉煌。据说,花厅整体都是从苏州请来的技术精湛的匠人所建。

该院为满族正黄旗人所建,不同于汉族风格,是集北方建筑格局特点和江南装饰风格为一体的非典型四合院。

"八合套"四合院

位于平谷区峪口镇毛字街路北，南北长近百米，东西宽50米，南通毛字街，后通西大街，为峪口面积最大的四合院。三进院落。

北正房三间，南倒座房一间，东、西厢房六间。大门开在南倒座房中间，前后留有门厅。北正房第一重西边留有过道，第二重东边留有过道，从南门进入此院，再从北角门出去，大有"山重水复疑无路，柳暗花明又一村"的感觉。

该院新中国成立后先后为乡政府、人民公社所在地，现为单位用房。

刘谷廷旧宅

位于平谷区峪口镇东门外。

北正房五间，东、西厢房各三间，中间设二门楼一座，将前后院隔开。前院有东西盝顶各二间，南倒座房五间，宅门设在南倒座房东数第二间。在南倒座房与东西盝顶相间的房岔，在东边有一个碾子，在西边有一个石磨。在二门楼北边有一影壁墙。

该院属于峪口地区最标准和传统的四合院，在建筑规格上，尺寸也是标准的。北正房跨度为一丈五尺五寸，东、西厢房跨度为一丈四尺三寸，东西盝顶跨度为一丈二尺五寸，南倒座房跨度为一丈五尺。另外，院子的南边线长度与北边线长度窄一尺六寸。从宏观看院子是方正的，从微观看院子呈前窄后宽，暗含"口小肚大、易进不易出"的理念。

"听琴石轩"

位于平谷区金海湖镇水峪村。二进院落。该院南北长50米，东西宽45米，占地面积200平方米。初建于2006年，改建于2013年。

院内有一松、一柏、二槐共四棵古树，由园林部门挂牌保护。"听琴石轩"匾由著名书法家王友谊题写。该院为平谷奇石收藏名馆，艺术氛围浓郁。

大门

院内

"德门集瑞"（曹家大院）

位于平谷区，地处燕山山脉一峰的山弯处，以南北向取山弯中轴线建筑，二进院落，占地面积 2000 平方米，借山造势。建于 2009 年。

南倒座房为磨砖到顶的筒瓦滚脊，磉基与墙腰、抱角用细作料子石垒砌，四条青白条石在青色砖墙上构成长方框。大门位于院落东部，门间房顶高出南倒座房顶 30 厘米。门房设高门槛，朱漆大门，门两边置变形夔龙纹卧狮门墩，门前平台下设踏跺三级。门前三米外齐门垛墙东西各置一石雕地灯。

进门后，为东西长条形小院，一进院北侧一殿一卷式垂花门一座。垂花门西侧连接抄手游廊和看面墙，墙上开什锦窗。小院东西两头各建有连接南倒座房与二进院内东、西厢房的小平房，比传统的四合院盝顶房小了一半，且与南倒座房没有房差，总体感觉不透气。院中两道垂花门，宽有三米，下有高门槛，上设门簪两枚，门廊下有踏跺四级。三间北正房，屋顶筒瓦垂脊，前边出廊，明柱粗大，棂式花窗。廊台高出院子地面 60 厘米。正房东西两侧各建有一间耳房作为卧室。耳房滴水短于北正房，让出一定空间与东、西厢房的前走廊相连，构成东西角门走向的

垂花门

花厅。该院东边建有一水池，用水将东边的山缺隔开，水池北侧建一水榭。西角门可通建在院外的车库。

正房与厢房

廊门筒子

北京教工休养院四合院

位于平谷区金海湖畔北京教工休养院中，一进院落。初建于 20 世纪 90 年代，改建于 2000 年。

大门设在巽位，将南倒座房的东边一间作为门户伏位。东厢房的南房山有一靠山影

院内房屋

大门及倒座房

壁，上雕竹篁拂琴图，表现竹林、素琴、横月、短笛吟风之意。院内北房、南倒座房、厢房上平错落有致，房顶皆为筒瓦垂山，门窗木棂拼图。山墙马头和门楣悬山利用砖雕装饰。院中四面环廊，中心部位设一太湖石。阡陌相通，路面皆用小鹅卵石拼成曲线，路面相交处，小石又构成阴阳鱼图案。在房屋格局上，房与房之间不相接，但借助走廊实现相通与和谐，同时借助墙、房山、走廊营造成

三个小天井，再加上进门后的玄关厅，体现了四平八稳的理念。

此院尺度大于传统院落。

院内房屋

影壁

院内房屋

陶家大院

位于平谷区峪口镇兴隆庄村西区一街西侧，为六进带西跨院的四合院。长约130米，宽约33米，占地面积4000多平方米。清代建筑。

南端为高墙，距北向建筑物五米，构成第一层空院。院东临街是大门楼。门楼地基南北五米，东西进深四米，露地表横卧两层料子石，一层竖向70厘米高的料子石总数为三的倍数，其上再垒一层横向料子石，石缝相接密不容针，蕴含一生二，二生三，三生万物的道家哲学理念。石上躺砖到顶，最上层为云鹤纹砖雕，东西两端凸出垂下构成马头，马头正面是桃园三结义的人物砖雕纹饰。楼顶为歇山式斗拱抬梁，双重出檐，两檐间为人物木雕，楼顶覆盖青色筒瓦。门楼正面垂带踏跺三级，门楼内料子石圆边，方砖铺地。马头墙里两边各有一根粗30厘米的立柱半露墙外，朱红色，上顶房梁，粗大的前檐檩下宽厚的下嵌插入两柱之中，彩绘鲜艳。门楼内中部隔扇成门，一对带垂巾方座的鼓形门墩上各有一俯卧昂头的貔貅。门上槛有四枚粗大八棱的门簪，正面刻梅花。朱红大门上一对狮子头铺首口中衔粗大的铜环。门楼总高约五米。这个门楼远近闻名，有不少人管陶家大院就叫"大门楼"。

穿门楼而过，下两级台阶，来到院中，北面正中垂花门一座，门西侧连接看面墙，墙上开什锦窗。入门迎面是一座影壁，影壁是小座大头，滚脊出檐，影壁上是砖雕缠枝牡丹捧一大福字。转过影壁，迎面是五间北正房，中间三间是明柱相隔的三个顶天对扇棂格门，三级台阶入室，里边靠北墙放一大条案，中间放一西洋自鸣钟，每到报时时，钟上小门自启，有一洋人用锤敲钟发音，然后门自闭，可谓极时尚，据说该钟是乾隆皇帝所赐。堂内四对硬木太师椅带茶几相对摆放，靠东西山墙放有多宝槅。屋顶房椽登砖板，无天花板，地铺方砖。大合瓦，雕花马头。这里是陶家大院的客房。东西各三间厢房是暖阁书房。正房（北房）东西房山墙角与东、西厢房前墙角相对，房距二米。厢房后墙与院墙成一直线相连，北正房东西山墙各与院墙相隔四米左右，构成到后进院的过道。

二、三、四进院房屋结构布局与第一层基本相同，只是门窗格局的安排与客厅不同，更适宜居住。

五进院北正房是一座砖木结构的两层楼房，为绣楼，是未曾出阁的女孩居住和学女红的场所。建筑结构并没有什么特殊的地方，只是窗子比较密实，从外面不能窥视其中。楼房与门楼从高度上相互呼应。

最后一进房子比前几进房子矮，是陶家大院的库房。这层院子的门设在西跨院东墙上，此院与前院不直通。

西跨院南北与主院等长，东西宽七米左右。主要建筑是从北到南一排西厢房，露水四米，余地为院。跨院以三堵墙相隔，将跨院分为三段。最南段为牲畜圈、柴火房，其入口在第一层院西北角的地方开一扇角门。中间段是厨房，最北段是雇员的居所，这二段院落的门均设在主院的西墙上，与主院相通。

传说，乾隆皇帝在乾隆十一年（1747）去丫髻山朝禅而择居这里，因此原名"东营"的村名改叫"兴隆庄"。另传，一群大盗在看到这个宏大的建筑群后，在其双层飞檐的宅门前不禁说道：池大水深不知鱼多少？恰逢陶家主人在门厅中听到，顺音高声应答说：

池大水深鱼少恶鸭多！大盗们听后，对主人抱拳一作揖，笑道：路盲险些踢了槛！然后扬鞭催马而去。

该院的建筑形式，如六进格局、飞檐的大门楼、两层砖木结构的楼房，在当时的农村极为少见。

"南大厅"四合院

位于平谷区峪口镇毛字街路南，三进院落。清中期建筑。

大门建在院东，与宅院后罩房连为一体。进宅门后，有一条宽六尺的过道直通到宅子的南卡子墙。过道两侧为宅院主体建筑。

最南端是五间南倒座房，最北端只有五间正房。宅院的二门楼设在南倒座房与第一进院落东厢房之间的房岔，亦属于巽位副位。

南倒座房上平九尺，比北正房还高出一尺。这在当时也是比较少见的。南倒座房磉石为细凿的料子石，两山墙与后檐墙抱角也用高三尺的料子石垒砌，所有墙皆磨砖到顶。山墙马头用长条料子石嵌墙相托，出头料子石横面造型为梯次半圆，上为砖雕立面，卷棚悬山砖雕花板。屋顶为合瓦，插飞挑檐，前设走廊，廊柱间设有座椅式栏杆。窗子为小棂格，并排两个对开通天门，门窗檩嵌皆为彩绘。南倒座房作为客厅修建，院子初建时，主人有官职在身，会客比较多，故而比较气派，"南大厅"也由此得名。

一进院正房为书房，没有走廊。二进院为居室，后罩房是库房。

该院始建人是清朝廷派遣到洳口（即峪口）掌管税务的小官吏。

刘家四合院

位于平谷区峪口东大街，为东西两路四合院。两院各有门户，只是在两座北正房相靠的东路院西厢房与西路院东厢房之间房岔的卡子墙上开了一个月亮门，从而成为一家。

东西两路均在南倒座房东边开大门，第一进院有东西盝顶各二间，在院北墙中间建有垂花二门楼，门楼上槛有两枚门簪。进入二进院，一正两副的房子。北正房地基比厢房地基高出一层料子石（约30厘米）。三座房子都是料子圈磉，磨砖到顶，砖雕马头，前出廊，插飞出檐，滴水不湿磉台。錾刻精细的柱础石，粗大笔直的廊柱，做工精美的门窗给人一种庄重高贵感。所有房子都是线脊猫头，大合瓦，翘头，羊尾巴滴水。院子用小青砖墁出甬路，其余部分用立砖平墁，虽经多年踩踏依然平坦如故。

平谷公安工作创始人刘向道曾在此院居住，抗日战争时期离家参加革命。

第十二章 怀柔区四合院

DI-SHI'ER ZHANG HUAIROU QU SIHEYUAN

怀柔区位于北京城区东北部。此地人类文明活动可追溯到旧石器时期。战国时期燕昭王在此设渔阳郡，治所位于今城东一带。明洪武元年（1368）于今治所建怀柔县。万里长城东西横亘于县域中部，保卫明皇陵和京城的北大门，被誉为"京师北门，长陵玄武"。明隆庆年间，名将戚继光督修了怀柔境内的黄花城、慕田峪、石塘路等长城。明代长期军屯镇边，兵丁浩荡，繁衍带动了长城沿线地区的居民村落，怀柔500户以上的大村落，多数分布在长城沿线，名称均与军屯镇边相关，如"二道关""黄花镇""沙峪""渤海所""河防口""大水峪"等。传统四合院民居错落分布在这些屯堡之中，许多院落和城堡直至新中国成立之后才逐渐荒芜拆除，故怀柔长城脚下的传统民居四合院也属于军屯类型。

怀柔地域狭长，地势险要，历史上一直是中原民族和北方少数民族战争与交往之地，农耕游牧文明历经多轮碰撞融合。民族间的生活风俗差异也直接体现在民居建筑风格上，怀柔长城南北的民居格局式样不尽相同，长城以北如长哨营乡的四合院不同于传统的典型院落，带有明显的少数民族风格。此外，近年来的新农村建设也使怀柔的民居建筑发生巨大变化，许多传统院落年久失修较难维护，于是整个村落的新仿古院落取而代之，这也是传统四合院新的发展模式。本志共收录怀柔区四合院、仿古三合院五处。

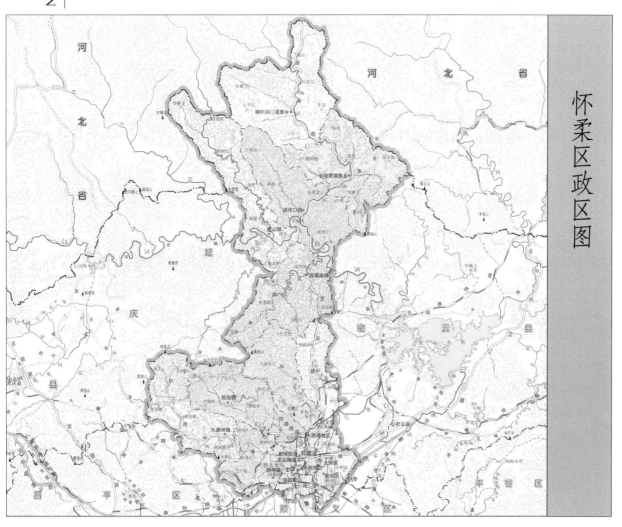

怀柔区政区图

八宝堂村仿古三合院

位于怀柔区琉璃庙镇双文铺行政村（包括双文铺、八宝堂两个自然村）。仿古三合院青砖青瓦，雕梁画栋，外立面装饰以"喜梅""兰雅""竹韵""菊香"为图案的浮雕，古色古香。

八宝堂村仿古院

相传 300 年前，一云游僧人路过八宝堂，以佛之八宝为村民祈福消灾。当地百姓感念佛祖功德，建造祠堂，以法螺、法轮、宝伞、宝盖、莲花、宝瓶、金鱼、盘长等八件法器供奉佛祖。后值战乱，八件宝物被藏于村南深山之中，从此杳无音信。

2007 年，八宝堂开始统一规划建设仿古三合院民居，共计 38 户，2009 年竣工。

八宝堂村仿古民居全景

刘庆堂故居

位于怀柔区怀北镇河防口村。

临街南倒座房五间，中间一间为大门，上悬木匾，书"贡元"两个大字。大门外是七八级石条台阶，两边是六块一米和半米高的上、下马石。大门两侧各二间，为厕所、柴房、储物间。进大门为一座东西长条小院，东头一间为牲畜圈，并有后门通东侧的场院和碾房。西头一间为磨房。东西房北侧是一堵墙，中间是二门。进二门迎面是一座雕刻精致的砖砌影壁。里院正房五间，东、西厢房各三间。

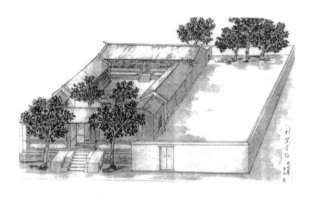

刘庆堂故居示意图

该院为清末民初诗人刘庆堂故居。刘庆堂（1845—1929），河防口村人，清末贡生，曾任教谕。著有《竹桐轩全集》，共九卷，今仅存一卷，收五言、七言绝句 1123 首。

20 世纪 60 年代，刘庆堂故居被拆毁，现有关部门正在规划重建。

刘家大院

位于怀柔区庙城镇桃山村，占地 6000 多平方米，由六座具有典型清代建筑风格的四合院组成。清代建筑。

每座四合院面积在200~400平方米之间。各小院之间有走廊门道相通。大院门口的上马石、下马石和屋内蝙蝠屏、太师椅等至今保存完好。

据居住于此的村民刘春起介绍，其先祖是清乾隆年间的一位官员，告老还乡后从事香料生意，富甲一方，在桃山村建起刘家大院。

桃山村刘家大院

彭家大院

位于怀柔区长哨营满族乡二道河村，原为中轴对称的三进院格局，现存一个附墙小门和五间正房。清嘉庆时期建筑。

小门楼高约三米，为砖石土木结构，顶为清水脊，楼檐翘起，上覆筒瓦和仰瓦，造

二道河村彭家大院

型精致。楼道门悬木匾上刻"国恩家庆"，匾背后刻"人寿年丰"。院内青砖铺地。五间正房砖石土木结构，硬山顶，青灰小仰瓦屋面，两侧人字山墙用大小三角装饰，雕梁画栋，线条明快。外墙以青砖石块为主，砌合整齐匀称。木格窗户，两侧为木质檐柱，绘有花纹。正房地基由大小相似的14块条石围成，整齐划一，美观坚固。

该院建筑具有浓郁的满族文化特色。

鹞子峪城堡民居

位于怀柔区九渡河镇二道关长城脚下，原有几十座民居，多为三合院。明代建筑，据考证建于万历二十年（1592）。

城堡北高南低，依山傍水，整体格局呈

鹞子峪城堡民居

梯形，南墙102米，北墙91米，东西墙各78米，均由砖石材料筑成。南开一门，呈拱形，门洞基础是大块条石，上有汉白玉门额，刻有"鹞子峪堡"四字。

城堡是明代戍边将士屯兵养马之所。堡内民居现仅有十几座有人居住。

第十三章 密云县四合院

DI-SHISAN ZHANG　MIYUN XIAN SIHEYUAN

密云县位于北京城区东北部，坐守北京的东北门户，连通东北平原和内蒙古高原，自古为军事重镇，有"京师锁钥"之称。明代在密云县城设总督，统管山海关至居庸关 1200 余里边防，县志记载兵力最高曾过万。明代抗倭名将戚继光曾在密云古北口练兵塞防，修整长城，东北的古北口与西北的居庸关互为掎角，成为明代抵御蒙古鞑靼和女真部落、镇守京城的最后两道雄关铁闸。明代高度发展军屯制度，武装与屯垦结合的自给模式也带动了当地农工商的发展，如古北口镇诸村落大量涌现带有军屯特点的民居四合院建筑。这些院落有的至今保存完好，以国家历史文化名镇古北口镇的河西村四合院为代表。本志共收录密云县传统四合院九处。

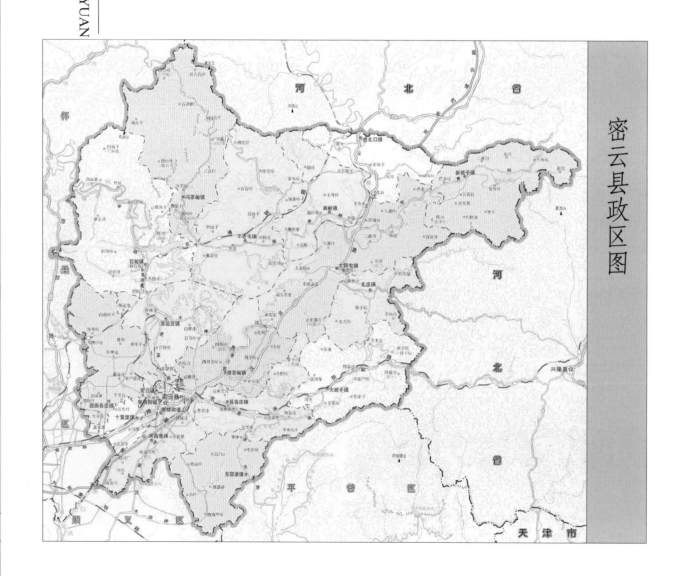

密云县政区图

段德元宅院

位于密云县古北口镇河西村。坐北朝南，前后两院，东、西配房齐全，有座山影壁一座，南倒座房有门过道，路南有影壁，保存完好。后院正房五间，东、西厢房各二间；前院正房五间，东、西厢房各二间，南倒座房三间。正门外有一座影壁，正门已被堵住。

六栋房屋均为方直台基，砖木结构，单层硬山顶，清水脊，灰板瓦仰瓦屋面，前檐装修为槛窗，槛窗夹门。倒座房破损严重。

影壁

大门及倒座房

二进院正房及东厢房

二进院大门

二进院厢房及一进院正房背面

辛家大院

位于密云县河西村（原名柳林营）。该院东西两套院，共 44 间房。

每套院 22 间房，正房五间，东、西厢房各三间，腰房五间，门楼一间。该院新中国成立后土地改革时，土地和房产都分给了当地的贫下中农。

该院为河西村最大的老院子。

鲜家大院

位于密云县河西村后街，原清朝参将衙门后墙外，二进院落，有东、西配房。清光绪时期建筑。

原有房屋 48 间，现仅存后院正房六间、前院正房八间，东、西厢房，倒座房早已无存。

该院是河西村具有代表性的四合院建筑。

段家大院

位于密云县河西村后街，二进院落。清代建筑。

倒座房中间为前出廊，大门为广亮大门，外檐下均为砖雕花饰。大门里对面东厢房南山墙上有一座影壁，上刻"鸿禧"二字。清末时，院内失火，风水先生说门楼设得不是地方，故把大门堵死，走东跨院小门至今。

前院南房八间，现存五间，一间是门过道，东厢房二间，西厢房二间。一进门过道，就看到东厢房墙上的影壁，再往里走，中间

有一门厅（现已无存），过门厅往里走，有北房（正房）十间，现存五间，东厢房三间，西厢房三间。院中东西两面有花池，正房、厢房均前出廊，后出檐。东、西厢房过道通前院各有一个月亮门，后院正房中还有一个带隔扇的小后门，能去后院。据说以前后院还有房间，但现在都已归别家所有。

该院为典型的古北口五花山风格，槛墙全部用鹅卵石砌成，用麻刀灰勾出莲花等图案。门前一棵大槐树，高四五十米，枝叶茂盛，被国家定为保护树木。

该院是河西村保存比较完整的四合院。

吉家营宅院

位于密云县新城子镇吉家营村南部。该院为三合形制，坐北朝南。北正房已被改建，现单层硬山顶，砖木结构，清水脊，灰板瓦仰瓦屋面，前檐装修为现代玻璃窗，槛墙为虎皮墙缝。西厢房现已无存。东厢房为原建筑，形制结构与北正房同，不同的是槛墙为砖砌水平缝，东厢房南山墙上建有砖雕照壁。南倒座房为原建筑，形制与正房同，后墙上方开三个小窗。倒座房东山处为大门，原门

影壁

东厢房及正房

倒座房前檐

楼顶部无存。

该院原为该地郝姓地主家的宅院，新中国成立后分给几户人家。现为居民院，保存质量一般，砖雕影壁保存较好。

河东村李家大院

屏门

位于密云县古北口镇。该院坐北朝南，一进院落。民国时期建筑。

大门位于院落东南隅，小门楼形式，清水脊，合瓦屋面，冰盘檐，门洞上部作如意头象鼻枭形式，圆形门墩一对，上部雕刻趴狮，门前出如意踏跺六级。大门内屏门一座，随墙月洞门形式，门头上花瓦为轱辘钱形式。屏门西侧倒座房南房三间，清水脊，干槎仰瓦屋面，前檐明间夹门窗，次间槛墙、支摘窗，正十字方格棂心。正房为东西并联的两座，每座三间共

六间，均为清水脊，干槎仰瓦屋面，收边梢垄三垄仰合瓦，前后廊，前檐装修为现代门窗。东厢房三间，清水脊，干槎仰瓦屋面，收边梢垄两垄仰合瓦，前出廊，明间吞廊，北次间槛墙、支摘窗，步步锦棂心，其余装修为现代门窗。西厢房拆除。

大门

正房

河西村后街99号（段家大院）

位于密云县古北口镇河西村。该院坐北朝南，三进院落。清代晚期至民国初期建筑。

大门位于院落东南隅，如意大门形式，清水脊，合瓦屋面。门头栏板雕刻轱辘钱和万不断图案。圆形门簪两枚。门洞上部两侧雕刻如意头形象鼻枭。板门两扇，两侧带余

大门及倒座房

塞板。大门西侧倒座房五间，清水脊，干槎仰瓦屋面，前出廊，仅有西梢间出金柱，前檐装修封在檐步。明间隔扇门四扇，灯笼框棂心，次梢间槛墙、支摘窗，步步锦棂心。

一进院东、西厢房各二间，过垄脊，干槎仰瓦屋面，收边梢垄两垄筒瓦，前檐北次间门连窗，明间和南次间槛墙、支摘窗，步步锦棂心。二门一座，翻建为现代随墙门。门两侧看面墙，过垄脊，筒瓦屋面。

一进院西厢房

二进院正房五间，清水脊，干槎仰瓦屋面，收边梢垄三垄仰合瓦，前后廊，前檐明次间吞廊，明间隔扇风门，灯笼框棂心，前出如意踏跺四级，次梢间槛墙、支摘窗，步步锦棂心，后檐明间为板门。东、西厢房各二间，清水脊，干槎仰瓦屋面，收边梢垄两

二进院正房

垄仰合瓦，前檐北次间夹门窗，南次间槛墙、槛窗，一码三箭棂心。厢房南侧厢耳房一间，过垄脊干槎仰瓦屋面。

三进院后罩房随山势建在山坡上，翻建为现代红砖房。

二进院西厢房

北京四合院志

杜家宅院

位于密云县城通顺巷内。

大门为蛮子门形式，清水脊，合瓦屋面。二门为小门楼形式。两侧有看面墙。

杜家宅院大门

杜家宅院二门

武家宅院

位于密云县城内孝贤牌胡同。

大门为蛮子门形式，清水脊，合瓦屋面。大门西侧倒座房四间，清水脊，合瓦屋面，老檐出后檐墙。该院为武氏家族宅院之一。

武家宅院前的孝贤牌胡同

武家宅院大门

第十四章 延庆县四合院

延庆县位于北京城区西北部，地处北京西北交通要枢，是连通内蒙古高原和山西地区的咽喉要冲，又居于八达岭和居庸关要塞之前，历代为兵家必争之地。明初在居庸关设隆庆卫，兵士多为江淮人，散于各处从事守卫和屯垦，此后繁衍生息，为明清时期延庆县境内早期居民。明永乐十二年（1414）又复设隆庆州、永宁县，安置了大量山西移民和贬谪官吏，延庆县城与民居开始大规模建设。由于明代北京备受蒙古鞑靼袭扰，延庆县又处于居庸关前，每逢来袭便首当其冲。《嘉靖隆庆县志》记载，嘉靖年间佥事官张愚"督令军民各于所居之处筑堡一百三十余处"，县内各隅屯先后建城筑堡，将四合院民居、商铺等环卫其中，也形成了具有延庆特色的城堡四合院。至今县内许多乡镇村仍沿用带有"营""堡""屯""所"等军事色彩的名称，如张山营、双营、榆林堡、刘斌堡等。延庆现存双营、马营等完整城堡，四合院现存数量有几十处。本志共收录延庆县现存传统、新建四合院18处。

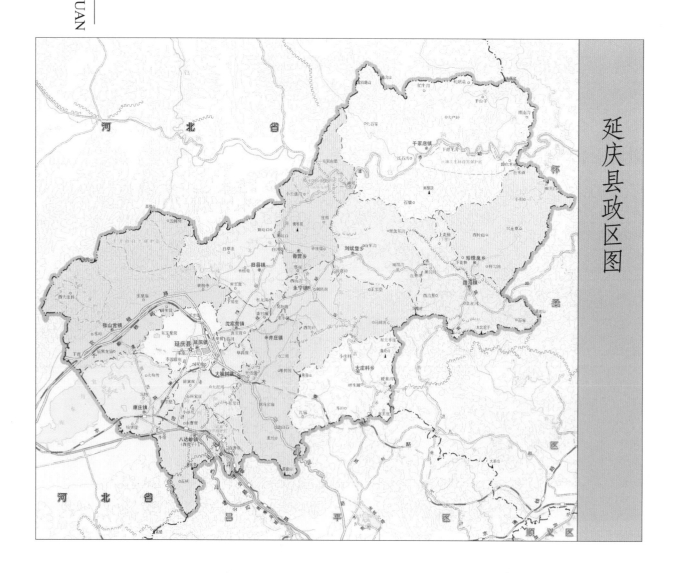

延庆县政区图

岔道村新建四合院

位于延庆县八达岭镇岔道村西城门内北侧，城隍庙东侧。一进院落。为岔道城改造工程过程中新仿建。

金柱大门开于东南角，正房四间，东、西厢房各三间，倒座房三间，为临街门面房。正房为二间，一开门。东、西厢房各一间，一开门，专为民俗旅游设计。大门及正房彩画精美。

改造后的四合院门楼

改造后的四合院内景

东门营老村区5号

位于延庆县张山营镇东门营村北部。南侧为东西向街道，其余三面均为民居。清代末期至民国初期建筑。

原为典型的四合院形式，有东、西厢房，筒瓦屋面，房屋内外条砖墁地，有座山影壁。原与北侧院落为一体，属三进四合院，现仅存一进。倒座房与门楼均已无存，现为红砖砌的围墙和大门。

正房及厢房

东、西厢房槛窗与山墙连接部分有80厘米宽的墙体，上面绘有人物故事画，依稀可辨有人物、树木，形象生动逼真，厢房柱头也均有彩绘。座山影壁砖雕精美，有"世间好事忠和孝，天下良图读与耕"字样的砖雕对联，字迹清楚，笔法俊秀，雕刻线条流畅，准确地体现了当地的民风。现民居有人居住，北房重新做过油漆，东、西厢房保存较好，柱头、槛窗外侧墙体彩绘有褪色、脱落现象，保存状况一般。

东门营老村区40号

位于延庆县张山营镇东门营村北部。南侧为东西向街道，其余三面均为民居。清代末期至民国初期建筑。

大门位于东南角，东、西厢房为单面坡筒瓦屋面，房屋内外条砖墁地，有座山影壁。

大门

砖雕

雀替

干摆廊心墙

座山影壁

砖雕对联

门楼装修雕刻精美，有彩绘，并雕有"耕"字。过道两侧墙壁上绘有古代人物故事画，能依稀可辨的有人物、鹿、牛、树木等，形象生动。影壁砖雕精美，有"家传敬义数千载，世继诗书几百年"字样的砖雕对联，字体为楷书，字迹清楚，线条流畅，体现主人重视教育，诗书传家的美德。现正房有人居住，保存较好。东、西厢房为杂物库房，局部山墙有裂缝。倒座房及其耳房现用于堆放柴草，门窗装修损坏严重。影壁博缝砖、筒瓦有部分脱落，过道壁画有褪色、脱落现象，并有通体裂缝。门楼装修腐蚀严重，彩绘有不同程度的脱落，西侧雀替丢失，保存状况一般。

东厢房

东门营老村区41号

位于延庆县张山营镇东门营村旧村主街中部南侧，临街，西与阎王庙相邻。该院为二进院落。清代末期至民国初期建筑。

大门开于西北角。正房坐北朝南，西厢房为单面坡筒瓦屋面，房屋内外条砖墁地，有座山影壁，临街山墙外悬挂有五块木质匾额，其上原有用铁钉固定的"德寿双全"等文字，现大部分已经脱落，痕迹可辨。门额上有"百世书香"文字，建筑形制、门窗装修、砖雕工艺等较为一般，但正房保存状况较好。两进院分属两家所有，第一进院现存正房四间，西厢房二间，有人居住。正房屋顶有部分塌陷，做过简单修缮，正房临街山墙歪闪严重。

二进院现存北房四间，东、西厢房各二间，无人使用。北房装修损坏严重，屋内杂乱不堪，屋檐有部分坍塌。西厢房前檐已塌，

座山影壁

檐柱外露。东厢房门窗装修损坏严重，屋内存放柴草。

一进院北房前檐

大门

一进院西厢房

花盆村95号

位于延庆县千家店镇花盆村中部。该院坐北朝南，东配房已被拆除，现存正房、西配房、倒座房和过道。清末民初建筑。

倒座房面阔五间，进深五檩，通面阔17.7米，通进深5.9米，建筑面积约104平方米。硬山顶，清水脊，干槎瓦屋面，前后檐老檐出，青砖墙体，砖砌台明，水泥地面。前檐装修安装在檐柱位置，明间板门两扇，一码三箭槛窗两扇。次间、西梢间与正房形制相同，东梢间为过道。过道面阔一间，进深五檩，面阔2.3米，进深4.8米，建筑面积约11平方米。硬山顶，清水脊，干槎瓦屋面，青砖墙体，金柱大门，垂带踏跺四级。有砖

正房板门

地面，垂带踏跺四级。前檐柱间安装修，明间板门两扇，一码三箭槛窗四扇。次间、梢间两侧为一码三箭，中为直棂方格，疑似后改。

西配房面阔三间，进深五檩，通面阔10.4米，通进深5.6米，建筑面积约58平方米。硬山顶，清水脊，干槎瓦屋面，前后老檐出，

影壁

雕座山影壁，雕刻有檐椽、飞椽，博缝等，影壁心为方砖干摆，有砖雕对联，为"福如东海长流水，寿比南山不老松"，楷书字体，字迹清楚，雕刻线条流畅。倒座房东次间后檐墙有放置匾额的砖台，砖台上雕有花篮、缠枝葡萄等，雕刻精美。

正房坐北朝南，面阔五间，进深五檩，通面阔17.6米，通进深6.3米，建筑面积约110平方米。硬山顶，清水脊，干槎瓦屋面，前后檐老檐出，青砖墙体，条石台明，水泥

西配房

博缝头砖雕

木窗

屋脊砖雕

影壁须弥座砖雕

青砖墙体，砖砌台明，水泥地面。檐步安装修，明间板门两扇，一码三箭槛窗两扇。次间、梢间与正房形制相同。

　　该四合院基本保持原有建筑风格，其正脊、博缝、戗檐砖等，雕刻精美。内容包括花卉、狮子、神鹿、飞禽等，形象生动逼真，线条流畅，技法颇高。室内已做过现代装修，

原式样被遮挡，建筑门窗被刷了清漆，北房东侧脊头为原建筑构件，其余脊头均按原建筑样式新配。屋面长有野草，山墙有些许裂缝，大门被封，由西侧院墙另开小门供人出入。院内地面为水泥及红砖铺墁。

　　该院是目前延庆东部山区已知保存最好的清式古民居，具有较高的保护价值。

墀头戗檐

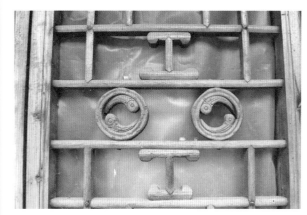

工字卧蚕步步锦棂心

双营村34号

位于延庆县双营古城西部，距双营城西城门40米，东、南侧为街巷，西、北为民居。该院坐北朝南，一进院落，现仅存正房、东厢房和倒座房。

倒座房面阔五间，进深五檩，通面阔15.6米，通进深5.2米，建筑高度2.8米，建筑面积81.2平方米。筒板布瓦，硬山顶，清水脊，地面条砖糙墁，砖砌台明，如意踏跺一级。前檐装修安装在檐柱位置，明间夹门窗，次间和梢间支摘窗。倒座房东侧原有过道，现已拆除，于倒座房与东厢房南山墙之间新开小门。

正房面阔五间，进深五檩，通面阔15.6米，通进深5.7米，建筑高度2.9米，建筑面积89平方米。筒板布瓦，硬山顶，清水脊，水泥地面，砖砌台明，垂带踏跺两级。前檐装修安装在檐柱位置，明间夹门窗，次间和梢间支摘窗。东厢房面阔三间，进深五檩，通面阔十米，通进深4.4米，建筑高度2.4米，建筑面积44平方米。筒板布瓦，硬山顶，清水脊，水泥地面，砖砌台明，如意踏跺两级。前檐装修安装在檐柱位置，明间夹门窗，次间支摘窗。该院现还用于居住，房屋主人于近年对其进行过修缮，整体保存较为完好。

新开小门

一码三箭窗棂心

正房

清水脊砖雕

双营村87号、89号

位于延庆镇双营村北部，东侧为街巷，北侧为双营城古城墙，其余两面为民居。原为二进院落，坐北朝南，现89号为第二进院。

89号院现存北房及东、西厢房。北房面阔五间，进深五檩，通面阔16.3米，通进深5.5米，建筑高度2.9米，建筑面积90平方米。硬山顶，清水脊，仰瓦屋面，地面条砖糙墁，砖砌台明，垂带踏跺两级。前檐装修安装在檐柱位置，明间夹门窗，次间和梢间为支摘窗。

梁架结构

正房

东、西厢房均面阔二间，进深五檩，通面阔6.7米，通进深4.7米，建筑高度2.6米，建筑面积32平方米。硬山顶，清水脊，仰瓦屋面，地面条砖糙墁，砖砌台明，前檐装修安装在檐柱位置，夹门窗，支摘窗。

一进院为87号院，现存正房面阔五间，

东厢房

进深五檩，通面阔16.3米，通进深5.7米，建筑高度2.9米，建筑面积93平方米。硬山顶，清水脊，筒瓦屋面，地面条砖糙墁，砖砌台明，垂带踏跺三级。前檐装修安装在檐柱位置，明间夹门窗，次间和梢间支摘窗。东梢间原为过道，现被堵死。

一、二进院分属两位主人。近年两处房屋主人均对房屋进行过修缮，保存状况一般。

砖砌踏跺

窗棂

永宁前街71号

位于延庆县永宁镇西关村南，坐北朝南，原为多进四合院，现仅存一进院落。

院落由大门、倒座房、东厢房、正房组成，西厢房已无存。金柱大门开于东南。倒座房面阔五间，进深五檩，通面阔13.9米，通进深5.8米，建筑高2.3米，建筑面积为80.6平方米。仰瓦屋面，硬山顶，清水脊，水泥地面，砖砌台明。前檐装修安装在檐柱位置，明间夹门窗，次间和梢间槛窗。倒座房西侧一间已倒塌，保存状况一般。

正房面阔五间，进深五檩，通面阔14.2米，通进深6.1米，建筑高2.7米，建筑面积为87平方米。筒板布瓦，硬山顶，过垄脊，水泥地面，砖砌台明。前檐装修安装在檐柱位置，明间夹门窗，次间和梢间支摘窗，保存较为完好。

东厢房面阔二间，进深三檩，通面阔7

花牙子

大门戗檐砖雕

米，通进深3.7米，建筑高2.2米，建筑面积为26平方米。仰瓦屋面，硬山顶，清水脊，水泥地面，砖砌台明。前檐装修安装在檐柱位置，夹门窗，槛窗。

现无人居住。

大门

东厢房

永宁中所屯3号

位于延庆县永宁镇太平街东北角。坐北朝南，三进院落，现仅存一进。

院落沿中轴线由南向北依次是倒座房、东西厢房、正房。金柱大门，抱鼓石已失。倒座房面阔五间，进深六檩，通面阔14.3米，通进深7.3米，建筑高2.2米，建筑面积为104.4平方米。筒板布瓦，硬山顶，清水脊，地面方砖糙墁，砖砌台明。前檐装修安装在檐柱位置，明间夹门窗，次间和梢间支摘窗。过道位于东南，天花板上绘有精美的缠枝莲花图案，墙壁刷白，外皮剥落严重，影壁砖雕残损。

正房面阔五间，进深七檩，通面阔16.6米，通进深7.8米，建筑高2.7米，建

砖雕

砖雕

大门及倒座房

西厢房

筑面积为129.5平方米。筒板布瓦，硬山顶，清水脊，地面方砖糙墁，砖砌台明，垂带踏跺四级。前檐装修安装在檐柱位置，明间五抹隔扇四扇，次间和梢间支摘窗，保存较为完整。

东、西厢房形制相同，均面阔二间，进深五檩，通面阔6.8米，通进深4.7米，建筑高2.5米，建筑面积各32平方米。筒板布瓦，硬山顶，清水脊，地面方砖糙墁，砖砌台明。前檐装修安装在檐柱位置，明间夹门窗，次间和梢间支摘窗，墀头砖雕为梅花、鹿等吉祥图案。

整个建筑布局严谨，轴线分明，是延庆地区目前保存较为完好的一处古民居。

永宁镇黄甲巷4号

位于延庆县永宁镇。该院坐东朝西，二进院落。清代晚期建筑。

大门位于院落西南隅，金柱大门一间，清水脊，筒瓦屋面，正脊残，前檐柱间装饰雕花雀替，大门走马板处有彩绘痕迹，黑漆板门两扇，圆形门墩一对，大门象眼处作素面海棠池线脚。门外廊心墙上有刻字，现已残损，仅能辨别"天"字。

西房前檐

大门

门内迎门座山影壁一座，清水脊，筒瓦屋面，方砖硬影壁心，中心四岔砖雕。大门左侧围砖砌屏门一座，清水脊，合瓦屋面。大门北侧西房五间，清水脊，筒瓦屋面，前

二门

二进院北厢房

影壁及屏门

檐明间为隔扇风门，斜方格棂心，次、梢间部分保存步步锦棂心支摘窗。二门一座，砖砌月洞门形式，门两侧连接看面墙，清水脊，筒瓦屋面。

二进院内东房拆除。南、北厢房各三间，清水脊，筒瓦屋面，屋面部分筒瓦仅剩底瓦的合瓦，前檐装修为现代门窗。

榆林堡村小北街14号

位于延庆县榆林堡镇榆林堡村，该院坐南朝北，一进院落。民国时期建筑。

大门位于院落西北隅，金柱大门半间，清水脊，筒瓦屋面。正脊两端翘起非蝎子尾形状而是涡卷花纹形状砖雕。前檐柱间装饰骑马雀替，雀替上方装饰有类似斗拱的装饰三朵，中间一朵为福云。两端各半朵福云。黑漆板门两扇，方砖铺砌地面，砖石台基。

门内座山影壁一座，清水脊，筒瓦屋面，正脊两端翘起非蝎子尾形状而是涡卷花纹砖雕。大门东侧北房四间，清水脊，筒瓦屋面。正脊两端翘起非蝎子尾形状而是涡卷花纹形状砖雕，与大门正脊相邻一端中间装饰菱形方块宝相花砖雕。前檐西数第二间开门，其余各间开窗。门窗均改为现代门窗，后檐为封后檐形式。南房四间半，清水脊，筒瓦屋面，西侧半间为过道通往后面的一块菜园，前檐

大门正脊

西数第二间开夹门窗，门窗均为现代门窗，其余各间开三扇窗，形式为两侧各一扇槛窗夹住中间的支摘窗形式，棂心为支摘窗，为正十字方格，槛窗为套方锦形式。东、西厢房各二间，清水脊，筒瓦屋面，前檐南次间为夹门窗，棂心是正十字方格和套方锦形式并用。北次间为两侧槛窗夹支摘窗形式，槛窗棂心为一码三箭形式，支摘窗为正十字方格形式。

大门

南房

厢房

榆林堡村赵家胡同5号

位于延庆县榆林堡镇榆林堡村。该院坐北朝南，一进院落。民国时期建筑。

大门位于院落东南隅，金柱大门半间，清水脊，筒瓦屋面，黑漆板门两扇，方砖铺砌地面，砖石台基。门内座山影壁一座，清水脊，筒瓦屋面，素面影壁心，垂花雕有石榴图案。

大门西侧有倒座房五间，清水脊，筒瓦屋面，前檐西数第三间开门，门窗部分为现代门窗，后檐为老檐出后檐墙形式。

院内北房五间半，东侧半间为过道通往后园，清水脊，筒瓦屋面，前檐中间三间吞廊，檐柱间装饰骑马雀替，雕有牡丹、莲花、卷草纹等图案。雀替上方有类似斗拱的装饰七朵，中间一朵为莲花，其余饰有石榴、柿子、灵芝、花卉等图案，西数第三间开门，其余各间开窗，门窗均改为现代门窗，后檐为老檐出后檐墙形式。

东厢房三间，清水脊，筒瓦屋面，前檐明间为夹门窗，其余次间上部为支摘窗，下部改为玻璃窗。后檐外侧有排水天沟。院落方砖铺砌地面。

座山影壁侧面

座山影壁砖雕局部

正房前檐柱间雀替和福云木雕

正房及厢房

大门

东厢房

北京四合院志

老城区孟子街4号

位于延庆县城老城区。该院坐南朝北，一进院落。民国时期建筑。

大门位于院落西北隅，金柱大门半间，清水脊，筒瓦屋面，部分后改为水泥机瓦屋面，前檐柱间装饰雕花雀替。黑漆板门两扇，木质门槛一道，砖石台基，门前出水泥坡道。

东厢房

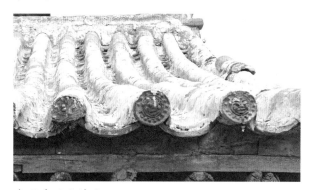

东厢房瓦当滴水

大门

大门西侧倒座房半间，东侧五间，清水脊，筒瓦屋面，正脊两端非蝎子尾形式，而是一块竖起的菱形砖雕，现在一端残损，前檐装修为现代门窗，部分保留有步步锦棂心支摘窗，后檐为老檐出后檐墙形式，砖

石台基。

南房五间，前出廊，清水脊，筒瓦屋面，正脊两端砖雕毁坏，前檐明间装修为隔扇风门，步步锦棂心，次、梢间为现代门窗，部分保留有槛墙、步步锦棂心支摘窗，砖石台基。

东、西厢房各三间，清水脊，筒瓦屋面，正脊两端为蝎子尾形式，前檐装修为现代门窗，砖石台基。

南房

西厢房

老城区孟子街5号

位于延庆县城老城区。该院坐北朝南，一进院落。民国时期建筑。

大门

大门位于院落东南隅，金柱大门半间，清水脊，筒瓦屋面，现在大部分屋面为后改水泥机瓦屋面，墙体包砌现代机砖。黑漆板门两扇，木质门槛一道。青石材质门枕石一对，无抱鼓部分。砖石台基，门前出如意踏跺两级。

门内迎门有座山影壁一座，清水脊，筒瓦屋面，正脊两端斜向竖起长方形砖雕，硬影壁心。影壁中心及四岔雕刻砖雕人物故事、万字以及花卉图案，台基为须弥座形式，清水脊及须弥座上均雕刻花卉图案。

大门东侧倒座房半间，西侧四间，清水脊，筒瓦屋面，现在大部分屋面为后改水泥

座山影壁

机瓦屋面。正脊两端非蝎子尾形式，而是一块竖起的砖雕，现在一端残损。前檐装修为现代门窗，墙体经过现代改造包砌现代机砖，砖石台基。

正房五间，前出廊，明间吞廊，清水脊，筒瓦屋面。正脊两端为竖起的砖雕，现在已经损坏。前檐明间装修为隔扇风门，隔扇门为灯笼锦棂心，风门为步步锦棂心，风门上

正房

的亮子窗为八方交四方棂心。廊柱间倒挂楣子为中间一朵、两侧各半朵福云形式，倒挂楣子下两端装饰雕花雀替。次、梢间为青砖槛墙，槛窗为正十字方格棂心，砖石台基。

东、西厢房各三间，西厢房拆除。东厢房为清水脊，筒瓦屋面，正脊两端砖雕毁坏，前檐装修为现代门窗，砖石台基。

东厢房

老城区孟子街15号

位于延庆县城老城区。该院坐北朝南，一进院落。民国时期建筑。

大门位于院落东南隅，金柱大门一间，清水脊，筒瓦屋面。正脊两端非蝎子尾形式，而是一块圆形砖雕，现在残损。饿檐拔檐处保存有砖雕花卉，大门走马板上楷书"德者福基"。黑漆板门两扇，木质门槛一道，大门后檐柱间装饰套方锦棂心倒挂楣子，砖石台基，门前出垂带踏跺七级。

大门内倒挂楣子　　　　大门走马板匾额

为老檐出后檐墙形式，砖石台基。

正房六间，清水脊，筒瓦屋面，屋面大部分后改为现代水泥机瓦屋面，前檐装修为现代门窗，后檐为老檐出后檐墙形式，砖石台基。

东、西厢房各三间，清水脊，筒瓦屋面，正脊两端为蝎子尾形式，前檐大部分装修为现代门窗，部分保留正十字方格棂心。

大门及倒座房

门内迎门有座山影壁一座，清水脊，筒瓦屋面，蝎子尾处做成一朵花卉砖雕，白灰软影壁心。大门西侧倒座房五间，清水脊，筒瓦屋面。正脊两端非蝎子尾形式，而是一块砖雕，现在残损。前檐大部分装修为现代门窗，部分保留有步步锦棂心支摘窗。后檐

正房及东、西厢房

座山影壁

东厢房

老城区杨家胡同29号

位于延庆县城老城区。该院坐南朝北，二进院落。民国时期建筑。

大门

大门位于院落西北隅，金柱大门半间，清水脊，筒瓦屋面。正脊两端为向上竖起的菱形砖雕花卉，前檐柱间装饰雕花雀替一对，走马板上书："□四□"。黑漆板门两扇，木质门槛一道，后檐柱间装饰万字棂心倒挂楣子，砖石台基，门前向侧面出礓磋儿坡道台阶。

一进院内大门东侧北房三间，清水脊，筒瓦屋面，正脊两端砖雕损坏，前檐装修为现代门窗，后檐为老檐出后檐墙。东、西厢房各三间，清水脊，筒瓦屋面，正脊两端砖雕毁坏，前檐明间为夹门窗，部分保留一码三箭棂心，次间为现代门窗。

二进院北房三间半，西侧半间为过道，后改水泥机瓦屋面，前檐装修为现代门窗，

后檐为老檐出后檐墙形式。东、西厢房各二间，东厢房翻建，西厢房为干槎瓦屋面，前檐装修均为现代门窗。

过道

二进院北房

一进院东厢房

二进院西厢房

老城区杨家胡同30号

位于延庆县城老城区。该院坐北朝南，现存一进院落。民国时期建筑。

大门位于院落东南隅，金柱大门一间，清水脊，筒瓦屋面，正脊两端砖雕已残损，黑漆板门两扇，木质门槛一道，砖石台基，门前出如意踏跺五级，踏跺上有排水孔道。

正房

大门及倒座房

门内迎门有座山影壁一座，清水脊，筒瓦屋面，正脊两端做成鱼尾状砖雕，菱形方砖硬影壁心，影壁中心砖雕花福字。大门内

东厢房

右侧围墙墙帽为套沙锅套花瓦形式，墙体上也砌筑座山影壁，清水脊，筒瓦屋面，白灰软影壁心。

大门西侧倒座房五间，清水脊，筒瓦屋面，正脊两端砖雕已残损，前檐装修为现代门窗，砖石台基。

正房五间半，东侧半间为过道，清水脊，筒瓦屋面，正脊两端向上竖起鱼尾状砖雕，前檐装修为现代门窗，后檐为老檐出后檐墙形式，砖石台基。

东、西厢房各三间，清水脊，筒瓦屋面，正脊两端砖雕已残损，前檐装修为现代门窗。

座山影壁

第四篇

郊区（县）四合院

施氏四合院

位于延庆县延庆镇西白庙村。该院为三进院落，前两院为住宅，后院为附属设施。清代建筑。

该院为施氏所有。施氏家族是延庆城西有名的富裕人家，家有土地数百亩，在县城开办"祥瑞号"布匹商行，办有织布作坊，在河北省高阳县开设织布厂。施家办织布厂的时间可以上溯到百余年前，先在延庆州城内殷子街设厂房，雇工50余名，有脚踏织布机20余架；后又在河北省高阳县开办织布厂。高阳织布厂在日本侵华时期遭日军飞机轰炸而被迫停业，而县城织布厂一直维持到民国时期，后因大量日本布匹涌进，工厂被挤垮。施氏先农、后商、再工的发展道路，在延庆

院内

大门走马板上匾额

地区很有代表意义。

土改时，该院大部分房屋被分掉。"文化大革命"中，施家所有后人被赶出原住宅。现为单位用房。

四合院作为北京传统的住宅形式，承载着深厚的文化底蕴，体现了中国传统的居住观念，不但记录了北京城的发展历史，也见证了人们生活的喜怒哀乐。四合院的院落开阔疏朗，四周房屋各自独立，又有游廊彼此连接，生活起居十分方便；仅有大门与外面相通，具有很强的私密性；院内，则是一派和谐温馨、其乐融融的小天地。夏天，四合院中搭凉棚、挂竹帘、糊冷布来避暑；冬天，四合院中有火炕和火炉可以取暖。"天棚、鱼缸、石榴树，老爷、肥狗、胖丫头"，四合院昭示着人与人、人与自然的和谐关系，让居住者尽享大自然的美好。

四合院是最能体现老北京民俗文化的物质载体。在长期的民居建筑发展中，四合院以其独特的建筑形式和实用的建筑风格与人们的生活息息相关。在四合院中长期形成的约定俗成的生活习俗、礼仪习俗、节日习俗及休闲娱乐习俗，是浓郁而深厚的北京民俗文化的重要组成部分。

第五篇
四合院文化
DI-WU PIAN SIHEYUAN WENHUA

四合院养育了生活在这里的人们。古往今来，人们也无不表达着对四合院的热爱。四合院里产生了很多歌谣，更有文人墨客留下大量的名篇佳作。在老北京人的记忆中，四合院生活是"小小子，坐门墩"，也是邓云乡笔下的"冬情素淡而和暖，春梦混沌而明丽，夏景爽洁而幽远，秋心绚烂而雅韵"。总之，是郁达夫笔下的"一年四季无一月不好"。

第一章 四合院建筑理念

　　建筑是社会意识形态的反映，而社会意识形态是决定建筑形式的重要因素之一。四合院是根植于中华文明土壤中发展起来的一种建筑形式，它在适应了自然条件的前提下，必然受到中国传统思想的深刻影响。因此，北京四合院的建筑不仅仅是建筑实体的存在，在它身上还具有丰富的文化内涵。这些内涵在四合院的建筑布局、建筑形式和装饰风格中都有体现，传递着很多民族的传统文化，深刻地透视出北京四合院建筑文化的背景。

　　总之，北京四合院不论融汇了哪些营建理念，它强调的"天人合一"的理念始终体现得尤为突出，即人既要顺应自然的发展与自然和谐相处，同时又要符合伦理规范的要求，力求营造一个适合人们安适生存的氛围，家庭和睦，子子孙孙繁衍发展。

第一节

礼制文化

DI-YI JIE LIZHI WENHUA

四合院建筑上的特点充分体现在各种建筑功能的划分上，而其建筑立意充分表达了儒家的宗法制度、等级制度、伦理教化等多方面的理论。在封建社会中，多数是同一家族往往建造在同一区域，采取多组院落并联的方式。在四合院内有着严格的规定，反映出传统大家庭的尊卑有别、长幼有序的基本道德原则和规范。

在四合院的功用价值上，如由垂花门把作为客厅、用人住的南房（倒座房）和作为家族居室的北房，东、西厢房分为内外两院，显示着严谨持重与内外有别。坐北朝南的正房最高大，一般供家中年长的老人居住，祖宗牌位设置在正房中间的堂屋。卧室在堂屋两侧，东侧的卧室住祖父母，西侧的卧室住父母，反映出古代以左为上的观念。东、西厢房亦是如此，东、西厢房是晚辈居住的地方，一般是家里的大儿子、三儿子住东厢房，二儿子、四儿子住西厢房。未出阁的家中女子要住在院子最深处的后罩房，如果没有后罩房，便会住在正房两侧的耳房。四合院中厨房设在宅子的东侧，一般在东厢房的最南侧房间。倒座房的最东面一间为私塾，从东起第二间是四合院大门的位置，第三间为客房或者是男仆居住，用来接待外来客人；倒座房的最西头一般设为厕所。

四合院的这种"正屋为尊，两厢次之，倒座为宾，杂屋为附"的安排，不仅突出了家长的地位，而且有助于维持家族内部的秩序，强化等级观念。

四合院院落四周都有围墙，墙上不设窗。外面的人看不到院子里，院里的人也看不到外面。四合院与外界相通的唯一通道就是大门，平时大门也是紧闭的。在大门内还设有影壁，内院门里设立屏门。日常生活中，女眷无故不出内院，外人无故不入内宅，即人们所谓的"大门不出二门不迈"。四合院的这种私密性反映了中国古代传统的封闭式文化。

在封建时代，等级制度在四合院建筑中也体现得非常明显，四合院单体建筑体量、建筑形制都有着严格的规定，甚至对于住宅的称谓都有规定。北京的四合院有大、中、小几个不同的规格，大四合院一般是高等级官僚贵族的府第；中四合院则是普通官员、富商之宅，是中等人家；小四合院才是平民百姓居住之所。

其实，从居住环境来看，也与伦理道德、宗法理念相吻合。俗话说："有钱不住东南房，冬不暖来夏不凉。"在四合院里，北房为正房，高大宽敞，采光好，冬天暖和。东厢房坐东朝西，早晨不见日光，可到了下午，太阳西斜，特别是夏天，日照时间长，东厢房内的住户就会感觉炎热难当。西厢房相对好些。四合院中最不好住的是南房，又称倒座房，是处在院子最南端、朝北的房间，一年四季都见不到太阳，夏秋两季，天热多雨，南房又热又潮；而到冬季，西北寒风又往屋里灌。

四合院基本格局

第二节 风水学说

DI-ER JIE FENGSHUI XUESHUO

风水学，亦称堪舆学，是中国古代产生的一种生活环境的设计理论。所谓风水，就是察风辨水，需找风清水美的环境；所谓堪舆，"堪"就是观天，"舆"就是察地。具体也就是从建筑的选址、规划、设计到营建，都要周密地考察天文、地理、气象、水源等因素，从而营造良好的居住环境。

过去，北京四合院建造时的定位有很多讲究，从定位、定时到确定每幢建筑的具体尺度、用料、装饰色彩，以及摆设物品、种植树木等都会涉及风水学，施工的过程中施工的大木匠使用压白尺法和门光尺法推演确定。比如，考察一个宅院的选址好坏，要看它与周围道路、树木以及其他住宅的关系，同时对住宅平面的轮廓形状也有要求。北京四合院以长方形为最吉，南窄北宽的梯形，以及方形也算是吉地，而南宽北窄的梯形，以及曲尺形则被视作不吉。方位方面，坐北朝南是最好的朝向。

住宅门前的道路宜开阔，应建在交通方便、大门开在吉方、被道路环抱的地方。因地势形成的锐角三角形地基，为剪刀地。在该地上造房屋，亦叫作剪刀屋。剪刀尖部位开门叫作"倒田笔"；剪刀后位开门又叫作"彗星拖尾"。这两种房屋格局，都不利于人的居住。这是因为剪刀屋受三面马路夹击，故该地段灰尘很大、噪音刺耳、气场混乱，人长久居住，易患失眠和高血压症，也容易患呼吸道及尘肺等病症。

按照中国传统的堪舆理论，四合院正房坐北朝南，即"坐坎朝离"；大门一般都开在东南角，即"坎宅巽门"。这是从八卦方位得到的启示。《易经》符号即"震、离、兑、坎、乾、坤、艮、巽"，代表着东、南、西、北、西北、西南、东北、东南这八个方向。其中巽位有人的意思，巽在五行中还代表风，东南方向是和风、润风吹进的方位，是吉祥之位。北方坎位为吉位，在五行中代表水，将正房建在正北，意味着可以避开火灾。东北方次吉，

可设厨房、杂用房。西南方是坤位，为凶方，只能建厕所，说是可以用脏物镇压白虎星。

北京的四合院虽然是严格按照风水学说建造的，但是今天来看，它还是具有一定的科学性的。根据北半球日照情况，东和东南方向阳光充足，四合院的房屋坐北朝南，易于采暖通风。因受亚热带季风的强烈影响，北京夏季盛行东南风，冬季盛行偏北风。四合院朝南，冬季可以最大限度地汲取阳光；北侧封闭，可以抵御冬季凛冽的寒风；而在南侧开设门窗，既便于在冬季享受和煦的阳光，又利于夏季空气的流通。另外，从华北地区的大地势来看"坎宅巽门"布局也很合理，西北高，东南低，院内排水由东南角门屋下排出至胡同，不影响居室。西南方通常设厕所，看似玄奥，但就使用而言，其中也具有一定的合理性。北京地区常刮东北风，将厕所设在这个位置，气味不至于随风刮入院中影响齐聚活动，另外西南方向日照时间长，亦可杀菌消毒，从这方面看也符合居住卫生。

也有很多四合院受到先天条件的限制，很难完全符合风水的要求，这时，就要通过一些方法来调整和变通。比如，用石料制成半米左右的长方形石碑，建房时嵌入墙壁中，或单独立于街巷入口处和新盖房屋大门前，石碑上拓刻"福"或"泰山石敢当"字样，以达到起居自如、安详顺当的镇宅作用。四合院大门内外设有影壁墙，风水学上讲门气过盛，就会冲淡地气，影壁能够阻断外来视线，保持院内的私密性，更加避免了"回风反气"。还有在墙上挂一面镜子等，据说都有改善风水的作用。

在古代堪舆理论中，整个建造房屋的过程，都要有一些禁忌和仪式。如起土、动土、伐木都要选吉日进行；起灶、立柱、上梁、入宅都要举行相应的仪式。如放鞭炮、挂红布、垫铜钱、贴对联、贴符咒等。不过这种方法在一定程度上属于心理暗示，满足了人们精神上和心理上的需求。

北京四合院志

第三节
民俗观念

DI-SAN JIE　MINSU GUANNIAN

由于北京是多民族聚居的地区，因此除了以上的理念之外，各民族的风俗习惯、宗教信仰、喜好禁忌也必然影响到四合院的建设，还有数字和位置及某种特殊的物件在北京居住方面起的作用。

四合院中的正房要单数，或三间，或五间，即便有四间的地方也要盖三大间，每边再盖半间，美其名曰"四破五"。东、西厢房，也多以三间为准。双数在四合院建筑中是禁忌的，所以有这么一句俗语："四六不成材。"

在四合院建筑的装修、雕饰、彩绘上处处体现着民俗民风。四合院中的木雕、砖雕多以寓意喜庆吉祥的花卉、动物和器物作为题材，比如，以蝙蝠、寿字组成装饰，寓意"福寿双全"；以花瓶内安插月季花来寓意"四季平安"；宝瓶上加如意头，意为"平安如意"，用莲花挂大斗（斗与升同形），斗中置三戟，意为"连升三级"。还有"三阳（羊）开泰""五世（狮）同居""五福（蝠）临门""吉（鸡）庆有余（鱼）"等。

还有一些符号纹样，是通过象征抽象的手法来表现吉祥的寓意。比如，龟在古代是寿康永续、长命百岁的象征，用一些龟背纹作为装饰图案，用于表达希冀健康长寿之寓意；寓意福寿吉祥、深远绵长的回纹更是我国长久流传下来的传统纹样，其连续的回旋形式的组合，称为回回锦，是四合院建筑许多装饰部分的常用纹样；此外，源于佛教的吉祥标志卍，也常被用作吉祥的装饰图案来表示万福，以此为基础的万字锦常用于四合院的檐板及墙面装饰。

四合院的雕刻上会有道教八仙、佛教的八宝等图案，而回族的四合院往往会有本民族的装饰图案，等等。这些其实都是居住在四合院中的人们对幸福、富裕、吉祥等美好生活的积极追求。

四合院也尽量排除那些寓意不吉利的，由此形成了很多禁忌。北京人有句俗语："桑松柏梨槐，不进府王宅。"意思是院内的树木不可种桑（丧）树、柏（白）树、梨（离）树、槐（坏）树等。还禁忌院子比街巷低，原因是一进门就得跳蛤蟆坑，而出门从低向高，如似登山，明显不吉利。这些风俗禁忌实际上也是人们对生活经验的一种总结。如禁忌种的树种都是高大树木或不落叶树木，明显不利于宅院建筑物和环境。而路基高、宅基低则明显在雨雪天会产生雨水倒灌，也不利于宅院。

第二章 四合院习俗

DI-ER ZHANG SIHEYUAN XISU

老北京人世代生活在四合院中，也形成了特定的习俗，一直传承。四合院的房屋布局与家庭成员的住房安排均有规定，还专设堂屋。一个人在四合院出生后，终生不离家庭的温暖，四合院成为生养安息之所。婚丧之礼、家长寿诞，都在堂屋举行，以传递尊长敬老的伦理传统。每逢岁时节日，在四合院中都有相应的礼俗活动，日常还有养鸟、养鸽子、养金鱼等休闲娱乐习俗。四合院融汇了民族文化精神于家庭生活之中，是中国人伦理的符号。

第一节 生活习俗

夏季消暑

搭凉棚、挂竹帘、糊冷布，是北京四合院夏天传统的消暑降温方法。凉棚是用竹竿、杉篙、苇席子、麻绳等搭起来的，需要专门的棚匠来完成。道光皇帝《养正斋诗集》中有首咏凉棚的诗："凌高神结构，平敞蔽清虚。纳爽延高下，当炎任卷舒……"把凉棚的特征描述了出来。在四合院中搭凉棚既可遮挡阳光对庭院的暴晒，又可供家人在院中乘凉和孩童玩耍。竹帘是挂在房屋的门上的，主要起到通风并防蚊蝇的作用。白天，在屋里隔着帘子可以看见院子里的一切；而晚上掌灯之后，在院中又可隔着帘子望见屋里的一切。而冷布实际上是一种孔距十分稀大的纱布，糊在窗户上，又透气又敞亮。过去四合院的窗子可以分成两部分拆卸。夏季，人们将活动的那扇窗支起，利用固定的冷布窗屉来通风。冬季，再将支起的活动窗放下，用

以保温。冷布的优点虽多，缺点也不少，尤其是冷布不能长期使用。夏天一过去，冷布就由白色变成了黄色，风吹日晒后，布的纤维变硬，经过浆洗的冷布特别脆，一洗就成了糊糊，但冷布的价格十分便宜，一般都是来年时再换新的。

冬季取暖

过去北京四合院中，家家都有火炕。搭建炕称为盘炕，是用砖和砖坯砌成，内有通往炕四角的烟道，上面覆盖有比较平整的石板。炕都有灶口和烟口，灶口是用来烧柴，烧柴产生的烟和热气通过炕间墙时烘热上面的石板，使炕产生热量。烟最后从东西山墙处的烟道排出。灶一般设在外屋一进门的犄角处，灶口与灶台相连，这样就可利用做饭的烧柴使火炕发热，不必再单独烧炕。火炕邻近灶口的位置称为炕头，邻近烟口的位置称为炕梢。炕头一般都留给家中辈分最高的主人或尊贵的客人寝卧。

相比于火炕的固定性，火炉可以说是移动的取暖设备。生火时间可以根据天气的冷暖变化来决定。因为没有烟筒，生火和添火时必须将火炉搬至院中。放进柴火，投进煤球后，用引柴在下面点火，把拔火罐放在炉口上，待烟冒尽，火苗子拔上来后，撤掉拔火罐，再搬进屋内取暖。到晚上休息时，必须将火炉搬到室外。所以，夜间只能靠火炕取暖了。

利用绿植搭建的凉棚

第二节　礼仪习俗

DI-ER JIE　LIYI XISU

洗三

婴儿出生后第三天，要举行沐浴仪式，称为"洗三"。在老北京的街巷胡同中，"洗三"活动从祭神开始。多在产房外厅正面摆上香案，案上供着碧霞元君、送子娘娘、催生娘娘、眼光娘娘等13位神像。产妇卧室的炕上供着"炕公""炕母"神像，然后由有儿有女有丈夫的"全福人"上香叩首祭拜。祭毕端出洗澡盆，里面的洗澡水称为"长寿汤"。"全福人"抱着孩子，所有来宾依长幼尊卑之序向盆内扔金银、钱币等，谓之"添盆"。"全福人"一边用棒在水中搅，一边给孩子洗澡，这叫"搅盆"。孩子如若大哭，不但不犯忌讳，反认为吉祥，谓之"响盆"。一边洗，一边唱着吉祥祝词，如："先洗头，做王侯；后洗腰，一辈倒比一辈高；洗洗蛋，做知县；洗洗沟，做知州。"洗毕，要招待来宾，无论穷富在主食上必须是面条，即"洗三面"。"洗三"之日，通常只有近亲来贺，多送给产妇一些油糕、鸡蛋、红糖等食品，或者送些孩子所用的衣服、鞋、袜等作为礼物。

满月

婴儿出生一个月称"满月"，也叫"出月"。旧时北京人通常会邀请至亲好友来家中喝"满月酒"。前来赴宴祝贺的客人都要有礼物给婴儿，礼物可以是衣物、金银或玉质的锁片、铃铛、项圈、手镯或玩具等。给孩子送衣服也有讲究：姨家的布、姑家的活儿，就是姨家买布姑家做成。也有的姨家、姑家各买一块布，衣服的袖子和裤腿用不同颜色的布做成。另外姑家还要送鞋，姨家送袜子。这一天婴儿要穿上新衣服，打扮得漂漂亮亮的给长辈们观看。满月日给孩子剃头发也很有讲究。头发不能全部剃掉，额顶要留下一块方方正正的"聪明发"，脑后须留一绺"撑根发"，叫"百岁毛"。剃下来的胎发不能扔，要放在一起，用彩线缠好，挂在孩子床头，说是可以驱邪保平安。

抓周

在四合院中，孩子周岁时并不搭棚办酒席，讲究"抓周"。抓周的仪式一般都要在吃中午饭之前举行。在小孩面前摆上笔墨纸砚、书籍、算盘、玩具等，如是女孩，还要加摆铲子、勺子、剪子等。让小孩在不受任何诱

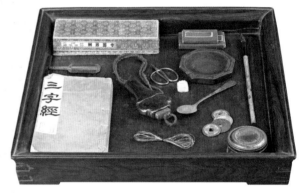

抓周

导的情况下，随意挑选。视其先抓何物，后抓何物，来测卜其志趣、前途和将来从事的职业。

婚礼

老北京有首童谣："大姑娘大，二姑娘二，二姑娘出门子给我个信儿，搭大棚、贴喜字儿，箱子柜子我的事儿。"这里说的就是在

婚礼（20世纪80年代）

四合院中结婚的事。婚礼用的大棚，叫喜棚。一般是在自家院内搭棚设座，有的人家院子小，便会到街巷里宽敞的地方搭喜棚。夏天搭棚上面要设有可以卷放的卷窗；冬天搭棚要把四周围起来，四周的上部安装玻璃窗，用来通风和采光。窗框为红色的，四角绘蝙蝠图案。娶媳妇的用双喜字，聘闺女的用单喜字。大门、二门的门框上贴喜联。婚礼当天院内要搭设木台，上面安置坐具，边缘用红绿栏杆围成，这就是观礼席。发轿时观礼台下的路旁成对地站有鼓乐队。喜轿进门后，从响器行列中经过，抬入喜房。喜房内被银花纸裱得四白落地，窗帘上绣有鸳鸯等图案，炕沿挂着红罗帐，帐前挂起一对红喜字灯。

庆寿

庆寿就是晚辈给长辈庆祝生日的活动。四合院里的庆寿活动根据家庭经济情况的不同，繁简不一，但都会把庆寿活动办得尽量体面。老北京人庆寿大体分为：暖寿、拜寿、献寿礼、寿宴、喜庆堂会几个部分。庆寿当天，老寿星坐在寿堂正中间，子女、亲友按次序向其跪拜。然后，由来宾向寿星献礼。接下来便是喜庆的寿宴，寿宴上要有"长寿面"。有的人家还会请艺人到家里来演出，奉上一场热闹的堂会。节目内容都是以大吉大利、福寿双全为主题，旨在增加喜庆气氛。

丧礼

四合院中的丧礼程序，内容异常繁杂，持续时间也很长。当人尚未咽气之前，就要将寿衣穿好，从原来住的炕上换到另外准备的床板上，说是不能叫死人背着炕走，否则

不吉利。咽气后，如果死者上边没有长辈就将尸体停放在堂屋正中，否则只能停放在偏房。然后就是报丧，丧家给至亲好友送信。灵柩不能露天放置，因此办丧事通常也要搭棚，称为"灵棚"或"白棚"。灵棚的颜色用蓝色或者白色，制作工艺比喜棚还要讲究。在宅外的胡同中还要搭起过街棚和设置过街牌坊。另外，在讲究的治丧礼仪中还要设置酒席，以招待前来吊唁的亲戚朋友，酒席一直持续到治丧仪式结束。

门前的招魂幡（1881）

第三节　节日习俗

DI-SAN JIE　JIERI XISU

春节

传统意义上的春节是从腊月二十三的"祭灶"开始，一直到正月十五，其中以除夕和正月初一为高潮。除夕这天，街巷胡同中四合院的大门上都贴着喜庆的春联和威武的门神，屋门窗户上贴上精心剪刻的剪纸，一些大宅院还挂上喜庆的红灯笼。堂屋中摆上供品，祭祀祖先。祭祖活动过后，家家围坐在餐桌前开始吃丰盛的团圆饭，家长给未婚嫁的儿孙发压岁钱。饭后，全家人围坐在火炉旁"守岁"，就是俗话说的"三十晚上坐一宿"。这晚，燃放烟花爆竹最为热闹，《帝京岁时纪胜》载："烟火花炮之制，京师极尽工巧。……于元夕集百巧为一架，次第传

包饺子过春节的京郊农民（1962）

爇，通宵为乐。"进入子时，各家包好的饺子伴随着新年的钟声和噼噼啪啪的鞭炮声开始下锅，迎来新的一年。正月初一，人们开始走亲访友，相互拜年。老北京人在接待前来拜年的访客时，一般都在客厅的桌子上摆上一个漆盒，叫作"百事大吉盒"，里面放上柿饼、桂圆、红枣、栗子等，主要是取其谐音，讨个吉利。

上元节

正月十五上元节，就是俗称的元宵节。

玩花灯（1960年春节北京郊区）

赏花灯和猜灯谜是元宵节的主要习俗活动，所以又称"灯节"。大街小巷都张灯结彩，人们在四合院中也挂起各式各样的灯笼。老北京花灯可谓是千姿百态，《燕京岁时记》载："各色灯彩多似纱绢玻璃及明角等为之，并绘画古今故事，以资玩赏。"其中最有特色的是"走马灯"。利用蜡烛的热气，灯罩旋转，画在上面的人马也不停地奔跑。在四合院内的活动主要是合家团圆吃元宵。老北京的元宵是以白糖、芝麻、豆沙、枣泥等为馅，蘸上水放到江米面中摇成的，可汤煮、油炸、蒸食，象征团圆美满之意。

二月二

二月二，龙抬头。惊蛰前后，百虫蠢动，人们希望龙能镇住毒虫。在四合院中形成的习俗就围绕着这些观念。俗语云："二月二，照房梁，蝎子蜈蚣无处藏。"这天早晨，人们用棍敲打锅沿，谓之"震虫"；还要在房梁、墙壁等处点上蜡油，以驱逐蝎子、蜈蚣等害虫；用油来煎炸祭祀时用过的糕饼，以其油烟熏床、炕、旮旯儿等地，谓之"熏虫"；还

要把灶灰从户外水井边撒起，一路蜿蜒至宅厨，围绕水缸，形成一道弯弯曲曲的灰龙，谓之"引龙回"。二月二这天，老北京人还有一个习俗，就是迎接嫁出去的闺女回娘家，俗称接姑奶奶。俗语说："二月二接宝贝儿，接不来掉眼泪儿。"这一天，多以春饼合菜款待"姑奶奶"。这天讲究要理发，意味着龙抬头走好运，给小孩剃头叫"剃龙头"。妇女不许动针线，害怕扎伤了龙的眼睛。这天的饮食也有讲究，都要以龙体部位来命名。面条称为"龙须面"，烙饼称为"龙鳞"，饺子称为"龙耳"，馄饨称为"龙牙"。

端午节

五月初五为端午节，又称"重五"，老北京人习惯上俗称为五月节。因为五月天气湿热，多病毒瘟疫，有"恶五月"之说，所以要采取各种措施避毒驱灾。在四合院中，人们把买来的天师符、钟馗像贴到门板上，还把艾叶、菖蒲插在门两旁，用以镇宅，禳除不祥。节前，妇女们要用各色布头做些小物件，有红辣椒、黄葫芦、紫茄子等，然后用五彩线穿在一起，缝在孩子们的胸前。还要

端午节挂菖蒲、艾叶

把五色线拴在孩子的手腕上，叫"长命缕"。到了五月初五午时或者次日清晨摘下来，连同贴在门楣上的剪纸葫芦一起扔到门外，谓之"扔灾"，据说可以辟邪，消灾免祸。端午节时还有吃粽子的风俗。北京的粽子多以江米制成，有的粽子还裹上豆沙、枣、葡萄干等各种馅儿。

七夕节

七月初七称七夕节，是传说中牛郎织女相会的日子。老北京人有"乞巧"的习俗。这天中午，在院子里放一碗水，让女孩放一根针于水面上，看碗底针影呈现的形状来判断女孩是否手巧。夜里，妇女们纷纷在庭院里陈列瓜果，祭拜星辰，然后对月穿针，谁最快将线穿进针眼内，谁就最巧，以此来向织女求取巧艺。老北京还有"吃巧食"的习俗。四合院里的妇女，这天要用面粉塑制带花的食品及各式各样的面制食品，如馄饨、面条、花卷，还有用面粉捏成的小耗子、小刺猬、小兔子灯，蒸好后要陈列在院子里的几案上，让天上的织女来比评，看谁做得巧、做得精美。

中元节

七月十五是中元节，俗称"鬼节"，是追念祖先以及已故亲人的节日。老北京这天各家均祭祀已故的宗亲五代，有的亲自到坟地烧钱化纸，有的则在家以装有金银纸元宝的包裹当主位，用三碗水饺或其他果品为祭，上香行礼后将包裹在门外焚化。放河灯是自古以来流传下来超度亡人的一种习俗。老北京有用天然的荷叶插上点好的蜡烛做成荷花灯，也有用西瓜、南瓜和紫茄子等，将其中心掏空，当中插上点好的蜡烛，将这些灯往河里一送，顺水漂流自然而下，排成一队"水灯"，随波荡漾，烛光映星，相映成趣。中元节的晚上，四合院里的孩子们，往往人手一

只莲花灯，游逛街市胡同。莲花灯是将彩纸剪成莲花瓣儿，再用这些莲花瓣儿，糊成各种形状的灯。小孩们边跑边喊："莲花灯、莲花灯，今儿个点了明儿个扔！"为什么今天点了明天就要"扔"呢？邓云乡在《增补燕京乡土记》中说，是因为按佛教目连僧故事，盂兰会用荷花灯接引鬼魂，灯扔了，鬼魂跟着灯走了，不迷路了。

中秋节

八月十五是中秋节。这个节日在四合院中有很重要的活动。俗话说："男不拜月，女不祭灶。"拜月主要由家中的女性参与。把供桌摆在小院里，上放月饼、果盘，供"月亮码儿"，是用秫秸插的，上面糊着神码，大多绘的是"兔儿爷"。明人纪坤《花王阁剩稿》中记道："京师中秋节，多以泥抟兔形，衣冠踞坐如人状，儿女祀而拜之。"兔儿爷成了中秋节时孩子们的玩具。祭月后，全家围坐分吃月饼和供品，一起赏月，祈盼幸福、平安与团圆。中秋节要吃月饼，老北京的月饼有自来红、自来白、翻毛月饼。还有一种月饼叫"提浆月饼"，特点是有大、小号，可以从小到大叠码起来，像一座小塔，可用来供佛。除了吃月饼，北京人还讲究中秋节吃螃蟹。8月的螃蟹，无论公母，都够肥嫩的。四合院里男女老少常凑到一起，在院子中摆上桌子，吃着肥嫩的螃蟹，格外热闹。

重阳节

九月初九为重阳节。赏菊、登高等习俗都是在户外。四合院中的习俗是吃重阳糕。重阳糕又称花糕，用糖面做成，有的糕中夹铺着枣、糖、葡萄干、果脯，有的在糕上撒些肉丝，并插上小彩旗。重阳节食糕的习俗，是借"糕"谐"高"，以求步步登高。花糕不仅自家食用，还馈赠亲友，谓之"送糕"。重阳节这天，天明时要迎接出嫁的女儿回娘家，所以重阳节又称为"女儿节"。

腊八节

十二月初八俗称腊八节。老北京人习惯把每年的腊八作为春节的信号，到了腊八就开始准备过年。俗谚有："老太太，别心烦，过了腊八就是年，腊八粥，喝几天，哩哩啦啦，二十三。"这一天，不论是朝廷、官府、寺院还是百姓人家都要熬腊八粥。腊八粥用黄米、江米、小米、栗子、杏仁、花生、白糖、葡萄干等熬成。家家户户用自己熬的腊八粥祭祀祖先、馈赠亲友。老北京人腊八节这天还有泡"腊八酒""腊八蒜"的习俗。泡"腊八酒"是将紫皮蒜瓣在腊八这天泡在黄酒或高粱酒里，封好口待春节时打开饮用，酒香味辣，可通血脉暖肠胃。"腊八蒜"也称"腊八醋"，即将紫皮蒜瓣放在罐内倒满米醋密封好，等到大年三十的时候蘸饺子吃。

第四节

休闲娱乐

DI-SI JIE XIUXIAN YULE

养鸟

过去，在四合院中喜欢养鸟的人很多。养鸟人图的就是一乐，也使四合院里充满了生机。老北京人经常饲养的鸟有黄鸟、画眉、百灵、黄雀、鹦鹉、八哥等。黄鸟，也叫黄莺，

养鸟

虽然体形较小，但叫起来却清脆悦耳，还能模仿山喜鹊、红子、蛐蛐儿的叫声。因它比较容易喂养，所以在四合院里养的人较多。八哥多被老年人所青睐，时不时学两句人语，别有乐趣。在四合院里，养鸟人起来的第一件事就是遛鸟、驯鸟，养鸟人还经常聚在一起比比谁的鸟漂亮、谁的鸟叫声好听、谁的鸟会的花活多。

养鸟的笼子也有很多讲究。俗语说"靛颏笼子养百灵——没台儿拉"，便是指鸟笼是有严格分别的。鸟笼多用竹子编成，根据鸟的大小、习性，编制不同的笼子。一般来说，竹条细、精致些的叫"定活笼"，粗糙些的叫"行笼"。

养鸽子

过去，在四合院中养家鸽一般都是在自家房子上搭起鸽子窝。鸽子窝多用砖和木板修建而成，外形像一个长方形的柜子，分成许多个方格。每个方格前边有栅门，一般是用竹子或铁丝编成的。鸽子的食物以高粱、绿豆、黑豆为主，一天分三次喂食。饮水采用新鲜干净的井水盛放在浅盆里。家鸽嘴比较短，头顶与鼻孔之间有两簇短毛耸立，北京人称之为"凤头"。最常见的鸽子又称点子，全身为白色，只有头顶、尾部为黑色或紫色。养鸽子不光是养，还要飞放。四合院里养鸽子的人，每天一早，打开鸽子窝的门，赶鸽子起飞。鸽子飞放有两种形式：走趟子和飞盘。走趟子的大部分是信鸽，一走就四五个小时。观赏鸽多是飞盘，即在家附近上空盘旋而飞。这时，鸽子的主人就站在四合院中，背抄着手，高仰着脸，望着心爱的鸽子，心里怡然自得。北京养鸽者放鸽时，都给鸽子戴上哨。鸽子哨是用竹筒、苇管、葫芦等材料黏合而成。以哨的多少、大小区分，有二筒、三联、五联、七星、九星、十一星、十三眼、三排、五排、众星捧月、瀛洲学士、子母铃等名目。有的鸽子哨上烫绘或雕刻各种花纹图案和文字。有的还把鸽子哨做成动物的头等形状。鸽子哨用针别在鸽尾羽的根部，鸽子戴哨也须经过训练，一般鸽子只能戴二筒、三联等小型鸽子哨。像众星捧月、十三太保这些大型鸽子哨，只有体格健壮的鸽子才能戴得动。

养鸽子

养虫儿

四合院里不少的人爱好养虫儿。虫儿的种类很多，其中最受青睐的是蝈蝈儿和蛐蛐儿。每年麦收之后，胡同里就开始出现卖蝈蝈儿的。小贩们多是把蝈蝈儿装在秫秸或麦秸编的笼子里，远远地就能听见蝈蝈儿清脆的叫声。北京人挑选蝈蝈儿有不少讲究，一是蝈蝈儿要全须全尾儿、叫声悦耳；二是蝈蝈儿要颜色正、品相好；三是蝈蝈儿要善动爱跳。买回来的蝈蝈儿笼子大都挂在屋檐、门楣、窗前或院子的葡萄架或海棠树上。从

玩虫儿

此蝈蝈儿的鸣叫就成了四合院里最动听的声音，一直能叫到立冬。

蛐蛐儿，也叫蟋蟀或促织。养蛐蛐儿的乐趣在于它们的厮斗与鸣唱。过去每到秋天斗蛐蛐儿便成为四合院里普遍玩乐的习俗。北京人玩的蛐蛐儿多是产自山东德州的墨牙黄、宁阳的铁头青背和黑牙青麻头，也有北京西北郊苏家坨的"伏地蛐蛐儿"、黑龙潭的"虾头青"和石景山福寿岭的"青麻头"。养蛐蛐儿的罐儿也很讲究。蛐蛐儿罐儿有瓷的，有陶的，最好的是用澄浆泥烧制的。这种罐儿的优点是保温保湿性好，适合蛐蛐儿生存。当然，一般人尤其是小孩子们就没这么多讲究啦，随便拿个器具就可蹲在自家的院子里或门道里斗蛐蛐儿取乐。一些文人也常在家中斗蛐蛐儿，以娱乐为主，以蛐蛐儿会友。两只小蛐蛐儿的拼斗，会引来十几个大人的围观和喝彩。得胜的蛐蛐儿振翅鸣叫，主人顿觉脸面增光。

养鱼

俗话说："天棚、鱼缸、石榴树。"养鱼是四合院里的景致之一。在四合院的天棚下或过道旁，常有用来养鱼的大口的陶泥缸或瓦盆。鱼缸由特制的架子支着，以方便喂养和欣赏。北京人把各种颜色的两尾鲤鱼类的金鱼称为"小金鱼儿"。小金鱼儿体形较小，十分耐寒，价格较为便宜。还有各色的龙睛鱼、珍珠鱼、绒球鱼、红帽鱼等，十分赏心悦目。养鱼的水很有讲究，换水前要将水晒上三五天，换水时不能全用新水，亦不能全用老水。北京的冬天寒冷，要把金鱼移到室内，温度要在 20 摄氏度以上。喂鱼是养鱼人最惬意的时候，撒一把鱼食儿，看着鱼儿觅食，别有情趣。

第三章 四合院艺文

DI-SAN ZHANG SIHEYUAN YIWEN

四合院艺文包括那些刻在门板上的楹联、人们口耳相传的歌谣等。它们都具有悠久的历史感和浓郁的文化气息，是中国传统文化的点滴表现，已经渗透到北京城的文化精髓里，是老北京人日积月累下的生活智慧和文化瑰宝。

第一节

门板楹联

DI-YI JIE MENBAN YINGLIAN

北京四合院，无论规模大小，一般布局都是依中轴线左右对称的。四合院的大门（俗称街门）平日里呈关闭状态，给人一种幽静、安谧的感觉，这时最引人注目的就是那街门上的楹联了。这些楹联与普通对联不同，普通对联是书写在纸上后粘贴在门上的，可以随时更换，而这些楹联是直接雕刻在两扇门上的，所以称为门板楹联。门板楹联的制作是一门手艺，整个制作过程极为讲究，不可偏废任何一道工序。它大多是采用粘覆麻线，刮抹腻子，多次油漆，反反复复十几道工序后，在长方框的街门上精心雕刻出的书法艺术。楹联颜色大多是红底黑字或是黑底红字，雕刻好后在最上面多次涂饰亮油覆面，方可经得住日后的风吹日晒。那些楹联，无论是集贤哲之古训，还是采古今之名句，无论是颂山川之美，还是铭处世之学，都充满浓郁的传统文化的气息。楹联的书写更是讲究书法艺术，有不少楹联是名人书法，加上雕刻工艺精湛，可以毫不夸张地说，每一扇楹联均是精工细作的产物。门板楹联是构成四合院建筑艺术与胡同文化不可或缺的一部分。

温家街5号门联

修德劝学类

这类门板楹联数量最多，劝诫后辈子孙修善向学。如草厂十条32号、温家街5号和兴华胡同13号（陈垣故居）等很多四合院都书刻"忠厚传家久，诗书继世长"。还有南芦草园胡同12号的"忠厚培元气，诗书发异香"，得丰西巷9号的"绵世泽莫如为善，振家声还是读书"，三福巷4号的"立德齐今古，藏书教子孙"，西打磨厂56号的"润身思孔学，德化仰尧天"，中芦草园胡同3号的"文章利造化，忠孝作良园"，草厂三条5号的"诗书修德业，麟凤振家声"，粉房琉璃街65号的"为善最乐，读书便佳"，长巷四条5号的"闻鸡起舞，秉烛夜读"，东新帘子胡同18号的"子

粉房琉璃街65号院门联

孙贤族将大，兄弟睦家之肥"，等等。

人生哲理类

这类门板楹联揭示了许多做人与做事的深刻道理。如南柳巷29号的"道因时立，理自天开"，府学胡同34号的"善为至宝一生用，心作良田百求耕"，銮庆胡同11号的"修身如执玉，积德胜遗金"，粉房琉璃街79号的"传家有道惟存厚，处世无奇但率真"，演乐胡同94号的"积善有余庆，行义致多福"，魏家胡同39号的"敦行存古风，立德享长年"，安国胡同26号的"德厚延寿考，顺道守中庸"，西四北头条27号的"德成言乃立，义在利斯长"，崇文门外大街原44号的"社会无信难自立，团体有志事竟成"，草厂横胡同33号的"忠厚留有余地步，和平养无限天机"，花市上三条26号的"道为经书重，情因礼让通"，等等。

大帽胡同3号院门联

理想追求类

这类门板楹联反映了宅院主人的道德情操或理想抱负。如花市中三条53号的"松柏古人心，芝兰君子性"，和平巷22号的"门前种杨柳，院落扫梨花"，长巷四条5号的"楼高好望月，室雅宜读书"，西四北二条4号的"养浩然正气，极风云壮观"，西四北二条6号的"居敬而行简，修己在安人"，西四北二条7号的"平生怀直道，大地扬仁风"，豆角胡同11号的"努力崇明德，随时爱光阴"，模式口栗家的"云鹤展奇翼，飞鸿鸣远音"，薛家湾48号的"栽培心上地，涵养性中天"，东北园北巷9号的"物华民主日，人杰共和时"，前门西河沿152号的"笔花飞舞将军第，槐树森荣宰相家"，草厂六条12号的"恩承北阙，庆洽南陔"，东南园胡同49号的"历山世泽，妫水家声"，前门西河沿154号的"江夏勋名绵旧德，山阴宗派肇新声"，草厂二条26号的"宗高惟泰岱，德盛际唐虞"，等等。

祈福纳祥类

这类门板楹联反映的是宅院主人对美好生活的期盼和咏叹。如中芦草园胡同23号的"国恩家庆，人寿年丰"，灯市口西街17号的"时和景泰，人寿年丰"，梁家园西胡同25号的"家祥人寿，国富年丰"，草厂七条9号的"登仁寿域，纳福禄林"，南芦草园胡同17号的"聿修厥德，长发其祥"，西四北头条23号的"九州承泰，四季长春"，西打磨厂45号的"家吉征祥瑞，居安享太平"，兴盛胡同12号的"瑞霞笼仁里，祥云护德门"，杨梅竹斜街13号的"山光呈瑞象，秀气毓祥晖"，培英胡同33号的"门前清且吉，家道泰尔康"，模式口李家的"象祥世衍无疆庆，国泰天开不老春"，等等。

北京四合院志

草厂七条9号院门联

经商生意类

　　这类门板楹联有的反映了宅院主人经营的行业，有的透露出经商之道。如北大吉巷43号的"杏林春暖人登寿，橘井宗和道有神"，表明主人是中医世家；西打磨厂50号的"锦绣多财原善贾，章国集腋便成裘"，表明宅院主人很可能是经营皮毛的商人；苏家坡胡同89号的"恒足有道木似水，立市泽长松如海"，表明宅院主人是做木材生意的。东珠市口大街285号的"定平准书，考货殖传"，钱市胡同4号的"全球互市输琛赆，聚宝为堂裕货泉"，钱市胡同2号的"增得山川千倍利，茂如松柏四时春"，长巷头条58号的"经营昭世界，事业震寰球"，等等，都喻示着宅院主人是做生意的。而南晓顺胡同16号的"源深叶茂无疆业，兴源流长有道财"，东八角胡同12号的"生财从大道，经营守中和"，东晓市街2号的"生财有道唯勤俭，处世无奇但率真"等则言明了经商之道。

西打磨厂45号院门联

钱市胡同2号院门联

第二节

四合院歌谣

DI-ER JIE　SIHEYUAN GEYAO

歌谣，是儿歌、童谣等的统称。在四合院中产生的歌谣，陪伴着一代又一代的孩子们长大，在深深的胡同里，在古老的四合院中传唱。而那些记忆中的老北京的风情也依然如故，经过人们的口耳相传，完好地保留在一首又一首的歌谣里。

老北京人家的孩子出生三天时，"洗三"时首先听到的就是歌谣：

洗洗头，做王侯；

洗洗沟，做知州；

洗洗蛋，做知县；

洗洗腰，一辈更比一辈高……

《小小子，坐门墩》可以说是有关四合院歌谣中最脍炙人口的一首：

小小子，

坐门墩，

哭着喊着要媳妇，

要媳妇做什么？

点灯，做伴，晚上睡不着得说话。

小小子，坐门墩，

哭着喊着要媳妇。

要媳妇做什么？

做裤，做褂，做鞋，做袜，

晚上睡不着得说话。

类似的还有：

小小子，坐门槛，

跌了个跤，捡了个钱，

又打油，又买盐，

又娶媳妇又过年。

说起过年，这可是孩子们最盼望的节日了。

小孩小孩你别馋，

过了腊八就是年，

腊八粥，喝几天，

哩哩啦啦二十三，

二十三，糖瓜粘，

二十四，扫房日，

二十五，炸豆腐，

二十六，炖羊肉，

二十七，杀公鸡，

二十八，把面发，

二十九，蒸馒头，

三十晚上熬一宿，

大年初一扭一扭。

糖瓜祭灶，

新年来到，

媳妇要花，

孩子要炮，

老汉要顶新毡帽，

老婆婆要块手帕罩。

四合院中关于结婚的有名的歌谣：

大姑娘大，二姑娘二，

二姑娘出门子给我个信儿。

搭大棚，贴喜字儿，

龙凤围桌红官座儿。

夏天，在四合院中唱：

好热天儿，搭竹帘儿，

歪脖树底下，有个妞儿哄着我玩儿，

穿着一件红坎肩儿，

梳油头，别玉簪儿，

左手拿个小花篮儿，

右手拿着栀子、枝莲、茉莉串儿。

要下雨了，孩子们唱：

风来了，雨来了，

老和尚背着鼓来了。

什么鼓？

花花鼓，

多少钱？

给你这个二百五。

雨下起来了，会唱：

大头大头，下雨不愁；
人家有伞，我有大头。

雨后，孩子们在四合院的砖墙处找蜗牛（俗称水牛儿），找到以后，就唱：

水牛儿，水牛儿，
先出犄角后出头。
你爹你妈，
给你买了烧羊肉，
你不吃，不给你留，
在哪儿呢，砖头后头呢！

老人哄孩子的歌谣：

小小子，摘棉花，
一摘摘个小甜瓜，
爹一口，娘一口，
一下咬了宝贝手。
孩啊孩啊你别哭，
明天给你买花鼓。
白天拿着玩，
夜里吓老虎。

关于看戏的歌谣：

咕咚咚，太平车，
里头坐着俏哥哥。
城墙外头看大戏，
回头带着你也去。
关老爷庙好热闹，
人山人海瞎吵吵。

《拉大锯，扯大锯》也是广为传唱的，有各种版本：

拉大锯，扯大锯，
姥姥家，唱大戏，
接闺女，请女婿，
小外孙子你也去！

拉大锯，扯大锯，
姥姥家，唱大戏，
蒸包子，肉碟子，
一下撑你两截子！

四合院中的歌谣，有大量以北京地名为内容的：

蓝靛厂，四角儿方，
宫门对着是六郎庄。
罗锅桥，真叫高，
团城跑马真热闹，
金山银山万寿山，
皇上求雨黑龙潭。

陕西百顺石头城，韩家潭内伴歌笙；
王广斜街胭脂粉，干井湿井外廊营。

西城雅，东城富，
南城穷得叮当响，
北城乱得没法住。

东富西贵，
东直门的宅子，
西直门的府。

东直门，挂着匾，隔壁就是俄罗斯馆。
俄罗斯馆，照电影，隔壁就是四眼井。
四眼井，不打钟，隔壁就是雍和宫。
雍和宫，有大殿，隔壁就是国子监。
国子监，一关门，隔壁就是安定门。
安定门，一甩手，隔壁就是交道口。
交道口，卖白面，隔壁就是大兴县。
大兴县，不问事，隔壁就是隆福寺。
隆福寺，卖古书，隔壁就是四牌楼。
四牌楼南，四牌楼北，四牌楼底下卖凉水。

附　录

图书

《促织志》

[明] 刘侗撰，在《续说郛》第四十二卷。该书记述了明代北京小儿以及仕宦之家斗促织的习俗，涉及促织的产、捕、辨、材、斗、名、留、俗、别等内容。

《长安客话》

[明] 蒋一葵著，北京出版社 1960 年版。该书记事大约止于明万历四十三年（1615），作者当时任京师西城指挥使，曾赴京郊访古问今，并将调查所得与史料印证，所记范围遍及当时京师顺天府，包括城区郊坰、畿辅和关镇；内容包括历史掌故、建置沿革、人物奇事、山川名胜、方言习俗、物产特品、庙宇道观、河闸桥梁、关镇台城等。

《京师五城坊巷胡同集　京师坊巷志稿》

[明] 张爵著，北京出版社 1962 年版。该书对明代旧京中城、东城、西城、南城、北城三十三坊的方位、名称等做了记述。还附载京师八景、古迹、山川、公署、学校、

《京师五城坊巷胡同集
京师坊巷志稿》　《帝京景物略》

苑囿、仓场、寺观、祠庙、坛墓、关梁等。

《帝京景物略》

[明] 刘侗、于奕正合著，北京出版社 1963 年版。书中详细记载了明代北京城的风景名胜、风俗民情。

《日下旧闻》

[清] 朱彝尊撰，42 卷。成书于康熙二十七年（1688），朱氏六峰阁刊本。全书分为 13 门，依次为：星土、世纪、形胜、宫室、城市、郊坰、京畿、侨治、边障、户版、风俗、物产、杂缀。

钦定《日下旧闻考》

[清] 英廉等奉敕编，160 卷。此书是在 [清] 朱彝尊《日下旧闻》的基础上援古证今、

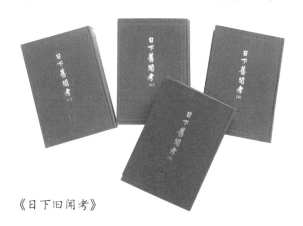

《日下旧闻考》

逐一考据而成。全书参阅古籍近 2000 种，收集保存了大量有关北京史志，尤其是清代顺、康、雍、乾四朝中央机构及顺天府、宫室、苑囿、寺庙、园林、山水、古迹诸方面的建置、沿革及现状的原始资料。

《都门纪略》

[清] 杨静亭编辑，文富堂书坊道光二十五年（1845）刊本。该书包括图说、风俗、对联、翰墨、古迹、技艺、时尚、服用、食品、市廛、词场、都门杂咏等部分。

《帝京岁时纪胜》

[清] 潘荣陛著，北京出版社 1961 年版。

《帝京岁时纪胜 燕京岁时记》

该书以岁时月日为序，记述北京的岁时节令、风土景物、典制礼仪等。

《燕京岁时记》

[清]富察敦崇著，北京出版社1961年版。该书以时令先后为序，记述清代北京节日中的各种习俗及游艺活动。

《京师坊巷志稿》

[清]朱一新著，北京出版社1962年版。该书由分纂《顺天府志·坊巷门》稿本增补而成。分区记载坊巷胡同，于官署、寺观、王公宅第、会馆、桥井皆随地附入，并征引旧籍中有关的琐闻逸事和前朝故实、诗篇等。

《天府广记》

[清]孙承泽著，北京出版社1962年版，该书记述了北京的城市历史、地理沿革、名胜古迹、人物掌故、明朝中央政府各官署的职掌制度等。

《宸垣识略》

[清]吴长元著，北京出版社1964年版。该书是根据康熙时朱彝尊编辑的《日下旧闻》和乾隆帝敕编的《日下旧闻考》两书增删重写的，言简意赅，条理分明。作者久居北京，据实地考察所得，对原二书疏略之处予以增补，对错误不实之处予以纠正质疑。此书另附地图18幅，图文并茂，记载北京历史沿革、名胜古迹、衙署府邸、名人故居、各省州县会馆等方面内容。

《藤阴杂记》

[清]戴璐撰，北京古籍出版社1982年点校本。该书记载清代北京掌故旧闻、名胜古迹和风土习俗。前4卷记掌故旧闻，卷5至卷12记载北京外城的五城故实。

《天咫偶闻》

[清]震钧著，北京古籍出版社1982年版。该书是一部记述北京地区历史、地理、文化、典章和风土人情的著作。全书共10卷，依次为皇城、南城、东城、北城、西城、外城东、外城西、郊垌、琐记、自序等。

《旧京琐记》

[清]夏仁虎撰，北京古籍出版社1986年版。作者生活于清末民初，光绪二十四年（1898）来京做官，把京城的掌故风土习俗、名胜古迹以及清末潮流、宫闱等记述成书。分俗尚、语言、潮流、宫闱、仪制、考试、时变、城厢、市肆、坊曲十卷。

《燕京杂记》

清代作品，作者不详，北京古籍出版社1986年版。该书主要记述作者在京见闻，内容庞杂，包括北京的岁时风俗、训象见闻、民间生活、庙会实况、环境卫生、社会治安、名胜古迹、名人故居、京师风尚、园林景观、风味饮食、优童娼妓、名土特产等，多为作者亲身见闻。

《北京民间风俗百图》

[清]佚名绘，北京图书馆出版社2003年版。该图册反映了清末同治、光绪年间之世象。

《道咸以来朝野杂记》

清末民初人崇彝著，北京古籍出版社1982年版。该书以笔记体裁记述了清朝道光、咸丰以来北京的掌故旧闻，内容涉及园林宅第、寺庙古迹、市井风俗、节令游览、人物逸事、里巷琐闻各个方面。

《燕都丛考》

[民国]陈宗藩著，北京古籍出版社

北京四合院志

1991年版。书中共引各类书籍报刊200余种，包括正史野史、地方志书、私家笔记、档案文牍、碑刻资料、会典事例、诗词杂记、专题论文等，记述了古都北京的城池、宫阙、苑囿、坛庙、内外城各街市等。

《旧都文物略》

汤用彬等编著，北京古籍出版社2000年版。书中涉猎广泛，考证翔实，其中包括城垣略、宫殿略、坛庙略、园囿略、坊巷略、陵墓略、名迹略、河渠关隘略、金石略、技艺略及杂事略。其中详细地记载了早先京兆20多个城镇和市内坊巷等。

《燕都丛考》

《旧都文物略》

《故都变迁记略》

余棨昌、陈克明、黄利人合著，北京燕山出版社2000年版。本书从城垣、旧皇城、内城、外城、郊坰等不同方面做了记述。

《故都变迁记略》

《北平岁时志》

张次溪编，国立北平研究院史学研究会民国二十五年（1936）版。该书按月日顺序，分条排比，记述从正月到十二月的民间风俗，如跌千金、饮椒柏酒、吃水点心、跳百索、花儿市、斗龙舟、踢石球等。

《北平风俗类征》

李家瑞编，商务印书馆民国二十八年（1939）版，上海文艺出版社1980年版。该书依据古代史书、方志、笔记、民间俗曲等材料汇编而成。

《北京风俗图》

陈师曾画，北京古籍出版社1986年版。该书收录34幅人物写意画，展示民初这一时期北京中下层人士社会生活的风貌。

《北京鸽哨》

王世襄编著、袁荃猷制图、张平摄影，生活·读书·新知三联书店1989年版。该书包括自序、前言、鸽哨简史、鸽哨的品种、佩系与配音、制哨名家、制哨材料、余论等部分，还有王熙咸原著、王世襄整理的《鸽哨话旧》。

《北京四合院》

邓云乡著，人民日报出版社1990年版。该书介绍了北京四合院的历史、格局，四合院和文学、艺术的关系，以及有名的四合院等。

《北京四合院》（画册）

北京美术摄影出版社编，1993年版，马炳坚撰文。全书图文并茂，中英文对照，详细介绍了北京四合院的建筑特色和文化元素。

《北京名人故居》

陈英主编，北京燕山出版社1994年版。书中所选的名人故居是根据国务院、北京市人民政府已公布的国家级和市级文物保护单位的名人故居确定。内容由对名人有着很深的研究或者和名人有着共同生活经历的弟子和亲属写成的有关名人一生的经历、政治活动、学术成就、历史贡献等感人肺腑的文章组成，并提供了一些鲜为人知的名人的经历资料。

《北京四合院：图集》

陆翔、王其明著，中国建筑工业出版社1996年版。该书包括绪论及中国四合式居住框架的建立及北京四合院所处的地位，从都市层次到住宅领域，明清北京四合院形制，北京四合院的设计、施工、使用，北京四合院的现在与未来等六章。

《四合院：中国传统居住建筑的典范》

付增杰主编，中国奥林匹克出版社1997年版。该书系中英文对照民居摄影集。

《陋巷人物志——旧北京民俗诗画》

邓海帆绘图撰文，北京图书馆出版社1998年版。该书采用中国历史风俗画的传统手法，全凭记忆画出旧北京人民困苦无告的生活和今日已经泯灭的风俗、技艺。

《增补燕京乡土记》（上、下集）

邓云乡著，中华书局1998年版。该书是在作者所写的《燕京乡土记》的基础上修改、补充而成的，记述了古都北京的节俗礼仪、名胜古迹、饮食、民间艺术等。

《北京四合院建筑》

马炳坚编著，天津大学出版社1999年版。该书是作者在多年从事北京四合院保护、研究、设计、施工的基础上写成的一部学术、技术专著。全书涉及四合院的历

《北京四合院建筑》

史、文化、格局、风水、空间、构造、装修、装饰、设计、施工、保护、修缮等内容。

《老北京的居住》

白鹤群著，北京燕山出版社1999年版。该书在传统的建筑形式中介绍了北京传统四合院建筑的几种形式，包括小四合院、中四合院、大四合院、三合院、小院、大杂院等，以及附属在整个建筑样式上面的各类器物及寓意文化。

《四合院》

姜波著，山东教育出版社1999年版，主要内容系对中国民居的研究。

《北京四合院》

王其明著，中国书店1999年版。该书介绍了北京四合院产生的历史背景、形成及发展、组成四合院的单体建筑、四合院的类型、花园、设计与施工等。

《北京四合院》

《老北京的吃喝》

周家望著，北京燕山出版社1999年版。该书共分御膳龙筵、钟鸣鼎食、公府美馔、旗人佳味、京城庄馆、市井吃喝、百姓饮食、清真名肴、饮食与名人、素食崇尚、帝都佳酿等11章。

《老北京的玩乐》

崔普权著，北京燕山出版社1999年版。该书主要讲述清朝末年至新中国成立初期，北京人玩乐方面的情况。

《老北京的穿戴》

常人春著，北京燕山出版社1999年版。

该书叙述了老北京人衣着穿戴方面的情况。

《杂谈老北京》

王永斌著，中国城市出版社1999年版。该书分九篇，分别记述了老北京的老字号、各类旧行当、街巷、名胜、历史、民俗、娱乐等方面。

《老北京的年节》

常人春、陈燕京著，中国城市出版社2000年版。该书采取岁时的自然顺序编排，由正月、二月至腊月，每月编为一章，共分为12章。每章编入的节日，包括祭祀、人情往来、游览娱乐、时令饮食等。

《北京旧事》

余钊著，学苑出版社2000年版。该书共分九章，分别介绍了老北京城的形成过程和总体布局，京派文化，京味文学，胡同和四合院，园林和祭祀，宗教建筑，老北京城的商业，老北京的文化教育事业，老北京人的民族、社会职业和旗人现象及地域性格，等等。

《老北京的生活》

华孟阳、张洪杰编著，山东画报出版社2000年版。该书以九个部分记述老北京的衣、食、住、行等日常生活和年节习俗。

《燕京风土录》

王彬、崔国政编，光明日报出版社2000年版。该书包括旗族旧俗志、旗俗补微、北京岁时记、北平寺庙记、北平庙会调查、旧京旧记、北京街坊巷之概略、京师街巷记、北平一顾、北平各大学的状况等十部分。

《北京四合院》

王涛著，李玉祥译，王其钧编，江苏美术出版社2002年版。本书从胡同、大街、四合院、王府、细部等几个方面展现了作为老房子的四合院图景。

《北京名人故居》

冯小川编，人民日报出版社2002年版。该书介绍了左宗棠故居、吴佩孚故居、老舍故居、鲁迅故居、李大钊故居、纪晓岚故居、康有为故居等近百位名人的北京故居，包括已经消失的故居。

《北京名人故居》

《东四胡同里的故事》

东四街道办事处编，中国工人出版社2002年版。该书介绍了东城区东四地区的四合院、胡同、王府、名人故居、传说趣闻及当代人儿时的回忆、故事。

《超越四合院》

李国文著，远方出版社2002年版。该书收有"不灭的精神火光""历史的绚丽画卷""吃的精神""金字塔的启示""想当皇帝的袁术，即使穿上龙袍，也还是个丑角"等作品。

《中国民居》

王其钧、贾先锋编著，中国香港：和平图书有限公司、外文出版社2002年版，该书配以大量的插图，既分地区介绍了中国民居的主要建筑形式，也对中国民居的艺术特征和演变做出概括的论述。

《北京老宅门》

王彬、徐秀珊著，团结出版社2002年版。该书共五章，对北京特色老民居大门及细部结构进行了阐述。

《庭院深深：3DS MAX再造北京四合院》

附光盘一张，方云飞主编，双击资讯编著，电子工业出版社2002年版。该书利用

3DS MAX Photoshop 等软件现场制作了北京四合院，再现了四合院的神韵和传奇，展示了华夏古都的历史风貌。

《北京的四合院与胡同》

翁立著，北京美术摄影出版社 2003 年版。该书介绍了北京四合院与胡同的形成、北京的四合院、北京的胡同以及北京四合院与胡同的保护等内容。

《四合院——砖瓦建成的北京文化》

高巍著，学苑出版社 2003 年版。该书分四部分阐述了四合院的本质，并透过四合院的精彩生活，体现和反映四合院本质；在介绍四合院建筑本身内容的同时，注重其与传统文化的渊源与传承等内容。

《北京的四合院与胡同》　《四合院——砖瓦建成的北京文化》

《风景——京城名人故居与轶事》

陈光中著，新世界出版社 2003 年版。全书逾百万的文字、近 700 幅照片、100 多幅景物速写及人像素描，介绍了自宋元至新中国，从文天祥到毛泽东，几十位伟人名人的故居与轶事，其中人物、故事、居住、景物、历史、评论汇聚了几百年的历史掌故。

《风景——京城名人故居与轶事》

《北京的四合院与名人故居》

顾军编著，光明日报出版社 2004 年版。该书内容包括北京居住史话、北京四合院的建筑特色与文化特色、贵族豪宅——北京四合院的顶级之作、官宦府邸——北京四合院的典型范例、名人故居——北京四合院的文化精粹、郊野别墅——北京四合院的园林精品、山乡古村——北京四合院的散落明珠等。

《名人与老房子》

北京市政协文史资料委员会等编，北京出版社 2004 年版。全书用 43 篇文章和 100 幅照片把北京历史上的部分名人事迹和旧居风貌展现在读者面前，是一本文史资料性书籍。

《民间住宅建筑：圆楼窑洞四合院》

《名人与老房子》　《民间住宅建筑：圆楼窑洞四合院》

王其钧主编，中国建筑工业出版社2004年版。该书内容为六大部分：论文、彩色图版、图版说明、附录、建筑词汇、中国古建筑年表。论文阐述民间住宅建筑之产生背景、发展沿革、建筑特色，附有图片辅助说明；附录部分收有建筑结构图、平面图、复原图、沿革图、建筑类型比较图表等。

《北京四合院草木虫鱼》

邓云乡著，河北教育出版社2004年版。该书以随笔的形式以北京的四合院为描述对象，阐述北京民居的地方史、风俗史、建筑史及变化沿革，及其所蕴含的民族文化。

《王府——北京地方志·风物图志丛书》

王梓著，段柄仁主编，北京出版社2005年版。区别于民居四合院，全书从历史演变、建筑特点、文化制度、生活习俗等

《北京四合院草木虫鱼》　　《王府——北京地方志·风物图志丛书》

几个方面对亲王府、郡王府等各类王府做了详细介绍。

《北京地理：名家宅院》

新京报社编著，当代中国出版社2005年版。全书从建筑与文化的角度，选取了20位名人雅士结合其居住宅院重拾历史的记忆。

《胡同·四合院》

北京市规划委员会、北京市城市规划设计研究院、北京东易和文化交流中心联合主持，陈刚、朱嘉广主编，尹钧科、高巍撰文，万心强、卢伟英文翻译，北京出版社2005年版。该书内容分为上、下两篇，

《胡同·四合院》

上篇讲述了北京城的城徽——四合院；下篇介绍了西四，东四，南、北锣鼓巷，张自忠路的历史文化保护区概况。

《会馆——北京地方志·风物图志丛书》

王熹、杨帆著，段柄仁主编，北京出版社2006年版。区别于民居四合院，全书对会馆的起源与类型，与政治、经济、文化的社会联系做了详细介绍。

《会馆——北京地方志·风物图志丛书》

《帝都赫赫人神居》

顾军、龙宵飞、肖飞编著，光明日报出版社2006年版。该书对北京的皇家建筑，宫殿、坛庙以及存留至今的王府、官邸、名人故居与民居四合院进行了详细的介绍，充分显示了它们作为赫赫帝都的人神安居的独特魅力。

《北京胡同志》

段柄仁主编,清华大学、北京市规划委员会、北京市地方志编纂委员会办公室、北京城市科学研究会、北京市测绘设计研究院以及北京市各区县史志部门共同协作完成。北京出版社2007年版。该书全面记录了以老城区为主,全市18个区县的3000多条胡同的详情,每条胡同以条目体形式介绍由来、沿革、走向、典故等,并配以彩色图片4000余张。

《北京胡同志》

《图说北京四合院》

《图说北京四合院》

赵倩、公伟、於飞编著,韩光熙主审,中国水利水电出版社2008年版。该书以图文并茂的方式全方位讲述了北京四合院的装饰、结构、建造以及其历史、发展、现状和传承。全书共分为六篇,分别是印象篇、法式篇、营造篇、装饰篇、文化篇和传承篇,较为全面地介绍了北京传统四合院建筑和文化特点。

《四合院时光》

吴汾、匡峰编,东方出版社2008年版。全书编成四个部分,即话说四合院、平民百姓四合院、四合院里忆童年、昔日王谢堂前燕,收录平民作者关于四合院的文章共60篇。

《当代北京四合院史话》

陈义风著,当代中国出版社2008年8月版。该书分八章介绍了北京四合院的历史与文化。

《四合院时光》　　　《当代北京四合院史话》

《老北京的年节和食俗》

吴汾、匡峰编,东方出版社2008年版。该书分为老北京的年节、食在京城、京味小吃、百姓家常菜、京城茶行五个部分。

《逝去的胡同》

《逝去的胡同》

吴汾、匡峰编,东方出版社2008年版。该书内容包括四部分:胡同趣谈、古韵犹存话往昔、留存在记忆中的胡同、街区忆旧。

《四合院情思》(摄影集)

王文波摄,中国民族摄影艺术出版社2008年版。该摄影集介绍了四合院的建筑形式与装饰风格、京城王府与名人故居、四合院院落与百姓生活。

《北京四合院》

贾珺著，清华大学出版社 2009 年版。全书分八个部分，从四合院与北京城、四合院的建筑构成一直介绍到四合院的文化内涵和生活情韵。

《北京胡同四合院类型学研究》

尼跃红主编，中国建筑工业出版社 2009 年版。该书共分四篇，即综述篇、胡同篇、四合院篇和实践篇。

《四合风雅 宅院春秋》

北京市东城区旅游局编，团结出版社 2010 年版。

《北京胡同四合院类型学研究》

该书介绍了东城区的特色旅游文化，包括文化建筑、特色饮食、现代产物等方面，展现了东城区深厚的历史文化气息。

《四合院》

王忠强编著，吉林文史出版社 2010 年版。该书从四合院的历史变革、基本格局、单体建筑、装饰文化和四合院的现状几个方面介绍了北京四合院的文化特色。

《老北京传统节日文化》

北京民俗博物馆编，商务印书馆国际有限公司 2010 年版。书中通过对老北京传统节日起源、发展、演变等的描写，介绍了老北京的春节、端午节、中元节等 15 个传统节日。

《北京名人故居》

罗保平主编，北京出版集团公司、北京出版社 2011 年版。该书收录了分布在区划调整前北京内城东城、西城，外城崇文、宣武以及海淀区的部分区域内的约 200 处名人故

《北京名人故居》

居，以及在宅院生活过的政治、文化、艺术名人的故事。

《什刹海的胡同和四合院》

于永昌著，北京市西城区什刹海研究会、北京市西城区什刹海街道办事处、北京市西城区什刹海风景区管理处编，当代中国出版社 2011 年版。该书记述了北京市西城区什刹海一带的胡同与四合院的

《什刹海的胡同和四合院》

形成和演变、历史底蕴、文化内涵，以及新中国成立后党和政府对什刹海地区胡同和四合院的保护与开发。

《北京的胡同四合院》

首都博物馆和北京市档案馆合编，北京燕山出版社 2012 年版。该书是将首都博物馆和北京市档案馆共同承办的"北京的胡同四合院"展览集结成册。选取了首博馆藏文物 84 组件，外借文物 46 组件，市档案馆馆藏档案实体 160 余件、数字化档案 300 余件、图片 100 余张。

《大雅宝旧事》

张郎郎著，中华书局 2012 年版。该书以儿童的视角，举重若轻的笔法，描写新中国

成立初期"运动"时大雅宝胡同中的艺术家们的生活。

《府邸宅院》（北京古建文化丛书）

北京古代建筑研究所编，2014年9月北京出版集团公司、北京美术摄影出版社出版。该书展示和记录了北京现存的具有代表性和典型性的府邸宅院建筑，收录了大量图纸和照片。

电子资源

《带后院的四合院》（中国话剧大系）

3Video-CD（VCD，Ver2.0），郑效农编剧，周国治导演，朱奇等主演，由中国青年艺术剧院演出，北京威翔音像出版社、大恒电子出版社2000年版。

《北京的四合院》[北京风情系列（电子资源.VCD）]

1光盘（VCD，Ver2.0），中国科学院大恒电子出版社2001年版。

《地图上的故事》（电子资源.VCD）

12光盘（VCD，Ver2.0），褚红霞编导，中央新影音像出版社2002年版。其中第四盘主要内容包括：1.北京时间；2.老北京的商业区；3.老北京的公交线；4.老北京的天桥；5.北京四合院；6.北京的胡同；7.北京的年轮；8.北京中轴路；9.北京琉璃厂；10.风雨紫禁城；11.长安街；12.天安门广场。

《博览神州——历史名胜篇》（中华百科知识系列）[（电子资源.VCD）]

3光盘（VCD，Ver2.0），广东珠江音像出版社2002年版。其中第一盘内容讲述中国四合院。

《古都深巷》（30集大型电视纪录片）

1Video-CD（VCD，Ver2.0），广州市博颖文化发展有限公司策划出品，北京艺术中心音像出版社2002年版，其中第七集：胡同之最；第八集：古巷寻幽；第九集：逛逛四合院。

《从四合院到秦岭深山》[百家讲坛（电子资源.VCD）CCTV10]

1光盘（VCD，Ver2.0），叶广芩主讲，中国人民大学音像出版社2004年版。

《大山深处四合院》（电子资源.VCD）

1光盘（VCD，Ver2.0），农业教育声像出版社2004年版。

《北京文化大讲坛》（电子资源.DVD）

4光盘（DVD，NTSC3.58），北京文化艺术音像出版社2006年版。其中第三张光盘讲述北京的四合院——北京老宅背后的历史影像，顾军主讲。

《北京风情》（电子资源.DVD）

4光盘（DVD，NTSC3.58），五洲传播音像出版社2007年版。光盘一：1.北京的由来；2.山水北京；3.北京的城门；4.华表与牌楼。光盘二：1.长城；2.故宫；3.明十三陵。光盘三：1.皇家园林；2.胡同与四合院；3.祭坛。光盘四：1.北京的交通；2.味道北京；3.北京之韵。

《北京四合院及四合院文化》（电子资源.CD）

2光盘，韩茂莉主讲，中经录音录像中心2008年版。

《胡同·四合院·老生活》[这里是北京（电子资源.DVD）]

4光盘（DVD，NTSC3.58），中国人民大学音像出版社2008年版。光盘一：1.四合院宅门——门第有别；2.四合院里规矩多；3.北京胡同向"钱"看。光盘二：1.新街口大街的前尘往事；2.德胜门内的胡同传奇；3.南锣鼓巷；4.胡同里的总统府。光盘三：1.京绣；2.香炉铸造业；3.天桥八大怪；4.北京会馆；5.瑞蚨祥绸布店；6.同仁堂。光盘四：1.铁血雄汉话镖局；2.老北京的个性出租车；3.熬鹰的北京人；4.北京民间艺人；5.老照片系列。

学位论文

《逝去的四合院：北京某单位宿舍院社会文化变迁的空间分析》，陈长平著，林耀华指导，中央民族大学1994年博士论文。

《探索北京旧城居住区有机更新的适宜途径》，方可著，吴良镛指导，清华大学2000年博士论文。

《泉州官式大厝与北京四合院典型模式的比较研究》，赵鹏著，方拥指导，华侨大学2004年硕士论文。

《中国传统建筑北京四合院的审美意蕴》，肖红娜著，毛宣国指导，中南大学2005年硕士论文。

《论北京四合院的人居环境对现代住宅设计的参考价值》，刘克功著，马路指导，苏州大学2007年硕士论文。

《传统四合院空间的形态学解析》，张明才著，杨文会指导，河北大学2007年硕士论文。

《旧城历史文化片区景观保护与更新：以北京市前门东侧路以东地区为例》，王瑶著，梁伊任指导，北京林业大学2007年硕士论文。

《北京旧城传统居住院落的演变研究》，梁嘉樑著，毛其智指导，清华大学2007年硕士论文。

《北京传统四合院在现代生活模式下的更新探索》，石磊著，崔恺指导，中国建筑设计研究院2008年硕士论文。

《北京四合院在现代情境中的变革与发展》，丁巧娜著，尼跃红指导，中国艺术研究院2008年硕士论文。

《北京旧城胡同与四合院类型学研究》，

蔡丰年著，陈穗指导，北方工业大学2008年硕士论文。

《北京旧城"胡同——四合院系统"保护与发展研究》，任怀乡著，毛其智指导，清华大学2008年博士论文。

《传统与现代民居研究：以北京四合院为例》，邵辉著，宫六朝指导，河北师范大学2008年硕士论文。

《旧房改造过程中居民的利益博弈研究：以北京一个四合院为例》，张洁慧著，良警宇指导，中央民族大学2009年硕士论文。

《北京四合院民居生态性研究初探》，桐嘎拉嘎著，赵鸣指导，北京林业大学2009年硕士论文。

《北京四合院居住环境的心理分析》，王晓坤著，吴建平指导，北京林业大学2009年硕士论文。

《新型北京四合院研究》，郑利伟著，常工指导，北京交通大学2009年硕士论文。

《传统北京四合院在现代生活形态下的继承与发展》，张姣婧著，张轶指导，南京理工大学2009年硕士论文。

《北京传统四合院空间的有机更新与再造研究》，刘媛欣著，周越指导，北京林业大学2010年硕士论文。

《中国传统民居旅游价值研究：以北京四合院为例》，胡园丽著，王德忠指导，东北师范大学2010年硕士论文。

《北京传统四合院建筑的保护与再利用研究》，贺臣家著，周越指导，北京林业大学2010年硕士论文。

《北京四合院审美文化探析》，赵祯祥著，丁密金指导，北京林业大学2010年硕士论文。

《中国传统建筑中"亚"字型图式及其文化内涵》，刘娜著，江牧指导，苏州大学2011年硕士论文。

《老北京四合院的装饰研究与应用：以现

代电视包装为例》，谭磊著，潘强指导，首都师范大学 2011 年硕士论文。

《气候对中国传统民居庭院的影响：以北京四合院与徽州民居为例》，郭虓著，王小红指导，中央美术学院 2012 年硕士论文。

《北京四合院再解读：空间形态中"线"的研究》，王璐著，胡雪松指导，北京建筑工程学院 2012 年硕士论文。

《以人口疏解为前提的四合院更新改造设计研究——以北京旧城西四与大栅栏地区为例》，薛蕊著，欧阳文指导，北京建筑工程学院 2012 年硕士论文。

《北京近现代四合院住宅的发展特征》，刘志存著，陆翔指导，北京建筑大学 2013 年硕士论文。

《北京四合院在改革开放以来的发展演变》，孟文萍著，陆翔指导，北京建筑大学 2013 年硕士论文。

《元代北京四合院住宅探析》，庄佃伦著，陆翔指导，北京建筑大学 2013 年硕士论文。

《SI 住宅体系在传统四合院改造中的应用研究》，杨鸣著，欧阳文指导，北京建筑大学 2013 年硕士论文。

《基于类型学方法的前门四合院保护与更新》，潘闪著，胡雪松、杜志杰指导，北京建筑大学 2013 年硕士论文。

《四合院的改造与传承》，张晶晶著，周洪、李沙指导，北方工业大学 2013 年硕士论文。

北京四合院志

四合院作为古都北京的重要符号，虽然已经传承了数百年，有巨大的历史、科学和艺术价值，蕴含着丰富的文化内涵，但是同其他类型的古建筑一样，也在面临着保护和利用的问题。一方面，已经建造上百年的四合院建筑经过自然风化，很多亟待保护性修缮；另一方面，现代城市的快速发展，大规模的城市拆迁、改造，大量四合院建筑正在消失。尽管政府和越来越多的人们已经越发重视对包括四合院在内的古建筑的保护，但是四合院的保护问题仍然丝毫不容乐观。

保与拆的关键之处在于四合院能否发挥出比新建筑更大的效益。这就涉及四合院的利用问题，如果四合院得到了有效的利用，发挥出巨大的经济效益和文化效益，那么这种保与拆的矛盾就迎刃而解了。近年来，针对四合院的保护和利用已经进行了很多探讨、研究和实践，并制定了一些保护法规，如在北京就划定了 40 多片历史风貌保护区。在对四合院的保护性改造上，有一批四合院采取"煤改电"、上下水改造及疏散四合院人口等措施，以便使古老的四合院能够更加适应现代城市生活的需要。在利用上，在不破坏四合院原貌的前提下，将四合院开辟为名人故居纪念馆、展览馆等，作为公益文化设施；开辟成四合院旅馆、商店等具有北京特色的商业经营

第六篇

四合院的保护、利用和嬗变

DI-LIU PIAN

SIHEYUAN DE BAOHU、LIYONG HE SHANBIAN

场所，发展胡同游、宅院游等旅游产业。这种多方位、多层次的利用措施都是非常有益的尝试和实践。

在对四合院的改造过程中，逐渐形成了按照传统工艺改造和按照城市危旧房改造两种修缮手段。随着经济社会的发展，一批新建四合院不断涌现，在尊重传统四合院建造布局、形式、尺度和建造工艺的基础上，采用钢筋水泥的建造技术，设施比较完善，功能相对完备，与传统四合院相比，发生了比较大的变化，形成了四合院的嬗变轨迹。

第一章 四合院的保护

DI-YI ZHANG SIHEYUAN DE BAOHU

北京作为一座历史文化名城,四合院对于北京这座历史悠久的城市来说,不仅仅是重要的组成部分,也是老北京人世代居住的主要建筑形式。它是中国传统居住建筑的典范,更是整个中华民族优秀的历史文化遗产,因此保护好北京四合院意义非凡。

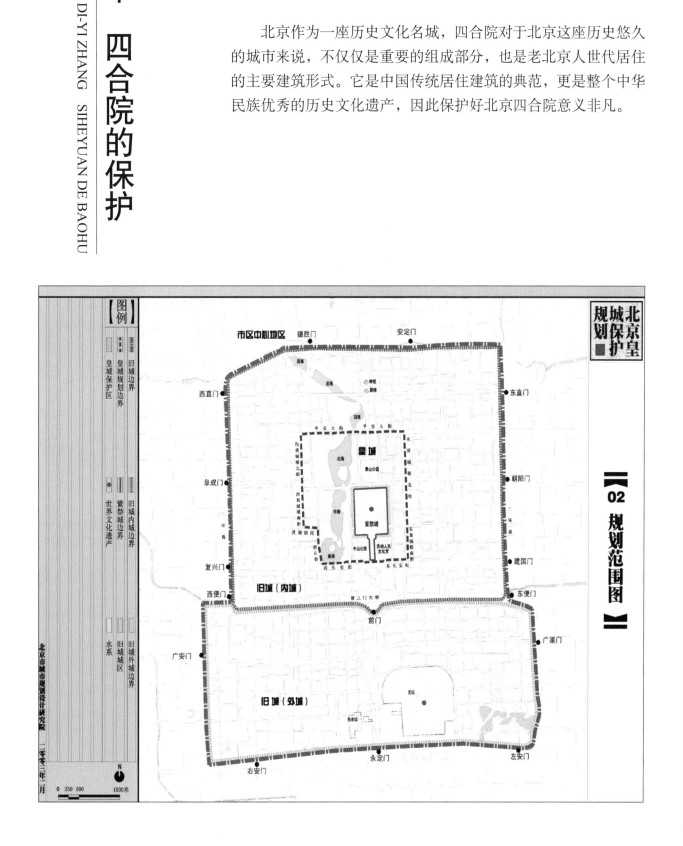

第六篇 四合院的保护、利用和嬗变

第一节

四合院的保护历程

DI-YI JIE　SIHEYUAN DE BAOHU LICHENG

北京的四合院经过元、明两代的发展，到清代达到了一个巅峰时期。清代定都北京后，加强对汉文化的学习和吸收，以至于建筑风格也延续了明代的风格。清朝统治者完整保留了明代北京城，并经过几代的建设取得了辉煌的成就。尤其是分布于城市街巷中富有特色的北京四合院民居，更是我国封建帝都特殊历史积淀形成的宝贵历史文化资源。

清代统治者实行满汉分治，规定内城只能满人居住，汉人迁入外城，这一举措不仅使内城的四合院建筑向大型、华丽发展，也使外城在汉人的努力下往多元化的四合院发展。这一时期，由于四合院的私密性和清政府为封建集权统治而颁布的苛刻的法律，使得四合院几乎没有外力的因素来破坏。

自 1840 年鸦片战争开始，北京经历了帝国主义入侵后 100 多年的半殖民地半封建社会，中华民族经历了丧权辱国的耻辱，帝都北京的历史建筑及城市环境惨遭摧残和破坏。首先就是在近百年的内外战争的背景下，部分传统四合院的建筑形式有了一定的变化，当时受西学东渐的影响，一批乐于接受西洋风格的人士把其运用在了建筑上面，例如圆明园式随墙门的出现，还有建筑的门窗装修等，都带有西洋建筑的风格特点；其次，频繁的战争和通货膨胀带来的经济困难，原有的独门独户的四合院转变为许多住户共同居住的大杂院，昔日幽静、深邃的四合院被喧闹、浮躁所代替，这一时期可以说对四合院已经有了一定的破坏。

1949 年新中国成立后，北京作为首都，党和政府高度重视北京的历史文化古城保护，从以故宫为首的宫殿、庙宇、皇家园林到古都风貌、旧城街区、四合院民居等逐渐开展了越来越全面和有效的保护工作。1953 年，北京市委制定《改建和扩建北京城市规划草案要点》，其中提出："在改建首都时应当从历史形成的城市基础出发，既要保留和发展合乎人民需要的风格和优点，又要打破旧城格局的限制和束缚，改造和拆除妨碍城市发展的和不适合人民需要的部分，使首都成为适应集体主义生活方式的社会主义城市。""对古代遗留的建筑物必须加以区别对待，采取一概否定的态度不对，一概保留的观点也是错误的。"

然而，新中国成立初期，为了政治、经济发展的需要，旧城内的一些王府、大宅院改变了所有制性质，经过调整转变成政府机关、科教文卫等公用住房。由于使用功能的改变，带来的是在建筑与人的关系上是否能够协调的问题，最终结果就是建筑被改造成为适合于使用者的建筑，而其他一些中小型院落则是延续了大杂院的风格继续使用。这一时期，在对四合院产生破坏的同时，对于四合院的保护却没有真正地开展起来。

1958 年的《北京城市建设总体规划方案》提出了对古代遗留下来的建筑物采用有的保护、有的拆除、有的迁移、有的改建的方针。主要内容包括："故宫要着手改造，把天安门广场、故宫、中山公园、文化宫、景山、北海、什刹海、积水潭、前三门、护城河等组织起来，拆除部分房屋，扩大绿地面积。城墙、坛墙一律拆掉。"1962 年的《北京市城市建设总结草稿》提出："对待古建筑则根据不同情况，采取有的保护、有的拆除、有的迁移、有的改造，区别对待的方针。"在 20 世纪五六十年代，北京旧城保护与改造工作中受到新中国成立初期思想领域"破旧立新"意识的影响，强调"改造与发展"而拆除了城墙、坛墙等。传统街巷及四合院民居的保护尚未提到日程上。

随着改革开放，中国经济慢慢复苏，一批先富起来的人们，其中一些对老北京四合院有着特殊感情的人，为了保护或者是纪念老北京的传统文化，买下一些院子重新进行翻建，使其在外形上保留了老北京四合院的传统文化，同时，室内的布局则是按照符合现代人的要求而建造设施设备，包括暖气、水电等生活设施。翻建后的四合院，由大杂院重新变为了私宅，但是这一类在北京旧城内仍然是极少数，因此对于四合院的整体保护没有根本改观。

1982年《北京城市建设总体规划方案》根据北京历史文化名城的城市定位，扩大保护范围，提出对文物古迹和革命文物不但要保护建筑本身，还要保护古建筑的历史环境，保留北京的特色，注意与园林、水系的结合和现代建筑的协调。1983年国务院《关于对北京市建设总体规划方案的批复》中确定"既要提高旧城区各项基础建设的现代化水平，又要继承和弘扬北京历史文化城市的传统，并力求有所创新"。该批复确立了逐步地成片地改造旧城的保护方针，推进了旧城保护的新进程。

20世纪90年代，北京市开始对旧城大规模整体改造，初期以解决旧城内危破程度严重的房屋为主。当时城区内最突出的危房主要集中在内城的原城墙根一带，即东二环路西侧、西二环路东侧、北二环路南侧以及外城的天坛、先农坛坛根附近的天桥金鱼池、法华寺等区域。在旧城内最初开展的危房改造工程的注意力，多放在文物建筑的保护和古都风貌的协调上；危改启动的区域，也多在旧城的边缘地带。据市危房改造办公室的统计资料显示，全市在1990年至1992年开展危房改造的三年间，旧城内四城区总计搬迁住户29385户。这一阶段旧城内的危房改造工程的规模还处于初期阶段，大部分危房改造项目与老北京四合院的矛盾还未充分显现。

1993年国务院《关于北京城市总体规划

保护院落标志牌

(1991—2010)》的批复确立了"整体保护"原则，建立了从单体历史建筑、寺庙、风景区到城市格局、商业区、街区、胡同、传统四合院居住区及传统生活场景及京味儿文化和风土民情等无形文化的整体保护体系，强调了从北京城整体格局、历史环境、历史建筑、传统文化及人文环境等综合构成的有机整体上保护北京古都风貌，全面地推进了北京历史文化名城的保护与发展。北京旧城是几朝古都所在地，构成要素多元，其中历史街区、胡同四合院居住区分布广、聚集人口最多。因此，旧城区保护与改造是北京历史文化名城量大、面广、难度大、持续时间长、与民众最密切的保护改造工程。

据不完全统计，新中国成立初期北京旧城区留下的四合院及平房约有1700万平方米。到1982年，旧城保存质量好的四合院约有200多万平方米。20世纪八九十年代的旧城危改工程对西城区小后仓胡同、东城区菊儿胡同和宣武区东南园三片进行了试点建设，并取得了一定的经验和成绩。其中的菊儿胡同改造对如何保护古都风貌做了有益探索。

1998年开始，全市提出的危改工作的目标是：在五年时间内完成全市的危房改造工程，其重点是旧城内的危旧房。自1998年以来，在旧城内的四城区全面开展了针对危旧平房的危改建设工程。为进一步加快旧城内危房改造速度，还同时提出和实施了开发建设带危改、市政建设带危改、修路工程带危改等危改思路和建设项目。据市危房改造办公室统计，在这一阶段，旧城内除25片历史文化街区外，在传统四合院平房区域内列入危房改造计划的项目达到130余片，四城区每年外迁住户曾超过三万户。短短几年间，旧城的传统平房区域逐渐被现代化的楼房小区所代替，东、西城区的部分危改项目已逐步向传统的四合院、胡同区域扩展，部分传统四合院在逐步消失。旧城的危改模式和大规模危改拆迁引起社会各界的广泛关注，不少人士纷纷呼吁政府重视对旧城的保护。

进入21世纪，专家、学者和居民对四合院保护的强烈呼吁得到了政府的高度重视，北京的旧城保护进入了新的里程。2002年，北京市政府做出了停止旧城新开试点项目的决策，编制了已划定历史文化保护区的保护规划。《北京市城市总体规划（2004—2020）》明确提出了"弘扬历史文化，保护历史文化名城风貌，形成传统文化与现代文明交相辉映"的城市发展目标，并将历史文化名城保护作为独立章节，进行整体规划。根据《北

图 例

☆ 世界文化遗产
■ 国家级文保单位
■ 市级文保单位
■ 区级文保单位
▲ 文物暂保单位
文物建控地带
挂牌保护院落
历史文化保护区
胡同肌理
旧城一般地区
公共绿地
河湖水系
旧城保护范围

2004年12月

《北京市城市总体规划（2004—2020）》

在胡同四合院成片改造中保留的俞平伯故居

京市城市总体规划（2004—2020）》，今后在进行旧城改造、改善广大群众居住条件的同时，必须停止对皇城内的拆旧改"新"，不鼓励营造新景观，使北京千百年来形成的文化特色和古都风貌保留并延续下去，探索适合旧城保护的危房改造模式，保护北京特有的四合院。这些规划在总结危改工程经验教训，在大量历史分析、现状调查的基础上，运用现代历史文化名城保护新理念，确立了"整体保护""原真性保护""动态保护""有机更新""可持续保护"等新观念，为北京历史名城的历史文化区保护开启了新的探索之路，也为北京四合院的保护提供了一个强固的"防护网"。

北京市政府先后在旧城内组织相关部门深入调查，确定保存较好的四合院为挂牌四合院；扩大旧城内历史文化保护区；还颁布了《北京历史文化名城保护条例》，确定了旧城四合院的改造原则。政府采取了政府补贴改造四合院民居、加大胡同居住区市政设施建设、提升绿化环境、合理疏解人口、保护传统的人文环境和传统民居文化、开展老北京文化事业和文化旅游产业等措施，推动了旧城的可持续发展，四合院的保护进入到新的阶段。

北京城虽然经历了不同朝代的变迁和发展，但古都的风貌、格局与肌理、历史古迹、街巷及大片民居四合院等在一定程度上保存尚好，历史文化资源依然是丰富多彩。

第二节

四合院的保护措施

DI-ER JIE　SIHEYUAN DE BAOHU CUOSHI

北京通过规划、颁布法律法规、制定修缮标准等方式，切实加强对四合院的保护和管理。1999年，北京市依据国务院《关于北京总体规划的批复》精神和《北京城市总体规划》的要求，编制了《北京旧城历史文化保护区保护和控制范围规划》，划定了25个历史文化保护区，包括：南长街、北长街、西华门大街、南池子、北池子、东华门大街、文津街、景山前街、景山东街、景山西街、景山后街、地安门内大街、陟山门街、五四大街等旧皇城内街区，什刹海地区、南锣鼓巷、国子监地区、阜成门内大街、西四北头条至八条、东四三条至八条、东交民巷等旧皇城外的内城街区，大栅栏、东琉璃厂街、西琉璃厂街、鲜鱼口地区这些外城街区；并提出了保护真实的历史遗存、外观按照历史外貌整修、切忌大拆大建等原则。

从分布来看，处于南北中轴线上的皇城、后三海、钟鼓楼地区以及前门外的大栅栏、天坛、先农坛等地区连成一片，形成以传统中轴线为骨架的旧城历史精华地段核心保护区域，基本体现出北京旧城保护的整体格局与风貌特色。通过对25片历史文化保护区的历史风貌、建筑特色、人文环境等进行综合分析，也确定了其实用功能和定位，并且划分为传统商业保护区、传统胡同四合院住宅保护区、近代建筑保护区、皇城保护区、

北池子大街

寺庙建筑保护区和风景名胜综合保护区等类型。例如南、北池子，南、北长街，鼓楼大街，都是以整体街区和成片四合院为对象进行保护。对于传统胡同四合院住宅保护区，在恢复区内老北京传统胡同、四合院的风貌，突出胡同及四合院景观特色的同时，改善基础设施。尤其是对已经成为文物保护单位的四合院，北京市遵循《文物保护法》的保护规定，根据其不同的级别分别予以保护，针对全国重点文物保护单位的四合院，其修缮须上报国家文物局批准后实施，如北京鲁迅旧居等；市、区级文物保护单位须报市文物局批准后实施，如2000年由市委、市政府开展的"3.3亿工程"中，纪晓岚故居、前公用胡同15号等四合院均得到了保护修缮。

同时，为了保护古都风貌，加快现代化城市建设，北京市政府结合四合院保护这一前提，由规划、建设、国土和文物等有关部门制定了《关于加强危改中的"四合院"保护工作的若干意见》，其中明确规定了保护准则、保护方法和保护要求。其中保护准则中的保护对象为没有正式列入全国重点文物保护单位、市级文物保护单位、区县级文物保护单位、区县暂保单位及历次文物普查登记项目文物的传统建筑；保护方法包括了原址保护的四合院，格局完整可异地迁建的四合院，无法恢复原貌、与规划矛盾较大的故居等四合院应原址建立保护标志；危改区内不保留的四合院建筑，拆除时应由文物部门收集保管有价值的建筑构件等。

2003年，北京市政府为落实《北京历史文化名城保护规划》、《北京旧城25片历史文化保护区保护规划》和《北京皇城保护规划》，促进城市建设和经济社会协调发展，制定了《北京旧城历史文化保护区房屋保护和修缮工作的若干规定》。该规定明确了旧城历史文化保护区内的房屋保护修缮的工作原则，主

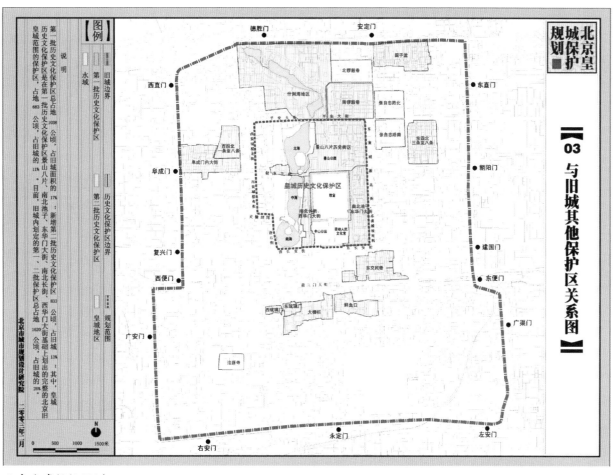

要是在保持原有风貌的同时，改善居民的居住条件、降低人口密度等问题。

为落实这一规定，2004 年，北京市国土、文物等相关部门制定了《北京旧城历史文化保护区房屋风貌修缮标准》，提出了一般房屋和重点房屋的修缮标准，同时规定在保留历史原貌的前提下，各种设施设备应与保护区相协调，尽量利用使用传统房屋上拆卸下来的构件进行修缮等问题。

2004 年 4 月，北京市政府为了动员社会力量参与北京旧城历史文化保护区房屋的保护和修缮工作，由北京市国土局、房管局等部门下发了《关于鼓励单位和个人购买北京旧城历史文化保护区四合院等房屋的试行规定》，鼓励社会力量参与投资保护四合院，虽然这与政府主导的修缮相比还是占了少数，

但是这种"微循环"的模式得到了肯定。

2005 年 3 月，为了加强对北京历史文化名城的保护，根据国家城乡规划、文物保护等有关法律、法规，结合北京市的实际情况，北京市第十二届人民代表大会常务委员会第十九次会议通过了《北京历史文化名城保护条例》。这个条例是北京市在旧城保护方面的一个重大发展，比较全面地概括了需要保护的内容，包括旧城的整体保护、历史文化街区的保护、文物保护单位的保护、具有保护价值的建筑的保护，同时制定相应的保护规划，按照规定的保护措施，在法律责任的监管下完成保护工作。该条例的出台，也为之后的《北京市旧城房屋修缮与保护技术导则》奠定了法律和理论依据。《北京市旧城房屋修缮与保护技术导则》确立了对旧城规划整

体保护的原则,规范了旧城房屋的修缮和改造行为,保障了房屋质量和住用功能。同时,也作为旧城房屋修缮与保护工程中的技术性指导文件使用。

2009年,由北京市建委、规划委和文物局共同制定的《北京旧城历史文化街区房屋保护和修缮工作的若干规定(试行)》出台,该规定对2003年颁布的《北京旧城历史文化保护区房屋保护和修缮工作的若干规定》进行了各方面的细化,在坚持整体风貌保护、真实性保护的原则下,对房屋保护和修缮、市政设施改造和环境整治、居民疏散做出了明确的规定,并通过法律责任来进行保障和监督,有效保护旧城内房屋的历史风貌。

近年来,面对国际化大都市建设对传统历史性建筑的冲击,越来越多的政府官员、专家学者、民间人士对北京传统四合院建筑的重视与保护工作达成共识。随着党和政府对文化遗产、文物保护的重视程度逐渐加强,在有关部门的积极配合及社会各界的积极参与下,北京旧城保护会逐步地显现出良好的效果,同时北京四合院也在中国传统建筑这个大舞台上发挥出自己的光芒。

第三节
四合院的改造

DI-SAN JIE SIHEYUAN DE GAIZAO

为了保护古都风貌，北京市从20世纪80年代菊儿胡同四合院改造开始，加快保护四合院的步伐。在保护过程中，对四合院的改造也在不断深入。从2005年开始，东城区对辖区内十个街道包括危旧房在内的平房进行微循环改造，改造以中式灰色调起脊式平房为主，围合成院落形式。而大栅栏重修200座四合院的整体改造也顺利完成。2008年，北京市市、区两级政府共投入近百亿元，由市建委牵头，在规划、文物部门的配合以及区县政府的组织实施下，城区按照"修缮、改善、疏散"的总体要求，对旧城内平房、胡同进行修缮、整治。修缮工作涉及4000多个院落约三万户居民。这就是"2008年旧城四合院房屋修缮"工程。此项工程的主旨是为了进一步加强历史文化名城的相关保护工作，正确处理历史文化名城保护与城市现代化建设的关系，在保护历史文化保护区的同时，大力解决和改善胡同四合院及周边环境，提高人民生活水平。

在此次旧城修缮中，主要以《北京市旧城房屋修缮与保护技术导则》为依据，根据院落、房屋的风貌形式、历史文化价值及现状划分为三类院落，按照相应的情况进行修缮。一类院落为建筑保存较好、建筑格局保存较完整的四合院和传统建筑、近代建筑、临街景观建筑等具有一定历史文化背景、具有保护价值的院落和建筑，其修缮标准应按照原材料、原形式、原结构、原做法进行加固维修，内部装修可适当采用新材料。二类院落为格局保存较完整，但建筑已严重破损，其修缮标准为对于已改变原状，全部需要翻建的建筑，在保护外观传统形式的同时，可适当采用混合结构，适当采用新材料。但对于此类院落中不翻建的建筑，应按一类修缮标准实施。三类院落大部分房屋为解放后修建的新式平房，其修缮标准为在保持传统基

本格局的前提下，局部可根据使用要求进行必要的布局调整。在旧城边缘的非传统四合院地区、恢复传统风貌区，根据使用功能需要，在保持风貌协调的前提下可考虑部分采用新材料。

菊儿胡同的四合院改造

菊儿胡同位于北京市东城区，长400多米，是一条有四五百年历史的老胡同，历史上曾有许多官员、贵族在这里居住过。20世纪80年代，菊儿胡同被列为北京危旧房改造项目，是在建筑大师吴良镛主持下，北京市第一批改造的平房区。它吸收了老北京四合院和江南民居的特点，在结构上保留了老北京四合院的脉络，每组建筑基本保留了大院落的组合形式，能够较好地延续传统的邻

菊儿胡同改造的四合院

里交往方式，最大限度地维持了原有住宅胡同的传统结构，保持以往四合院传统住宅院落的地域空间；但在居住功能方面更现代化，为每户增加了原传统四合院住房中没有的厨房、卫生间等现代设施。功能完善、设施齐全的单元式公寓组成的"基本院落"是新四合院体系的要素，在保证私密性的同时，利用连接体和小跨院，与传统四合院形成群体，保留了中国传统住宅重视邻里情谊的精神内核。原有树木尽量保留，结合新增的绿化、

小品，新的院落构成了良好的"户外公共客厅"，因此也获得了联合国颁发的"世界人居奖"，许多在中国生活的外国人慕名而来，成为北京旧城改造的标志。

南池子地区的四合院改造

南池子地区的危房改造工程，是北京市在历史文化街区开展的第一个以四合院改造为主的危房改造项目，也是北京市对传统四合院改造、维修、保护利用的探索性的试点工程。由于南池子位于世界著名的历史文化遗产——故宫的建设控制地带之内，其街区本身又是全市重要的历史文化街区，所以南池子地区的危房改造工程始终是社会关注的焦点。各界人士分别从故宫外围传统环境的延续、原有四合院、胡同的保护、改善居民的居住条件、提高生活环境水平等不同的角度给予评说。从整体上看，南池子地区开展的危房改造工程，是在十分复杂的矛盾和多种困难的境地下，开展的一项危房改造的艰难探索，其总体效果应给予充分肯定：一是危改工程尽量多地保留了原有的传统建筑，搬迁了占用市级文物保护单位普渡寺大殿的小学校；搬迁和拆除了普渡寺大殿周围的186户居民，使年久失修的文物建筑得到了彻底的修缮；在危改工程中保留了原有的九

条胡同和街巷；保留了现状较好的四合院31座；按原格局重新修复了传统四合院17座。二是改善了居民住房条件，提高了居住水平。在危房改造前，每户住房面积为26.84平方米，改建工程后的回迁户户均达到69平方米。为解决区域内居民住户过多过密的问题，在这次危房改造中，居民外迁率为70%，降低了住户及人口密度，从而改善了居住环境，提高了生活质量。三是各种现代化的市政设施，如燃气管道、电力设施、通信网络、上下水管线、地下停车场等都从地下引入四合院内或居住的区域内，有效地改善和提高了整个区域的市政水平。

三眼井胡同的四合院改造

三眼井历史文化保护区保护修缮工程于2005年启动，是新中国成立以来北京最大的一次四合院群落整体改造。三眼井胡同历史文化保护区，位于东城区景山东街，东至皇城根遗址公园、南至沙滩后街、西至景山公园、北至平安大街，总用地面积约45706平方米，总建筑面积约22534平方米。三眼井胡同改造保持了原有的胡同与建筑之间的尺度和比例关系，原有的胡同四合院的建筑风格、建筑色彩、基本格局、艺术特点都没有改变。在此基础上，设计师们适当调整院落及主要建筑尺度，以适应现代人生活的功能要求。通过院落、房屋的高低错落、出入闪躲，创造胡同四合院的自然和谐氛围与历史厚重感，避免街道僵硬、建筑雷同、房屋呆板、平面缺少变化等弊端，做到修旧如旧，不着痕迹，创造"虽为依次规划设计，宛如历史自然形成"的最佳效果。改造中还结合宅门、影壁、街头小景、砖石雕刻、牌匾楹联等细部设计，为三眼井历史文化保护区注入传统历史文化内涵。此外，作为该地区名称由来的"三眼井"等旧城景观，也被专门圈出来

南池子新建四合院

三眼井胡同新建四合院

予以保护。三眼井胡同建筑的总体外观，基本保留和延续了原有四合院的传统特色。从这种单体院落改造后的整体效果看，这种小规模院落式的危房改造方式，既保留和发展了传统建筑原有的实用居住价值，又再现了老北京传统风格的四合院建筑。

前门外草厂地区的院落改造

前门外草厂地区的院落改造是一个按照传统形式和工艺配以现代化城市市政设施改

草厂三条 (2005)

草厂三条 (2015)

草厂六条 (2005)

草厂六条 (2015)

造四合院的范例。其具体做法是院落的主体建筑按照传统工艺进行修缮和加固，而房屋内的设施则进行现代化改造，并在不影响四合院格局的空当处搭建部分临时建筑作为厨房、卫生间等设施。对于原来院内的居民则采取了疏散人口的方法，降低人口密度。这一改造，从根本上解决了居住型四合院"大杂院"的面貌，恢复了四合院恬静、安详的空间氛围，现代化设施的添加满足了现代城市的生活需要。

改造后的胡同和四合院基本保持原格局，做到了五不变：街巷格局、胡同格局、四合院平面格局、房屋基础边界不变；旧城房屋以青灰为主色彩不变；四合院房屋屋顶高低错落和脊形瓦形不变；传统房屋的门窗传统形式不变；传统房屋基本结构不变。基本符合保护古都风貌的要求。同时提高了房屋的结构安全，增加了市政设施，符合设施完善、能源清洁、建筑节能的要求，改善了胡同四合院及其周边环境。

第二章　四合院的利用

　　历经元、明、清数百年来的发展，四合院这种独特的布局形制由于适应了社会不同阶层的居住与使用需要，且具有很大的优越性，因此，由四合院民居所构建的传统胡同、街巷成为最具北京都城特色的住宅建筑系统。新中国成立后，随着产权制度的彻底变革，尤其是近年来北京的现代化城市居住形式的发展和北京人口数量的迅猛增长，四合院逐渐退出了主流居住形式的舞台。

　　目前保留下来的四合院，总的说来，主要有作为民居和宿舍用途、公益文化设施用途、办公用途以及商业用途四种存在方式，其中不但蕴含着保存传统文化价值的愿望，也体现了古老文化元素"古为今用"的创新诉求，以期在认清现状、总结经验的基础上，尝试探索北京四合院的生存和创新之路。

第一节

DI-YI JIE MINJU HE SUSHE

民居和宿舍

北京四合院是北京的特色建筑之一。作为老北京人世代居住的主要建筑形式，驰名中外，世人皆知。虽然，四合院已经不再是北京的主要居住形式，但是现在的北京仍然有一部分四合院在作为百姓的居住用房使用。尤其是在北京旧城内的东城区（包括原崇文区）和西城区（包括原宣武区）的部分区域内的街道两侧胡同内还保存有整齐排列于胡同左右的四合院建筑群。旧城内的这些四合院现在大多数的产权性质是公房，是房屋管理部门或者单位分配给市民或职工的住房，个人具有使用权。这类四合院除了少数私人住宅外，通常一个院内居住多户人家，居住人口密度较大。有些居住人口过多的四合院，人均居住面积较小，使得有些院内搭建了多处私搭乱建的违章建筑，这类四合院保存使用情况较差，俗称"大杂院"。

作为住宅功能的还有一类四合院是个人私产，这类四合院通常院内只居住一户或一个家族，院内建筑布局及建筑形制没有太大变化，院子的保存和使用情况比较好。

另外，北京的郊区县中也有部分村落的旧貌保存比较完好，其中也集中地保存了部分旧宅院。这些农村地区的宅院有的为祖业地产，但更多地为村集体分配给家庭的宅基地。这些旧宅院除了部分开发为旅游目的地的四合院外，由于年久失修渐次损坏，加之使用者未能认识到其价值所在，多数面临被拆改的境地。

作为民居的四合院是北京古都文化的重要组成部分，也是最富生活气息和人文情调的古建筑群。但是，由于地处北京城市中心，四合院民居一直与城市建设和规划发展息息相关，那么不可回避的一个问题就是四合院在现代城市条件下如何适应人的现代生活需要。历史上曾经大规模地拆迁四合院，建造现代高楼大厦，北京旧城内的半数四合院在轰轰烈烈的拆迁活动中消失了。

近年来，随着四合院的价值得到广泛认可之后，一批专家学者开始反思和探索四合院的利用问题，有的还对四合院的利用方法和形式做了有益的实践活动。将北京四合院进行改造依然作为民居来利用，以保住人文气息，并适应现代城市生活的实践，在过去的30年中曾经有过几次探索和尝试。吴良镛是早期开始对北京旧城区中心地段四合院的整治进行研究的第一批专家之一。后来，他又做了新型四合院的规划设计工作，提出了"有机更新"理论及建造"类四合院"住房体系构想，用来满足现代生活的需求，又能适应旧城环境及其肌理的原则。1988年，吴良镛在北京市政府的支持下，主持了菊儿胡同四合院改造工程的规划设计。重新修建的菊儿胡同按照"类四合院"模式进行设计，高度为两层或三层，保持了原有的胡同、院落体系，同时具有单元楼和四合院的优点，使得每一户的室内空间更合理，保障居民对现代生活的需要，又通过院落形成相对独立的建筑布局，提供居民交往的公共空间。这种设计保持了四合院的格局和传统建筑形式，但是四合院的单体建筑却发生了根本性改变。

第二节

公益文化设施

DI-ER JIE GONGYI WENHUA SHESHI

自元代以来，北京作为全国政治、文化中心后，会集了全国各地各民族的优秀人才，特别是清代、民国时期以及新中国成立以后的著名政治家、文学家、科学家、艺术家、军事家和各代的学者、鸿儒、高僧、名人等各界杰出人物，还有老一辈无产阶级革命家，这些历史名人都为时代的发展做出了各自的贡献，他们在京的住宅特别是四合院，成为北京居住文化的一大特色。

他们所居住过的四合院不仅记载着他们的生活与活动，而且也是他们所处时代的历史见证，更是北京的一份具有特殊意义的历史文化。因为名人故居不仅有建筑价值，更承载着很高的人文与研究价值。名人故居不仅具有建筑之美，还是社会生活的记录与承载者，是对名人精神与文化的继承和延续，是与后辈人在情感、精神方面联系与沟通的桥梁，也是文化遗产的重要组成部分。保留至今的故居四合院有全国重点文物保护单位宋庆龄故居、郭沫若故居、鲁迅旧居、孙中山行馆、梅兰芳故居、李大钊故居等；北京市级文物保护单位纪晓岚故居、陈独秀旧居、

纪晓岚故居保护标志

茅盾故居、老舍故居、齐白石故居、程砚秋故居、康有为故居、朱彝尊故居、毛主席故居等。很多名人故居都被开辟成了纪念馆、博物馆、展览馆或陈列馆，用以纪念、展示

北京鲁迅旧居

和宣传名人及其事迹和思想。

同时，有些故居还被开辟成对学生和市民进行爱国主义教育、科学文化教育的基地。这些开辟为名人故居博物馆、纪念馆或展览馆的四合院，由于它们多数都是得到了国家或者机构的各方面支持，且基本上为专业机构的保护性利用，保存状况都较为理想，且发挥了巨大的社会教育功能。因此，这种使用形式也是目前较为成功的利用方法。但是，这种利用形式的缺点是由于多数故居博物馆都是公益性质，故而每年都需要投入大量维护资金。

北京四合院志

第三节
办公与商业用房

DI-SAN JIE　BANGONG YU SHANGYE YONGFANG

办公用房

北京四合院还有一部分作为机构办公用房使用。这种利用形式一般有两种情况：一种就是了解四合院的内涵和价值，按照传统工艺对四合院进行了修缮，且定期对四合院进行系统的检查维护。如北京市东城区府学胡同36号院就作为北京市文物局的办公用房

府学胡同36号保护标志

使用。这里曾经是同治帝两个遗妃敬懿、荣惠太妃的居住地。西堂子胡同33号是北京基督教女青年会的办公用房。前公用胡同15号作为西城区少年宫，让孩子们在课外活动的过程中同时体会和感受了北京四合院的魅力。还有很多四合院作为街道居委会的办公用房使用。这些居委会的办公用房多设在所管辖的范围附近，既适合管理办公，其建筑又亲切自然，方便居民开展各种集会活动，且所占的面积也不是很大，利用上比较理想。

前公用胡同15号西城区少年宫

而另一种情况则与之相反，由于机构的经济能力较强且不了解四合院的内涵，因此随意按照自己的使用需要进行大改大建，大肆装修，造成了四合院的面目全非，对于这种利用方式应该予以规范管理。

商业用房

在北京的四合院中，有一部分是以"前店后宅"形式的商业用房出现的。它们多数分布在传统商业街中，有一部分遗址被传沿至今。如位于东城区的廊房二条商业街区就是一例。该商街东西总长270米，街道宽4~5米，为大栅栏地区有名的商业地段。该地段为明代政府统建的廊房头条至四条组成的商业街区之一。它属于典型的居住和营业相结合的建筑形式。东城区的布巷子街区也是一条传统商业街，以经营布匹为主要产业。布巷子街名正是因为专营、生产布

北京吉庆堂宾馆

而得名，也是京城"前店后坊"的经典形式之一。因受街面所限，这类建筑由狭长的二进院组成。临街设店面,院中为作坊区,后院为居住及库区。因用地所限，有的后院为二层楼房，以扩大使用面积。目前这些建筑有一部分仍然作为商业用途使用。

北京四合院除了上述传统的商业用房外，还有一部分被改造成为现代商业用房。其中最为普遍的就是被开辟为四合院宾馆、

饭店或旅游接待院，让四方游客、宾朋感受老北京的居住文化。如位于西城区西四北六条胡同 11 号的春秋园宾馆、西四北二条 12 号的中堂客栈、东城区东四六条 10 号院的王家客栈、北锣鼓巷纱络胡同 7 号的北京吉庆堂宾馆、南锣鼓巷 20 号的商务会所、东四四条 37 号的阅微庄四合院宾馆等。

2008 年北京奥运会期间，由北京市政府评选出的 598 家面向中外游客的"奥运人家"作为旅游接待院，它们大多以传统的四合院为主。而门头沟区的川底下村更是将整个村子改为旅游接待地。这些以宾馆、客栈、会所或旅游接待院为利用形式的四合院，其使用状况也分为两种情况：一种是能够做到保护性利用，没有改变原来四合院的样貌，保留了老北京四合院的基本特质，只是使用功能上有所增加或改造，使其能够满足现代居住条件，因此能够在很大程度上将四合院传统文化保留下来。另一种是缺乏对四合院的了解，随意改建、扩建，破坏了四合院的原有风貌。

除了客栈、酒店外，将现代娱乐项目与四合院这种古老文化符号相结合是作为商业用途的四合院发展趋势，目前存在于北京南锣鼓巷、后海地区的大量的胡同文化主题酒吧、商店就是此类，如鼓楼西大街后海夹道

阅微庄四合院宾馆

2 号的轴吧、南锣鼓巷 108 号的"过客"吧以及南锣鼓巷经营各种工艺品的商店都是北京较有代表性的四合院商业用房。这些商业用房倚靠胡同中四合院的古典气质、古旧物件，在装修风格上偏重怀旧与古朴，营造出一个沉静、古香古色的环境氛围，再融入现代餐饮、娱乐、休闲文化元素，带给顾客别样的京城胡同文化体验。

目前，除了文物保护单位之外，以四合院作为商业用房和经营场所还没有建立相应的管理体制，也没有出台专门用作规范商用四合院的规章制度、法律法规，在保护意识上，此类四合院仍属于自发性。

王家客栈

第三章 四合院的传承与嬗变

四合院自产生之日起就是一个不断传承与变化的过程，从元代发展到民国时期，四合院工字廊的消失，大门的位置逐渐偏居一隅，一些西洋式建筑单体和元素的出现，等等，都是四合院在不同时期的变化结果。但是，四合院最核心的四面围合、轴线对称、主次分明的空间格局，单体建筑的尺度和以灰色调为主的建筑色彩，以祈福纳祥为主要题材的建筑装饰内容，以适应本地气候且具有普世美好寓意的庭院绿化等四合院要素却始终稳定传承。另外，以抬梁式木构架为承重结构的支撑体系也始终没有变化。

作为我国传统的居住形式的代表之一，北京四合院是我国优秀的文化遗产。但是，随着时代的发展，北京作为一座现代化的大都市，新型建筑迅速成为城市的主流居住形式，相比之下四合院传统的居住方式和陈旧的城市功能设施已经无法满足人们对居住质量的需求。而传统四合院作为民族文化的宝贵财产，如何在现代社会条件下既继承传统四合院住宅的精髓同时又能做一定的调整变化，以满足人们对现代生活功能设施的需求，成为这个时代四合院传承与发展的关键问题。

第一节

四合院的传承

DI-YI JIE SIHEYUAN DE CHUANCHENG

由于北京四合院这种居住形式具有宜居性和科学性的优势，并且四合院本身饱含着深厚的历史文化内涵，因此近年来，传统四合院及其文化的传承问题已经越来越得到各个阶层的认可，在保留了大量传统四合院建筑的北京旧城区和部分乡村，应该更好地传承和保护这些优秀的文化遗产已达成广泛共识。政府层面也越来越重视传统住宅形式的传承和保护。《北京市城市总体规划（2004—2020）》的指导思想指出："贯彻尊重城市历史和城市文化的原则。把握社会主义先进文化的前进方向，保护古都的历史文化价值，弘扬和培育民族精神，全面展示北京的文化内涵，形成融历史文化和现代文明为一体的城市风格和城市魅力。"而在"第61条"和"第62条"中则明确提出："保护北京特有的'胡同—四合院'传统的建筑形态"并"积极探索适合旧城保护和复兴的危房改造模式，停止大拆大建。制定科学合理的房屋质量评判和保护修缮标准，逐步改造危房，消除安全隐患，提高生活质量。严格控制旧城的建设总量和开发强度。逐步拆除违法建设及严重影响历史文化风貌的建筑物和构筑物"。《北京市城市总体规划（2004—2020）》基本上指明了北京四合院的发展方向。同时，北京市政府在旧城区和郊区县划定了40片较好地保留了历史风貌的地区作为"历史风貌保护区"。为了更好地在房屋的日常修缮和保养中做到传承好和保护好北京四合院建筑，北京市政府还出台了《北京旧城房屋修缮技术规范》，进一步对传统旧城区的房屋修缮进行技术规定，防止修缮性破坏。

然而，历史上传统的一家一户的四合院多数已经变成了由多家多户居住。而在人口迅速增长的社会背景下，人均使用面积越来越小。由于使用面积的狭小，加之部分四合院的现代城市居住设施的不完善，人们开始在院落的空地搭建临时性建筑，甚至向上加高房屋，以满足居住和生活的需要。随着私搭乱建的大量出现，传统的四合院变成了大杂院。人们的居住环境越来越差。四合院保护和现实居住问题的矛盾越来越明显。

为了解决这种矛盾，北京市近年来对四合院建筑的传承与保护进行了积极的探索和努力。大拆大建之风在旧城区已经有所减少，在政府的主导下也开始了对部分传统四合院的修缮和改造工作。2007年至2009年间对旧城区部分区域按照城市危旧房屋改造的方法进行了现代工艺技术的处理。其基本的做法就是在院落原有的格局和尺度不变的前提下，对危旧房屋进行修缮和翻建，而修缮和翻建时墙体使用与传统风貌相接近的蓝色机砖砌筑，屋面瓦使用与传统仰合瓦色调相接近的灰色机瓦，并对院落的现代城市生活设施进行改造升级。这种修缮的优点是修缮费用相对较低，工期短，改善居民生活居住条件明显。但是，这种简单的修缮和翻建行为，破坏了传统四合院承载的历史文化信息，尤其是那些翻建的建筑，其历史文化信息几乎全部消失，这就直接影响了传统建筑风貌和四合院文化内涵的传承。由于这种修缮方式的不恰当性，2009年之后基本上不再采取这种修缮方式。而另外一种是按照传统工艺进行修缮，并外迁部分居民。这种修缮的基本做法是：对四合院原有的建筑物保持不变，对其中的危旧房屋采取尽可能最大限度地保留原有建筑、构件及其装饰物的原则，运用传统工艺对建筑物进行修缮，拆除私搭乱建的临时性建筑物，并在较为隐蔽的地方加盖厨房、卫生间等生活设施。对因历史上的改造而失去传统风貌的部分建筑物，进行风貌恢复。这种修缮的优点是能最大限度地保留传统四合院的历史文化信息，极大地改善了居住者的生活质量。但是这种修缮的缺点是修缮费用较高，修缮工期较长。2008年，崇文区（现东城区）前门地区的草厂三条至九条的修缮就是采取了这种修缮方法。

草厂三条12号院装修

除了政府层面对旧城区四合院大面积地保护和改造外，一些喜爱传统文化和四合院的机构和个人对部分四合院住宅也进行修缮和改造。这部分四合院一般都是具有相当经济实力的单位或个人购置的一处或多处独立的院落，并对旧有的建筑进行修缮和改造。

由于这部分四合院面积相对都很宽裕，因此不需要搭建临时性建筑，能够按照实际需要进行功能区域的重新划定，较好地保留了历史建筑，四合院传统的风貌得以保留。如沙井胡同15号院，此处院落是文物保护单位，业主对历史建筑进行改造时按照文物修缮的原则进行，并对宅院的功能设施和功能区域进行了重新的改造和划分，既满足了日常生活的需要，又保护了历史建筑。

沙井胡同15号院四进院后罩房及装修

第二节

DI-ER JIE　XIN SIHEYUAN XINGJIAN DE SILU HE XINGSHI

新四合院兴建的思路和形式

四合院恬静、高雅的气质越来越受到人们的喜爱，在北京的旧城区和郊区县均兴建了一批仿古四合院建筑。这些新建的四合院可以分为四种思路和形式。

第一种是按照传统四合院的建造布局、形式、尺度和建造工艺，生活功能设施则为现代化的生活设施建造。这种建造方式是多数文物和古建筑专家学者认为的最为理想化的一种建造方式。由于其建筑是在遵照传统建筑的理念，传统建筑的布局、外观形式、结构体系和传统建造工艺的基础上建造而成，因此这种类型的四合院几乎是对传统四合院建筑"原汁原味"的传承。使用这种方式由于建造成本相当高昂，因此修建此类型四合院的多数为小规模的修建，尤其是旧城区较多，一般是由于旧有建筑过于破旧或旧建筑的格局难以满足新的居住需要，业主会根据地基面积从传统的四合院建筑形式中选择一种更为理想的形式进行建造，建造工艺与传统四合院有一定差距。

第二种是尊重传统四合院的建造布局、形式和尺度，建筑结构和建造工艺采用现代钢筋水泥的建造技术，生活功能设施完全现代化。这种类型的四合院是在传统四合院基础上的一种变化，它的格局、单体建筑的外观形式和色彩与传统四合院相一致，但是不再采用传统的木结构承重、砖墙维护的体系，而采用现代建筑的钢筋水泥墙体承重，传统四合院的柱子、椽子等只是仿古的一种装饰物。外墙砖一种做法是采用粘贴很薄的一层仿古的外贴墙皮砖，另一种做法是涂抹灰色的墙灰，然后在其上勾出砖缝，抹上白色涂料或白灰。建筑屋面也不采用传统的苫背方法，而是采用现代的防水保温设施，只是在最表层铺设一层仿古合瓦或筒瓦。其中有一部分四合院为了增加建筑面积，还会建造一层至三层的地下空间，在地下空间可以安排停车库、储藏室、设备间、游乐场所等，有的甚至会建造游泳池。这种地下空间的开发利用在很好地保持了传统建筑风貌的同时大大增加了建筑面积，满足了各种功能设施的需求。因此这种思路也得到了较为广泛的应用。这种建筑方法具有建造成本相对较低，施工工期较短的优势，很多新建的四合院，尤其是郊区县大规模新建的旅游场所、宾馆、饭店等大多采取了这种建造方式。

第三种是在基本尊重传统四合院的布局、形式和尺度的前提下，按照建造的功能要求对各个方面进行一定的调整。这种四合院最为普遍的做法就是院落格局上采取传统院落的四合式布局围合成一进或多进的院落。建筑单体上虽然会使用传统建筑形式，但是多数采用大于一般民居四合院单体建筑的尺度，并且考虑到防水保温等因素，会使用在传统四合院中只有少数高等级四合院才会使用的筒瓦屋面，甚至有的会使用歇山顶、庑殿顶等殿式建筑。另外，这种类型中还有部分四合院会加入部分现代建筑作为附属用房。而建筑的承重结构上，也大多数会使用钢筋水泥结构或仿古蓝机砖砌筑墙体。由于这种四合院不一定都是作为住宅使用，很多作为办公、宾馆或商业用途，因此其最主要的特点就是更多地考虑实际功能需要。这种

西海北沿

南池子新建四合院

四合院从各个方面都与传统四合院产生了很大的差异性，从而成为带有明显现代特点的新四合院建筑。

第四种是在吴良镛改造菊儿胡同时提出的"类四合院"形式的思想指导下，建造的

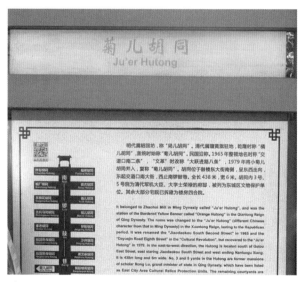

菊儿胡同介绍牌

新四合院建筑。这种四合院建筑的最大特点就是使用了传统四合院的某个或者某些建筑要素或元素，并结合现代建筑功能和形式。如20世纪80年代末期菊儿胡同的改造就是使用了四合院的院落这种要素，纵向和横向的布局上都建造院落，以保持传统院落邻里之间的交流沟通。而外观形式上则采用了二层或三层的楼房形式，屋顶采用了模拟坡屋顶的平屋顶，墙体则采用了江南建筑的白色墙身。2003年，东城区南池子地区的改造工程也采取了类似的思路。南池子地区改造过程中新建的四合院格局上均采用了院落布局，建筑单体上采用了二层至三层的建筑高度，外观形式上使用传统坡屋顶和灰色调的建筑色彩。但建筑结构和建造工艺则采取了现代技术。这种"类四合院"能够大大提高居住面积和容积率，但是外观形式明显与传统四合院不一致，由于建筑尺度远远大于传统四合院，这种类型的院落建筑氛围与传统建筑的亲切感有很大差距。

除了以上四种思路和类型外，在远郊区县部分村庄的自建四合院中和城区少量翻建房屋中，使用了一种称为"硬山搁"的建造方式。此种建造方法建筑格局和形式上仍然采用传统方式，建筑结构上采用砖墙承重，在砖墙上搁置梁架、檩条。这种做法由于存在结构安全上的不稳定，因此使用量较少。

北京四合院志

第三节

四合院的新功能设施和新建筑要素

DI-SAN JIE SIHEYUAN DE XIN GONGNENG SHESHI HE XIN JIANZHU YAOSU

1290

现代四合院无论是完全按照传统形式建造，还是有所改造变化，都必须满足现代社会生活条件下的功能需求，并完成四合院的功能创新。北京四合院基本都加入了以下的新功能设施和建筑要素。

完善了厨卫功能。厨房和卫浴间是现代社会居住功能的重要设施，也是传统四合院功能衰退的重要表现。由于传统四合院是一家一户居住，厨房和卫生间各设置1~2个即可。传统四合院按照当时的使用特色和理论，一般会将厨房设置在东南侧的厢耳房内或东南侧的某一间小房屋内，会将卫生间设置在院落西南角。因为夏天北京地区一般会刮东南风，人们认为厨房的饭香飘满院子是一件很好的事情。而北京冬天刮西北风为主，厕所位于西南方，有利于污浊之气散出去。但是，在现代四合院和大杂院中这种设置不能满足人们的需求。因此，新的更加合理的厨房和卫生间的设置是四合院改造和新建四合院的重要变化。在现代新建四合院中有条件的一般都会设置主卫生间和次卫生间，以方便来访客人或两代人使用所产生的问题。传统四合院和传统大杂院的改造中也尽量满足每户都有独立的卫生间的需求。而无论是空间宽裕的现代四合院或传统四合院改造，在卫生间位置的选择上由于现代的污水排放设施已经解决了卫生间的污浊之气问题，因此多会

东旺胡同13号、15号

设置在最方便居住者使用的位置。厨房的设置上，有条件的现代四合院和传统院落，为了厨房的油烟不污染院落的空气，多会设置在下风口的位置。传统大杂院中也尽量利用空间为每家每户建造厨房设施。

现代车库的引入。现代社会中，汽车是一个非常重要的交通工具。随着经济的发展，私家车越来越多地走入了人们的生活。然而传统四合院中却缺乏这个功能设施。传统四合院停放车、马、轿子的建筑与现代车库存在较大差异。因此，现代车库功能在四合院中，尤其是现代新建四合院和改造传统四合院中是必须考虑的建筑要素。在现代新建四合院和传统四合院改造的做法中，一般会把倒座屋远离大门的最远端一间或者后罩房的某端一间改造为车库。改造的方法一般都是将房屋的后檐墙打通并改造为车的出入口。也有部分四合院开辟了地下空间，建造成为停车场的，从而成为多层停车场以停放多辆汽车。

供暖设备的完善。由于传统四合院基本上采取燃煤解决冬季供暖问题。而现代社会这种小规模的燃煤设施及对空气的污染也不符合节能的标准，且极容易引发火灾和煤气中毒等危险情况。因此新建四合院和传统四合院多会接入市政管网。有的采取暖气片供暖，有的采用地采暖的方式解决冬季供暖问题。2008年，北京市政府基本上完成了旧城区大杂院"煤改电"的改造，即将传统的煤炉改为电暖气，并在使用电力资源的政策上给予居民一定补贴。

北京四合院经历了数百年的风霜雨雪传承至今，已经成为历史的重要组成部分，更好地传承这份珍贵的遗产是历史交给我们的责任和使命，而四合院加入这个时代的新元素也是历史的必然。因此，在传承中变化和在变化中传承是北京四合院的一种历史发展规律。

索　引

本志索引采取主题索引（内容分析索引）法编纂。主题词（标目）主要以《北京四合院志》正文中出现的专业名词、名词性词组、机构名、地名、人名为主。

本志索引原则按汉语拼音字母音序排列，以阿拉伯数字打头的主题词排列在前。

本志索引以文字为标目，标目之后的阿拉伯数字表示该标目所在正文中的页码（地址页）；部分标目后面列出若干个页码，则表示该标目均在这些地址页出现。

北京四合院志

索引

索引

索引

北京四合院志

北京四合院志

北京四合院志

北京四合院志

后 记

　　在《北京胡同志》出版之后，北京市地方志编纂委员会办公室（以下简称市地方志办）就开始酝酿其姊妹篇《北京四合院志》的编纂工作。2011 年 5 月 3 日，市地方志办召开《北京四合院志》编纂研讨会。市地方志编委会常务副主任、《北京志》主编段柄仁出席，市地方志办主任王铁鹏主持，市地方志办副主任侯宏兴、张恒彬、谭烈飞参加。十几位与会专家充分发表意见，对北京地方志学会原秘书长刘孝存初拟的编纂篇目进行了认真研讨，初步确定了《北京四合院志》的篇目大纲。

　　研讨会后，王铁鹏围绕《北京四合院志》的资料收集和编纂等问题开展调研。5 月 30 日，到东城区文委和东四街道座谈，调研四合院的情况，初步掌握了第三次全国文物普查中有关四合院的信息，以及东四街道辖区内四合院的情况。6 月，先后到市文物局资料中心、市古代建筑研究所（以下简称古建所）调研四合院普查情况，就如何利用普查资料、开展专业知识培训及下一步具体合作思路等达成初步共识。8 月 12 日，与古建所就《北京四合院志》编纂工作进行研究，商定：四合院缘起形制、保护利用篇由古建所撰写，城郊区院落、四合院文化篇由市地方志办组织撰写；双方共同举办编纂培训，市地方志办负责组织，古建所出师资。8 月 19 日、26 日，先后到门头沟区文委、海淀区文委就该区四合院资料收集工作进行调研。在调研的基础上，市地方志办于 2011 年 9 月 5 日向各区县文委下发《关于联合开展〈北京四合院志〉编纂工作的函》。

　　2011 年 11 月 14 日至 15 日，《北京四合院志》编纂工作启动暨培训会议召开。段柄仁、王铁鹏、谭烈飞以及古建所所长侯兆年等出席。古建所有关专家、部分区县文化文物部门负责同志、市地方志办参与编纂人员参加。段柄仁做动员，专家授课。此次会议明确了《北京四合院志》编纂的工作体制和运行机制，采取地方志工作机构和文化文物部门合作的方式进行志书编修，市地方志办作为承担编纂任务的牵头部门，古建所予以协助，16 个区县的地方志工作机构和文化文物部门作为参编单位，参与编纂者拥有署名权。市地方志办研究室具体协调组织编纂工作。

为规范《北京四合院志》的编纂工作,2011年12月6日,市地方志办向各参编单位下发《关于印发〈北京四合院志〉相关编纂文件的函》,包括修订后的篇目、编纂凡例、编纂工作方案、编写要求及注意事项,请各相关参编单位按照编纂文件规定,开展具体编纂工作。2012年4月9日,市地方志办向各参编单位下发《〈北京四合院志〉记述部分总体要求》,要求参照撰写志稿。总体要求明确了志书记述部分标题名称、位置概况、建筑形制、历史变迁、人物故事、现今状况,并提供了院落描述范例。7月6日,市地方志办召开《北京四合院志》撰稿工作会,通报了志稿撰写进度及相关编纂问题,商讨解决撰写问题的思路,明确了志稿撰写完成的进度要求。8月17日,再次召开《北京四合院志》撰稿工作会,要求院落部分撰稿人按照统一的格式和报送要求修改补充志稿。

2013年4月1日,《北京四合院志》初稿形成,总字数达70万字,涉及院落504处。

2013年4月8日,段柄仁对《北京四合院志》初稿提出书面修改意见,认为初稿主体内容齐备,四合院的建筑文化和历史文化得到了较好的反映,结构也符合志书要求,为修成一部佳志奠定了很好的基础。针对内容、图片、凡例和概述、文字规范,提出进一步补充修改建议。4月24日,市地方志办召开《北京四合院志》撰稿工作会,进一步明确院落部分的修改意见:一是稿件进一步充实完善及规范,突出每个院落的特色;二是尽量实地踏勘,补充新资料、新图片,选择出主图;三是确保按期争取提前完成修改补充任务,进度是每周上交成熟的稿件一至二篇,每月最后一周周五召开一次工作例会进行阶段性督促和总结。7月29日,《北京四合院志》撰稿工作会主要针对述体、城区院落修改、区县院落资料补充、文化风俗篇增加容量、新增院落和复核院落补充等六个方面的问题进行了落实。8月12日,《北京四合院志》城区、郊区县院落复核院落、新增院落的核改和补充工作完成,共核改复核院落114处,补充院落198处。

2013年12月6日,完成《北京四合院志》二稿,共收录院落708处。

2014年1月6日,市地方志办召开郊区县四合院补充会议,顺义、平谷、怀柔、大兴、丰台、通州、门头沟等七个区地方志工作机构负责人参会,部署郊区县四合院补充事宜。8日至9日,召开《北京四合院志》二稿修改工作会,研究志书修改情况及需要解决的问题。段柄仁针对结构、文体、四合院单体记述、图照使用等提出书面修改意见。3月17日,东、西城180余处新增院落图文资料补充完成,并初步解决了史实和挂牌院落核实工作。3月21日至26日,市地方志办与古建所、北京出版社三方逐院审查调图,按照建筑要素法审查替换图片,解决图文对应问题，系统梳理了全部院落。同时，对《北京四合院志》院落部分框架进行了较大改动，第二篇四合院分布拆分为东城、西城、郊区县院落三篇，篇下分章（街道或区），章下分两节（文保院落和一般院落）。院落部分文字、照片、图纸补充、修改、替换基本完毕。

2014 年 12 月 23 日，《北京四合院志》送审稿完成，共收录院落 907 处。

2015 年 1 月 6 日，《北京四合院志》正式进入出版流程。先后对前插和版式征求意见，补充交道口地区、东四地区、西四地区清乾隆时期院落图和卫星影像图，解决了新增院落图文对照问题，对院落部分照片、平面图再次进行系统梳理、调整和完善。8 月 10 日，《北京四合院志》三校稿完成，共收录院落 923 处。

《北京四合院志》的编纂，除了利用现有资料，如各级文物保护单位文物档案、第三次全国文物普查成果和区县地方志资料外，还包括大量实地调研的一手资料。市地方志办组织人员对北京地区的四合院进行了大量的实地调研，包括核实院落形制、挖掘院落故事、补充拍摄照片，获取大量一手资料。2014 年 5 月 6 日，实地调研房山区四合院，包括南窖乡水峪村七处院落、南窖乡南窖村三处院落、佛子庄乡黑龙关村二处院落等。5 月 26 日，实地调研密云县四合院，包括古北口镇河东村、河西村二处院落等。7 月 31 日，实地调研延庆县四合院，包括延庆县城老城区十处院落、张山营镇东门营村二处院落、榆林堡镇榆林堡村四处院落、永宁镇村一处院落。9 月 8 日，实地调研门头沟区古村落四合院，包括清水镇张家庄四处院落、沿河城三处院落等。2015 年 8 月 4 日，实地调研顺义区四合院，包括木林镇茶棚村四合院等。

市地方志办、古建所和相关区县撰稿人员广泛听取各方面意见，认真对待志稿撰写和每一次修改，核对史实，考辨真伪，并补充搜集了大量一手资料。各区县地方志工作机构、文化文物部门等参编单位大力支持，撰写、补充院落文字和图片，配合实地调研，为《北京四合院志》编纂提供了有力保障。

本志作为全面系统记录四合院建筑和人文的资料性著述，具有总结性和抢救性的特点。志书涉及院落多、参与的单位和人员多，对四合院的收录原则、分类标准、排序等问题也存在不同看法。囿于水平和资料的制约，难免有遗漏或错误之处，敬请各界人士批评指正。

编　者

2015 年 10 月

后记